新工科建设之路·计算机类创新教材

# Python 爬虫基础与实战

夏素霞　杜　兰　著

電子工業出版社
Publishing House of Electronics Industry
北京•BEIJING

## 内 容 简 介

本书是一本涵盖 Python 爬虫应用基础、爬虫相关知识、数据清洗及可视化知识的实战性读物。Python 拥有多个开源的爬虫工具、数据分析工具、数据可视化工具，代码简洁，便于学习。本书主要介绍常用的 Python 第三方工具，对工具的安装、导入方法和属性进行详细介绍，同时通过大量示例帮助读者理解。每个示例都经过了实战检验。

本书共 8 章，有 3 个核心主题，一是 Python 爬虫应用基础，二是爬虫相关知识，三是数据分析与可视化。本书的最后一章提供了一些综合示例，包括对数据爬取、清洗、存储、可视化等的综合应用。

本书以实战为主，通俗易懂，提供了大量示例，可以很好地被读者借鉴与迁移。本书可作为初学者的参考用书及高等院校计算机相关专业学生的教材，也可作为爬虫与数据可视化等应用开发的参考用书。



**图书在版编目（CIP）数据**

Python 爬虫基础与实战 / 夏素霞，杜兰著. —北京：电子工业出版社，2024.8

ISBN 978-7-121-47901-4

Ⅰ. ①P… Ⅱ. ①夏… ②杜… Ⅲ. ①软件工具－程序设计 Ⅳ. ①TP311.561

中国国家版本馆 CIP 数据核字（2024）第 102255 号

责任编辑：康　静
印　　刷：三河市良远印务有限公司
装　　订：三河市良远印务有限公司
出版发行：电子工业出版社
　　　　　北京市海淀区万寿路 173 信箱　　　邮编：100036
开　　本：787×1092　1/16　印张：24.75　字数：603 千字
版　　次：2024 年 8 月第 1 版
印　　次：2024 年 8 月第 1 次印刷
定　　价：64.80 元

凡所购买电子工业出版社图书有缺损问题，请向购买书店调换。若书店售缺，请与本社发行部联系，联系及邮购电话：（010）88254888，88258888。

质量投诉请发邮件至 zlts@phei.com.cn，盗版侵权举报请发邮件至 dbqq@phei.com.cn。

本书咨询联系方式：（010）88254178，liujie@phei.com.cn。

# 前言

数据分析是人工智能和大数据领域的必备技能，数据分析的前提是获取数据。在移动互联网、物联网时代，人们的生活与网络密切相关，数据来源已突破传统方式，大量数据来源于网络。从网络中提取的大量数据通过清洗、分析后，可以指导人们生活的方方面面。因此，合理地提取网络中的海量开源数据是未来技术发展的一个重要方向。

Python 作为一门开源语言，被广泛应用于 Web 开发、爬虫、数据清洗、人工智能等方面。Python 良好的开源性及第三方工具良好的衔接性使 Python 应用的开发更加简单。Python 提供的第三方库使爬虫开发与数据提取更加简单，Python 提供的多种数据存储和处理方式使爬取数据和流行数据的处理格式兼容，Python 提供的数据分析和可视化工具使数据分析和可视化更加快捷。同时，Python 还提供了大型爬虫框架 Scrapy，使爬虫，以及数据提取、清洗和分析应用的开发更加高效，性能更加出色。

就必备的知识而言，阅读本书只需要用到很少的计算机知识。在计算机语言的基础上，本书提供了一些与爬虫和可视化相关的知识点。为了使本书的受众尽可能广泛，本书作者付出了大量努力，尽可能多地讲解了与爬虫开发相关的基础知识及常用工具，同时提供了单一示例及各种综合示例，以使读者充分理解爬虫开发工具的应用场景。Python 易于阅读，对有其他语言基础的读者而言，本书中的知识、示例、代码易于理解。

如果读者基于自己要开发的项目阅读本书，那么读者能够通过修改本书的示例，很好地完成自己要开发的项目。同时，本书基于对 Scrapy 的理解给出的对比应用示例，可以很好地帮助读者理解中、大型爬虫应用。

本书主要介绍爬取开源网站上的开源信息的方法，并未介绍爬取验证码、密码等的方法。请读者在编写爬虫时遵循法律法规及 Robots 协议，任何读者违反法律法规及 Robots 协议的行为均与本书无关。

本书的第 2 章、第 3 章、第 4 章、第 5 章，以及第 8 章的 8.3 节和 8.4 节由北京邮电大学的夏素霞老师完成；本书的第 1 章、第 6 章、第 7 章，以及第 8 章的 8.1 节和 8.2 节由南京工业职业技术大学的杜兰老师完成；全书由夏素霞老师统稿。最后感谢王晨、周书夷同学为本书提供了很好的示例。

由于作者水平有限，本书中难免有疏漏或不妥之处，恳请读者批评指正。

# 目　录

# 第 1 章

# Python 爬虫应用基础

在学习爬虫之前，读者需要学习爬虫应用基础。本章将讲解 Python 3.8 的安装与开发环境、Python 的基础知识、Python 序列的应用、函数、模块、面向对象、异常处理、迭代器与生成器。

## 1.1 Python 3.8 的安装与开发环境

下面介绍 Python 3.8 的安装。可以在搜索引擎中搜索“Python 官网地址”，选择官方下载链接。官网将 Python 第三方库叫作 PyPI，可以在搜索引擎中搜索“PyPI 官网地址”，选择官方下载链接。官方文档和中文教程也可以通过搜索引擎找到，这里不再赘述。

### 1.1.1 Python 的安装

读者可以直接在官网下载 Python 安装包，下载页面如图 1-1 所示。需要说明的是，实际的 Python 最新版本以官网为准（本书以 Python 3.8 为例介绍）。

**Files**

| Version | Operating System | Description | MD5 Sum | File Size | GPG |
| --- | --- | --- | --- | --- | --- |
| Gzipped source tarball | Source release | | a7c10a2ac9d62de75a0ca5204e2e7d07 | 24067487 | SIG |
| XZ compressed source tarball | Source release | | 3000cf50aaa413052aef82fd2122ca78 | 17912964 | SIG |
| macOS 64-bit installer | Mac OS X | for OS X 10.9 and later | dd5e7f64e255d21f8d407f39a7a41ba9 | 30119781 | SIG |
| Windows help file | Windows | | 4aeeebd7cc8dd90d61e7cfdda9cb9422 | 8568303 | SIG |
| Windows x86-64 embeddable zip file | Windows | for AMD64/EM64T/x64 | c12ffe7f4c1b447241d5d2aedc9b5d01 | 8175801 | SIG |
| Windows x86-64 executable installer | Windows | for AMD64/EM64T/x64 | fd2458fa0e9ead1dd9fbc2370a42853b | 27805800 | SIG |
| Windows x86-64 web-based installer | Windows | for AMD64/EM64T/x64 | 17e989d2fecf7f9f13cf987825b695c4 | 1364136 | SIG |
| Windows x86 embeddable zip file | Windows | | 8ee09403ec0cc2e89d43b4a4f6d1521e | 7330315 | SIG |
| Windows x86 executable installer | Windows | | 452373e2c467c14220efeb10f40c231f | 26744744 | SIG |
| Windows x86 web-based installer | Windows | | fe72582bbca3dbe07451fd05ece1d752 | 1325800 | SIG |

图 1-1　Python 安装包下载页面

请读者根据 Windows 的实际情况选择对应的安装包。例如，64 位操作系统应下载

Windows x86-64 executable installer 安装包，32 位操作系统应下载 Windows x86 executable installer 安装包。下载完成后，直接双击 Python 安装包，开始安装。注意，请务必勾选“Add Python 3.8 to PATH”复选框，以便更轻松地配置系统。若想改变安装位置，则应在“Customize install location”文本框中输入安装目录，单击“Install”按钮进行安装，如图 1-2～图 1-5 所示。

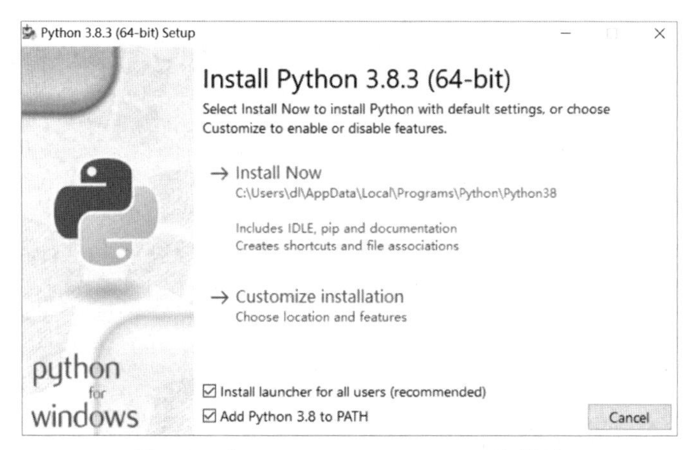


图 1-2 “Install Python 3.8.3(64-bit)”界面

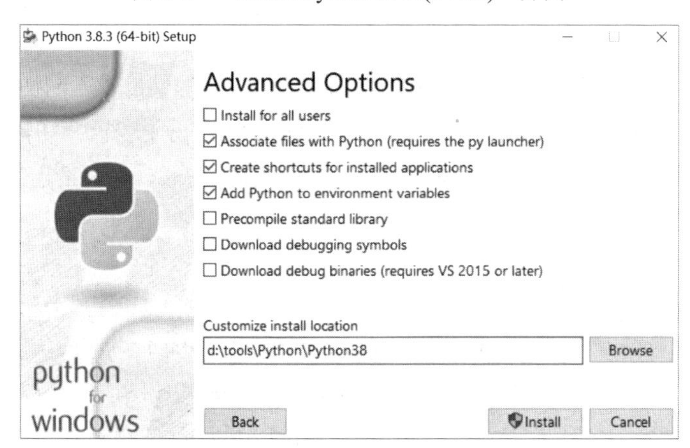


图 1-3 “Advanced Options”界面

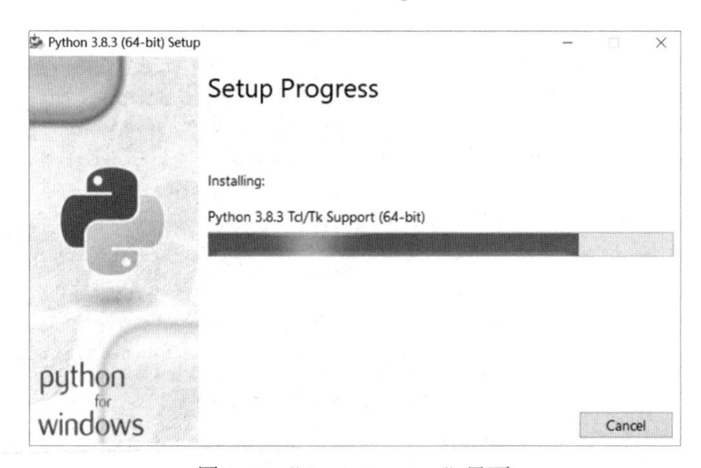


图 1-4 “Setup Progress”界面

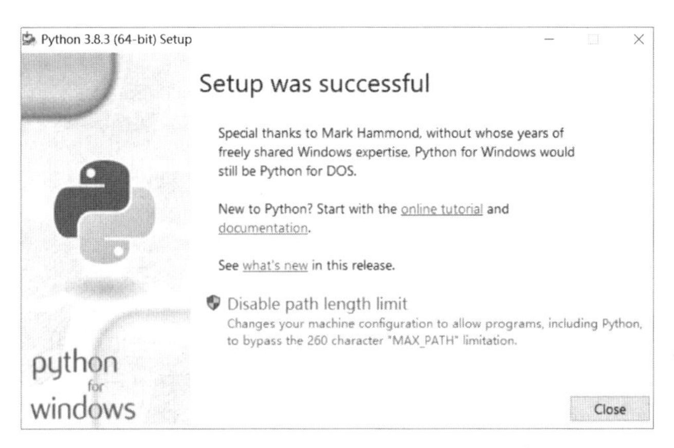


图 1-5　“Setup was successful”界面

安装完成后，可以通过运行 Python 的解释器来查看是否安装成功。在“开始”菜单中找到“Python 3.8”命令，如图 1-6 所示。

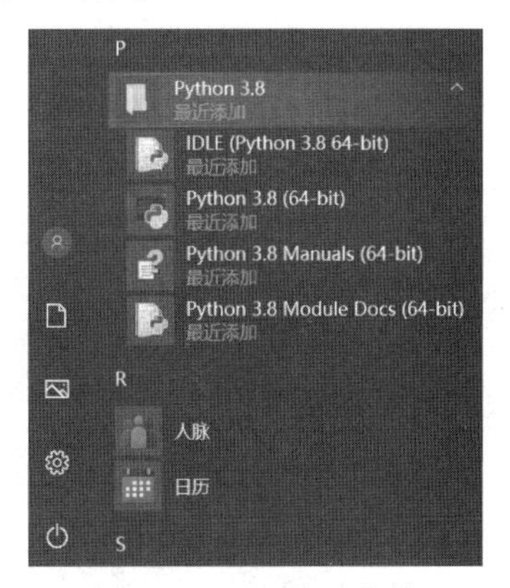


图 1-6　“开始”菜单

有以下两种方式可以运行 Python 的解释器。

（1）启动 IDLE（Intergrated Development and Learning Environment），打开 IDLE 窗口，如图 1-7 所示。IDLE 是 Python 自带的一个集成开发环境，可以很方便地创建、运行、调试 Python 程序。

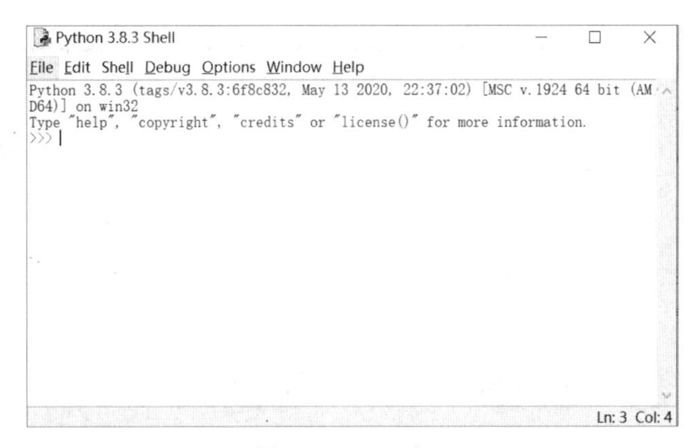


图 1-7　IDLE 窗口

在 IDLE 窗口中测试 Python 3.8 是否安装成功，测试结果如图 1-8 所示。

```
Python 3.8.3 Shell
File Edit Shell Debug Options Window Help
Python 3.8.3 (tags/v3.8.3:6f8c832, May 13 2020, 22:37:02) [MSC v.1924 64 bit (AM
D64)] on win32
Type "help", "copyright", "credits" or "license()" for more information.
>>> print("Hello World")
Hello World
>>> 1+2
3
>>> |
```

图 1-8　测试结果 1

（2）按组合键 Windows+R，打开“运行”窗口，输入“cmd”，单击“确定”按钮，进入 cmd 命令行窗口，输入“Python”，按 Enter 键即可打开 Python 3.8 窗口，如图 1-9 所示。

```
Python 3.8 (64-bit)
Python 3.8.3 (tags/v3.8.3:6f8c832, May 13 2020, 22:37:02) [MSC v.1924 64 bit (AMD64)] on win32
Type "help", "copyright", "credits" or "license" for more information.
>>>
```

图 1-9　Python 3.8 窗口

测试 Python 3.8 是否安装成功，测试结果如图 1-10 所示。

```
Python 3.8 (64-bit)
Python 3.8.3 (tags/v3.8.3:6f8c832, May 13 2020, 22:37:02) [MSC v.1924 64 bit (AMD64)] on win32
Type "help", "copyright", "credits" or "license" for more information.
>>> print("Hello World")
Hello World
>>> 1+2
3
>>>
```

图 1-10　测试结果 2

## 1.1.2　开发环境

### 1. PyCharm

PyCharm 社区版（免费版）是一款适合用于开发的多功能集成开发环境。用户可以根据计算机的操作系统直接在官网下载 PyCharm 安装包，下载页面如图 1-11 所示。

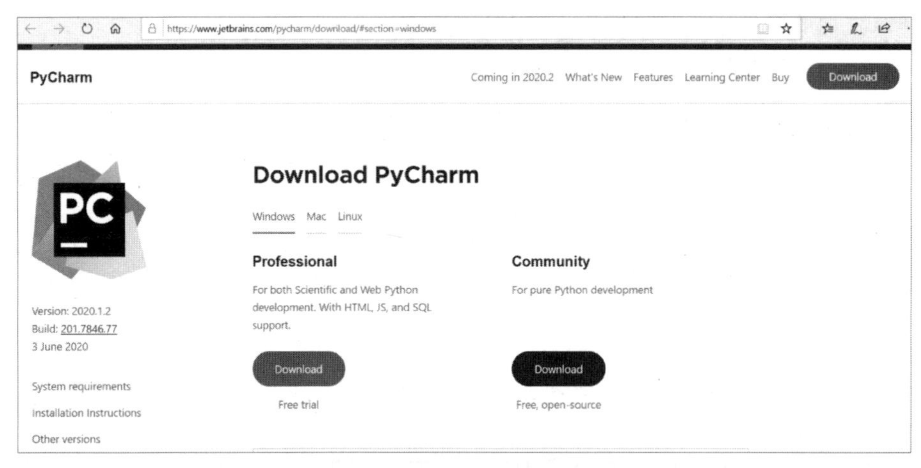


图 1-11　PyCharm 安装包下载页面

双击 PyCharm 安装包，会弹出“Welcome to PyCharm Community Edition Setup”界面，如图 1-12 所示。

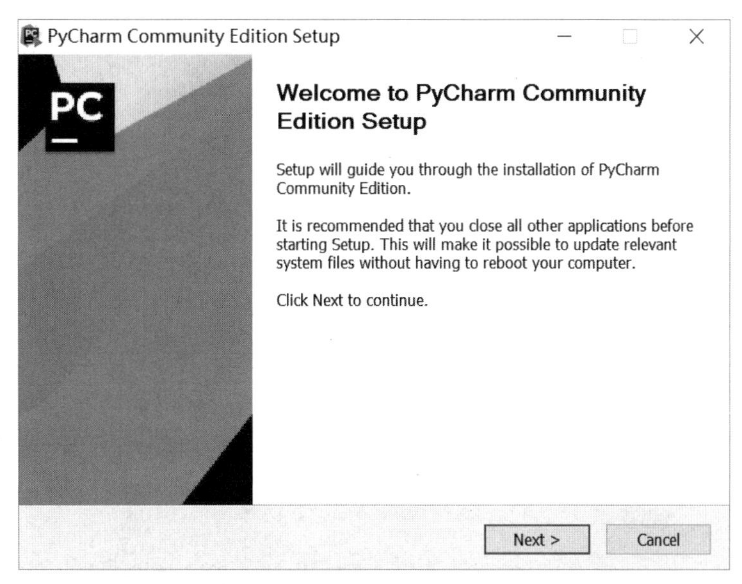


图 1-12　“Welcome to PyCharm Community Edition Setup”界面

由于 PyCharm 需要的内存较多，因此建议将其安装在 D 盘或 E 盘中。更改 PyCharm 的安装目录，如图 1-13 所示。

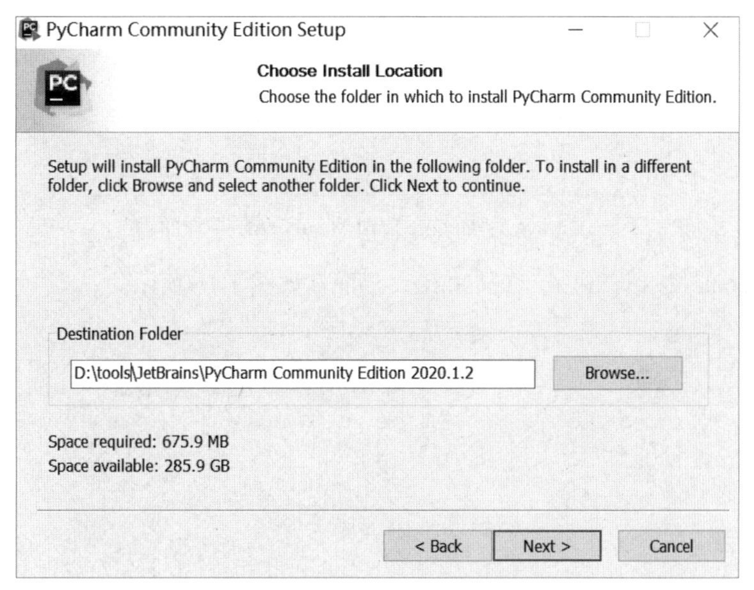


图 1-13　更改 PyCharm 的安装目录

单击“Next”按钮，进入“Installation Options”界面，如图 1-14 所示。勾选“Create Desktop Shortcut”下面的“64-bit launcher”复选框即可创建桌面快捷方式，勾选“Create Associations”下面的“.py”复选框即可关联文件，以便用 PyCharm 打开.py 文件。

单击“Next”按钮，进入“Choose Start Menu Folder”界面，如图 1-15 所示。

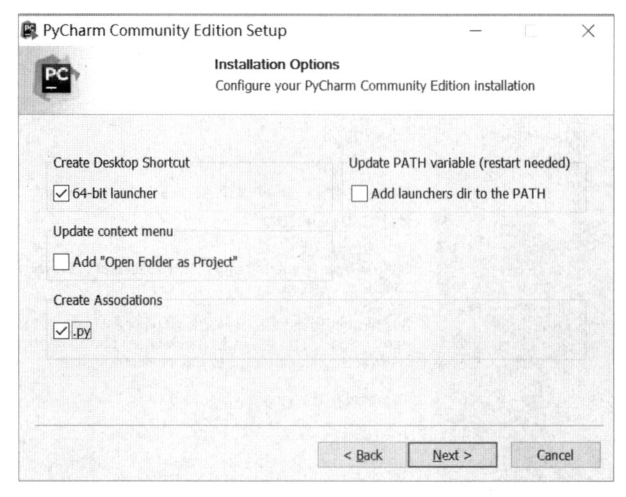


图 1-14 “Installation Options”界面

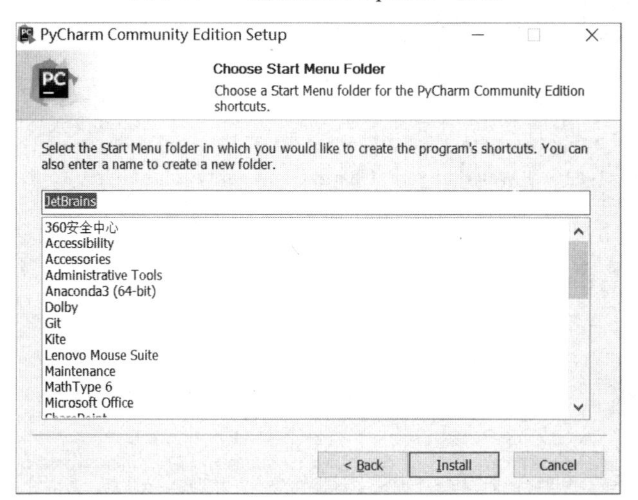


图 1-15 “Choose Start Menu Folder”界面

单击“Install”按钮，进入“Installing”界面，如图 1-16 所示。

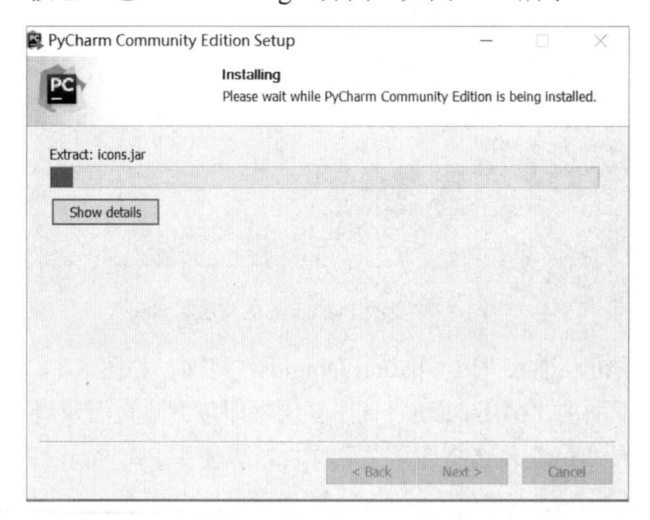


图 1-16 “Installing”界面

“Completing PyCharm Community Edition Setup”界面如图 1-17 所示。

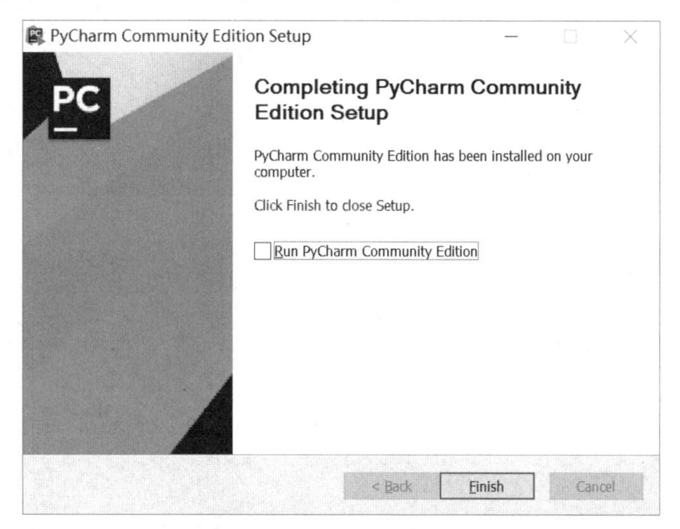


图 1-17　“Completing PyCharm Community Edition Setup”界面

单击“Finish”按钮，PyCharm 安装完成。接下来对 PyCharm 进行配置，双击桌面上的 PyCharm 图标，打开 PyCharm 窗口，单击“Create New Project”按钮创建项目，如图 1-18 所示。

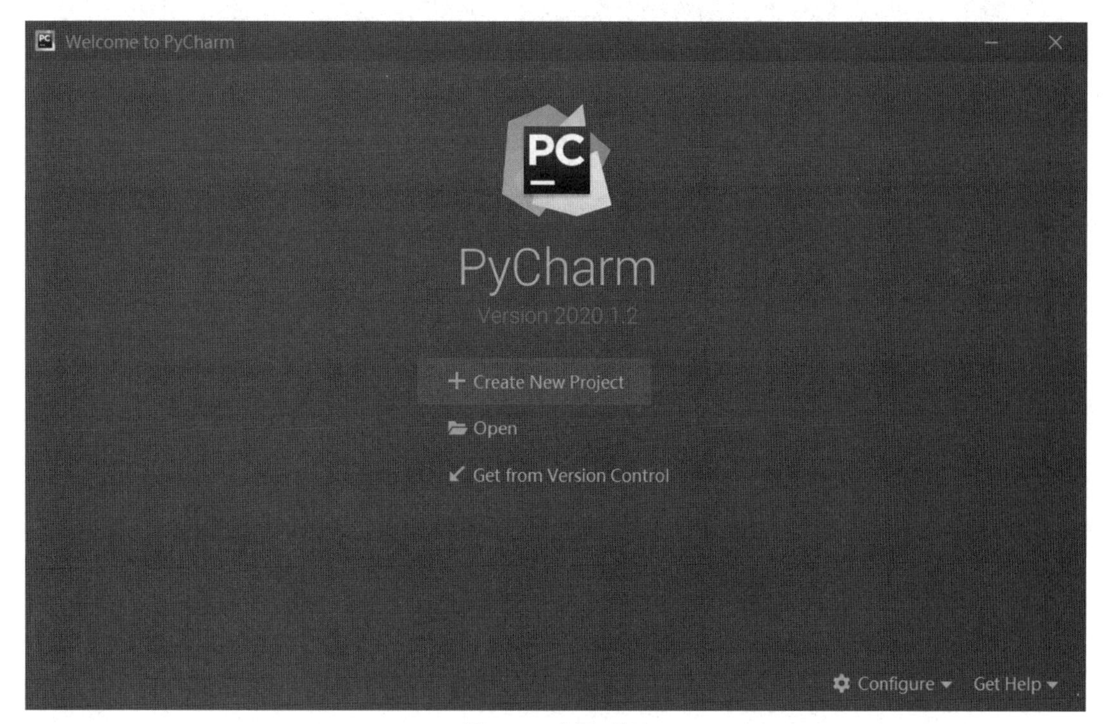


图 1-18　创建项目

将项目目录中的“untitled”改为“helloworld”，如图 1-19 所示。

右击左侧的“helloworld”选项，在弹出的快捷菜单中选择“New”→“Python File”命令，如图 1-20 所示。

图 1-19 修改项目目录

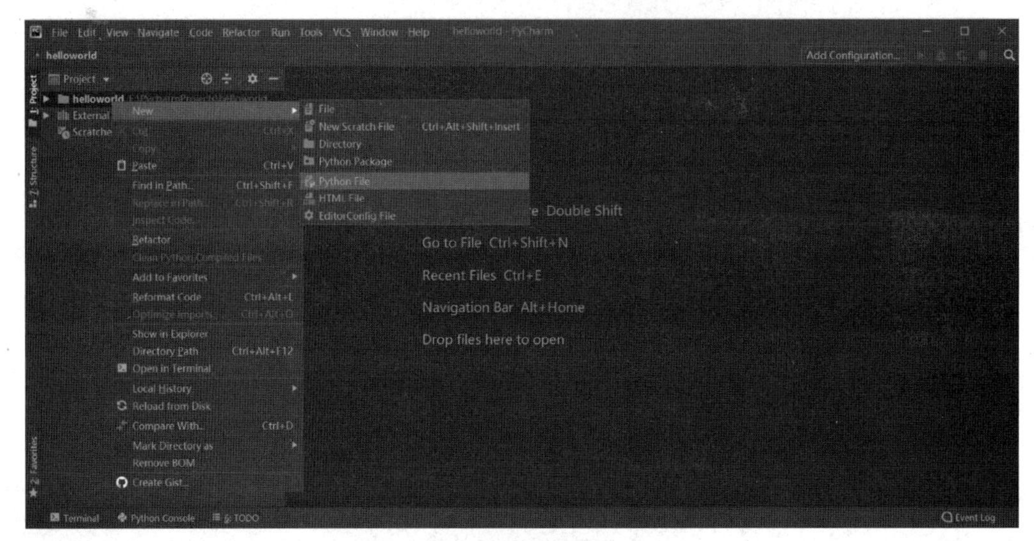


图 1-20 选择“Python File”命令

输入文件名，如输入“hello”，按 Enter 键，如图 1-21 所示。

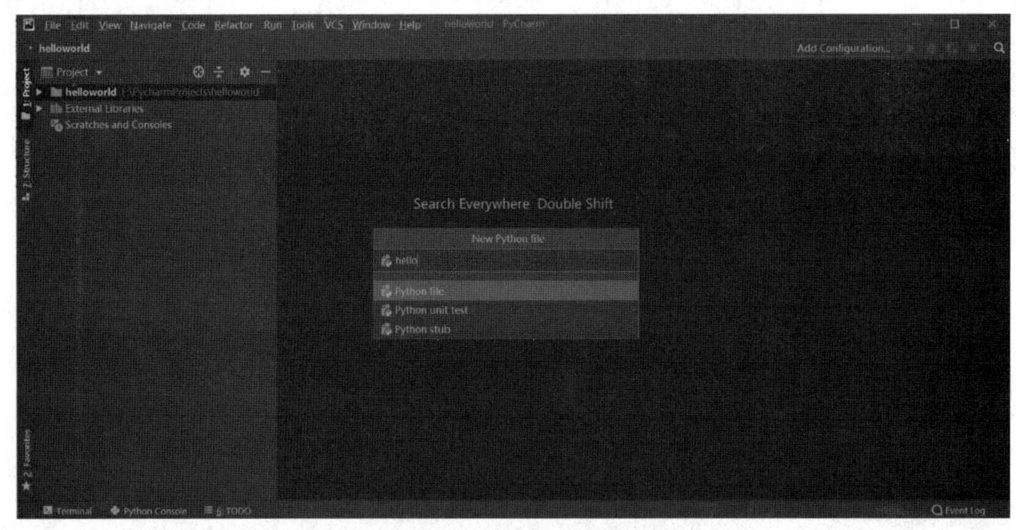


图 1-21 输入文件名

至此，一个新文件就打开了，如图 1-22 所示。

输入以下代码，按 Enter 键，如图 1-23 所示。右击输入的代码（不需要选中文本），在弹出的快捷菜单中选择“Run 'hello'”命令，如图 1-24 所示。

```
print("hello world")
```

运行结果如图 1-25 所示。

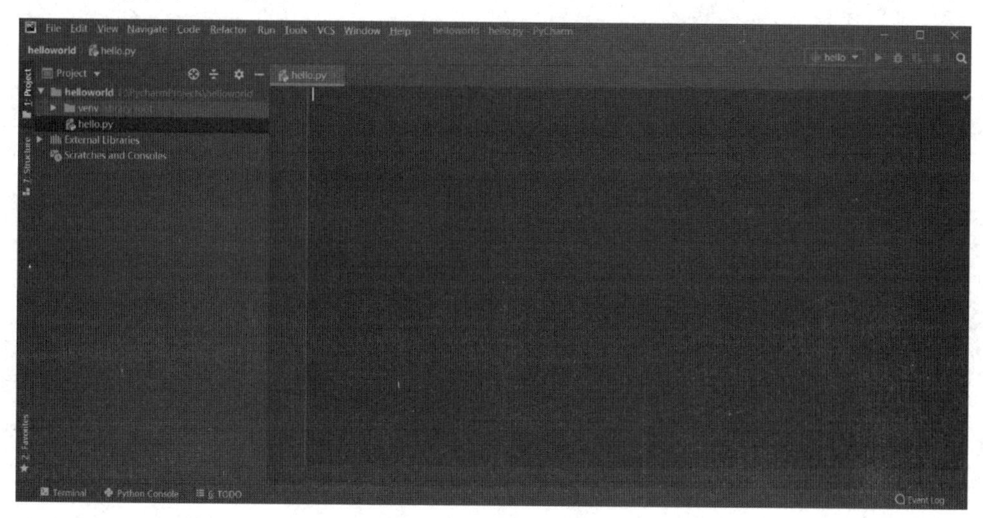


图 1-22　打开新文件

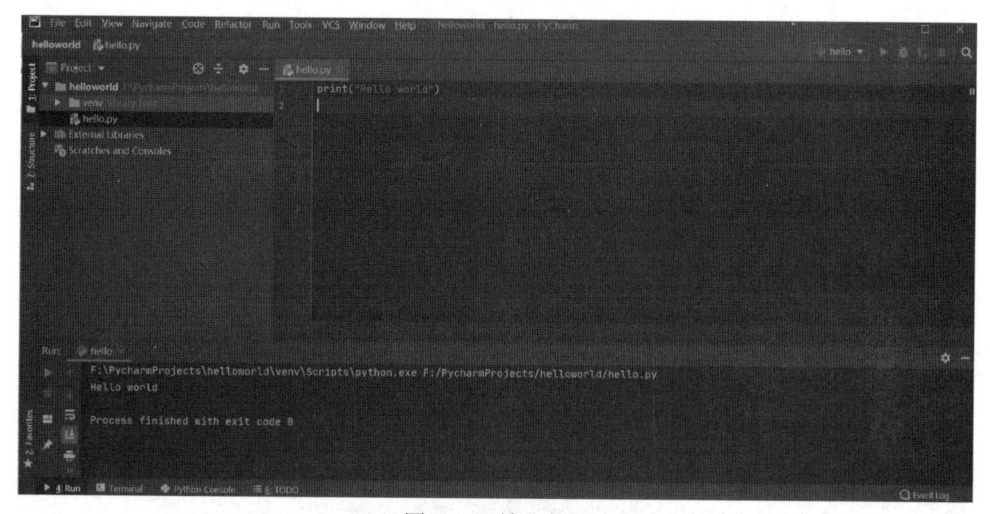


图 1-23　输入代码

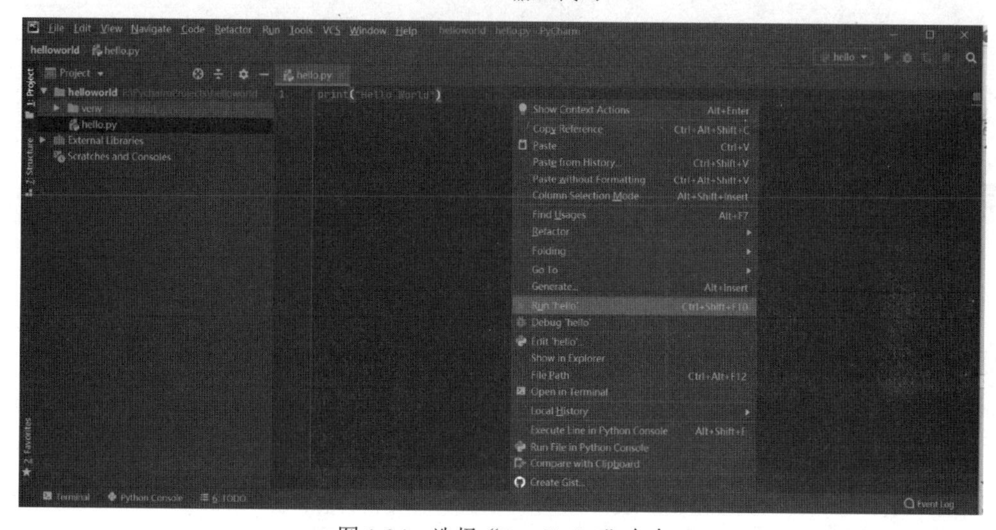


图 1-24　选择“Run 'hello'”命令

图 1-25　运行结果

### 2. Anaconda

Anaconda 是一个针对数据分析和科学计算的开源的 Python 发行版本，有自己的包管理器，能够用于数据科学、机器学习、深度学习等领域。Anaconda 集成了一大批常用的数据科学包，对需要进行数据分析的程序员来说，安装 Anaconda 很有必要，这是因为 Anaconda 使用起来非常方便，可以省去许多复杂的环境配置步骤。

Anaconda 安装包下载界面如图 1-26 所示。

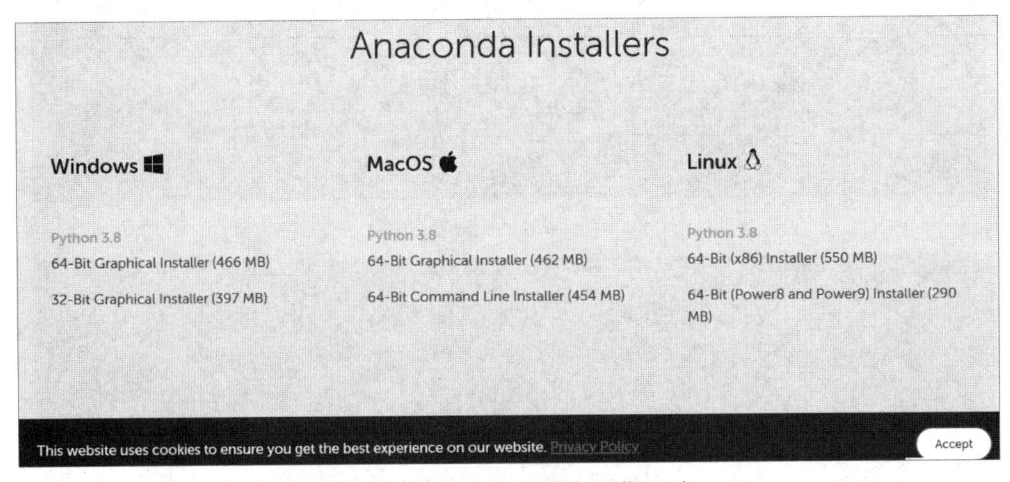


图 1-26　Anaconda 安装包下载界面

由于在官网下载的速度很慢，清华大学开源软件镜像站提供了下载服务。其下载界面如图 1-27 所示。

根据系统选择适合的版本进行下载。注意，如果是 Windows 10，那么要在安装 Anaconda 时右击，在弹出的快捷菜单中选择“以管理员的身份运行”命令。“Welcome to Anaconda3 2019.03(64-bit) Setup”界面如图 1-28 所示。单击“Next”按钮，弹出“License Agreement”界面，如图 1-29 所示。

| | | |
|---|---|---|
| Anaconda3-2020.07-MacOSX-x86_64.pkg | 462.3 MiB | 2020-07-24 02:25 |
| Anaconda3-2020.07-MacOSX-x86_64.sh | 454.1 MiB | 2020-07-24 02:25 |
| Anaconda3-2020.07-Windows-x86.exe | 397.3 MiB | 2020-07-24 02:25 |
| Anaconda3-2020.07-Windows-x86_64.exe | 467.5 MiB | 2020-07-24 02:26 |
| Anaconda3-4.0.0-Linux-x86.sh | 336.9 MiB | 2017-01-31 01:34 |
| Anaconda3-4.0.0-Linux-x86_64.sh | 398.4 MiB | 2017-01-31 01:35 |
| Anaconda3-4.0.0-MacOSX-x86_64.pkg | 341.5 MiB | 2017-01-31 01:35 |
| Anaconda3-4.0.0-MacOSX-x86_64.sh | 292.7 MiB | 2017-01-31 01:36 |
| Anaconda3-4.0.0-Windows-x86.exe | 283.1 MiB | 2017-01-31 01:36 |
| Anaconda3-4.0.0-Windows-x86_64.exe | 345.4 MiB | 2017-01-31 01:37 |
| Anaconda3-4.1.0-Linux-x86.sh | 328.4 MiB | 2017-01-31 01:38 |
| Anaconda3-4.1.0-Linux-x86_64.sh | 405.0 MiB | 2017-01-31 01:38 |
| Anaconda3-4.1.0-MacOSX-x86_64.pkg | 346.7 MiB | 2017-01-31 01:38 |
| Anaconda3-4.1.0-MacOSX-x86_64.sh | 297.6 MiB | 2017-01-31 01:38 |
| Anaconda3-4.1.0-Windows-x86.exe | 292.6 MiB | 2017-01-31 01:39 |
| Anaconda3-4.1.0-Windows-x86_64.exe | 351.4 MiB | 2017-01-31 01:40 |
| Anaconda3-4.1.1-Linux-x86.sh | 329.1 MiB | 2017-01-31 01:41 |
| Anaconda3-4.1.1-Linux-x86_64.sh | 406.3 MiB | 2017-01-31 01:41 |

图 1-27　下载界面

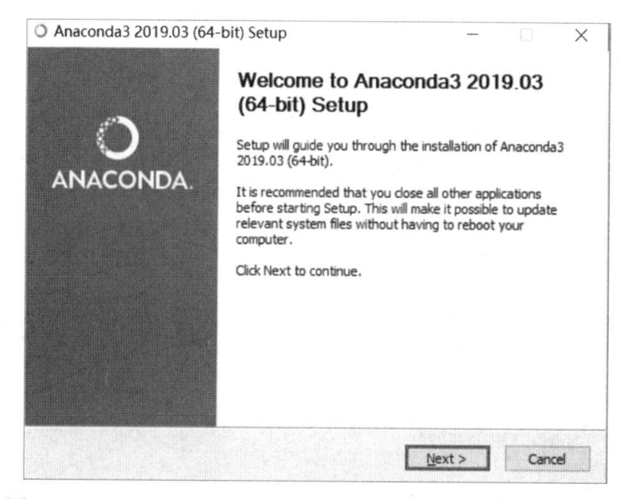


图 1-28　“Welcome to Anaconda3 2019.03(64-bit) Setup”界面

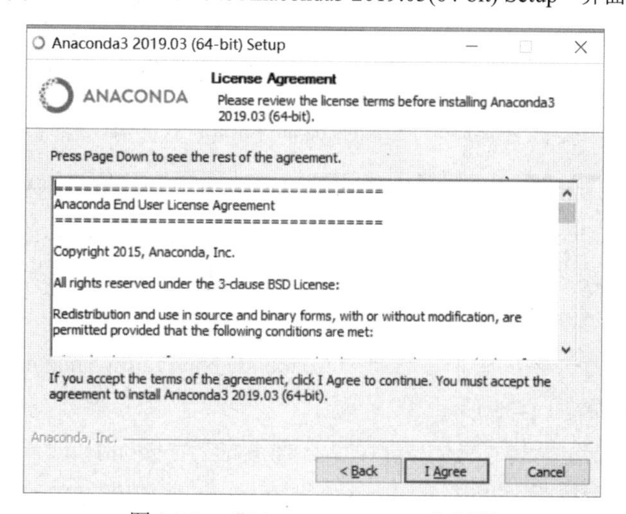


图 1-29　“License Agreement”界面

单击“I Agree”按钮，弹出“Select Installation Type”界面，如图 1-30 所示选中“All users(requires admin privileges)”单选按钮，以便在设置多个用户时使用。

按照默认选项设置安装目录即可，如图 1-31 所示。

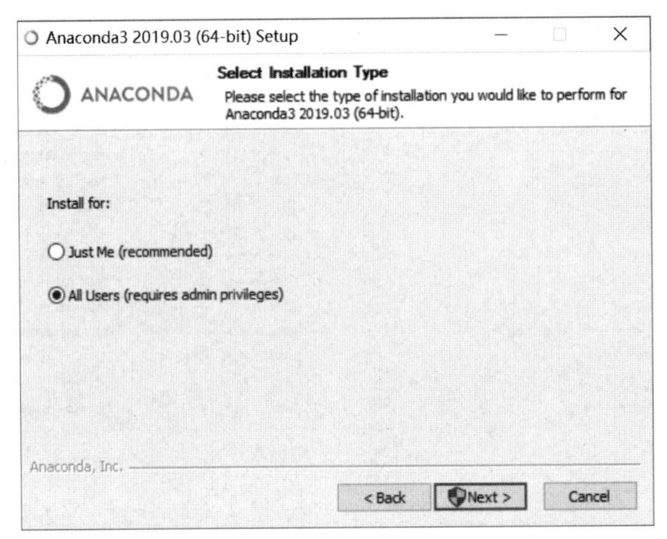


图 1-30 “Select Installation Type”界面

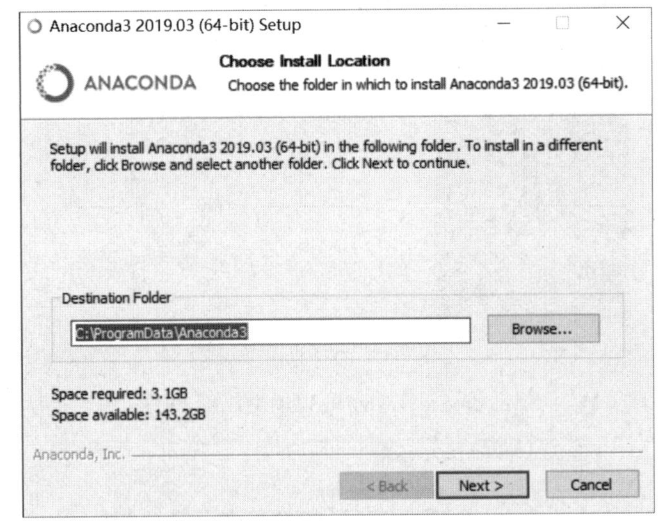


图 1-31 “Choose Install Location”界面

在“Advanced Installation Options”界面中勾选第 2 个复选框，这样安装完成 Anaconda 后就不需要继续安装 Python 了（务必注意，一定不要勾选第 1 个复选框，否则容易出错，且出错后很难卸载）。单击“Install”按钮继续安装，在之后弹出的几个界面中依次单击“Next”按钮，如图 1-32～图 1-35 所示。

安装完成后，在“开始”菜单中选择“Anaconda Navigator(Anaconda3)”命令，即可检查是否已成功安装，如图 1-36 所示。

如果计算机上已经安装了 Python，那么在安装 Anaconda 时不会影响以前安装的 Python。实际上，程序使用的默认的 Python 是 Anaconda 附带的 Python。在 cmd 命令行窗口中输入"conda info"，按 Enter 键，即可查看 Anaconda 及 Python 版本信息，如图 1-37 所示。

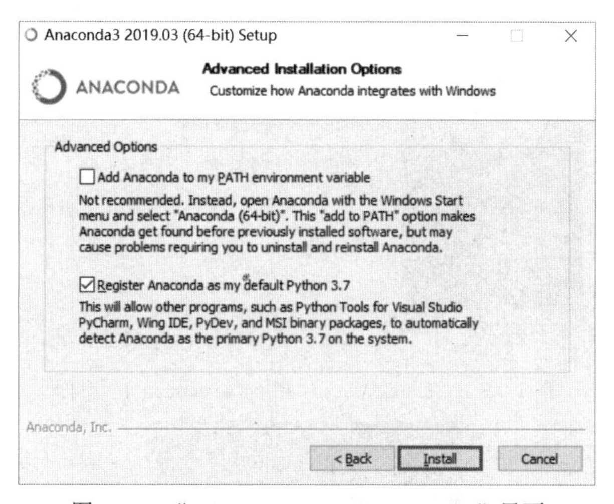


图 1-32　"Advanced Installation Options"界面

Anaconda3 2019.03 (64-bit) Setup
ANACONDA
Installing
Please wait while Anaconda3 2019.03 (64-bit) is being installed.
Extract: mkl-2019.3-203.tar.bz2
Show details
Anaconda, Inc.
< Back　Next >　Cancel

图 1-33　"Installing"界面

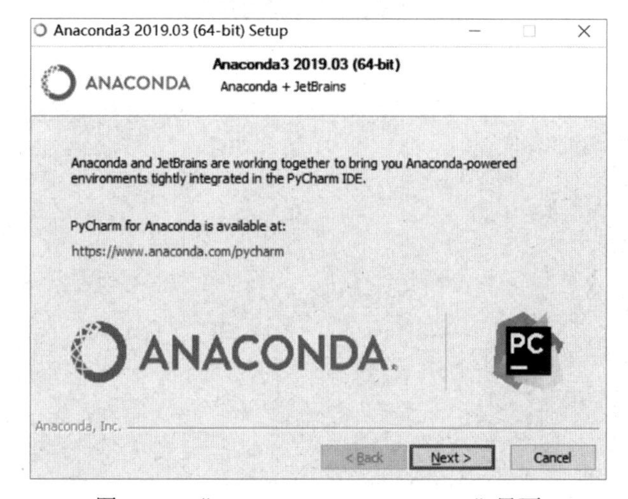


图 1-34　"Anaconda3 2019.03(64-bit)"界面

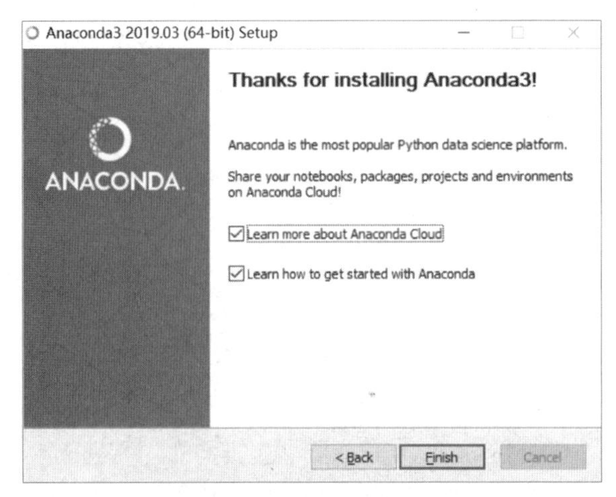


图 1-35 “Thanks for installing Anaconda3!”界面

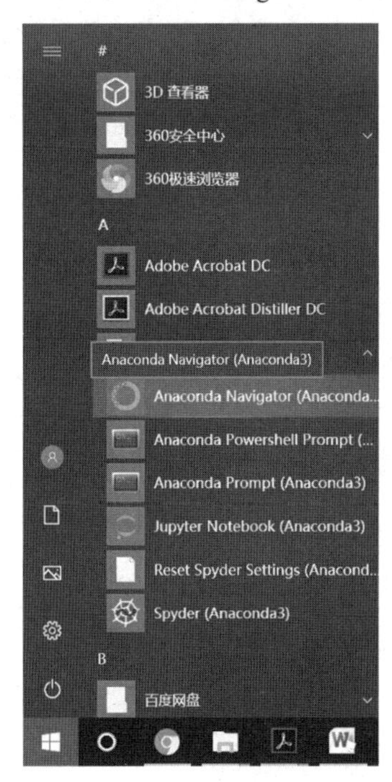


图 1-36 选择“Anaconda Navigator(Anaconda3)”命令

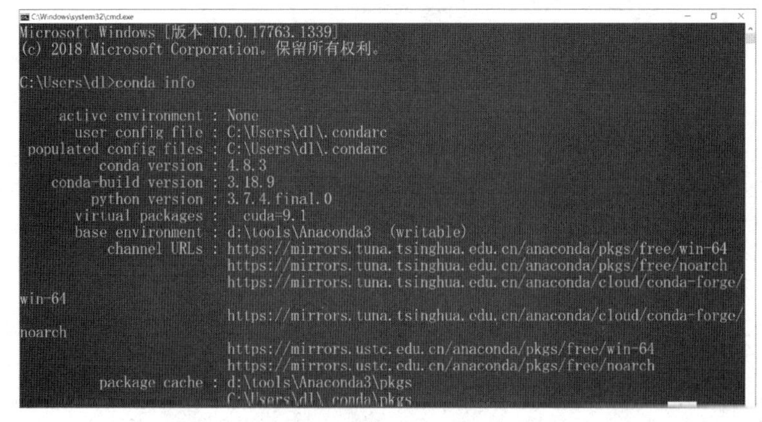


图 1-37 查看 Anaconda 及 Python 版本信息

在“Anaconda Navigator”窗口中可以查看已安装的扩展包，如图 1-38 所示。要继续安装其他扩展包，应输入要安装的扩展包，并单击“Apply”按钮，如图 1-39 所示。

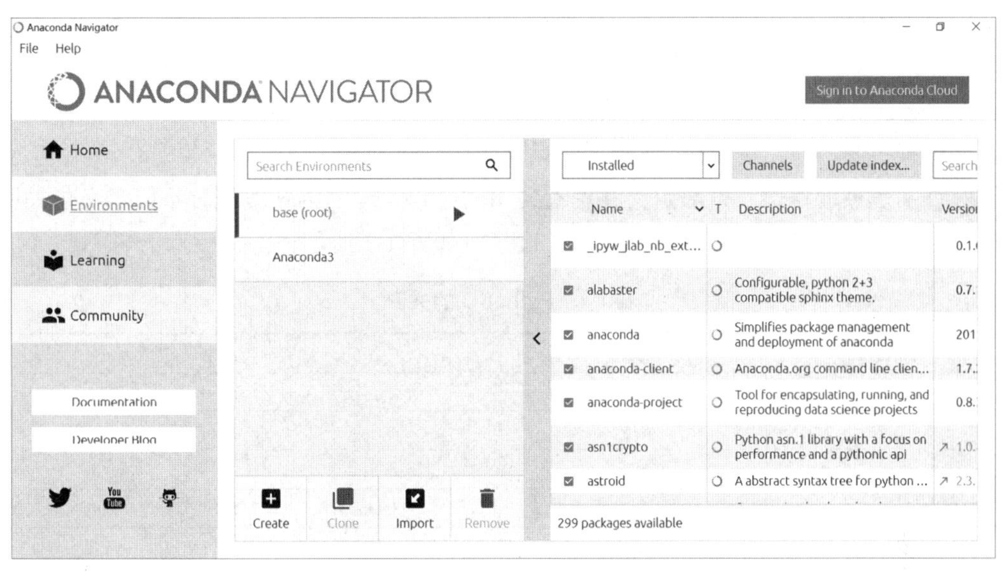


图 1-38　查看已安装的扩展包

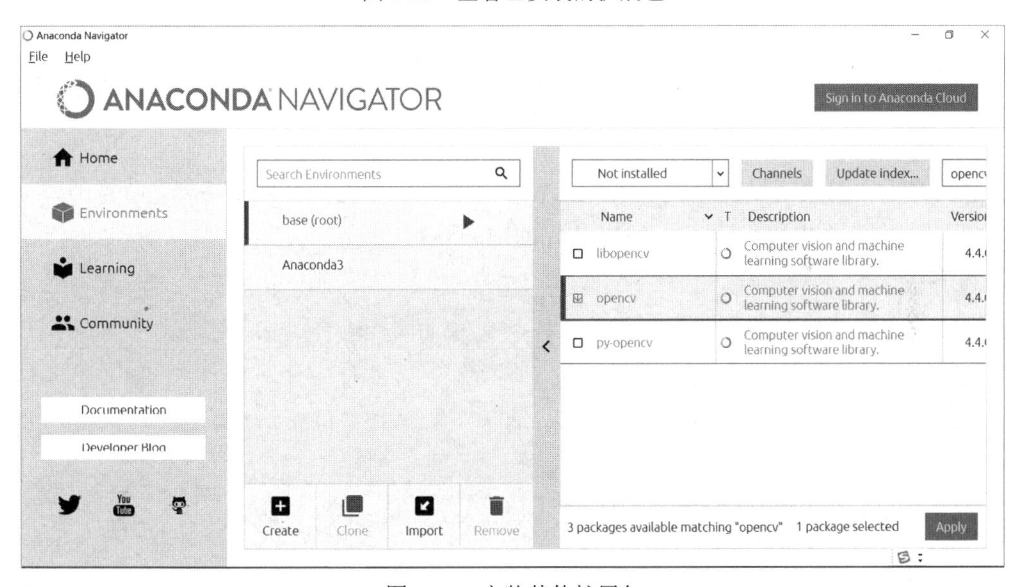


图 1-39　安装其他扩展包

## 1.2　Python 的基础知识

### 1.2.1　基本语法

#### 1．标识符、命名与关键字

标识符是 Python 给变量、常量、函数、语句块或其他对象命名的有效符号。在 Python

中，标识符通常由字母（大小写敏感）、数字和下画线构成，必须以字母（大小写均可）或下画线开头。标识符不能使用关键字。以下画线开头的标识符是有特殊意义的。以单下画线开头代表不能直接访问的类属性，需要通过类提供的接口进行访问，不能用 from...import 导入；以双下画线开头代表类的私有成员。以双下画线开头和结尾是特殊方法专用的标识符，如__init__代表类的构造方法。特别要注意的是，Python 中的标识符是严格区分大小写的，标识符中间不能出现空格，标识符的长度没有限制。

关键字是被编程语言内部定义并保留使用的标识符。因为在编程时不能定义与关键字相同的标识符，所以要熟悉 Python 3 的关键字，如表 1-1 所示。

表 1-1 Python 3 的关键字

| False | def | if | raise |
|---|---|---|---|
| None | del | import | return |
| True | elif | in | try |
| and | else | is | while |
| as | except | lambda | with |
| assert | finally | nonlocal | yield |
| break | for | not | |
| class | from | or | |
| continue | global | pass | |

### 2. 注释

注释是用自然语言做的笔记，Python 有单行注释和多行注释两种注释。

单行注释一般以“#”开头，可以从行的中间开始。

**例 1-1：**

```
print('Hello World')    #这里是单行注释，从行的中间开始
```

单行注释还可以单独占用一行。

**例 1-2：**

```
#这里是单行注释，单独占用一行
print('Hello World')
```

多行注释可以用多个“#”占用多行，也可以用一对连续的 3 个单引号占用多行，还可以用一对连续的 3 个双引号占用多行。

**例 1-3：**

```
#第一行注释
#第二行注释
print('Hello World')
```

**例 1-4：**

```
'''
第一行注释
```

```
第二行注释
'''
print('Hello World')
```

**例 1-5：**

```
"""
第一行注释
第二行注释
"""
print('Hello World')
```

### 3．行与缩进

Python 要求有严格的代码缩进，用 Tab 键或 4 个空格进行缩进，缩进表示代码之间的包含和层次关系。

**例 1-6：**

```
x=1
if x==1:
    print('Hello World')
```

### 4．多行语句

Python 通常在一行中写完一条语句，但如果语句很长，那么可以使用“\”在多行中写完一条语句。

**例 1-7：**

```
total = item_one + \
    item_two + \
    item_three
```

在以下两种情况下，不需要使用“\”，可以直接换行。

（1）圆括号、方括号、花括号中的字符串可以多行书写。

（2）三引号中的字符串也可以多行书写。

## 1.2.2　数据类型与常用函数

Python 中的变量不需要专门声明。使用变量前，必须为其赋值，在第一次为变量赋值时会自动声明该变量。在 Python 中，变量没有类型，人们通常所说的“类型”是变量所指的内存中对象的类型。

### 1．赋值

在 Python 中，变量是通过赋值确定的数据类型。“=”用于给变量赋值。“=”左侧是变量名，“=”右侧是存储在变量中的值，即把“=”右侧的计算结果赋给“=”左侧的变量。包含“=”的语句被称为赋值语句。

**例 1-8：**

```
a=10              #整型变量
b=10.0            #浮点型变量
s="hello"         #字符串变量
```

Python 允许链式赋值，即可以在同一行代码中同时为多个变量赋同一个值，语法格式如下。

```
变量1=变量2=变量3=1
```

**例 1-9：**

```
a = b = c = 1
```

允许同步赋值，即可以同时为多个变量赋值，语法格式如下。

```
<变量1>,…, <变量N> = <表达式1>,…, <表达式N>
```

**例 1-10：**

```
a, b, c = 1, 2, "hello"
```

### 2. 数据类型

变量可以有不同类型的值，被称为数据类型（Data Type）。type()函数可以用来查看数据类型。

下面举例说明如何查看整型。

**例 1-11：**

```
a=10
print(type(a))
```

输出结果如下。

```
<class 'int'>
```

下面举例说明如何查看布尔型。

**例 1-12：**

```
b=True
print(type(b))
```

输出结果如下。

```
<class 'bool'>
```

下面举例说明如何查看浮点型。

**例 1-13：**

```
c=3.14
print(type(c))
```

输出结果如下。

```
<class 'float'>
```

下面举例说明如何查看字符串型。

**例 1-14：**

```
d="hello"
print(type(d))
```

输出结果如下。

```
<class 'str'>
```

根据上面的结果可知，10 是整型（int），3.14 是浮点型（float），True 是布尔型（bool），"hello"是字符串型（str）。

Python 中有 4 种数字类型：整型、布尔型、浮点型和复数类型。

（1）整型，如 1。Python 中的整数与数学中的整数的概念一致。整型没有取值范围限制。

（2）布尔型，如 True。布尔型取 True 或 False 中的一个值。

（3）浮点型，如 1.23、3E−2。浮点型带有小数点及小数，取值范围和精度基本无限制，运算存在不确定尾数。

（4）复数类型，如 1＋2j、1.1＋2.2j。Python 中的复数与数学中的复数的概念一致，如在 z＝a＋bj 中，a 是实数部分，b 是虚数部分，a 和 b 都是浮点型的，虚数部分用 j 或 J 标识。

Python 3 支持的运算类型包括加法、减法、乘法、除法、整除、取余和乘方。操作符如表 1-2 所示。

表 1-2 操作符

| 操作符 | 描述 |
| --- | --- |
| x + y | x 与 y 之和 |
| x − y | x 与 y 之差 |
| x * y | x 与 y 之积 |
| x / y | x 与 y 之商 |
| x // y | x 与 y 之整数商，即不大于 x 与 y 之商的最大整数，如 10//3 结果是 3 |
| x % y | x 与 y 之商的余数，也称模运算，如 10%3 结果是 1 |
| −x | x 的负值，即 x*(−1) |
| +x | x 本身 |
| x**y | x 的 y 次幂，即 $x^y$。当 y 是小数时，进行开方运算，如 10**0.5 结果是 $\sqrt{10}$ |

### 3．字符串

字符串是一种常用的数据类型。字符串是字符序列。字符串基本上就是一组单词。单词可以是英语也可以是其他由 Unicode 标准支持的语言。字符串用单引号、双引号或三引号引起来的一个或多个字符表示。

1）字符串的表示

（1）单引号：使用单引号指定字符串，所有空白（空格或制表符）都按原样保留。

（2）双引号：双引号中的字符串与单引号中的字符串的使用方法完全相同。

（3）三引号：使用三引号（'''或"""）指定多行字符串，可以在三引号中自由使用单引号和双引号。

**例 1-15：**

```
s1 = '字符串  '
s2 = "这是一个句子。"
s3 = """这是一个段落，
可以由多行组成"""
```

2）转义字符的处理

假如有一个字符串包含一个单引号，如何表示这个字符串呢？例如，字符串是 What's your name?，不能用'What's your name?'来表示。因为 Python 不知道字符串的起始位置和结束位置，所以应将字符串中间的这个单引号指定为不表示字符串结束。这可以在"\"的协助下实现，如将单引号指定为"\'"，也就是将字符串表示为'What\'s your name?'。除了可以使用"\"，还有一种方式就是使用双引号，如"What's your name?"。同样地，在使用双引号的字符串中必须使用"\\"。如果想指定两行字符串，该如何做呢？一种方式就是使用前面提到的三引号，或使用\n 表示新一行的开始。例如，This is the first line\nThis is the second line。另一种方式就是，使用\b 表示回退、使用\r 表示换行。还有许多转义字符，这里仅提到了常用的几个。如果想指定一些转义字符不被特殊处理，那么需要通过在字符串前面添加 r 或 R 以使字符串不发生转义。例如，在 r"this is a line with \n"中会显示\n，但并不表示换行。

3）索引和切片

通过位置可以访问字符串的内容。在 Python 的字符串中，字符是通过索引取得的，在字符串后面的方括号中提供所需字符的偏移量。如同在 C 语言中一样，Python 的偏移量从 0 开始，以比字符串长度小 1 的值结尾。与 C 语言不同的是，Python 还允许用负偏移量从序列中取得内容。技术上将负偏移量与字符串的长度相加，以生成正偏移量。当然，也可以把负偏移量当成从字符串结尾向前数。简而言之，Python 中的字符串有两种索引方式，即从左往右以 0 开始的正向递增序号和从右往左以−1 开始的负向递减序号，如图 1-40 所示。

正向递增序号

| 0 | 1 | 2 | 3 | 4 | 5 | 6 | 7 | 8 | 9 | 10 |
|---|---|---|---|---|---|---|---|---|---|---|
| H | e | l | l | o |  | W | o | r | l | d |
| −11 | −10 | −9 | −8 | −7 | −6 | −5 | −4 | −3 | −2 | −1 |

反向递减序号

图 1-40　Python 中字符串的两种索引方式

**例 1-16：**

```
s='Hello World '
print(s[0])                #从开头索引，输出结果为 d
print(s[-2])               #从末尾索引，输出结果为l
```

```
print(s[1:3])            #分片：提取片段，输出结果为el
print(s[1:])             #输出结果为ello World
print(s[:-1])            #输出结果为Hello Worl
```

归纳起来，访问 Python 的操作如下。

（1）索引（s[i]）：返回字符串中的单个字符。取偏移量 i 处的内容（第 1 项在偏移量 0 处）；负索引意味着从结尾开始数（相当于加上长度）。

s[0]：取回第 1 项；

s[−2]：取回倒数第 2 项（等同于 s[len(s)−2]）。

（2）切片（s[i:j]）：返回字符串中一个字符子串。提取序列中的邻近段，若忽略，则切片的边界默认值为 0 和序列的长度。

s[1:3]：从偏移量 1 处向上取到第 3 项，但不包括第 3 项。

s[1:]：从偏移量 1 处一直取到结尾。

s[:−1]：从偏移量 0 处一直取到结尾，但不包括最后 1 项。

（3）字符串切片的高级用法：使用[M:N:K]根据步长对字符串进行切片。

<字符串>[M:N]，M 缺失表示从起始位置 0 开始，N 缺失表示至结尾结束。

"〇一二三四五六七八九十"[:3]的结果是"〇一二"。

<字符串>[M:N:K]，根据步长 K 对字符串进行切片。

"〇一二三四五六七八九十"[1:8:2]的结果是"一三五七"。

"〇一二三四五六七八九十"[::−1]的结果是"十九八七六五四三二一〇"。

（4）字符串的加法操作和乘法操作。

加法操作用于将两个字符串连接成一个新字符串。

乘法操作用于生成一个由字符串本身重复连接而成的新字符串。

**例 1-17：**

```
S1= 'Hello'
S2= 'World '
print(S1+S2)          #输出结果为'HelloWorld'
print(3*S1)           #输出结果为'HelloHelloHello'
```

（5）常用的字符串处理函数。

常用的字符串处理函数如表 1-3 所示。

**表 1-3　常用的字符处理函数**

| 函数 | 描述 |
| --- | --- |
| len() | 返回字符串的长度，如 len("一二三 456")的结果为 6 |
| str() | 返回任意类型对应字符串的形式，如 str(1.23)的结果为"1.23"，str([1,2])的结果为"[1,2]" |
| hex() | 返回整数的十六进制小写形式字符串，如 hex(425)的结果为"0x1a9" |
| oct() | 返回整数的八进制小写形式字符串，如 oct(425)的结果为"0o651" |
| chr() | 参数为 Unicode，返回其对应的字符 |
| ord() | 参数为字符，返回其对应的 Unicode |

（6）字符串的常用方法。

字符串的常用方法有以下几种。

① upper()方法：将字符串中的小写字母转换为大写字母。

**例 1-18：**

```
str = "this is string example…wow!!!"
print(str.upper())          #输出结果为THIS IS STRING EXAMPLE…WOW!!!
```

② lower()方法：将字符串中的大写字母转换为小写字母。

**例 1-19：**

```
str = "THIS IS STRING EXAMPLE…WOW!!!"
print(str.lower())          #输出结果为this is string example…wow!!!
```

③ split()方法：通过指定分隔符对字符串进行切片，语法格式如下。

```
split(str="",num=-1)
```

str 表示分隔符，默认值为所有空字符，包括空格、换行符、制表符等。

num 表示分割次数，默认值为–1，即分隔所有。

如果参数 num 有指定值，那么将字符串分割为 num+1 个子串。

**例 1-20：**

```
url='www.baidu.com'
print(url.split ('.'))          #输出结果为['www', 'baidu', 'com']
```

④ replace()方法：将字符串中的旧字符串替换成新字符串后生成新字符串，语法格式如下。

```
replace(old, new [, max])
```

old 表示将被替换的旧字符串。

new 表示新字符串，用于替换旧字符串 old。

max 表示可选字符串，替换不超过 max 次。

如果指定参数 max，那么替换不超过 max 次。这种方法类似“查找和替换”功能。

**例 1-21：**

```
a='There is apples'
b=a.replace ('is','are' )
print(b)                    #输出结果为 'There are apples'
```

⑤ strip()方法：删除字符串开头或结尾的指定字符（默认值为空格）或字符序列，语法格式如下。

```
strip([chars])
```

chars 表示要删除开头或结尾指定字符的字符串。

strip()方法只能删除字符串开头或结尾的字符，不能删除字符串中间的字符。在通过爬虫得到的文本中，文本开头和结尾两侧常会有多余的空格，只需使用 strip()方法即可删除多余的空格。

**例 1-22：**

```
str='   Python is cool  '
print(str.strip())           #输出结果为 Python is cool
a='***Python *is *good***'
print(a.strip('*'))          #输出结果为 Python *is *good
```

⑥ join()方法：连接两个字符串序列，语法格式如下。

```
join(sequence)
```

sequence 表示要连接的字符串序列。

**例 1-23：**

```
s1="-"
s2=""
seq=("p", "y", "t", "h", "o", "n") #字符串序列
print (s1.join( seq ))              #输出结果为 p-y-t-h-o-n
print (s2.join( seq ))              #输出结果为 Python
```

⑦ find()方法：搜索指定的字符串，语法格式如下。

```
find(str, beg=0, end=len(string))
```

str 表示要搜索的指定的字符串。

beg 表示起始索引，默认值为 0。

end 表示结束索引，在默认情况下等于字符串的长度。

如果参数 beg 和参数 end 指定范围，那么检查参数 str 是否被包含在指定的范围内，若是则返回开始的索引，否则返回-1。

**例 1-24：**

```
str1 = "this is string example…wow!!!";
str2 = "exam";
print(str1.find(str2))       #输出结果为 15
print(str1.find(str2, 10))   #输出结果为 15
print(str1.find(str2, 40))   #输出结果为-1
```

⑧ format()方法：字符串格式化，语法格式如下。

```
<模板字符串>. format(<逗号分隔的参数>)
```

模板字符串由一系列槽组成，用来控制修改字符串中嵌入值出现的位置。其基本思想是将使用逗号分隔的参数按照序号关系替换到模板字符串的槽中。槽用花括号表示，如果花括号中没有序号，那么按照出现顺序替换。

**例 1-25：**

```
print("{}{} is {}".format("Python",3,"cool")) #输出结果为 'Python 3 is cool'
```

如果花括号中指定了使用参数的序号，那么按照序号对应的参数替换，参数从 0 开始编号。

**例 1-26：**

```
print("{1}{0} is {2}".format("Python",3,"cool"))#输出结果为'3Python is cool'
```

进行字符串格式化就像做选择题，留了空给做题者选择。在爬取数据的过程中，有些网页链接的部分参数是可变的，这时进行字符串格式化可以减少代码的使用量。

format()方法中模板字符串的槽除了可以包括参数序号，还可以包括格式控制信息。这时槽的内部样式如下。

```
{<参数序号>.<格式控制标记>}
```

其中，格式控制标记用来控制显示参数时的格式。格式控制标记如表 1-4 所示。

**表 1-4　格式控制标记**

| : | <填充> | <对齐> | <宽度> | <,> | <.精度> | <类型> |
|---|---|---|---|---|---|---|
| 引导<br>符号 | 用于填充的<br>单个字符 | <：左对齐<br>>：右对齐<br>^：居中对齐 | 指定当前槽的<br>设定<br>输出字符宽度 | 数字的千位分<br>隔符，适用于<br>整数和浮点数 | 浮点数小数部分<br>的精度或字符串<br>的最大输出长度 | 整型：b,c,d,o,x,X；<br>浮点型：e,E,f,% |

格式控制标记包括<填充>、<对齐>、<宽度>、<,>、<.精度>、<类型>6 个，它们都是可选的，可以组合使用。<宽度>、<对齐>、<填充>是相关的。如果该槽对应的参数 format 的长度比<宽度>的设定值大，那么使用参数的实际长度；如果该值的实际位数小于指定宽度，那么位数将被默认以空格补充。<对齐>指参数在指定宽度内输出时的对齐方式，分别使用“<”“>”“^”表示左对齐、右对齐和居中对齐。<填充>指用于填充的单个字符，默认采用空格表示，可以通过填充更换。

**例 1-27：**

```
print(>>>"{0:=^20}".format("Python"))        #输出结果为=======Python=======
print("{0:*>20}".format("Python"))          #输出结果为**************Python
print("{:10}".format("Python"))             #输出结果为 Python
```

<类型>表示整型和浮点型的格式规则。

对于整型，输出格式包括以下 6 种。

- b：输出整数的二进制形式。
- c：输出整数对应的 Unicode。
- d：输出整数的十进制形式。
- o：输出整数的八进制形式。
- x：输出整数的小写十六进制形式。
- X：输出整数的大写十六进制形式。

对于浮点型，输出格式包括以下 4 种。

- e：输出浮点数对应的小写字母 e 的指数形式。
- E：输出浮点数对应的大写字母 E 的指数形式。

- f：输出浮点数的标准浮点形式。
- %：输出浮点数的百分比形式。

**例 1-28：**

```
print("{0:,.2f}".format(12345.67890))          #输出结果为 12,345.68
print("{0:e},{0:E},{0:f},{0:%}".format(3.14))
#输出结果为 3.140000e+00,3.140000E+00,3.140000,314.000000%
print("{0:b},{0:c},{0:d},{0:o},{0:x},{0:X}".format(425))
#输出结果为 110101001,Ʃ,425,651,1a9,1A9
```

总体来说，常用字符串的操作如表 1-5 所示。

表 1-5 常用字符串的操作

| 操作 | 描述 |
| --- | --- |
| + | 连接 |
| * | 重复 |
| <string>[ ] | 索引 |
| <string>[ : ] | 剪切 |
| len(<string>) | 返回字符串的长度，如 len("一二三 456")的结果为 6 |
| <string>.upper() | 将字符串中的小写字母转换为大写字母 |
| <string>.lower() | 将字符串中的大写字母转换为小写字母 |
| <string> .split(str="",num=−1) | 按指定字符分割字符串为数组 |
| <string>.replace(old, new [, max]) | 将字符串中的旧字符串替换成新字符串后生成新字符串 |
| <string>. strip([chars]) | 删除字符串开头或结尾的指定字符 |
| <string>. join(sequence) | 连接两个字符串序列 |
| <string> .find(str, beg=0, end=len(string)) | 搜索指定的字符串 |
| <string>.format(<逗号分隔的参数>) | 字符串格式化 |
| for <var> in <string> | 字符串迭代（Iterates） |

## 1.2.3 逻辑控制

### 1．程序的基本结构

任何程序都由 3 种基本结构（顺序结构、分支结构和循环结构）组成。这 3 种基本结构有一个统一的特点，即只有一个入口和一个出口。

顺序结构是程序顺序执行的一种运行方式。顺序结构的流程如图 1-41 所示。其中，语句块 1 和语句块 2 表示一个或一组顺序执行的语句。

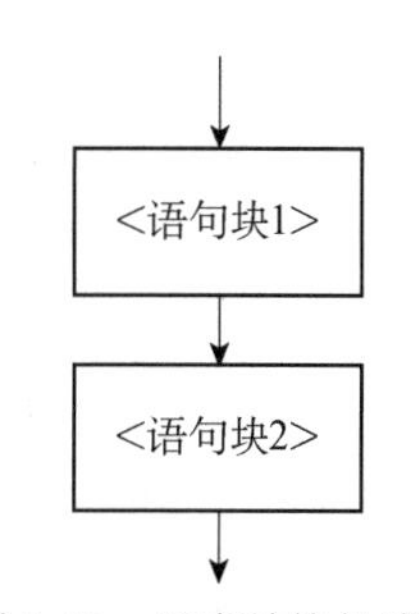

图 1-41 顺序结构的流程

分支结构是程序根据条件判断结果选择不同向前执行路径的一种运行方式，包括单分支结构和二分支结构。分支结构的流程如图 1-42 所示。二分支结构可以组合形成多分支结构。

循环结构是程序根据条件判断结果向后反复执行的一种运行方式。根据循环体触发条件的不同，循环结构包括条件循环结构和遍历循环结构。循环结构的流程如图 1-43 所示。

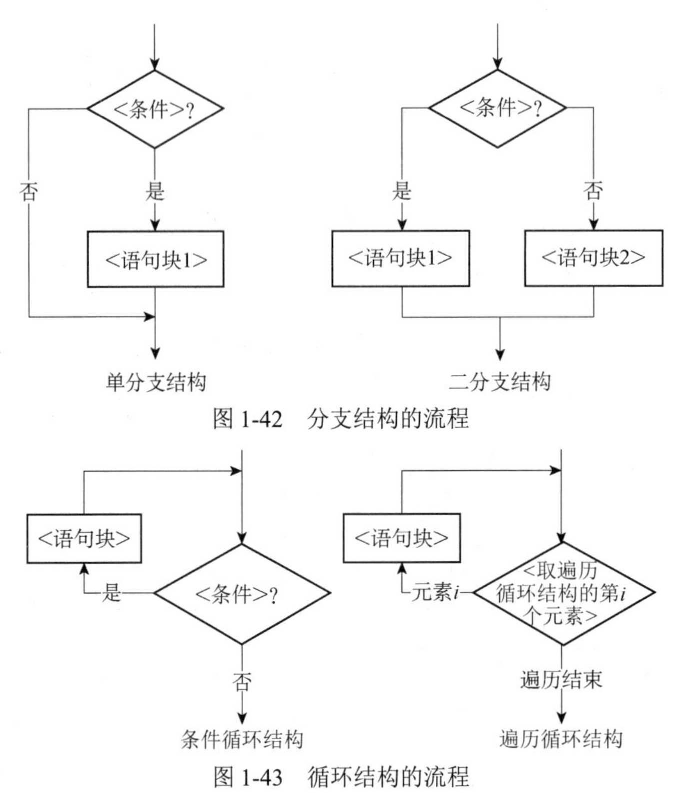


图 1-42　分支结构的流程

图 1-43　循环结构的流程

## 2. 分支结构

1）单分支结构：if 语句

Python 中 if 语句的语法格式如下。

```
if <条件>:
<语句块>
```

if 语句中语句块执行与否依赖于条件判断，但无论什么情况，都会转到 if 语句后面与该语句同级别的下一条语句。

if 语句中的条件部分可以使用任何能产生 True 或 False 的语句。形成判断条件常用的方式是采用关系操作。Python 中的 6 种关系操作符及对应的数学符号如表 1-6 所示。

表 1-6　Python 中的 6 种关系操作符及对应的数学符号

| 关系操作符 | 数学符号 | 描述 |
|---|---|---|
| < | < | 小于 |
| <= | ≤ | 小于或等于 |
| >= | ≥ | 大于或等于 |
| > | > | 大于 |
| == | = | 等于 |
| != | ≠ | 不等于 |

应特别注意，Python 使用“=”表示赋值，使用“==”表示等于。

Python 中用于条件组合的操作符的使用如表 1-7 所示。

表 1-7　Python 中用于条件组合的操作符的使用

| 操作符的使用 | 描述 |
| --- | --- |
| x and y | 条件 x 和 y 的逻辑与 |
| x or y | 条件 x 和 y 的逻辑或 |
| not x | 条件 x 的逻辑非 |

**例 1-29：**

```
number = 23
guess = int(input('Enter an integer : '))
if guess == number:
    print('猜对了')
```

在这个程序中，首先将变量 number 设置为整数，如 23，其次通过内置的 input()函数来获取用户的猜测数。程序中为内置的 input()函数提供了输出到屏幕上的字符串“('Enter an integer : ')”并等待用户输入。一旦用户输入了某些内容并按 Enter 键，input()函数就会以字符串形式返回用户输入的内容。通过 int()函数将输入的数值型字符串转换为整数并存储到变量 guess 中。将用户提供的变量 guess 的值与用户选择的变量 number 的值进行对比，如果相等，那么输出一条成功信息“'猜对了'”。

2）二分支结构：if...else 语句

Python 中 if...else 语句的语法格式如下。

```
if <条件>:
<语句块1>
else:
<语句块2>
```

语句块 1 是在 if 条件满足（True）后执行的语句，语句块 2 是在 if 条件不满足（False）后执行的语句。

修改上面的程序，将用户提供的变量 guess 的值与用户选择的变量 number 的值进行对比。如果二者相等，那么输出一条成功信息；否则，输出一条出错信息。

**例 1-30：**

```
number = 23
guess = int(input('Enter an integer : '))
if guess == number:
   print(''猜对了'')
else:
   print('猜错了')
```

二分支结构还有一种更简洁的表达方式。适用于简单表达式的二分支结构的语法格式如下。

```
<表达式1> if     <条件> else <表达式2>
```

上述二分支结构的程序改成紧凑形式如下。

**例 1-31：**

```
number = 23
guess = int(input('Enter an integer : '))
print("猜{}了".format("对" if guess==number else "错"))
```

3）多分支结构：if…elif…else 语句

Python 的 if…elif…else 语句的语法格式如下。

```
if <条件1> :
    <语句块1>
elif <条件2> :
    <语句块2>
…
else :
    <语句块N>
```

多分支结构是二分支结构的扩展，通常用于设置同一个判断条件的多条执行路径。程序依次寻找第一个结果为 True 的条件，执行该条件下的语句块，结束后跳过整个多分支结构，执行后面的语句。如果没有任何条件成立，那么 else 语句中的语句块将被执行。其中，else 语句是可选的。

下面将上述猜数游戏改造成多分支结构。

**例 1-32：**

```
number = 23
guess = int(input('Enter an integer : '))
if guess == number:
    #新代码块从这里开始
    print('猜对了')
    print('但是还得不到奖励')
    #新代码块在这里结束
elif guess < number:
    #另一个代码块
    print('请猜一个更大一些的数字')
    #在这里可以做任何想做的事
else:
    print('请猜一个更小一些的数字')
    #必须通过猜测一个大于设定值的数字来到达这里
print('完成')
```

将用户提供的变量 guess 的值与用户选择的变量 number 的值进行对比。如果二者相等，那么输出一条成功信息，否则检查变量 guess 的值是否小于变量 number 的值。若是，则告诉用户他们必须猜一个更大一些的数字。上述程序实际上是将两条相连的 if…else 语句合并成一条 if…elif…else 语句。使用该语句可以使程序更加简洁。

Python 完整地执行了 if 语句及与其相关的 elif 语句和 else 语句后，将会移动到包含 if 语句的代码块的下一条语句中。这里的主代码块（程序开始执行的地方）的下一条语句就是“print('完成')”。完成这些工作后，Python 会发现已行至程序结尾。

### 3．循环结构

Python 通过 while、for 等关键字提供条件循环结构和遍历循环结构。

1）条件循环结构：while 语句

条件循环是当循环条件满足时，循环操作一直执行下去。循环操作直到特定循环条件不被满足时才结束，不需要提前确定循环次数。条件循环也称无限循环。

Python 通过关键字 while 实现条件循环，语法格式如下。

```
while <条件>:
    <语句块>
```

其中的条件与 if 语句中的判断条件一样，结果为 True 或 False。

while 语句同样可以拥有 else 语句作为可选项，语法格式如下。

```
while   <条件>:
    <语句块1>
else:
    <语句块2>
```

下面将猜数游戏改造成循环结构。

**例 1-33：**

```
number = 23
running = True
while running:
    guess = int(input('Enter an integer : '))
    if guess == number:
        print('猜对了')
        #这将导致 while 语句的循环中止
        running = False
    elif guess < number:
        print('请猜一个更大一些的数字')
    else:
        print('请猜一个更小一些的数字')
else:
    print('while 语句的循环结束')
    #在这里可以做任何想做的事
print('Done')
```

上述程序依旧通过猜数游戏来演示。上述程序的优点在于允许用户持续猜测直到猜中为止，无须像上一个程序那样每次猜测都要重新运行程序。这种变化可以很好地演示 while

语句的作用。在 while 语句的循环开始前应将变量 running 的值设置为 True。在循环开始时，首先检查变量 running 的值是否为 True，其次执行相应的代码块。代码块被执行后，将会重新对变量 running 的值进行检查。如果为 True，那么代码块将再次被执行，否则将继续执行 else 语句。else 语句在 while 语句循环的条件为 False 时开始执行。while 语句循环中的 else 语句将会一直被执行，除非程序中通过 break 语句来中断这一循环。

2）遍历循环结构：for 语句

Python 通过关键字 for 实现遍历循环，语法格式如下。

```
for <循环变量> in <遍历结构>:
    <语句块>
```

for 语句是另一种循环语句，特点是在一系列对象上进行迭代，即程序将遍历序列中的每个项目。可以将序列理解为一系列项目的有序集合。有关它的更多内容将在后面的章节中进行介绍。

遍历循环也可以拥有 else 语句作为可选项，语法格式如下。

```
for <循环变量> in <遍历结构>:
    <语句块1>
else:
    <语句块2>
```

**例 1-34：**

```
for i in range(1, 5):
    print(i)
else:
    print('The for loop is over')
```

上述程序输出了一个序列的数字。通过内置的 range()函数生成这一数字序列。range()函数将会返回这个序列的数字，从第一个数字开始，到第二个数字结束。例如，range(1,5)将输出序列[1, 2, 3, 4]。for 语句将在这一范围内展开迭代，上述程序中的 for i in range(1,5)等价于 for i in [1,2, 3, 4]，这个操作会依次将列表中的每个数字（或对象）分配给 i，一次一个，并以每个 i 的值执行语句块。同样，else 语句是可选项。当循环中包含 else 语句时，它总会在 for 语句的循环结束后开始执行，除非程序遇到 break 语句。

此外，for 语句能在任何序列中工作。遍历可以使用字符串、列表、文件等结构。

（1）字符串遍历循环，语法格式如下。

```
for c in s:
    <语句块>
#s是字符串，遍历字符串中的每个字符，产生循环
```

（2）列表遍历循环，语法格式如下。

```
for item in ls:
    <语句块>
#ls是列表，遍历列表中的每个元素，产生循环
```

（3）文件遍历循环，语法格式如下。

```
for line in fi:
    <语句块>
#fi是文件标识符，遍历每行，产生循环
```

3）break 语句和 continue 语句

循环结构中的 break 语句和 continue 语句用于辅助控制循环语句的执行。

break 语句用于中断循环语句，结束整个循环。

**例 1-35：**

```
while True:
    s = input('Enter something : ')
    if s == 'quit':
        break
    print('string is', s)
print('Done')
```

上述程序重复接收用户输入的内容并把每次输入的内容输出。通过检查用户输入的是否为'quit'这一特殊条件来判断是否应该结束程序。通过中断循环语句并转至程序结尾来结束这一程序。break 语句同样适用于 for 语句的循环。

break 语句有能力跳出当前层次的 for 语句或 while 语句的循环，脱离该循环后程序从循环后的代码开始继续执行。

**例 1-36：**

```
for s in "BIT":
    for i in range(10):
        print(s)
        if s=="I":
            break
print('Done')
```

continue 语句用来结束本次循环，即跳出本次循环中下面尚未执行的语句，但不跳出当前循环，继续当前循环的下一次迭代。对于 while 语句的循环，继续求解循环条件。

**例 1-37：**

```
while True:
    s = input('Enter something : ')
    if s == 'quit':
        break
    if len(s) < 3:
        print('Too small')
        continue
    print('Input is of sufficient length')
    #自此处起继续进行任何其他处理
```

输出结果如下。

```
Enter something : ab
Too small
Enter something : abcd
Input is of sufficient length
Enter something : quit
```

本程序使用 input()函数接收来自用户输入的内容，并使用内置的 len()函数获取字符串的长度，当字符串的长度至少为 3 时程序将对其进行处理。如果字符串的长度小于 3，那么程序使用 continue 语句跳过循环中的剩余语句。否则，循环中的剩余语句将被执行。

对于 for 语句的循环，通过 continue 语句结束当前循环后，继续遍历循环列表。

**例 1-38：**

```
for s in "BIT":
    for i in range(2):
        print(s)
        if s=="I":
            break
    if s == "T":
        continue
print('Done')
```

输出结果如下。

```
B
B
I
T
T
Done
```

continue 语句和 break 语句的区别如下。

continue 语句用于只结束本次循环，而不终止整个循环的执行。

break 语句则用于结束整个循环，不再判断执行循环的条件是否成立。

## 1.3 Python 序列的应用

序列是 Python 中的基本数据类型。序列是一个元素向量，元素之间存在先后关系，通过序号访问，元素之间不排他。序列对象是可迭代的，可以理解为能遍历该对象的内部元素。序列的基本思想和表示方法均来源于数学概念。序列是一块用于存放多个值的连续内存空间，并且按一定顺序排列。Python 中有很多数据类型都是序列，其中比较重要的有列表、元组、集合、字典和字符串。由于字符串已经在前面章节中介绍过，因此本节不再赘述。序列支持成员关系操作符（in）、长度计算函数（len()函数）、索引和切片（[]），元素本身也可以是序列。序列的通用操作符、函数和方法如表 1-8 所示。

**表 1-8　序列的通用操作符、函数和方法**

| 操作符、函数和方法 | 描述 |
|---|---|
| x in s | 如果 x 是序列 s 的元素，那么返回 True，否则返回 False |
| x not in s | 如果 x 是序列 s 的元素，那么返回 False，否则返回 True |
| s + t | 将序列 s 和 t 连接 |
| s*n 或 n*s | 将序列 s 复制 n 次 |
| s[i] | 索引，返回序列 s 中索引为 i 的元素 |
| s[i: j] 或 s[i: j: k] | 切片返回序列 s 中从 i 到 j 以 k 为步长的元素的子序列，s[i:j]的步长为 1 |
| len(s) | 返回序列 s 的长度 |
| min(s) | 返回序列 s 中的最小元素（序列 s 中的元素可以比较） |
| max(s) | 返回序列 s 中的最大元素（序列 s 中的元素可以比较） |
| s.index(x)或 s.index(x, i, j) | 返回序列 s 从 i 到 j -1 中第一次出现元素 x 的位置，s.index(x)默认为整个序列中 x 的位置 |
| s.count(x) | 返回序列 s 中出现 x 的总次数 |
| reversed(s) | 返回序列 s 逆序排列后的迭代器 |
| sorted(s,key,reverse) | 返回可迭代对象 s 排序后的新列表，key 用来指定排序规则，reverse 用来指定是顺序排列的还是逆序排列的 |
| enumerate(s[,start]) | 返回 enumerate 对象，其是一个迭代器，该迭代器的元素是由参数 s 的索引和值组成的元组 |
| zip(s1[,s2[…]]) | 返回 zip 对象，其是一个迭代器，该迭代器的第 n 个元素是由每个可迭代对象的第 n 个元素组成的元组 |

## 1.3.1　列表

在爬虫实战中，使用列表的概率非常大，无论是构造出的多个 URL，还是爬取到的数据，大多数都是列表。

### 1．列表的定义格式

**例 1-39：**

```
ls = ["cat", "dog", "tiger", 1024] #用方括号表示
print(ls)                          #输出结果为['cat', 'dog', 'tiger', 1024]
#用list()函数将元组或字符串转换为列表
ll = list((1,2,["cat", "dog", "tiger", 1024]))
print(ll)                          #输出结果为[1, 2, ['cat', 'dog', 'tiger', 1024]]
lt = ["monkey","snake",ls]  #列表中的元素可以是列表
print(lt)   #输出结果为['monkey', 'snake', ['cat', 'dog', 'tiger', 1024]]
```

列表的显著特征有以下 3 个。

（1）列表中的每个元素都是可变的，这意味着可以对列表进行增加、删除、修改操作。

（2）列表中的元素是有序的，也就是说列表中的每个元素都有对应的位置（类似字符

串的切片和索引）。

（3）列表中可以容纳所有对象。

### 2. 列表的常用操作函数和方法

列表的常用操作函数和方法如表 1-9 所示。

表 1-9　列表的常用操作函数和方法

| 函数和方法 | 描述 |
| --- | --- |
| ls[i] = x | 将列表 ls 中索引为 i 的元素替换为元素 x |
| ls[i: j: k] = lt | 用列表 lt 替换列表 ls 切片后对应的元素子列表 |
| del ls[i] | 删除列表 ls 中索引为 i 的元素 |
| del ls[i: j: k] | 删除列表 ls 中索引为从 i 到 j 且以 k 为步长的元素 |
| ls += lt | 更新列表 ls，将列表 lt 中的元素增加到列表 ls 中 |
| ls *= n | 更新列表 ls，使其元素重复 n 次 |
| ls.append(x) | 在列表 ls 的结尾增加元素 x |
| ls.clear() | 删除列表 ls 中的所有元素 |
| ls.copy() | 生成一个新列表，为列表 ls 中的所有元素赋值 |
| ls.insert(i,x) | 在列表 ls 的第 i 个元素后增加元素 x |
| ls.pop(i) | 将列表 ls 中的第 i 个元素取出并删除 |
| ls.remove(x) | 将列表 ls 中的第 1 个元素 x 删除 |
| ls.reverse() | 将列表 ls 中的元素反转 |
| ls.count(x) | 返回在列表中出现元素 x 的总次数 |
| ls.extend(t) | 将可迭代对象 t 的每个元素添加到列表结尾 |
| ls.index(x,i,j) | 返回元素 x 在列表 ls 中从 i 到 j-1 第一次出现下标索引的位置 |
| ls.sort(key=None,reverse=False) | 将列表 ls 排序。key 用来指定排序的规则，默认值为 None，表示按照列表的元素排序，要求每个元素的数据类型相同。reverse 的值如果为 True，那么表示列表以降序排列；如果为 False，那么表示列表以升序排列 |

## 1.3.2　元组

元组是包含 0 个或多于 0 个的数据项的不可变序列类型。

### 1. 元组的定义格式

使用圆括号或 tuple()函数可以创建元组，元组中的元素之间用逗号分隔。

**例 1-40：**

```
creature = "cat", "dog", "tiger", "human"          #使用逗号将元素隔开
print(creature)                      #输出结果为('cat', 'dog', 'tiger', 'human')
color = (0x001100, "blue", creature)
#一个元组可以作为另一个元组的元素，采用多级索引获取信息
print(color)    #输出结果为(4352, 'blue', ('cat', 'dog', 'tiger', 'human'))
```

元组的显著特征：元组是固定的，元组一旦创建就不能修改，其中的任何数据项都不

能被替换或删除。

元组在表达固定数据项、函数多返回值、多变量同步赋值、循环遍历等情况下十分有用。

**例 1-41：**

```
def func(x):                                          #函数多返回值
    return x,x**3
a , b ='dog', 'tiger'                                 #多变量同步赋值
a , b = (b, a)
for x,y in ((1,0),(2,5),(3,8)):
    print(x+y)
```

### 2. 元组的通用操作函数和方法

元组继承了序列的全部通用操作函数和方法。由于元组一旦创建就不能修改，因此元组没有特殊操作。

## 1.3.3 集合

Python 中的集合与数学中的集合的概念一致。集合元素无序，是唯一的，不存在相同元素。当一个对象的存在比其顺序或出现的次数重要时，使用集合。

### 1. 集合的定义格式

**例 1-42：**

```
A = {"Python", 123, ("Python",123)} #使用花括号创建集合
print(A)                            #输出结果为{('Python', 123), 123, 'Python'}
B = set("pypy123")                  #使用set()函数创建集合
print(B)                            #输出结果为{'1', '3', 'y', 'p', '2'}
C = {"Python",123, "Python",123}
print(C)                            #输出结果为{123, 'Python'}
```

### 2. 集合的常用操作函数和方法

集合的常用操作函数和方法如表 1-10 所示。

表 1-10　集合的常用操作函数和方法

| 函数和方法 | 描述 |
|---|---|
| in | 返回 True/False，判断是否为集合的成员 |
| not in | 返回 True/False，判断是否不为集合的成员 |
| == | 判断集合是否相等 |
| != | 判断集合是否不相等 |
| S <= T 或 S < T | 返回 True/False，判断 S 和 T 的子集关系 |
| S >= T 或 S > T | 返回 True/False，判断 S 和 T 的超集关系 |
| S \| T | 返回 S 和 T 的合集 |

续表

| 函数和方法 | 描述 |
| --- | --- |
| S - T | 返回 S 和 T 的补集 |
| S & T | 返回 S 和 T 的交集 |
| S ^ T | 返回一个新集合，包括 S 和 T 中的非相同元素 |
| s.add(x) | 如果元素 x 不在集合 s 中，那么将元素 x 增加到集合 s 中 |
| s.discard(x) | 移除集合 s 中的元素 x，如果元素 x 不在集合 s 中，那么不报错 |
| s.remove(x) | 移除集合 s 中的元素 x，如果元素 x 不在集合 s 中，那么返回 KeyError 异常 |
| s.clear() | 移除集合 s 中的所有元素 |
| s.pop() | 随机返回集合 s 中的一个元素，更新集合 s，若集合 s 为空则返回 KeyError 异常 |
| s.copy() | 返回集合 s 的一个副本 |
| len(s) | 返回集合 s 中元素的个数 |
| x in s | 判断元素 x 是否在集合 s 中，若在则返回 True，否则返回 False |
| x not in s | 判断元素 x 是否不在集合 s 中，若不在则返回 True，否则返回 False |
| set(x) | 将其他类型的元素 x 转换为集合 |

## 1.3.4 字典

字典类似于通过联系人名称查找联系人地址和详细情况的地址簿，即把键（名称）和值（详细情况）联系在一起。要注意的是，键必须是唯一的，就像如果有两个人恰巧同名，那么无法找到正确的信息。

注意，只能使用不可变对象（字符串等）作为字典的键，可以把不可变或可变对象作为字典的值。

### 1. 字典的定义格式

使用花括号和 dict()函数可以创建字典，键值对用冒号表示。

**例 1-43：**

```
Dcountry={"中国":"北京", "美国":"华盛顿", "法国":"巴黎"}    #创建字典
print(Dcountry)     #输出结果为{'中国': '北京', '美国': '华盛顿', '法国': '巴黎'}
DP={}                                          #使用花括号创建空字典
print(DP)                                      #输出结果为{}
info=[('Lily',3000),('Maya',4000),('Ada',5000)]
dinfo=dict(info)                               #使用dict()函数创建字典
```

字典是实现键值对映射的数据类型，有以下 3 个特征。

（1）字典是一个键值对的集合，该集合以键为索引，一个键只对应一个值。

（2）字典中的元素以键为索引访问。

（3）字典的长度是可变的，可以通过对键赋值来增加或修改键值对。

### 2. 字典的常用操作函数和方法

字典的常用操作函数和方法如表 1-11 所示。

表 1-11　字典的常用操作函数和方法

| 函数和方法 | 描述 |
| --- | --- |
| del d[k] | 删除字典 d 中键 k 对应的值 |
| k in d | 判断键 k 是否在字典 d 中，若在则返回 True，否则返回 False |
| d.keys() | 返回字典 d 中的所有键 |
| d.values() | 返回字典 d 中的所有值 |
| d.items() | 返回字典 d 中的所有键值对 |
| d.copy() | 返回字典 d 的副本 |
| d.get(k, <default>) | 若键 k 存在则返回相应值，否则返回<default>值 |
| d.pop(k, <default>) | 若键 k 存在则取出相应值，否则返回<default>值 |
| d.popitem() | 随机从字典 d 中取出一个键值对，并将其以元组形式返回 |
| d.clear() | 删除所有键值对 |
| d.update(d2) | 将字典 d2 中的键值对添加到字典 d 中，若键存在，则更新键对应的值 |
| len(d) | 返回字典 d 中元素的个数 |

## 1.4　函数

### 1.4.1　函数的定义和调用

函数是一个具有特定功能且可重用的代码块。如果有一个需要被重复运行的代码块，那么可以将这个代码块定义为函数，在程序中可以通过调用函数的方法任意多次地运行这个代码块。例如，len()函数和 range()函数就是 Python 内置的函数。使用函数主要有两个目的：提高程序的可阅读性、降低编程重复率和复杂度。可以将一个复杂的原始问题分解为多个简单的子任务，并将这些子任务继续划分成更小的问题，为每个小问题设计算法，将描述其算法的一组语句封装为函数。解决了各个小问题后，大问题也就迎刃而解了。

#### 1. 函数的定义

Python 使用关键字 def 定义一个函数。定义函数的语法格式如下。

```
def <函数名>(<参数列表(0个或多于0个)>) :
    <函数体>
    return   <返回值列表>
```

关键字 def 表示函数开始，在第 1 行书写，该行被称为函数首部，使用一个冒号结束。

关键字 def 后面跟的是函数名，是一个标识符。

函数名后面跟的是一对圆括号。圆括号中可以包括 0 个、1 个或更多个参数。这里的参数是形式参数，简称形参。

在需要返回值时，应使用 return 语句；在不需要返回值时，可以不使用 return 语句。

**例 1-44：**

```
def sayHello():
```

```
    print('Hello World!') #block belonging to the function
    #定义函数结束
sayHello()            #调用函数
sayHello()            #再次调用函数
```

输出结果如下。

```
Hello World!
Hello World!
```

上述程序定义了一个 sayHello()函数。由于这个函数不使用任何参数，因此圆括号中没有参数。由于这个函数不需要返回值，因此没有使用 return 语句。

### 2. 函数的调用

调用函数的语法格式如下。

```
<函数名>(<参数列表>)
```

在调用函数时，参数列表中要给出传入函数的参数，这类参数被称为实际参数，简称实参。

在调用一个函数时，需要执行以下 4 个步骤。

（1）调用程序在调用处暂停执行。

（2）将实参复制给形参。

（3）执行函数体。

（4）函数调用结束，给出返回值，程序返回到调用前的暂停处继续执行。

## 1.4.2 函数的参数

函数的参数分为形参和实参。形参是定义函数时圆括号中的参数，实参是调用函数时传递的参数。

**例 1-45：**

```
def printMax(a, b):
    if a > b:
        print(a, 'is maximum',b)
    else:
        print(b, 'is maximum')
printMax(3, 4)
x = 5
y = 7
printMax(x, y)
```

输出结果如下。

```
4 is maximum
7 is maximum
```

上述程序首先定义了一个 printMax()函数，它有两个形参，分别是 a 和 b。在函数内部，使用 if...else 语句找出并输出二者中较大的数。在第一次调用 printMax()函数时，直接把实参提供给函数。在第二次调用 printMax()函数时，使用变量调用函数。printMax(x,y)将实参 x 的值赋给形参 a，将实参 y 的值赋给形参 b。在两次调用过程中，printMax()函数的工作内容完全相同。Python 中参数的功能非常灵活、强大，具体如下。

### 1．位置参数与关键字参数

位置参数是按照位置顺序将实参传递给形参的。在调用函数时，默认按照位置顺序将实参传递给形参。按照位置顺序传递参数的方法固然很好，但当参数很多时，这种方法的可读性较差。假设 func()函数有 6 个参数，它的定义如下，参数用于表示两组三维坐标值。

**例 1-46：**

```
def func(x1, y1, z1, x2, y2, z2):
    return
```

调用代码如下。

```
result = func(1, 2, 3, 4, 5, 6)
```

如果仅看实际调用而不看参数的定义，那么很难理解输入参数的含义。在规模稍大的程序中，函数的定义可能在函数库中，也可能与调用程序的代码相距很远，导致可读性较差。为了解决上述问题，Python 提供了按照形参名输入实参的方式，调用代码如下。

```
result = func(x2=4,y2=5, z2=6, x1=1,y1=2,z2=3)
```

关键字参数使用关键字而不是位置来给函数指定实参。在使用关键字参数调用函数时，每个参数的含义更清晰。可以任意调整关键字参数的顺序，可以只给想传递参数的那些形参赋值。

**例 1-47：**

```
def func(a, b=5, c=10):
    print('a is', a, 'and b is', b, 'and c is', c)
func(3, 7)
func(25, c=24)
func(c=50, a=100)
```

输出结果如下。

```
a is 3 and b is 7 and c is 10
a is 25 and b is 5 and c is 24
a is 100 and b is 5 and c is 50
```

换一个角度来看关键字参数，关键字参数实际上是在函数参数中使用的字典，定义函数时使用的形参实际上是字典的键。

### 2. 默认参数

对于一些函数，有些参数是可选的，如果用户不想要这些参数提供值，那么可以使用默认值。具有默认值的参数是默认参数。在函数定义的形参名后面添加赋值语句可以给形参指定默认参数。

**例 1-48：**

```
def printinfo(name, age=35):        #输出任何传入的字符串
    print("名字: ", name)
    print("年龄: ", age)
    return
printinfo(age=50, name="lily")    #调用printinfo()函数
print("-----------------------")
printinfo(name="lily")
```

输出结果如下。

```
名字: lily
年龄: 50
-----------------------
名字: lily
年龄: 35
```

默认参数的形参一定要位于参数列表结尾，即在声明函数的形参时必须先声明没有默认值的形参，这是因为形参默认是根据位置赋值的。例如，def printinfo(name, age=35)是有效的，而 def printinfo(age=35, name)是无效的。

此外，默认值只会解析一次。当默认值是一个可变对象（列表、字典或大部分类实例）时，会产生一些差异。以下函数在后继的调用中会积累参数值。

**例 1-49：**

```
def f(a, L=[]):
    L.append(a)
    return(L)
print(f(1))
print(f(2))
print(f(3))
```

输出结果如下。

```
[1]
[1, 2]
[1, 2, 3]
```

要想避免在调用函数时出现共享可变参数默认值的情况，可以参考例 1-50 编写函数。

**例 1-50：**

```
def f(a, L=None):
```

```
    if L is None:
        L=[]
    L.append(a)
    return(L)
```

### 3. 可变参数

在 Python 中，经常可以看到函数中有*args 和**kwargs 这样的参数。这是 Python 的可变参数，也经常被称为不定长参数。如果参数前有“*”，那么表示任意数量的位置参数，参数在函数内部被封装为元组；如果参数前有“**”，那么表示任意数量的关键字参数，参数在函数内部被封装为字典。

**例 1-51：**

```
def fact(n,*b) :
    s=1
    for item in b:
        s*=item
    return s
print(fact(10,3,5,8))
```

输出结果如下。

```
120
```

在定义可变参数的函数时，使用“*”来实现。如例 1-51 在形参 b 前添加一个“*”，“*”是可变参数的标记。在这些可变参数前，可以有 0 到多个普通参数。带有“*”的可变参数只出现在参数列表结尾。调用函数后，这些可变参数会被当作元组传递到函数中。

## 1.4.3 变量的作用域

变量的作用域一般包括局部作用域（Local Scope）、嵌套作用域（Enclosed Scope）、全局作用域（Global Scope）和内置作用域（Built-in Scope）。局部变量是暂时存在的，依赖于创建该局部作用域的函数，在退出函数时释放局部变量。嵌套变量是在函数中嵌套函数时外层函数的变量作用域，即内层函数可以引用外层函数定义的变量，此时变量的作用域是嵌套作用域。一般模块文件顶层声明的变量具有全局作用域。内置变量就是 Python 的解释器内置的变量，如 int、str 等。Python 中变量的作用域遵循 LEGB 规则。在创建变量时，下层变量会覆盖作用域中的同名上层变量，但不会改变上层变量的值，除非使用关键字 global 和 nonlocal 声明。

### 1. 全局变量和局部变量

全局变量指在函数外部使用的变量，在程序执行的全过程中有效。局部变量指在函数内部使用的变量，仅在函数内部有效，在退出函数时该变量将不存在。在函数内部声明的变量与函数外部具有相同名称的变量没有任何关系，即变量名对函数来说是局部的。所有变量的作用域都是从它们的名称被定义时开始的。

**例 1-52：**

```
x = 50                                    #x是全局变量
def func(x):
    print('x is', x)
    x = 2                                 #x是在函数内部新生成的局部变量，不是全局变量
    print('Changed local x to', x)
func(x)
print('x is still', x)                    #测试全局变量x是否被改变
```

输出结果如下。

```
x is 50
Changed local x to 2
x is still 50
```

在函数中第一次使用 x 的值时，Python 使用了函数声明形参的值。

接下来定义了局部变量 x 且给 x 赋值 2。因此，print('Changed local x to', x)中 x 的值为函数中定义的局部变量的值。

在 print('x is still', x)中，因为已经退出了函数，所以局部变量被释放，输出的是全局变量 x 的值。

局部变量和全局变量是不同的变量，要注意局部变量是函数内部的占位符，与全局变量可能重名但作用域不同。函数运算结束后，局部变量会被释放。

### 2. 关键字 global

Python 的解释器遵循一个原则，即在局部变量（包括形参）和全局变量重名时，局部变量屏蔽全局变量。不可以在函数内部改变全局变量的值，若需要在函数内部改变全局变量的值，则应使用关键字 global。

**例 1-53：**

```
x = 50
def func():
    global x                  #声明x是全局变量
    print('x is', x)
    x = 2
    print('Changed global x to', x)
func()
print('Value of x is',x)
```

输出结果如下。

```
x is 50
Changed global x to 2
Value of x is 2
```

可以使用关键字 global 同时指定多个全局变量。例如，global x, y, z。要注意，如果全局变量不是整数而是列表，那么结果会不一样。

**例 1-54：**

```
ls = ["F", "f"]                        #通过使用方括号创建一个全局变量列表ls
def func(a) :
    ls.append(a)                       #此处的ls是列表，未被真实创建，等同于全局变量
    return
func("C")                              #列表ls被修改
print(ls)                              #测试列表ls是否已被修改
```

输出结果如下。

```
['F', 'f', 'C']
```

与之前的整数 x 不同，在调用 func()函数后列表竟然发生了改变，这是为什么呢？

列表等数据类型在使用时有创建和引用的区别。列表只有被赋值（无论是否为空）时，才会被创建，否则只是对之前创建的列表的一次引用。上述程序中 func()函数的 ls.append(a) 在执行时需要一个真实创建的列表，由于此时 func()函数专属的内存中没有了已经创建且名称为 ls 的列表，因此 func()函数进一步寻找全局内存，自动关联列表 ls，并修改其内容。退出 func()函数后，列表 ls 中的内容会被修改。简单来说，函数可以直接使用列表而不需要使用关键字 global 进行声明。如果 func()函数内部存在一个真实创建且名称为 ls 的列表，那么 func()函数将操作该列表而不会修改全局变量。

**例 1-55：**

```
ls= ["F", "f"]                         #通过使用方括号真实创建一个全局变量列表ls
def func(a):
    ls   = []                          #此处的ls是列表，为真实创建，ls是局部变量
    ls.append(a)
    return
func("C")                              #局部变量ls被修改
print(ls)
```

输出结果如下。

```
['F', 'f']
```

函数对变量的作用应遵守如下原则。

（1）对于简单数据类型的变量，无论是否与全局变量重名，均仅在函数内部创建和使用，退出函数后该变量将被释放，若有同名全局变量，则其值不变。

（2）对于简单数据类型的变量，用 global 关键字声明后作为全局变量使用，退出函数后该变量被保留且值被改变。

（3）对于组合数据类型的变量，如果在函数内部没有被真实创建的同名变量，那么在

函数内部可以直接使用并修改该变量的值。

（4）如果在函数内部真实创建了组合数据类型的变量，那么无论是否有同名全局变量，函数都仅对局部变量进行操作，退出函数后局部变量将被释放，全局变量的值不变。

**拓展：指针和引用**

指针是保存内存地址的变量，一般出现在底层的程序设计语言中，如 C 语言。引用是原变量的一个别名，可以对变量进行操作，如 Python 中列表的引用。

指针和引用的主要区别是，指针直接指向内存地址，说明对象已经生成；而引用只是别名，只有真实创建对象才能操作。由于列表在 Python 中十分常用，因此要格外注意该类型真实创建和引用的区别。

在 Python 中，类型属于对象，变量是没有类型的。

**例 1-56：**

```
a= [1,2,3]
a="Hello"
```

在上述程序中，[1,2,3]是列表，"Hello"是字符串，而变量 a 仅是一个对象的引用（一个指针），可以是指向列表的对象，也可以是指向字符串的对象。

可更改（Mutable）与不可更改（Immutable）对象：在 Python 中，字符串、元组等是不可更改对象，而列表、字典等则是可更改对象。

不可变类型：先赋变量 a=50 再赋变量 a=2，会新生成一个整数，让变量 a 指向它，此时 50 会被丢弃，而不是改变变量 a 的值，相当于新生成了变量 a 的值。

可变类型：先赋变量 ls= ["F", "f"]再追加一个元素，会更改列表中的第 3 个元素，即只是列表内部的一部分值被更改了。

### 3．关键字 nonlocal

上面介绍了如何在局部作用域和全局作用域中使用变量。在嵌套作用域中，还有一种特殊的作用域，叫作非局部作用域，只作用在函数内部的嵌套作用域内。非局部作用域在当前定义的函数内部时，关键字 nonlocal 可以让列出的标识符指向最近的嵌套作用域中已经绑定过的变量，全局变量除外。

**例 1-57：**

```
def func_outer():
    msg = "Outside!"
    def inside():
        print(msg)
    inside()
    print(msg)
func_outer()
```

输出结果如下。

```
Outside!
Outside!
```

在上述程序中，func_outer()函数先声明了变量 msg，并为其赋值 Outside!，再在 inside()函数中输出了变量 msg 的值。结果证明，inside()函数成功获得了外层作用域中变量 msg 的值。

**例 1-58：**

```
def func_outer():
    msg = "Outside!"
    def inside():
        msg = "Inside"
        print(msg)
    inside()
    print(msg)
func_outer()
```

输出结果如下。

```
Inside
Outside!
```

在上述程序中，inside()函数并没有为之前已经创建的变量 msg 赋值，而是在 inside()函数的局部作用域中创建了一个名为 msg 的新变量，这样嵌套函数中的两个变量的作用域只在各自的函数内部。

**例 1-59：**

```
def func_outer():
    msg = "Outside!"
    def inside():
        nonlocal msg
        msg = "Inside"
        print(msg)
    inside()
    print(msg)
func_outer()
```

输出结果如下。

```
Inside
Inside
```

在上述程序中，inside()函数的顶部添加了语句 nonlocal msg。这个语句的作用是告诉 Python 的解释器在遇到为变量 msg 赋值的语句时，应该为外层作用域的变量赋值，而不是声明一个重名的新变量。

关键字 nonlocal 的用法和关键字 global 的用法类似，只是前者针对的是外层函数作用域的变量，后者针对的则是全局作用域的变量。

### 1.4.4 lambda 函数

lambda 函数又称匿名函数，是指不需要定义函数名的函数。匿名函数并不是没有函数名，而是将函数名作为函数结果返回。lambda 函数的语法格式如下。

```
<函数名> = lambda <参数列表>:<表达式>
```

lambda 函数与正常函数一样，等价于下面的语法格式。

```
def <函数名>(<参数列表>):
    return <表达式>
```

简而言之，lambda 函数用于定义简单且能在一行内表示的函数，返回一个函数类型。lambda 函数的主体是一个表达式，而不是一个代码块，仅能封装有限的逻辑。lambda 函数拥有自己的命名空间，且不能访问自己参数列表之外或全局命名空间中的参数。

lambda 函数的常见用法有以下几种。

（1）将 lambda 函数赋给一个变量，通过这个变量间接调用 lambda 函数。

**例 1-60：**

```
sum = lambda arg1, arg2: arg1 + arg2     #调用 sum()函数
print("相加后的值为:", sum(10, 20))       #输出结果为“相加后的值为:30”
print("相加后的值为:", sum(20, 20))       #输出结果为“相加后的值为:40”
```

（2）将 lambda 函数赋给其他函数，从而用 lambda 函数替换其他函数。

**例 1-61：**

```
import time
#为了把time库中的sleep()函数的功能屏蔽，可以在程序初始化时调用 sleep()函数
time.sleep=lambda x: None
#在后续代码中调用time库中的sleep()函数将不会执行原有的功能
time.sleep(3)
#程序不会休眠 3 秒，这是因为输出了 None，所以结果是什么都不做
```

（3）将 lambda 函数作为参数传递给其他函数。

**例 1-62：**

```
squares = map(lambda x: x ** 2, [1, 2, 3, 4, 5])    #计算平方数
print(list(squares))        #输出结果为[1, 4, 9, 16, 25]
f = filter(lambda x:x%2==0,[1,2,3,4,5,6])           #过滤列表中的所有偶数
print(list(f))              #输出结果为[2, 4, 6]
```

## 1.5 模块

前面已经介绍了如何在程序中定义函数来重用代码。如果要在其他程序中重用很多函数，那么该如何编程呢？这里需要使用 Python 的模块，即高级程序组织单位。Python 中的

任何内容都可以融入模块，执行的代码、生成的对象总是隐含地被包含在一个模块中。当然，也可以通过打包代码和数据以实现服务或数据的共享。例如，要提供一个可以在多个函数中使用的全局数据结构，可以先将这个全局数据结构写入一个模块，再将其导入程序。

## 1.5.1　创建按字节编译的.pyc 文件

提高导入模块速度的方法是创建按字节编译的.pyc 文件。Python 不需要用户为创建.pyc 文件做任何工作，.py 文件一旦被成功编译，就会试图编译对应版本的.pyc 文件。因为.pyc 文件的内容是独立的，所以模块目录可以在不同架构的计算机之间共享。

## 1.5.2　创建模块

所有.py 文件都被视为一个模块。例如，如果创建了一个 module1.py 文件，且定义了一个 printer()函数，那么系统会生成一个属性名为 printer 的模块，这是对一个函数对象的引用。

**例 1-63：**

```
def printer(x):                    #模块属性
    print(x)
```

## 1.5.3　载入模块

用户可以使用关键字 import 或 from 载入模块。使用 import 语句是一种载入模块的基本方式。通过这种方式，可以将整个模块载入当前代码。若只载入模块中的部分函数、属性等，则必须加以限制。在 Python 中，关键字 import 有多种用法，用户可以根据需要选择不同的方式。

### 1. import 语句

在源文件中执行 import 语句，语法格式如下。

```
import module1[, module2[,… moduleN]
```

**例 1-64：**

```
import module                       #得到模块
module.printer("Hello world"!)      #需要限定名(模块.名称)
```

### 2. from…import 语句

from…import 语句的功能是从模块中导入一个指定部分到当前命名空间中，语法格式如下。

```
from modname import name1[, name2[, … nameN]]
```

**例 1-65：**

```
from module import printer              #得到一个输出
printer("Hello world"!)                 #不需要限定名
```

3．from…import *语句

from…import *语句的功能是把一个模块中的所有内容都导入当前命名空间，语法格式如下。

```
from modname import *
```

**例 1-66：**

```
from module import *                #得到所有输出
printer("Hello world"!)             #不需要限定名
```

上述程序提供了一个简单的方法来导入一个模块中的所有内容，这种声明不应该被过多地使用。一般来说，推荐使用 import 语句，这样可以使程序更加易读，也可以避免产生名称冲突。

## 1.5.4 模块的__name__属性

每个模块都有一个名称，可以通过语句找出模块名。若程序只想在本身被使用时运行主模块，而在被其他模块输入时不运行主模块，则可以通过模块的__name__属性完成。

**例 1-67：**

```
if __name__ == '__main__':
    print(' This program is being run by itself')
else:
    print(' I am being imported from another module')
```

输出结果如下。

```
> Python using_name.py
This program is being run by itself
> Python
>>> import using_name
I am being imported from another module
```

每个模块都有__name__属性，如果值是__main__，那么说明这个模块被用户单独运行，可以进行恰当操作，否则会被导入。

## 1.5.5 dir()函数

使用 dir()函数可以列出定义模块的标识符，标识符有函数、类和变量。

**例 1-68：**

```
import sys
print(dir(sys))
```

输出结果如下。

```
['__breakpointhook__', '__displayhook__', '__doc__', '__excepthook__',
'__interactivehook__', '__loader__', '__name__', '__package__', '__spec__',
'__stderr__', '__stdin__', '__stdout__', '_base_executable', '_clear_type_ cache',
'_current_frames', '_debugmallocstats', '_enablelegacywindowsfsencoding',
'_framework', '_getframe', '_git', '_home', '_xoptions', 'api_version',
'argv', 'base_exec_prefix', 'base_prefix', 'breakpointhook', 'builtin_module_
names', 'byteorder', 'call_tracing', 'callstats', 'copyright', 'displayhook',
'dllhandle', 'dont_write_bytecode', 'exc_info', 'excepthook', 'exec_prefix',
'executable', 'exit', 'flags', 'float_info', 'float_repr_style', 'get_asyncgen_
hooks', 'get_ coroutine_origin_tracking_depth', 'get_coroutine_wrapper',
'getallocatedblocks', 'getcheckinterval', 'getdefaultencoding',
'getfilesystemencodeerrors', 'getfilesystemencoding', 'getprofile',
'getrecursionlimit', 'getrefcount', 'getsizeof', 'getswitchinterval',
'gettrace', 'getwindowsversion', 'hash_ info', 'hexversion',
'implementation', 'int_info', 'intern', 'is_finalizing', 'maxsize',
'maxunicode', 'meta_path', 'modules', 'path', 'path_hooks', 'path_
importer_cache', 'platform', 'prefix', 'set_asyncgen_hooks', 'set_coroutine_
origin_tracking_depth', 'set_coroutine_wrapper', 'setcheckinterval',
'setprofile', 'setrecursionlimit', 'setswitchinterval', 'settrace', 'stderr',
'stdin', 'stdout', 'thread_info', 'version', 'version_info', 'warnoptions',
'winver']
```

## 1.5.6　包

包是模块的文件夹，必须有一个特殊的__init__.py 文件，该文件的内容可以为空。__init__.py 文件用于标识当前文件夹是一个包。下面创建一个叫作 world 的包，该包下有子包 asia、africa 等，这些子包又包含模块，如 india、madagascar 等，像构造的文件夹一样。

**例 1-69：**

```
<some folder present in the sys.path>/
    world/
        __init__.py
        asia/
            __init__.py
            india/
```

```
        __init__.py
        foo.py
    africa/
        __init__.py
        madagascar/
            __init__.py
            bar.py
```

## 1.6 面向对象

到目前为止，设计程序都是根据操作数据的函数或语句块来实现的，这种方法被称为面向过程的编程。还有一种把数据和功能结合起来的方法称为面向对象的编程。

### 1.6.1 面向对象简介

类（Class）：用来描述具有相同属性和方法的对象的集合。它定义了集合中每个对象共有的属性和方法，对象是类的实例。

方法：类中定义的函数，包括普通方法、静态方法和类方法。这 3 种方法在内存中都归属于类，只是调用方式不同。

类变量：在整个实例化的对象中是公用的。类变量被定义在类中且在函数体之外，通常不作为实例变量使用。

数据成员：类变量或实例变量用于处理类及其实例化对象的相关数据。

方法覆盖（Override）：如果从父类继承的方法不能满足子类的需求，那么可以对其进行改写，这个过程叫作方法覆盖，也称方法重写。

局部变量：定义在方法中的变量，只作用于当前实例的类。

实例变量：在类的声明中，属性是用变量来表示的，这种变量被称为实例变量，实例变量就是用 self 修饰的变量。

继承：派生类（Derived Class）可以继承基类（Base Class）的字段和方法，允许把一个派生类对象作为一个基类对象对待。例如，一个 Dog 类的对象派生自 Animal 类，模拟“是一个”的关系，即 Dog 是一个 Animal。

实例化：创建类的实例。

对象：通过类定义的数据结构实例。对象包括两个数据成员（类变量和实例变量）和方法。

和其他编程语言相比，Python 在尽可能不增加新语法和语义的情况下加入了类机制。

Python 中的类提供了面向对象编程的所有基本功能，类的继承机制允许有多个基类，派生类可以覆盖基类中的任何方法，派生类的方法中可以调用基类中的同名方法。

对象可以包含任意数量和类型的数据。

## 1.6.2　self

类方法与普通方法只有一个区别，即它们必须有一个额外的参数 self，在调用方法时无须为这个参数赋值，Python 会提供这个值。这个 self 指向对象本身。

## 1.6.3　类

### 1．类的定义

class 语句用来创建一个类并赋给它一个名称，class 后面是类名，以冒号结尾。

使用 class 语句内部的赋值语句可以生成类的属性，生成的类的属性记录了状态和行为信息，由类的所有实例共享。

### 2．实例化对象

像调用函数一样调用类就会生成一个新实例化对象。每个实例化对象都会继承类的属性，并有自己的命名空间。对 self 赋值会生成实例的属性。

### 3．__init__()方法

__init__()方法用来在一个类的对象被建立时把一些必须绑定的属性强制填写进去。注意，__init__的开头和结尾都是下画线。

**例 1-70：**

```
class FirstClass:                        #定义一个类对象
    def __init__(self,data):             #定义__init__()方法
        self.data = data                 #self就是实例
    def display(self):                   #定义类方法
        print(self.data)                 #输出 self.data
x=FirstClass("lily")                     #生成两个实例，每个实例是一个新命名空间
y=FirstClass(3.14159)
x.display()
y.display()
```

输出结果如下。

```
lily
3.14159
```

注意，上述程序没有专门调用__init__()方法，只是在创建一个类的新实例时把参数包括在圆括号内，跟在类名后面，从而传递给__init__()方法。

在_init_()方法中使用了 self.data 域，这在 display()方法中得到了验证。__init__()方法相当于 C++、Java、C#中的构造函数，该方法在类实例化时会被自动调用。

### 4．类的继承

使用面向对象的编程的主要优点之一是重用代码，实现这种重用的方法之一是继承。

继承可以被理解为类和子类之间的关系。

假设要编写一个程序来记录学校教师和学生的基本情况。他们有一些共同属性，如姓名、年龄、住址；也有各自专有的属性，如教师的薪水、课程、假期，以及学生的成绩、学费。可以为教师和学生建立两个独立的类。在按这种逻辑编程时，如果要增加一个新的共同属性，那么意味着要在这两个独立的类中都增加这个属性，且必须在这两个类中修改，提高了代码的重复度和出错率。

一个比较好的方法是先创建一个有共同属性和方法的类 SchoolMember，让教师和学生的类继承这个共同的类，即它们都是这个类的子类，再为这些子类添加专有的属性。

使用这种方法有很多优点。如果增加或修改了 SchoolMember 中的任何功能，那么会自动地反映到子类中。例如，要为教师和学生都增加一个新的身份证域，只需把它加入 SchoolMember。在一个子类中进行的修改不会影响其他子类。此外，可以把教师和学生对象都作为 SchoolMember 对象来使用，这在某些场合特别有用。例如，统计学校的总人数。子类在任何需要父类的场合都可以被替换成父类，即对象可以被视作父类的实例，这种现象被称为多态。

在重用父类的代码时，无须在不同的类中重复。而如果使用独立的类，那么就不得不这么做了。

在上述场合中，SchoolMember 被称为基类或超类，而 Teacher 和 Student 被称为导出类或子类。

**例 1-71：**

```
class SchoolMember:
    '''Represents any school member.'''
    def __init__(self, name, age):
        self.name = name
        self.age = age
        print('(Initialize SchoolMember:{0})'.format(self.name))
    def tell(self):
        '''Tell my details.'''
        print('Name:"{0}" Age:"{1}"'.format(self.name, self.age), end   ='')
class Teacher(SchoolMember):
    '''Represents a teacher.'''
    def __init__(self, name, age, salary):
        SchoolMember.__init__(self, name, age)
        self.salary = salary
        print('(Initialized Teacher:{0})'.format(self.name))
    def tell(self):
        SchoolMember.tell(self)
        print('Salary:"{0:d}"'.format(self.salary))
class Student(SchoolMember):
    '''Represents a student.'''
    def __init__(self, name, age, marks):
        SchoolMember.__init__(self, name, age)
```

```
        self.marks = marks
        print('(Initialized Student:{0})'.format(self.name))
    def tell(self):
        SchoolMember.tell(self)
        print('Marks:"{0:d}"'.format(self.marks))
t = Teacher('Mrs. Shrividya', 40, 30000)
s = Student('Swaroop', 22, 75)
print #prints a blank line
members = [t, s]
for member in members:
    member.tell() #works for both Teachers and Students
```

输出结果如下。

```
(Initialize SchoolMember:Mrs. Shrividya)
(Initialized Teacher:Mrs. Shrividya)
(Initialize SchoolMember:Swaroop)
(Initialized Student:Swaroop)
Name:"Mrs. Shrividya" Age:"40"Salary:"30000"
Name:"Swaroop" Age:"22"Marks:"75"
```

为了使用继承，可以把基类名作为一个元组跟在定义类时的类名后面。注意，基类的__init__()方法应专门使用 self 调用，这样就可以初始化对象的基类部分，这一点十分重要。Python 不会自动调用基类的 constructor()函数，必须显式地调用它。

注意，在使用 SchoolMember 的 tell()方法时，Teacher 和 Student 的实例仅作为 SchoolMember 的实例。

本程序调用了子类的 tell()方法，而不是 SchoolMember 的 tell()方法。可以这样来理解，Python 总是先查找对应类的方法，只有不能在导出类中找到对应类的方法时才开始到基类中逐个查找对应类的方法。

如果在继承元组中列出了一个以上的类，那么它被称为多重继承，此处不再赘述。

## 1.7 异常处理

异常是在程序执行过程中发生的影响程序正常执行的事件。一旦 Python 的脚本引发异常，程序就需要捕获并处理它，否则程序会终止执行。异常处理使程序能在处理完异常后继续正常执行，不至于使程序因产生异常而导致退出或崩溃。

程序在出现例外情况时会产生异常。例如，如果试图打开一个不存在的文件夹，那么会引发 IOError 异常，如图 1-44 所示。

**例 1-72：**

```
fin = open('bad_file')
```

```
Traceback (most recent call last):
  File "C:/Users/dl/Desktop/untitled0.py", line 123, in <module>
    fin = open('bad_file')
FileNotFoundError: [Errno 2] No such file or directory: 'bad_file'
```

图 1-44　引发 IOError 异常

可以看出，Python 会抛出（Raise）FileNotFoundError 异常，同时会输出错误出现的位置。

为了避免出现这些错误，可以使用 os.path.exists()函数和 os.path.isfile()函数进行检查，但这会耗费大量时间，需要使用大量代码去检查所有可能性。

比较好的办法是在问题出现时处理，Python 系统提供了异常处理语句 try，try 语句的语法格式类似于 if...else 语句。try 语句的语法格式如下。

```
try :
    <语句块1>
except :
    <语句块2>
```

或

```
try :
    <语句块1>
except <异常类型> :
    <语句块2>
```

**例 1-73：**

```
try:
    fin = open('bad_file')
except:
    print('Something went wrong.')
```

**例 1-74：**

```
try:
    fin = open('bad_file')
except FileNotFoundError:
    print('Something went wrong.')
```

Python 从 try 语句开始执行。如果一切正常，那么 except 语句将被跳过。如果引发异常，那么跳出 try 语句，执行 except 语句。

使用 try 语句处理异常被称为捕获（Catching）异常。在上述程序中，except 语句输出了一个错误信息。一般来说，捕获异常后可以选择是解决这个问题，还是继续尝试运行，抑或是结束运行。

异常的高级处理的语法格式如下。

```
try:
    <可能引发异常的语句块>
```

```
except <异常类名name1>:
    <异常处理语句块1>        #如果引发了 name1 异常，那么执行语句块1
except <异常类名name2> as e1:
    <异常处理语句块2>        #如果引发了 name2 异常，那么执行语句块2
…
except:
    <异常处理语句块n>  #如果引发了异常，但与上述异常都不匹配，那么执行异常处理语句块n
else:
    <else语句块>            #如果没有引发上述异常，那么执行else语句块
finally:
    <任何情况下都要执行的语句块>
```

无论是否引发异常，都一定会执行 finally 语句中的语句块。else 语句中的语句块会在不引发异常时执行。

**例 1-75：**

```
try:
    open('bad_file')
except:
    print("引发异常")
else:
    print("没有引发异常")
finally:
    print("有没有引发异常都会执行")
```

# 1.8 迭代器与生成器

## 1.8.1 迭代器

在 Python 中，迭代器是遵循迭代协议的对象。可以使用 iter()函数和 next()函数从任何序列对象中得到迭代器。Python 中的容器（列表、元组、字典、集合、字符串等）都可以用于创建迭代器。

**例 1-76：**

```
list=[1,2,3,4]
it = iter(list)          #创建迭代器
print (next(it))         #输出迭代器的下一个元素
print (next(it))
```

输出结果如下。

```
1
2
```

迭代指从迭代器中取出元素的过程。通常来说，for 语句从列表中取元素的遍历过程被称

为迭代。

**例 1-77：**

```
list=[1,2,3,4]
it = iter(list)          #创建迭代器
for x in it:
   print (x)
```

输出结果如下。

```
1
2
3
4
```

如果不想使用 for 语句迭代，那么可以创建一个迭代器。把一个类作为一个迭代器使用，需要在类中实现__iter__()方法与__next__()方法。__iter__()方法用于返回一个特殊的迭代器，这个迭代器可以实现__next__()方法并通过 StopIteration 异常标识迭代完成。__next__()方法用于返回下一个迭代器。StopIteration 异常用于标识迭代完成，防止出现无限循环的情况。可以在__next__()方法中设置完成指定循环次数后触发 StopIteration 异常来结束迭代。

下面创建一个返回数字的迭代器，初始值为 1，逐步递增 1，迭代 5 次后停止执行。

**例 1-78：**

```
class MyNumbers:
   def __iter__(self):
      self.a = 1
      return self

   def __next__(self):
      if self.a <= 5:
         x = self.a
         self.a += 1
         return x
      else:
         raise StopIteration #在元素被用尽时，__next__()方法将引发 StopIteration 异常
myclass = MyNumbers()
myiter = iter(myclass)
for x in myiter:
   print(x)
```

输出结果如下。

```
1
2
3
```

```
4
5
```

### 1.8.2　生成器

在 Python 中，使用了关键字 yield 的函数被称为生成器（Generator）。与普通函数不同的是，生成器是一个返回迭代器的函数，只能用于迭代操作。简单来说，生成器就是一个迭代器，但只能对其迭代一次。这是因为生成器并没有把所有值都存储在内存中，而在运行时生成值。

在调用生成器的过程中遇到关键字 yield 时，函数会暂停并保存当前所有运行信息，生成一个值，在下一次调用 next()函数时从上次离开的位置恢复执行（它会记住上次执行时的所有数据）。下面说明如何创建生成器。

**例 1-79：**

```
import sys
def fibonacci(n):                          #生成器函数
    a, b, counter = 0, 1, 0
    while True:
        if (counter > n):
            return
        yield a
        a, b = b, a + b
        counter += 1
f = fibonacci(10)                          #f 是一个迭代器，由生成器函数返回生成
while True:
    try:
        print(next(f), end=" ")
    except StopIteration:
        sys.exit()
```

输出结果如下。

```
0 1 1 2 3 5 8 13 21 34 55
```

# 第 2 章

# 网页下载技术

## 2.1 HTTP 概述

用户在浏览器的地址栏中输入百度网址后，百度首页将呈现在屏幕上。用户的浏览器和百度的服务器之间发生了怎样的通信呢？在打开网页时，首先需要输入 http://或 https://，HTTP（Hypertext Transfer Protocol）是超文本传送协议，HTTPS（Hypertext Transfer Protocol Secure）是超文本传输安全协议。浏览器默认使用 HTTP 。HTTP 是一个请求/响应协议，规定了用户计算机在向服务器索要内容（发送请求信息）时应该包括哪些数据、使用什么格式，同时还规定了服务器应该怎样返回网页数据（返回响应信息）。

HTTP 请求是典型的请求/响应类型的网络协议。一次完整的 HTTP 请求过程从 TCP 的 3 次握手建立连接后开始。首先，客户端按照指定格式向服务器发送请求，服务器接收请求信息后，读取第一行数据，分析请求行中包含的请求方法、URL、HTTP 版本。其次，一行一行地处理请求头，并根据请求方法与请求头决定是否有请求体，以及请求体的长度，读取请求体。处理完业务逻辑后，生成响应行、响应头及响应体。最后，返回响应信息给客户端。将响应信息发送给客户端后，一个完整的 HTTP 请求就完成了。

### 2.1.1 HTTP 简介

HTTP 规定了 URL 的格式，以及浏览器要发送哪些请求信息，服务器要返回哪些响应信息等。

#### 1. URL 的格式：http://host[:port][abs_path]

（1）http：传输协议。

（2）host：主机域名或 IP 地址。

（3）port：端口。

（4）abs_path：要请求资源的路径。

### 2. 发送的请求信息

（1）请求行：包括请求方法、URL、HTTP 版本。

（2）请求头：用键值对表示，如 Accept-Charset:utf-8，指定客户端接收的字符集。

（3）空行：表示请求头结束。

（4）请求体（请求数据）：HTTP 要传输的内容，可以是图片、音频、视频等，也可以为空。使用 POST 方法可以发送请求体，使用 GET 方法不能发送请求体。与请求体相关的常用请求头是 Content-type 和 Content-length。

### 3. 返回的响应信息

（1）状态行：协议版本、状态码（404、500、200 等），以及状态码的文本描述。

（2）响应头：用键值对表示。

（3）空行：表示响应头结束。

（4）响应体（响应数据）：由服务器返回的数据头信息和数据内容组成（HEAD 请求无响应体）。

### 4. HTTP 请求/响应的步骤

HTTP 是基于客户端/服务器模式且面向连接的。下面是浏览器向服务器发送请求信息，以及服务器返回响应信息的过程。

1）建立连接

客户端通常是浏览器，浏览器向 DNS 服务器请求解析 URL 中的域名对应的 IP 地址，根据 IP 地址和端口（默认端口是 80 ）与服务器建立连接。

2）发送请求信息

浏览器向服务器发送请求信息。请求信息由请求行、请求头、空行和请求体组成。

3）接收请求信息并返回响应信息

服务器解析请求信息，定位请求资源，并返回响应信息。响应信息由状态行、响应头、空行和响应体组成。

4）释放连接

HTTP 1.0 为非持久连接，即请求/响应后立即断开；HTTP 1.1 为持久连接，即响应成功后仍然在一段时间内保持连接。

5）解析响应信息

客户端首先解析状态行，查看状态码分析请求是否成功，其次解析响应头，读取响应体，根据 HTML 的语法对响应体进行格式化，并在浏览器中显示。

在浏览器访问服务器的过程中，浏览器需要遵循 HTTP 的规则，给定相应的请求信息；同时，服务器在响应浏览器的请求信息时，需要给定相应的响应信息，告知浏览器请求是否成功。

## 2.1.2 HTTP 请求信息

HTTP 请求信息是浏览器发送给服务器的信息。在浏览器中输入百度网址，按 Enter 键打开网页，右击网页中的任意位置，在弹出的快捷菜单中选择“检查源”命令，选择“Network”选项，单击“百度一下”按钮，可以看到请求头和响应头。百度首页的开发者工具界面如图 2-1 所示。

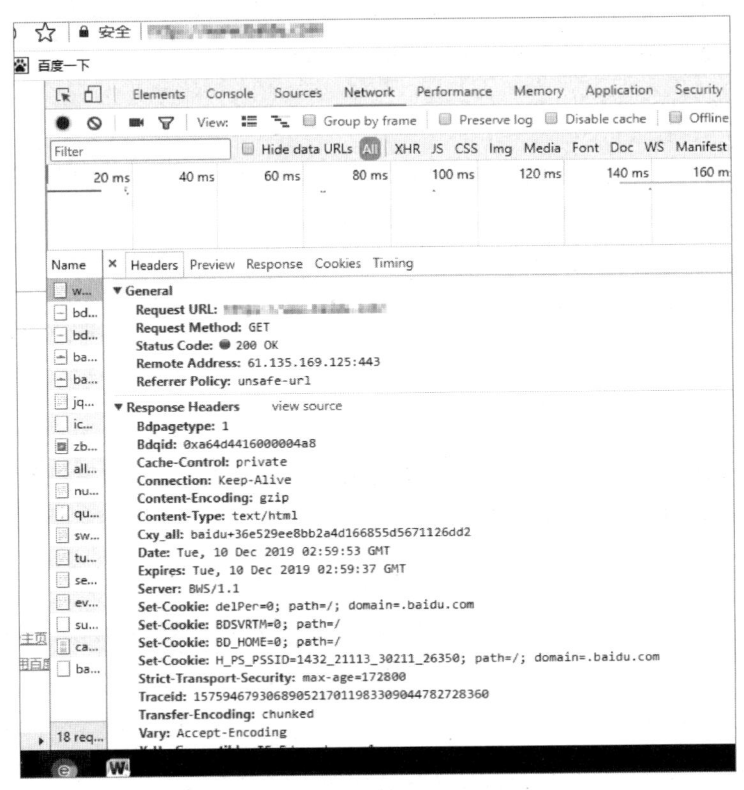


图 2-1　百度首页的开发者工具界面

### 1. 请求行

请求行由请求方法、URL、HTTP 版本组成。

请求方法有 GET、POST、HEAD、PUT、DELETE、PATCH，常用的是 GET 和 POST。请求方法如表 2-1 所示。

表 2-1　请求方法

| 方法 | 描述 |
|---|---|
| GET | 通过 URL 获得资源，一般的 HTTP 请求大多使用 GET 方法；<br>GET 方法传递的参数直接在地址栏中显示，不适合用来传递私密数据和大量数据 |
| POST | 用于添加新资源，常使用 POST 方法进行表单提交；<br>POST 方法把传递的数据封装在 HTTP 请求信息中，以键值对的形式出现，可以传输大量数据，对数据量没有限制，也不会显示在 URL 中 |
| HEAD | HEAD 方法的功能与 GET 方法的功能相似，但服务器在接收到 HEAD 请求时只返回响应头，不发送响应信息 |

续表

| 方法 | 描述 |
| --- | --- |
| PUT | 用于修改某个内容 |
| DELETE | 用于删除某个内容；<br>客户端无法保证删除操作一定会被执行，这是因为 HTTP 允许服务器在不通知客户端的情况下撤销请求 |
| PATCH | 用于更改部分文件 |

### 2. 请求头

Accept：客户端/服务器支持的数据类型，如 Accept:text/html,image/*等。

Accept-encoding：客户端/服务器支持的数据压缩格式。

Accept-language：客户端语言环境。

Connection：告诉服务器请求完成后是否保持连接。

Cookie：客户端将 Cookie 信息带给服务器。

Host：客户端想访问的主机名。

Referer：访问服务器的路径。

User-agent：客户端的软件环境，如操作系统、浏览器版本等。

### 3. 请求体

浏览器通过 HTTP 发送给服务器的数据，如 T=9008&rsv=80 等。

## 2.1.3　HTTP 响应信息

### 1. 状态行

状态行由协议版本、状态码以及状态码的文本描述组成，如 HTTP/1.1 200 OK 等。

状态码由 3 个数字组成，第一个数字定义了响应类别，具体如下。

2xx：请求已被成功接收，其中 200 OK 表示客户端请求成功。

3xx：重定向信息。

4xx：客户端错误。

5xx：服务器错误，服务器未能实现合法请求。

### 2. 响应头

Server：服务器的类型。

Content-encoding：服务器的数据压缩格式。

Content-type：返回数据的类型。

Transfer-encoding：传送数据的编码格式。

Expries：返回的资源需要缓存的时间。如果是−1 或 0，那么表示不缓存。

Cache-control：是否缓存数据。

Connection：响应完成后是否断开连接。

Date：服务器响应的时间。

### 3．响应体

响应体包含浏览器能够解析的静态内容，如 HTML、纯文本、图片等信息。

## 2.2 爬虫基础

### 2.2.1 爬虫的基本流程

在访问网页时，通过浏览器输入网页的 URL 后，通过服务器和浏览器的解析获得网页信息。爬虫又称网页蜘蛛、网络机器人，是一种按照一定的规则自动爬取信息的程序。爬虫从一个 URL 出发，可以访问它关联的所有 URL，并将爬取的网页信息下载下来，通过相应的程序对爬取的网页信息进行清洗，得到所需的有效数据。爬虫爬取网页信息的基本流程如图 2-2 所示。

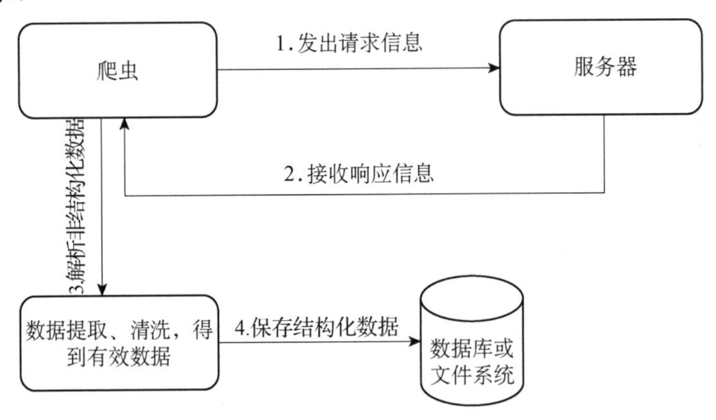


图 2-2　爬虫爬取网页信息的基本流程

### 1．发出请求信息

使用请求方法向目标站点的服务器发出请求信息。请求信息包含请求头、请求体等。

### 2．接收响应信息

如果服务器能正常响应，那么会接收到一个 Response 对象，作为响应信息。响应信息包含状态码、HTML、JSON、图片、视频等。

### 3．解析非结构化数据

使用正则表达式、CSS 选择器、第三方库等可以解析 HTML 数据。如果需要解析 JSON 数据，那么可以使用 JSON 库；如果需要解析二进制数，那么可以通过写入模式将二进制数写入文件系统，并进行相应的处理。

#### 4．保存结构化数据

非结构化数据清洗完成后，可以将提取的有效数据存储到数据库或文件系统中。

### 2.2.2　爬虫的分类

爬虫按照实现的技术和结构可以分为通用网络爬虫（General Purpose Web Crawler）和聚焦网络爬虫（Focused Web Crawler），按照特性可以分为增量式网络爬虫（Incremental Web Crawler）和深层网络爬虫（Deep Web Crawler）等。实际上，爬虫通常是这几类爬虫的组合体。

#### 1．通用网络爬虫

通用网络爬虫又叫作全网爬虫。顾名思义，通用网络爬虫爬取的目标在整个互联网中。通用网络爬虫爬取的目标的数据量是巨大的，爬取的范围也是非常大的。由于其爬取的是海量数据，因此对这类爬虫的性能要求是非常高的。搜索引擎中一般使用通用网络爬虫。通用网络爬虫在爬取时会采取一定的爬取策略，主要有深度优先爬取策略和广度优先爬取策略。

#### 2．聚焦网络爬虫

聚焦网络爬虫是按照预先定义好的主题有选择地爬取的爬虫，又叫作主题网络爬虫。聚焦网络爬虫主要用于爬取特定信息，如爬取电商网页的比价信息。

#### 3．增量式网络爬虫

顾名思义，增量式网络爬虫在爬取网页时只会爬取内容发生变化的网页或新产生的网页，不会爬取内容未发生变化的网页。

#### 4．深层网络爬虫

常规爬虫无法发现隐藏在普通网页中的信息和规律，缺乏一定的主动性和智能性。深层网络爬虫可以爬取深层网页中的数据。

网页分为表层网页和深层网页。表层网页是传统搜索引擎可以索引的网页，深层网页是只有用户提交一些关键词才能获取的网页，如用户只有注册后才能浏览的网页。

### 2.2.3　爬虫的结构

由以上分类可以看出，无论是搜索引擎还是比价系统，爬虫都是其中关键、基础的构件。爬虫经过几十年的发展，在技术框架上已经相对成熟。但随着互联网技术的不断发展，爬虫也面临着一些新挑战。爬虫的结构如图 2-3 所示。

#### 1．爬虫调度器

爬虫调度器用来启动、执行、停止爬虫，或监视爬虫的运行情况。首先，根据需求从网页中精心选择种子 URL 作为爬虫的起始点放入待爬取的 URL 列表中，同时启动网页下载器。其次，调用网页解析器对下载的内容进行解析，获得数据和待爬取的 URL，将新增 URL 放入 URL 管理器，直到所有 URL 都被爬取为止。数据被爬取后，有价值的数据会被转换为有效数据。各模块的运行流程如图 2-4 所示。

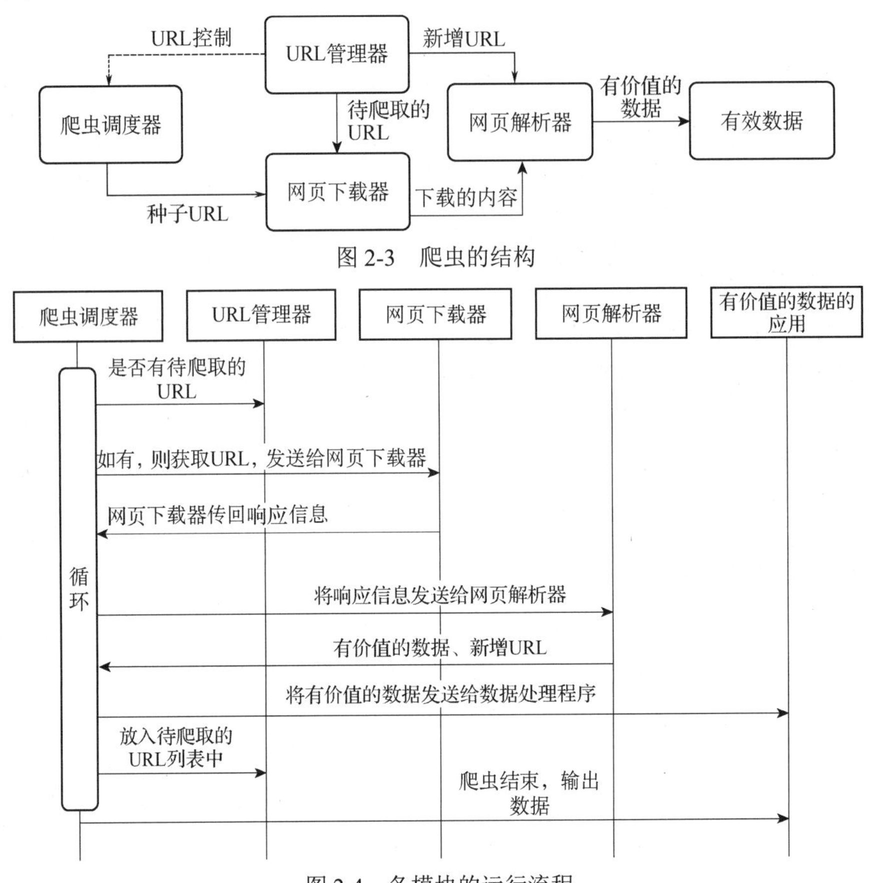


图 2-3 爬虫的结构

图 2-4 各模块的运行流程

### 2. URL 管理器

URL 管理器主要用于管理待爬取的 URL 和已爬取的 URL，目的是防止重复爬取、循环爬取。URL 管理器一般采用 Python 的集合、列表、数据库等方式实现，将需要管理的 URL 存放到两个列表或数据库中，通过遍历待爬取的 URL 及写入已爬取的 URL 实现功能。

### 3. 网页下载器

网页下载器可以将 URL 对应的网页下载到本地，并存储为一个本地字符串。Python 中的网页下载器大致有 Requests 和 Urllib 两种，其中 Urllib 是 Python 的基础模块，Requests 是第三方库，功能强大，使用方便。

### 4. 网页解析器

网页解析器是从网页中提取有价值的数据的工具。通过网页解析器，一方面会解析出有价值的数据；另一方面，由于每个网页中都有很多指向其他网页的链接，因此这些 URL

被解析出来之后可以补充到 URL 管理器中。

Python 的网页解析器有两大类：分别是通过 DOM 树方式的结构化解析器和通过字符串模糊查找方式的正则表达式匹配解析器。

## 2.3 Robots 协议

爬虫的目的是自动从目标网站中爬取数据，但是频繁爬取数据会给目标网站造成一定的压力。出于对目标网站性能或数据的保护，目标网站一般会采取反爬虫措施。编写爬虫一定要考虑目标网站的诉求，遵从网络相关公约，只有遵守 Robots 协议的爬虫才是一个合规的爬虫。

Robots 协议是国际互联网界通行的道德规范，基于以下两个原则建立。

（1）搜索技术应服务于人类，同时尊重信息提供者的意愿，并维护其隐私权。

（2）网站有义务保护使用者的个人信息和隐私不被侵犯。

Robots 协议是一种存放于网站根目录下的文本文件。它通常告诉爬虫哪些内容不可以被爬取，哪些内容可以被爬取。robots.txt 文件放在网站根目录下。

robots.txt 文件是搜索引擎访问网站时要查看的第一个文件。当爬虫访问一个网站时，它首先会检查该网站根目录下是否存在 robots.txt 文件。如果存在，那么爬虫会按照该文件中的内容确定访问范围；如果不存在，那么说明爬虫能访问网站中所有没有被口令保护的网页。

robots.txt 文件常用的语法及其含义如下。

（1）User-agent: *，其中“*”代表所有搜索引擎的种类，是一个通配符。

（2）Disallow: /htmlpage/，表示禁止爬取 htmlpage 目录下的目录。

（3）Disallow: /bin/*.htm，表示禁止爬取 bin 目录下的所有以.htm 为后缀的 URL（包含子目录）。

（4）Disallow: /*?*，表示禁止爬取网站中所有包含“？”的网址。

（5）Disallow: /.jpg$，表示禁止爬取所有 JPG 格式的图片。

（6）Allow: .htm$，表示仅允许爬取以.htm 为后缀的 URL。

（7）Allow: .gif$，表示允许爬取网页和 GIF 格式的图片。

例如，robots.txt 文件只允许爬取没有被禁止的部分目录，部分代码如下。

```
User-agent: Baiduspider
Disallow: /baidu
Disallow: /s?
Disallow: /ulink?
Disallow: /link?
Disallow: /home/news/data/
User-agent: Googlebot
Disallow: /baidu
Disallow: /s?
```

```
Disallow: /shifen/
Disallow: /homepage/
Disallow: /cpro
Disallow: /ulink?
Disallow: /link?
Disallow: /home/news/data/
…
User-agent: YoudaoBot
Disallow: /baidu
Disallow: /s?
Disallow: /shifen/
Disallow: /homepage/
Disallow: /cpro
Disallow: /ulink?
Disallow: /link?
Disallow: /home/news/data/
User-agent: Sogou web spider
Disallow: /baidu
Disallow: /s?
Disallow: /shifen/
Disallow: /homepage/
Disallow: /cpro
Disallow: /ulink?
Disallow: /link?
Disallow: /home/news/data/
User-agent: yisouspider
Disallow: /baidu
Disallow: /s?
Disallow: /shifen/
Disallow: /homepage/
Disallow: /cpro
Disallow: /ulink?
Disallow: /link?
Disallow: /home/news/data/
User-agent: *
Disallow: /
```

## 2.4 Requests 的应用

Python 中有多种网页数据下载技术，使用 Requests 是其中非常实用和易学的一个。下面主要介绍 Requests 的使用方法。

Requests 是使用 Python 编写的第三方库，采用 Apache License 2.0 开源协议。使用

Requests 可以很容易地从服务器上下载文件，不必担心网络错误、连接错误和数据压缩等一些复杂问题。Python 还提供了 Urllib，使用 Urllib 也可以实现网页的下载。但 Urllib 的使用方法相对复杂，本章主要讲解 Requests。

因为 Requests 不是 Python 自带的库，所以必须先安装。

### 2.4.1　安装 Requests

打开 cmd 命令行窗口，输入并运行以下代码。

```
pip install requests
```

接下来做一个简单的测试，确保已经正确安装了 Requests。在 IDLE 窗口中输入以下代码。

```
>>> import requests
```

如果没有错误信息，那么说明 Requests 已经正确安装了。

**例 2-1：**

```
import requests
url= "http://***.org"
response=requests.get(url)  #发出请求信息
print(response.text)        #输出响应信息
```

在上述程序中，url 表示目标网页地址，requests.get(url)表示请求方法，response 表示 Response 对象，response.text 表示 Response 对象的属性。

### 2.4.2　Requests 的常用方法

Requests 通过提供访问服务器的各种方法自动实现网页信息的下载。客户端通过浏览器发送给服务器的请求信息被称为 Request 对象，服务器返回的响应信息被称为 Response 对象。Requests 通过提供对应 HTTP 中相应功能的请求方法实现自动请求，通过提供 Response 对象的属性和方法提取服务器反馈的信息。下面介绍 Requests 的请求方法。Requests 的请求方法如表 2-2 所示。

表 2-2　Requests 的请求方法

| 方法 | 语法格式 | 描述 |
| --- | --- | --- |
| requests. request() | requests.request(method,url,**kwargs） | 构造的请求方法，是其他方法的基础 |
| requests.get() | requests.get(url, params=None, **kwargs) | 获取 HTTP 网页的主要方法，对应 HTTP 的 GET 方法 |
| requests.post() | requests.post(url,data=None,json=None,**kwargs) | 向 HTTP 网页提交 POST 请求的方法，对应 HTTP 的 POST 方法 |
| requests.head() | requests.head(url,**kwargs) | 获取请求头 |

续表

| 方法 | 语法格式 | 描述 |
| --- | --- | --- |
| requests.put() | requests.put(url,data=None,**kwargs) | 向 HTTP 网页提交 PUT 请求的方法，对应 HTTP 的 PUT 方法 |
| requests.patch() | requests.patch(url,data=None,**kwargs) | 向 HTTP 网页提交局部修改请求，对应 HTTP 的 PATCH 方法 |
| requests.delete() | requests.delete(url,**kwargs) | 向 HTTP 网页提交局部删除请求，对应 HTTP 的 DELETE 方法 |

在表 2-2 的 7 个方法中，requests.request()方法是其他 6 个方法的基础。下面重点介绍 requests.request()方法的各个参数。requests.get()方法和 requests.post()方法是网页请求中使用较多的两个方法。

### 1. requests.request(method,url,**kwargs)

（1）method：新建 Request 对象要使用的 HTTP 方法。

（2）url：新建 Request 对象的 URL 链接。

（3）**kwargs：包括 13 个控制访问的参数，分别如下。

① params：字典或字节序列，作为参数增加到 URL 中。

```
paramsval={'key1':'value1','key2':'value2'}
r=requests.request('get','http://***.org ',params=paramsval)
print(r.url)
```

② data：字典、字节序列或文件，作为 Request 对象请求体的内容。

```
dataDicval={'key1':'value1','key2':'value2'}   #字典
r=requests.request('get',' http://***.org ',data=dataDicval)
dataStrval='test'                              #字节序列
r=requests.request('get',' http://***.org ',data=dataStrval)
dataFileval={'file':open('test.csv','rb')}     #文件
r=requests.request('post',' http://***.org ',data=dataFileval)
```

③ json：JSON 数据，作为 Request 对象请求体的内容。

```
jsonval={'key1':'value1','key2':'value2'}
r=requests.request('post',' http://***.org ',json=jsonval)
```

④ headers：字典，HTTP 请求头，作为 Request 对象请求头的内容。

```
headerval={'User-agent': 'Chrome/10'}
r=requests.request('post',' http://***.org ',headers=headerval)
```

⑤ cookies：字典，Request 对象中的 Cookie。

```
cookiedicval={'key1':'value1','key2':'value2'}
r=requests.request('post',' http://***.org ',cookies=cookiedicval)
print(r.cookies)
```

⑥ files：字典，形式为{filename: fileobject}，表示要上传的多个部分。

```
filesval = {'file': open('test.csv', 'rb')}
r = requests.request('post', ' http://***.org ', files=filesval)
```

⑦ auth：Auth 句柄或(user, pass)元组。

```
authval=('username','password')
r=requests.request('post',' http://***.org ',auth=authval)
```

⑧ timeout：等待服务器数据的超时限制，是一个浮点数，以秒为单位。可以告知 Requests 在经过以 timeout 设定的时间之后停止等待响应。最好在请求命令中都使用这一参数，以保证程序永远不会失去响应。

timeout 仅对连接过程有效，与响应体的下载无关。timeout 并不表示整个下载响应的时间限制，而表示如果服务器在 timeout 内没有应答，那么会引发一个异常。

⑨ allow_redirects：值为 True/False，默认值为 True，为重定向开关。当值为 True 时，表示允许 GET、POST、PUT、DELETE 等方法重定向。

```
r = requests.request('post',' http://***.org ',allow_redirects=False)
```

⑩ proxies：字典，用于将协议映射为代理的 URL。

根据不同的协议选择不同的代理，也可以使用集合随机访问的方式使用多个代理访问 URL。

```
poxiesVal={'http':'xxx.xxx.xxx.xxx:xx','https':'xxx.xxx.xxx.xxx:xx'}
r=requests.request('post',' http://***.org ',proxies=poxiesVal)
```

⑪ varify：值为 True/False，默认值为 True。当值为 True 时，会进行 SSL 证书验证，也可以使用 cert 提供一个 CA_BUNDLE 路径；当值为 False 时，会忽略 SSL 证书验证。

```
r=requests.get(http://***.org ',varify=False)  #忽略SSL证书验证
```

⑫ stream：值为 True/False，默认值为 True。当值为 False 时，会立即下载响应头和响应体；当值为 True 时，会先下载响应头，只有在调用 content() 方法时才会下载响应体。

```
r=requests.get('http://***.org',stream=True)
print(r.content)  #调用content()方法下载响应体
```

⑬ cert：SSL 证书文件信息。

### 2．requests.get(url,params=None,**kwargs)

这是常用请求方法的语法格式，等价于 requests.request('get',url, **kwargs)。GET 请求的查询字符串以明码的形式在 URL 中发送。传送的数据量有限，这是因为传送的数据是以明码的形式传送的，安全性较低。

（1）url：获取网页中的 URL 链接。

（2）params：URL 中的额外参数，字典或字节流，可选。

（3）**kwargs：包括除了 params 的 12 个控制访问的参数。

Requests 中的 GET 请求用于实现参数传递。以百度搜索为例，百度搜索的关键字放在关键字 wd 中，输入一个关键字，可以通过观察地址栏中的关键字 wd 确认。

**例 2-2：**

```
import requests
url = 'http://www.***.com/'
para = {'wd': 'GET方法'}                    #将需要搜索的关键字定义为字典传给params
r1 = requests.get(url, params=para,headers=header)
print("r1.url=",r1.url)
lists = ['get', 'post', 'put']            #多参数的访问
para1={'wd': ''}                            #初始化参数键值对，值为空串
for s in lists:
    para1['wd']=str(s)
    r = requests.get(url,params=para1,headers=header)
    print("r{}.url=".format({s}),r.url)
```

### 3. requests.post(url,data=None,json=None,**kwargs)

这个请求方法的语法格式等价于 requests.request('post',url, **kwargs)。POST 请求的查询字符串是在请求体中发送的，可以发送大量数据，安全性更高。

（1）url：更新网页中的 URL 链接。

（2）data：字典、字节序列或文件，作为 Request 对象请求体的内容。

（3）json：JSON 数据，作为 Request 对象请求体的内容。

（4）**kwargs：除了 data、json 的 11 个控制访问的参数。

POST 请求指用于提供大量数据的请求，可以使用 data 、json 进行数据传送。如果返回的是 JSON 数据，那么可以使用 r.json()方法将其转换为字典或列表。

下面举例说明如何访问百度翻译首页并将其解析成 JSON 格式。

**例 2-3：**

```
import requests
header = { 'User-agent': 'Mozilla/5.0',}
url = 'https://fanyi.***.com/sug'
def fanyi(value):
    key = {
    'kw':value
    }
    #key['kw']=value，也可以使用这种方法赋值
    print('key=',key)
    r = requests.post(url,data=key,headers=header)
    result = r.json()
    return  result
if __name__ == '__main__':
    word=input("输入要翻译的内容：")
    res = fanyi(word)
    print(res)
```

### 2.4.3 Requests 爬虫之定制请求头

在 IDLE 窗口中输入以下代码。

```
>>> import requests as req
r=req.get("http://www.***.com")
>>> r.request.header:
{'User-agent': 'Python-requests/2.20.1', 'Connection': 'keep-alive',
'Accept- encoding': 'gzip, deflate', 'Accept': '*/*'}
```

请求头中的 User-agent 为 Python-requests/2.20.1。

下面举例说明如何访问百度首页并输出网页信息。

**例 2-4：**

```
import requests
url = 'http://www.***.com/'
r = requests.get(url)
print("r=",r.url)
print("type(r)=",type(r.url))
r.encoding=r.apparent_encoding
print("r.内容=",r.text)
```

输出的是百度首页的 HTML 文件中的字符串。将上述程序的访问地址修改为 url = 'https://www.***.com/'，再次运行程序，输出结果如下。

```
>>>
r= https://www.***.com/
type(r)= <class 'str'>
r.内容= <html>
    <head><title>400 Bad Request</title></head>
    <body bgcolor="white">
    <center><h1>400 Bad Request</h1></center>
    <hr><center>openresty</center>
    </body> </html>
    >>>
```

输出结果中的 400 Bad Request 表明 r = requests.get(url)方法没有爬取到正确的网页信息，返回的是错误代码。这是因为 Requests 在发出请求时会将自己的信息如实告诉服务器，User-agent 为 Python-requests/2.20.1，不是浏览器的信息。如果服务器设置了反爬虫措施，那么会导致 Requests 返回错误代码，一般状态码为 400。可以通过设置请求头将爬虫伪装成浏览器访问网站，绕过服务器对爬虫进行识别。

#### 1．查找请求头

通过设置请求头，可以将爬虫伪装成浏览器访问网站。请求头是每次发送请求信息时，向服务器传递的一组属性和配置信息。常用的请求头有 7 个：Host、Connection、Accept、

User-agent、Referrer、Accept-encoding 和 Accept-language。当爬虫被反爬虫措施控制后，可以通过提供以上请求头实现网页的正常爬取。

可以通过以下方式获取请求头。

以爬取网易首页为例，在浏览器中打开网页，按 F12 键或右击网页中的任意位置，在弹出的快捷菜单中选择“检查”命令，选择“Network”选项，在浏览器中刷新网页，在左侧选择“Name”为“ www.163.com ”，查看右侧请求头，如图 2-5 所示。

请求头显示了很多信息，常用的请求头是 User-agent 和 Host，它们以键值对的形式展现，如果 User-agent 以字典键值对的形式展现，那么可以反爬虫成功，不需要加入其他键值对的形式；否则，需要加入更多键值对的形式。

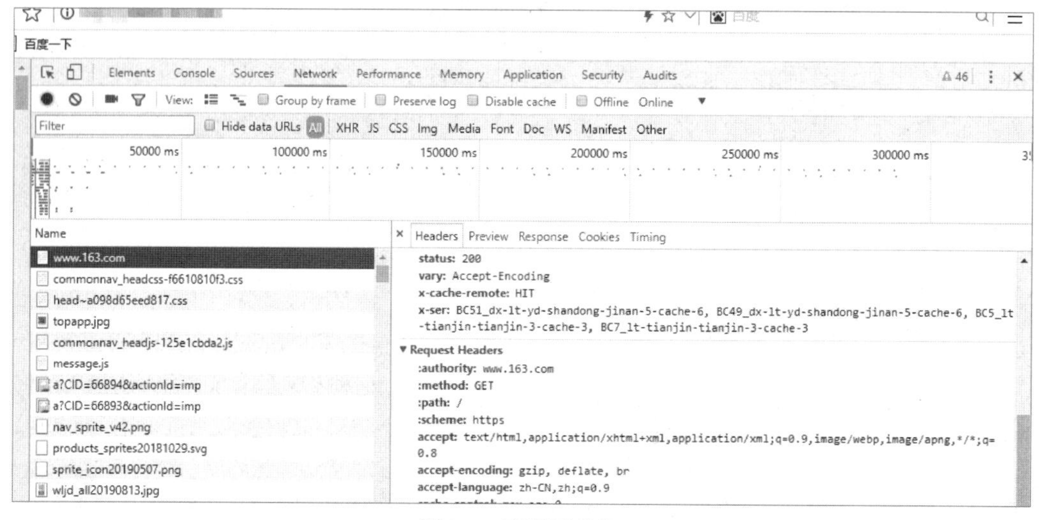


图 2-5　查看请求头

如果使用的是 Google Chrome，那么在该浏览器的地址栏中输入“chrome://version”即可得到 User-agent 的信息，如图 2-6 所示。将此信息复制下来放入程序中即可。

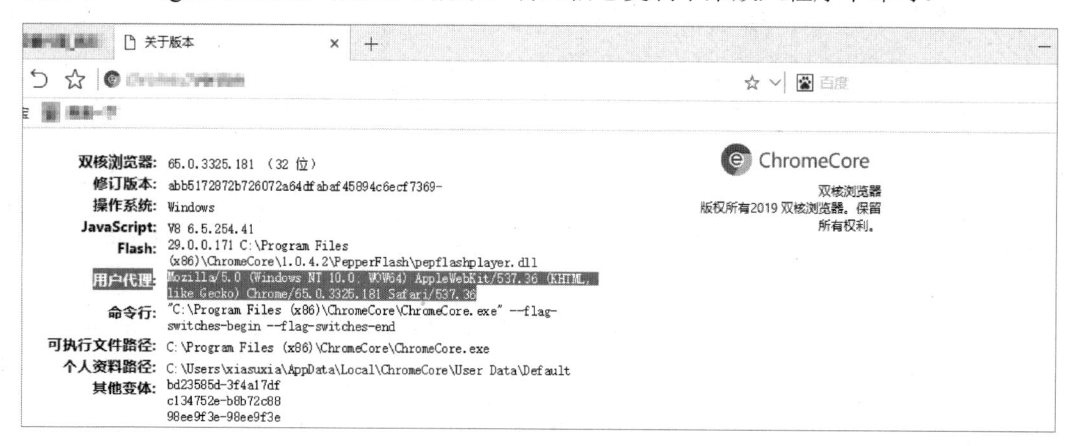


图 2-6　得到 User-agent 的信息

## 2. 设置请求头

查找到请求头后，可以将请求头复制到程序中，在程序中添加以下代码。

```
    header = {
        "User-agent": "Mozilla/5.0 (Windows NT 10.0; Win64; x64) AppleWebKit/
537.36 (KHTML, like Gecko) Chrome/61.0.3163.100 Safari/537.36",
        "Accept": "text/html,application/xhtml+xml,application/xml;q=0.9,
image/webp,image/apng,*/*;q=0.8",
        "Accept-language": "zh-CN,zh;q=0.9"}
    r=requests.get(url,headers=header)
```

在伪装成浏览器的过程中，重要的是参数 User-agent，也可以先简化成以下代码。

```
    header = { 'User-agent': 'mozilla/5.0',}
```

在程序中可能有些伪装浏览器的头信息被封，可以寻找多个浏览器的头信息，将其存储到一个列表中。

下面举例说明如何随机获取请求头（各个浏览器请求头可以在网上查找）。

**例 2-5：**

```
    import random
    def get_ua():                       #定义一个函数，可以在程序中调用
        ua = [
        "Mozilla/5.0 (Windows NT 10.0; Win64; x64) AppleWebKit/537.36 (KHTML,
like Gecko) Chrome/61.0.316 3.100 Safari/537.36",
        "Mozilla/5.0 (Windows; U; Windows NT 6.1; en-us) AppleWebKit/534.50
(KHTML, like Gecko) Version/5.1 Safari/534.50",
        "Mozilla/5.0 (Windows NT 10.0; WOW64; rv:38.0) Gecko/20100101 Firefox/
38.0",
        "Mozilla/4.0 (compatible; MSIE 6.0; Windows NT 5.1)",
        "Mozilla/5.0 (Macintosh; Intel Mac OS X 10.6; rv:2.0.1) Gecko/20100101
Firefox/4.0.1",
        "Mozilla/5.0 (Windows NT 6.1; rv:2.0.1) Gecko/20100101 Firefox/4.0.1",
        "Opera/9.80 (Macintosh; Intel Mac OS X 10.6.8; U; en) Presto/2.8.131
Version/ 11.11",
        "Opera/9.80 (Windows NT 6.1; U; en) Presto/2.8.131 Version/11.11",
        "Mozilla/5.0 (Macintosh; Intel Mac OS X 10_7_0) AppleWebKit/535.11
(KHTML, like Gecko) Chrome/17.0. 963.56 Safari/535.11",
        "Mozilla/4.0 (compatible; MSIE 7.0; Windows NT 5.1; Maxthon 2.0)",
        "Mozilla/4.0 (compatible; MSIE 7.0; Windows NT 5.1; 360SE)",
        "Mozilla/4.0 (compatible; MSIE 7.0; Windows NT 5.1; Avant Browser)",
        "Mozilla/4.0 (compatible; MSIE 7.0; Windows NT 5.1)",
        "Opera/9.80 (Android 2.3.4; Linux; Opera Mobi/build-1107180945; U; en-
GB) Presto/2.8.149 Version/11. 10",
        "Mozilla/5.0 (Linux; U; Android 3.0; en-us; Xoom Build/HRI39) AppleWebKit/
534.13 (KHTML, like Gecko) Version/4.0 Safari/534.13",
        "Mozilla/5.0 (BlackBerry; U; BlackBerry 9800; en) AppleWebKit/534.1+
(KHTML, like Gecko) Version/6.0. 0.337 Mobile Safari/534.1+" ]
        return random.choice(ua)             #返回头信息
```

```
header = {'User-agent': get_ua()}
print(header)
```

### 2.4.4 Requests 的响应信息

打开 IDLE 窗口，实时观察使用 requests.get()方法下载一个网页时服务器返回的响应信息。

```
>>> import requests
>>> requests.get('http://www.***.com')
<Response [200]>
>>> r=requests.get('http://www.***.com')
>>> type(r)
<class 'requests.models.Response'>
>>>
```

在 requests.get()方法的返回值 r 上调用查看数据类型的 type()函数，可以看到返回值 r 是一个 Response 对象，其中包含服务器对请求做出的响应。Requests 提供了一些获取服务器的 Response 对象的属性和方法。

使用 requests.get()方法返回一个 Response 对象，代码如下。

```
import requests
r=requests.get("http://www.***.com")
```

Response 对象的属性和方法如表 2-3 所示。

表 2-3　Response 对象的属性和方法

| 属性和方法 | 描述 |
| --- | --- |
| r.status_code | HTTP 请求的返回状态。其中，200 表示链接成功，其他状态码表示链接失败 |
| r.text | HTTP 响应的 URL 对应的字符串形式的内容 |
| r.encoding | 从 HTTP 的请求头中猜测出的响应信息的编码格式 |
| r.apparent_encoding | 从网页内容中分析出的响应信息的编码方式 |
| r.content | HTTP 响应的二进制形式，一般用于图形等内容的下载 |
| r.raw | 原始响应体，也叫作 Urllib Response 对象，使用 r.raw.read()方法读取 |
| r.headers | 以字典对象存储服务器的响应头，键不区分大小写，若键不存在则返回 None |
| r.url | 获取请求的 URL |
| r.cookies | 获取请求的 Cookies |
| r.history | r.history 是一个 Response 对象列表，这个对象列表记录从最开始到最近的请求 |
| r.json() | Requests 中内置的 JSON 解码器 |
| r.raise_for_status() | 请求失败，状态码不是 200，引发 requests.HTTPError 异常 |

#### 1. r.headers

如果想访问服务器返回的响应头，那么可以使用 r.headers；如果想得到发送到服务器的请求头，那么可以使用 r.request.headers。

```
>>> r = req.get("http://www.***.com")
>>> r.headers
{'Content-encoding': 'gzip', 'Last-Modified': 'Mon, 23 Jan 2017 13:27:32 GMT', 'Server': 'bfe/1.0.8.18', 'Content -type': 'text/html', 'Cache-control': 'private, no-cache, no-store, proxy-revalidate, no-transform', 'Pragma': 'no-cach e', 'Date': 'Fri, 13 Dec 2019 08:20:11 GMT', 'Connection': 'keep-alive', 'Set-Cookie': 'BDORZ=27315; max-age=86400; domain=.baidu.com; path=/', 'Transfer-encoding': 'chunked'}                #响应头
>>> r.request.headers
{'User-agent': 'Python-requests/2.20.1', 'Connection': 'keep-alive', 'Accept- encoding': 'gzip, deflate', 'Accept': '*/*'}        #请求头
>>>
```

### 2. r.status_code

状态码先为 200 或 requests.codes.ok 则表示请求成功，若为其他则表示请求失败。r.status_code 在程序中用于判定请求是否成功。

```
>>> r.status_code
200
>>> r.status_code==requests.codes.ok (或r.status_code==200)
True
>>>
```

也可以使用 r.raise_for_status()方法通过抛出异常来判定程序是否正常运行。如果下载程序出错，那么抛出异常。如果下载程序成功，那么什么也不做。r.raise_for_status()方法用于确保程序在下载失败时停止。可以用 try 语句 和 except 语句将 r.raise_for_status()方法的代码行包裹起来，处理网页下载时的错误，不让程序崩溃，以保障程序的健壮性。

**例 2-6：**

```
import requests
header = { 'User-agent': 'Mozilla/5.0',}
url='http://www.***.com/'
try:
    r = requests.get(url,headers=header)
    r.raise_for_status()
    print(r.status_code)
except:
    print('下载出错')
```

### 3. Requests 的异常

Requests 发出请求后，通过 r.status_code 反映请求是否成功。若成功则可能会产生错误，抛出异常。Requests 的异常如表 2-4 所示。

表 2-4　Requests 的异常

| 异常 | 描述 |
| --- | --- |
| requests.ConnectionError | 网络连接错误异常 |

续表

| 异常 | 描述 |
| --- | --- |
| requests.HTTPError | HTTP 错误异常，如果 r.raise_for_status()方法返回的不是 200，那么会引发 requests.HTTPError 异常 |
| requests.URLRequired | URL 缺失异常 |
| requests.TooManyRedirects | 超出最大重定向异常 |
| requests.ConnectTimeout | 链接远程服务器超时异常 |
| requests.Timeout | URL 超时异常 |

#### 4．r.encoding 和 r.apparent_encoding

r.encoding：如果头信息中存在 charset 字段，那么说明访问的服务器对编码方式是有要求的，可以使用 r.encoding 获取。

r.apparent_encoding：如果头信息中不存在 charset 字段，那么认为默认编码方式为 ISO-8859-1，但是这种编码方式不能解析中文，可以用 r.apparent_encoding 来解码。使用 r.apparent_encoding 比使用 r.encoding 更准确。

#### 5．r.text 和 r.content

一般图形等响应信息使用 r.content 提取。使用 r.text 提取的文件有时会出现乱码，可以使用以下方法正确解码。

```
r.encoding='utf-8'                          #修改返回的头编码信息
print(r.text)
r.encoding=r. r.apparent_encoding           #用正文中的编码代替头编码信息
print(r.text)
r_str =r.content.decode('utf-8')            #把相应的二进制字节流解码为字符串
print(r_str)
```

爬取网页的通用代码框架一般为例 2-6，可以将正确解码的 HTML 响应信息直接输出，也可以将其写入文件。

**例 2-7：**

```
import requests
def get_text(url):
    try:
        r=requests.get(url,timeout=10)
        r.raise_for_status #如果状态码不是200，那么会引发 requests.HTTPError 异常
        r.encoding = r.apparent_encoding
        return r.text
    except:
        return
url='http://www.***.com/'
print(get_text(url)[:250])
with open('baiduhtml.txt', 'w') as f:
    f.write(get_text(url))
```

如果需要将下载的图片信息写入文件，那么必须先使用 r.content 提取下载的图片信息，再向函数传入字符串'wb'，作为 open()函数的二进制形式的写入模式的参数。

**例 2-8：**

```
import requests
def get_pic(url):
    try:
        r=requests.get(url,timeout=10)
        r.raise_for_status #如果状态码不是200，那么会引发 requests.HTTPError 异常
        return r.content
    except:
        return

url = ''' http://***.com/map/china/2019/12/aqi-2019-12-12-16_p1_ e8fa802a-6687-43d7-ad80-dd481 4 6a4607.png '''  #图片的地址
jpg_t= get_pic(url)
with open("jpg_t.jpg","wb")as f:                #将图片保存
    f.write(jpg_t)                              #写入文件
```

### 6. r.json()方法

Requests 中有一个内置的 JSON 解码器，使用 r.json()方法以 JSON 格式解析下载的数据。

```
response = requests.get(url)
print(response.json())                          #JSON数据
```

r.json()方法的成功调用并不意味着响应成功，有些服务器会在失败的响应中包含一个 JSON 对象。例如，HTTP 500 的错误细节需要通过 r.status_code 判断。具体应用可以参考例 2-3。

### 7. r.cookies

如果服务器的响应信息中包含一些 Cookie，那么可以快速访问 Cookie 获取请求后的 Cookies，也可以获取请求端的 Cookies。

**例 2-9：**

```
import requests
r = requests.get("http://www.***.com")
print(r.cookies)
for key,value in re.cookies.items():
print(key+"="+value)
```

输出结果如下。

```
>>>
r.cookies= <RequestsCookieJar[<Cookie BDORZ=27315 for .baidu.com/>]>
```

```
BDORZ=27315
>>>
```

可以发现，返回 RequestsCookieJar。如果要发送 Cookies 给服务器，那么可以实例化一个 RequestsCookieJar，并使用 set()方法把值写入，在 GET 方法和 POST 方法的请求中指定参数的值。

```
c_jar = requests.cookies.RequestsCookieJar()
c_jar.set('home_cookie', 'main', domain='***.org', path='/cookies')
c_jar.set('part_cookie', 'part', domain='***.org', path='/elsewhere')
url = 'http://***.org/cookies'
res = requests.get(url, cookies=c_jar)
print(res.text)
```

也可以通过赋值并转换为字典给参数赋值。

```
import requests
url = 'http://***.org/cookies'
cookies = dict(cookies_are='working')
response = requests.get(url, cookies=cookies)
print(response.text)
```

#### 8．r.history

```
import requests
r2 = requests.get('http://***.com')
print(r2.url)
print(r2.text)
print(r2.status_code)
print(r2.history)
```

可以通过设置 allow_redirects=False 禁用重定向。

```
r2 = requests.get('http://***.com' ,allow_redirects=False)
```

如果使用了 head()方法，那么也可以通过设置 allow_redirects=True 启用重定向。

```
r3 = requests.head('http://***.com',allow_redirects=True)
```

### 2.4.5 简单的绕过反爬虫措施

在爬虫的过程中可能会遇到这样的情况：最初爬虫正常运行，正常爬取数据，然而在下一次运行时可能会出现错误，如 403 Forbidden，或打开网页可能有提示信息“您的 IP 地址访问频率太高”。出现这种现象的原因是网站采取了一些反爬虫措施。例如，服务器会检测某个 IP 地址在单位时间内的请求次数，如果超过了阈值，那么会直接拒绝服务，返回一些错误信息，这种情况被称为“IP 封锁”，可以通过代理服务器的方式避开 IP 封锁。

代理服务器就像一个中间桥梁，用户可以根据自己的需求选择代理类型，实现爬虫 IP

地址的不断切换，隐藏真实的 IP 地址，达到正常爬取信息的目的。

根据协议区分，代理服务器可以分为 FTP 代理服务器（端口一般为 21、2121 等）、用于访问网页 HTTP 的代理服务器（端口一般为 80、8080、3128 等）、用于访问加密网站的 SSL/TLS 代理服务器（端口一般为 443 等）。虽然可以通过代理机制、设置请求头等方式绕过反爬虫措施，但爬虫必须在合规的范围内进行，切莫做一些不合规的事情。

**例 2-10：**

```
import random
import requests
header_list = [
    {"User-agent" : "Mozilla/4.0 (compatible; MSIE 7.0; Windows NT 5.1; Maxthon 2.0)"},
    {"User-agent" : "Mozilla/5.0 (Windows NT 6.1; rv:2.0.1) Gecko/20100101 Firefox/ 4.0.1"},
    {"User-agent" : "Mozilla/5.0 (Macintosh; Intel Mac OS X 10_7_0) AppleWebKit/ 535.11 (KHTML, like Geck o) Chrome/17.0.963.56 Safari/535.11"}]
proxy_list = [
    {"http" : "112.115.57.20:3128"},
    {"http" : "124.88.67.81:80"}]
header = random.choice(header_list)
proxy = random.choice(proxy_list)
print("proxy=",proxy)
try:
    r=requests.get('https://www.***.com/',headers = header,proxies=proxy, timeout=5)
    r.raise_for_status  #如果状态码不是200，那么会引发 requests.HTTPError异常
    r.encoding = r.apparent_encoding
    print(r.text[:300])
except:
    print('异常')
```

可以将例 2-10 的程序修改为如下函数形式。

```
def get_header(header,proxy):
    header = random.choice(header_list)
    proxy = random.choice(proxy_list)
    return header, proxy

def get_text(url):
    try:
        r=requests.get(url,headers =get_header(header_list,proxy_list)[0],proxies =getheader(header_list, proxy_list)[1],timeout=10)
        r.raise_for_status #如果状态码不是200，那么会引发 requests.HTTPError异常
        r.encoding = r.apparent_encoding
        return r.text[:300]
```

```
    except:
        return
print(get_text('https://www.***.com/'))
```

可以通过比较简单的方法避免在频繁爬取的过程中对服务器造成压力，致使 IP 地址被封，一是使用代理 IP 地址；二是在程序中调用 time 库中的 sleep()函数，增加程序时间，代码如下。

```
import time
time.sleep(10)                          #休眠10秒
```

# 第3章 网页解析技术

网页解析技术也称Web网页信息提取技术。随着互联网的迅猛发展，Web网页承载的数据量与日俱增，信息冗余、形式多样、处理困难等问题越来越突出，网页解析技术应运而生。由于Web网页包含了大量与用户需要的信息无关的内容，因此快速定位并提取用户需要的信息显得尤为重要，提取有效的网页数据是爬虫的终极目标。

网页解析技术主要针对无结构或半结构化的Web 网页，且大多基于HTML结构。在Python中，常用的网页解析器有CSS选择器、BeautifulSoup4、XPath选择器、正则表达式。其中，CSS选择器、BeautifulSoup4和XPath选择器都基于DOM树结构。

## 3.1 HTML DOM 基础

爬虫发送网页爬取请求后，返回一个Response对象。解析网页、提取有效数据被称为网页清洗。网页清洗主要通过HTML标签提取的方法、基于正则表达式进行网页抽取和机器学习的方法。本章主要介绍通过HTML标签提取的方法和基于正则表达式进行网页抽取的方法。

浏览器在收到服务器返回的HTML源代码后，将网页解析为文档对象模型（Document Object Model，DOM）树。DOM定义了访问和操作HTML文件的标准。以下是一段标准的HTML文件。

```
<html>
    <head>
    <title> 空气质量 </title>
    </head>
    <body>
<h1> 重点城市的空气质量 </h1>
    <p> 指数查询 </p>
    <div id="citylist">
    <div class="citynum"> 重点城市 </div>
    <div class="citynames">
        <a href="/air/beijing/"> 北京 </a>
```

```
            <a href="/air/shanghai/"> 上海 </a>
         </div>
        </div>
        </body>
    </html>
```

DOM 树的结果如图 3-1 所示。

由图 3-1 可知，<html>没有父节点，是根节点，拥有两个子节点，即<head>和<body>；<head>和<body>的父节点是<html>；<head>是<html>的首个子节点；<head>拥有一个子节点，即<title>；<title>也拥有一个子节点；<body>是<html>的另一个子节点；<h1>、<p>和<div>是<body>的子节点，同时也是同胞节点。

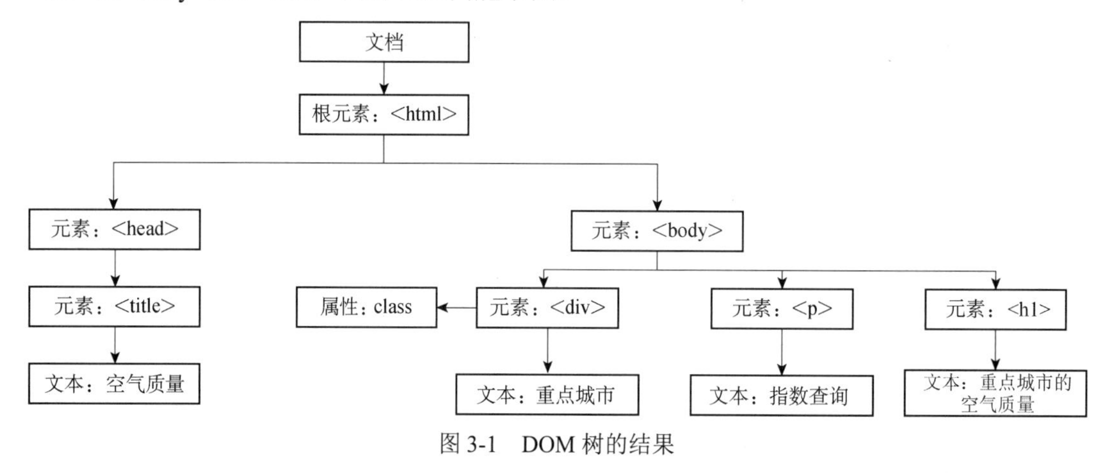


图 3-1　DOM 树的结果

DOM 是万维网联盟（World Wide Web Consortium，W3C）标准。W3C DOM 是中立于平台和语言的接口，允许程序和脚本动态地访问和更新文件的内容、结构和样式。W3C DOM 分为以下 3 个部分。

（1）核心 DOM：针对任何结构化文件的标准模型。

（2）XML DOM：针对 XML 文件的标准模型，定义了所有 XML 元素的对象和属性，以及访问它们的方法。

（3）HTML DOM：针对 HTML 文件的标准模型，定义了所有 网页元素的对象和属性，以及访问它们的方法。

HTML DOM 将 HTML 文件视作树结构。DOM 树的节点层级关系如图 3-2 所示，DOM 树中的节点拥有父（Parent）、子（Child）、同胞（Sibling）的层级关系。

父、子和同胞等术语用于描述这些关系。父节点拥有子节点，同级的子节点被称为同胞（兄弟或姐妹）节点。

在 DOM 树中，顶端节点被称为根（Root）节点。每个节点都有父节点（除了根节点）。一个节点可以拥有任意数量的子节点，同胞节点是拥有相同父节点的节点。

可以看出，HTML 文件是一个由各类标签标识的半结构化文件。通过遍历标签可以查找到需要的信息。CSS 选择器、XPath 选择器和 BeautifulSoup4 都是基于标签遍历的方式进行定位的。

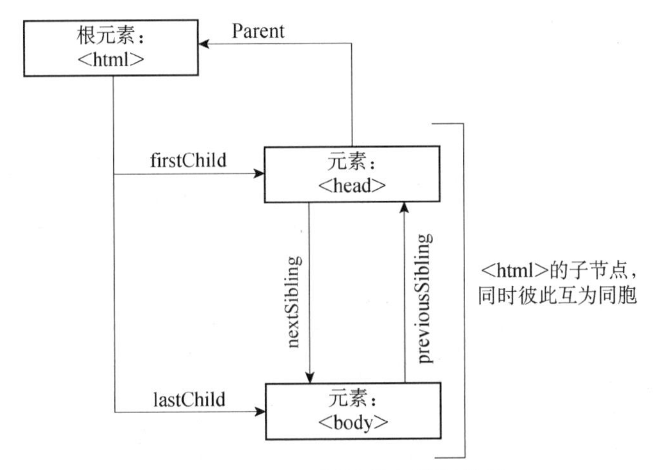


图 3-2　DOM 树的节点层级关系

## 3.2　CSS 选择器

层叠样式表（Cascading Style Sheets，CSS），是一种用来表现 HTML 的计算机语言。CSS 选择器可以将样式定义在 网页元素的 style 属性中，也可以将样式定义在 HTML 文件头中，还可以将样式声明在专门的 CSS 文件中，供 HTML 页面引用。

### 3.2.1　CSS 样式的规则

CSS 选择器是 CSS 给 HTML 页面设置样式的模式。CSS 选择器由两个主要部分构成：选择器及一条或多条声明，如 div{color:red;font-size:25px;}中的 div 就是选择器。每个属性都有一个属性值，属性和属性值之间用冒号分开。常用的 3 种基本 CSS 选择器是标签选择器、ID 选择器、类选择器。

CSS 样式的规则由选择器、属性、属性值组成，如图 3-3 所示。选择器用于指定 CSS 样式作用的 HTML 对象；花括号内是对该对象设置的样式；属性和属性值以键值对的形式出现；属性是对指定对象设置的样式属性，如文本大小、文本颜色等；属性和属性值之间用冒号分开；多个键值对之间用分号区分。

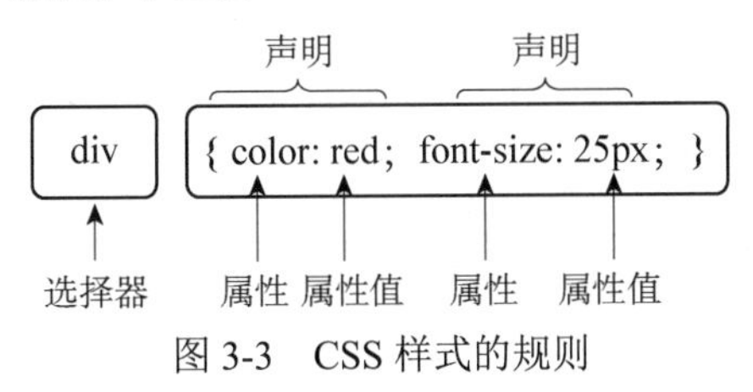


图 3-3　CSS 样式的规则

### 3.2.2　安装CSS选择器

打开 cmd 命令行窗口，在 Python34/Scripts 目录下输入并运行以下代码。

```
pip install css selector
```

成功安装 CSS 选择器的界面如图 3-4 所示。

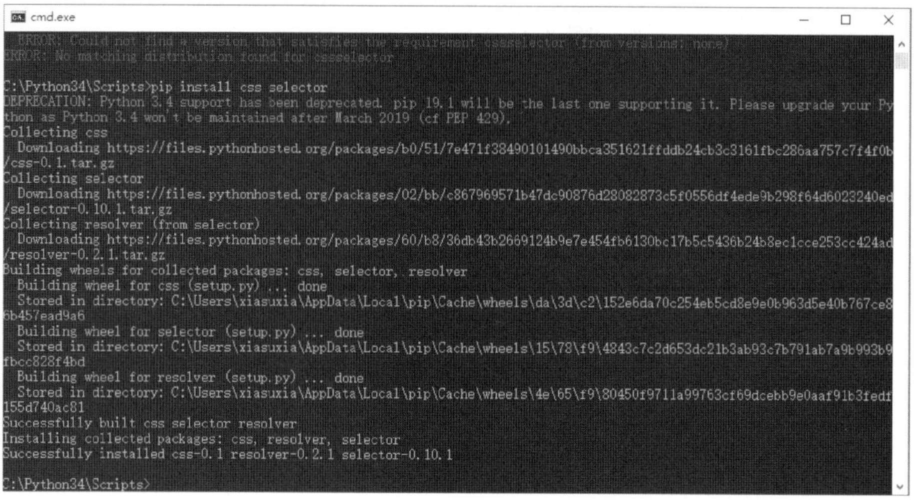

图 3-4　成功安装CSS选择器的界面

为了独立使用 CSS 选择器，建议安装 lxml，本节将使用 lxml 中的 lxml.etree.ElementTree 模块讲解 CSS 选择器的应用。

打开 cmd 命令行窗口，在 Python34/Scripts 目录下输入并运行以下代码。

```
pip install lxml
```

打开 IDLE 窗口，输入以下代码。

```
>>> from lxml import etree
```

检查安装是否正确。

lxml.etree.ElementTree 模块提供了一个轻量级的 API。与 DOM 树相比，lxml.etree.ElementTree 模块的速度更快，使用更直接、方便。

## 3.2.3　lxml.etree 库

下面使用 lxml.etree 库对 HTML 文件进行解析。lxml.etree 库返回的是 DOM 树中的 Element 对象的类型。Element 对象是一种灵活的容器对象，用于在内存中存储结构化数据。需要注意的是，lxml.etree.ElementTree 模块在应对恶意结构化数据时并不安全。

### 1．lxml.etree 库返回的 Element 对象

HTML 文件经过 lxml.etree 库被解析为 Element 对象。Element 对象对应的是 DOM 树中的节点，也就是 HTML 文件中的标签。

**例 3-1：**Element 对象的属性

```
from lxml import etree
html = """
```

```
    <div id='content'>  …  """
html_obj = etree.HTML(html)

demo= html_obj.cssselect('.list > .four')[0]
print("demo.text=",demo.text)                #使用text属性获取文本
print("demo.attrib = ",demo.attrib)          #使用attrib属性获取字典

sc=html_obj.cssselect('div#inner')
print("cssselect('div#inner') = ", sc)
for str in sc:
    print(str.text)                          #获取文本
    print(str.attrib['id'])                  #获取属性的键
```

输出结果如下。

```
>>>
demo.text= 三十世家
demo.attrib =  {'class': 'four'}
cssselect('div#inner') = [<Element div at 0x3d62488>]
十二本纪目录
inner
>>>
```

由输出结果可以发现，Element 对象列表[<Element div at 0x3d62488>]通过 text、attrib 等属性获取相应的值，attrib 属性返回的是字典。

以<a><b>1<c>2<d/>3</c></b>4</a>为例，a、b、c、d 是 Element 对象。a 的 text 属性和 tail 属性的值是 None；b 的 text 属性的值是 1，tail 属性的值是 4；c 的 text 属性的值是 2，tail 属性的值是 None；d 的 text 属性的值是 None，tail 的属性的值是 3。

Element 类中用于操作 attrib 属性的方法（类似于字典的方法）以(name, value)序列的形式返回该 Element 对象的所有属性，且属性在序列中是随机的。items()、keys()、get(key, default=None)、set(key, value)等用于字典的函数都可用于标签属性。

### 2. Element 类的遍历与查询

（1）Element.iter(tag=None)：遍历所有后代，也可以对指定的标签进行遍历查找。

（2）Element.itertext()：遍历所有后代并返回 text 属性的值。

（3）Element.findall(path)：查找当前元素下标签或路径能匹配的直系节点。

（4）Element.find(path)：查找当前元素下标签或路径能匹配的首个直系节点。

（5）Element.text：获取当前元素的 text 属性的值。

（6）Element.text_content：获取正文的 text 属性的值。

（7）Element.get(key, default=None)：获取元素指定 key 属性的值，如果没有该属性，则返回 default 属性的值。

### 3.2.4 CSS 选择器详解

CSS 选择器是一种模式，用于选择需要添加样式的元素。CSS 选择器如表 3-1 所示。

表 3-1 CSS 选择器

<table>
<tr><th>选择器类别</th><th>示例</th><th>示例描述</th><th>CSS</th></tr>
<tr><td>.class</td><td>.intro</td><td>选择 class=intro 的所有元素</td><td>1</td></tr>
<tr><td>#id</td><td>#firstname</td><td>选择 id=firstname 的所有元素</td><td>1</td></tr>
<tr><td>*</td><td>*</td><td>选择所有元素</td><td>2</td></tr>
<tr><td>element</td><td>p</td><td>选择所有<p>元素</td><td>1</td></tr>
<tr><td>element,element</td><td>div,p</td><td>选择所有<div>元素和<p>元素</td><td>1</td></tr>
<tr><td>element element</td><td>div p</td><td>后代选择器选择<div>元素内部的所有<p>元素，无论嵌套多深</td><td>1</td></tr>
<tr><td>element>element</td><td>div>p</td><td>子元素选择器选择父元素为<div>元素的所有<p>元素</td><td>2</td></tr>
<tr><td>element+element</td><td>div+p</td><td>相邻同胞选择器选择紧接在<div>元素后的所有<p>元素，且二者有相同的父元素</td><td>2</td></tr>
<tr><td>[attribute]</td><td>[target]</td><td>选择带有 target 属性的所有元素</td><td>2</td></tr>
<tr><td>[attribute=value]</td><td>[target=_blank]</td><td>选择 target=_blank 的所有元素</td><td>2</td></tr>
<tr><td>[attribute~=value]</td><td>[title~=flower]</td><td>选择 title 属性的值包含单词 flower 的所有元素</td><td>2</td></tr>
<tr><td>[attribute|=value]</td><td>[lang|=en]</td><td>选择 lang 属性的值以 en 开头的所有元素</td><td>2</td></tr>
<tr><td>:link</td><td>a:link</td><td>选择所有未被访问的链接</td><td>1</td></tr>
<tr><td>:visited</td><td>a:visited</td><td>选择所有已被访问的链接</td><td>1</td></tr>
<tr><td>:active</td><td>a:active</td><td>选择活动链接</td><td>1</td></tr>
<tr><td>:hover</td><td>a:hover</td><td>选择鼠标指针位于其上的链接</td><td>1</td></tr>
<tr><td>:focus</td><td>input:focus</td><td>选择获得焦点的<input>元素</td><td>2</td></tr>
<tr><td>:first-letter</td><td>p:first-letter</td><td>选择每个<p>元素的首字母</td><td>1</td></tr>
<tr><td>:first-line</td><td>p:first-line</td><td>选择每个<p>元素的首行</td><td>1</td></tr>
<tr><td>:first-child</td><td>p:first-child</td><td>选择匹配的第一个<p>元素</td><td>2</td></tr>
<tr><td>:lang(language)</td><td>p:lang(it)</td><td>选择带有以 it 开头的 lang 属性值的每个<p>元素</td><td>2</td></tr>
<tr><td>element1~element2</td><td>p~ul</td><td>选择前面带有<p>元素的每个<ul>元素</td><td>3</td></tr>
<tr><td>[attribute^=value]</td><td>a[src^="https"]</td><td>选择其 src 属性的值以 https 开头的每个<a>元素</td><td>3</td></tr>
<tr><td>[attribute$=value]</td><td>a[src$=".pdf"]</td><td>选择其 src 属性的值以.pdf 结尾的所有<a>元素</td><td>3</td></tr>
<tr><td>[attribute*=value]</td><td>a[src*="abc"]</td><td>选择其 src 属性的值包含 abc 子串的每个<a>元素</td><td>3</td></tr>
<tr><td>:first-of-type</td><td>p:first-of-type</td><td>选择属于其父元素的首个<p>元素的每个<p>元素</td><td>3</td></tr>
<tr><td>:last-of-type</td><td>p:last-of-type</td><td>选择属于其父元素的最后一个<p>元素的每个<p>元素</td><td>3</td></tr>
<tr><td>:only-of-type</td><td>p:only-of-type</td><td>选择属于其父元素唯一的<p>元素的每个<p>元素</td><td>3</td></tr>
<tr><td>:only-child</td><td>p:only-child</td><td>选择属于其父元素的唯一子元素的每个<p>元素</td><td>3</td></tr>
<tr><td>:nth-child(n)</td><td>p:nth-child(2)</td><td>选择属于其父元素的第二个子元素的每个<p>元素</td><td>3</td></tr>
<tr><td>:nth-last-child(n)</td><td>p:nth-last-child(2)</td><td>同上，从最后一个子元素开始计数</td><td>3</td></tr>
<tr><td>:nth-of-type(n)</td><td>p:nth-of-type(2)</td><td>选择属于其父元素的第二个<p>元素的每个<p>元素</td><td>3</td></tr>
<tr><td>:nth-last-of-type(n)</td><td>p:nth-last-of-type(2)</td><td>同上，从最后一个子元素开始计数</td><td>3</td></tr>
<tr><td>:last-child</td><td>p:last-child</td><td>选择属于其父元素的最后一个子元素的每个<p>元素</td><td>3</td></tr>
</table>

续表

| 选择器类别 | 示例 | 示例描述 | CSS |
|---|---|---|---|
| :root | :root | 选择根元素 | 3 |
| :empty | p:empty | 选择没有子元素的每个<p>元素 | 3 |
| :target | #news:target | 选择当前活动的#news 元素 | 3 |
| :enabled | input:enabled | 选择每个被启用的<input>元素 | 3 |
| :disabled | input:disabled | 选择每个被禁用的<input>元素 | 3 |
| :checked | input:checked | 选择每个被选中的<input>元素 | 3 |
| :not(selector) | :not(p) | 选择非<p>元素的每个元素 | 3 |
| ::selection | ::selection | 选择被用户选取的元素部分 | 3 |

注："CSS"列用于说明该选择器是在 CSS 的哪个版本中定义的（CSS1、CSS2 还是 CSS3）。

**例 3-2：CSS 选择器的应用**

```
from lxml import etree
html = """
    <div id='content'>
        <ul class='list'>
        <li class='one'>十二本纪</li>
        <li class='two'>十表</li>
        <li class='three'>八书</li>
        <li class='four'>三十世家</li>
        <div id='inner'>十二本纪目录
        <a href=' http://www.***.com/book/shiji.html '>史记电子书</a>
            <p>五帝本纪</p>
            <p>夏本纪</p>
            <p>殷本纪</p>
            <p>周本纪
            <span id="first">周后稷，名弃。其母有邰氏女，曰姜原。</span>
            </p>
            <p>秦本纪</p>
            <p>秦始皇本纪 </p>
        </div>
        <div id='inne inner'>吕后本纪</div>
        </ul>
    <ul class='text'>十表目录</ul>
    </div>
"""
```

### 1. 基本 CSS 选择器的应用

```
if __name__=='__main__':
    html = etree.HTML(html)
```

（1）输出所有元素的文本，使用"*"表示选择所有元素，使用 css.text 属性获取文本。

```
Csses = html.cssselect('*')
```

```
for css in Csses:
    print (css.text)
```

（2）输出<li>元素的文本，使用 Element 选择器选择特定类型的元素，使用 css.text 属性获取文本。

```
Csses = html.cssselect('li')
for css in Csses:
    print (css.text)
```

（3）选择 class 属性的值为某个字符串的元素。

```
Csses = html.cssselect('.text')
for css in Csses:
    print (css.text)
```

上述代码中的 html.cssselect('.text')表示选择 class 属性的值为 text 的元素。

（4）选择 class 属性的值为 four 的所有 <li> 元素。

```
Csses = html.cssselect('li.four')
    for css in Csses:
        print (css.text)
```

（5）选择 id 属性的值为某个字符串的元素。

```
Csses = html.cssselect('#inner')
for css in Csses:
    print (css.text)
```

上述代码中的#inner 表示 id 属性的值为 inner 的元素。

### 2. 属性选择器

（1）选择包含 href 属性的所有元素。

```
Csses = html.cssselect('[href]')
for css in Csses:
    print(css)
    print (css.attrib)
    print (css.text)
```

上述代码中的[href]表示包含 href 属性的所有元素。css.attrib 属性用于获取元素属性的值，即 href 属性的值；css.text 属性用于获取元素中的内容，即“史记电子书”这个节点。

（2）选择 class 属性的值为 two 的所有元素。

```
Csses = html.cssselect('[class=two]')
for css in Csses:
    print (css.text)
```

上述代码中的[class=two]表示 class 属性的值为 two 的所有元素。

（3）选择属性的值以某个字符开头的所有元素。

```
Csses = html.cssselect('[class^=t]')
for css in Csses:
    print (css.text)
```

上述代码中的[class^=t]表示 class 属性的值以 t 开头的所有元素。

输出结果如下。

```
>>>
十表
八书
十表目录
>>>
```

（4）选择属性的值以某个字符结尾的所有元素。

```
Csses = html.cssselect('[class$=e]')
for css in Csses:
    print (css.text)
```

上述代码中的[class$=e]表示 class 属性的值以 e 结尾的所有元素。

（5）选择属性的值包含某个字符串的所有元素。

```
Csses = html.cssselect('[class*=r]')
for css in Csses:
    print (css.text)
```

上述代码中的[class*=r]表示 class 属性的值包含 r 的所有元素。

（6）选择 id 属性的值包含某个字符串的所有元素。

```
Csses = html.cssselect('[id~=inner]')
    for css in Csses:
        print (css.text)
```

前面已经介绍了选择 id 属性的值为某个字符串的选择器定位符，上述代码的[id~=inner]表示 id 属性的值包含 inner 的所有元素。inner 是一个单独的词，即如果有多个属性值，那么必须以空格分开。

输出结果如下。

```
>>>
十二本纪目录
吕后本纪
>>>
```

### 3．关系选择器

基于层级之间关系的选择器被称为关系选择器。

（1）选择<div> 元素中的所有 <li> 元素，用空格分隔。

```
Csses = html.cssselect('div li')
for css in Csses:
    print (css.text)
```

（2）选择<div> 元素中的所有 <a> 元素。注意，<a> 元素必须是 <div> 元素的子元素。

```
Csses = html.cssselect('div>a')
for css in Csses:
    print (css.text)
```

（3）选择 <li> 元素中的所有<li>元素。注意，满足这样条件的共有 3 个。

```
Csses = html.cssselect('li+li')
for css in Csses:
    print (css.text)
```

思考以下代码及输出结果。

```
Csses = html.cssselect('a+p')
for css in Csses:
    print (css.text)
```

输出结果如下。

```
>>>
五帝本纪
>>>
```

（4）选择前面有<a>元素的每个<p>元素。

```
Csses = html.cssselect('a~p')
for css in Csses:
    print (css.text)
```

### 4. 联合选择器与反选择器

使用联合选择器与反选择器，可以实现“与”和“或”的关系。

（1）选择所有 <li> 元素和 <p> 元素。

```
Csses = html.cssselect('li,p')
for css in Csses:
    print (css.text)
```

（2）选择不包含 class 属性的所有元素。

```
Csses = html.cssselect(':not([class])')
for css in Csses:
    print (css.text)
```

上述代码中的:not([class])表示选择不包含 class 属性的所有元素。

### 5. 常用的选择器小结

（1）选择所有元素：*。

（2）选择<a>元素：a。

（3）选择所有 class＝" link"的元素：.link。

（4）选择 class＝" link"的<a>元素：a.link。

（5）选择 id=" home"的<a>元素：a#home。

（6）选择父元素为<a>元素的所有<span>元素：a > span。

（7）选择<a>元素内部的所有<span>元素：a span。

（8）选择 title 属性的值为 web 的所有<a>元素：a [title=web]。

## 3.2.5 CSS 选择器的综合应用

本节的目标是提取百度贴吧的图片。在浏览器中输入要提取百度贴吧的图片的地址，按 Enter 键打开网页，右击网页中的任意位置，在弹出的快捷菜单中选择“检查源”命令，在打开的界面中查找“.jpg”，会发现所有图片的原始地址都类似。

```
<img class="BDE_Image" pic_type="0" width="560" height="354" src="http://
***.com/forum/w%3D580/sign=0f98d9a2bd119313c743ffb855390c10/
f84fc5fdfc0392458a53f66f8894a4c27c1e2568.jpg">
```

CSS 选择器的表达式如下。

```
<>.cssselect(".BDE_Image[src] ")
```

".BDE_Image[src] "表示过滤 class 属性的值为 BDE_Image，同时包含 src 属性。

下面举例说明如何提取百度贴吧的图片。

**例 3-3：**

```
#coding=utf-8
import requests
from lxml import etree

def getHtml(url):
    page = requests.get(url)
    html =page.text
    return html


def getImg(html):
    ht = etree.HTML(html)
    img_info = ht.cssselect('.BDE_Image[src]')
    for img in img_info:
        print (img.attrib['src'])
if __name__=='__main__':
    url = " http://***.com/p/6363002073"
```

```
    html = getHtml(url)
    getImg(html)
    print ("结束!")
```

将上述程序提取的图片写入文件，改写程序如下。

**例 3-4：**

```
import requests
from lxml import etree
def getHtml(url):
    header = { 'User-agent': 'Mozilla/5.0 ' }
    response = requests.get(url, headers=header,timeout=30)
    r= response.text
    return r

def writeFile(fileName,data):                    #文件打开模式为 a，不覆盖原有数据
    f= open(fileName, 'a')
    f.write(data)
    f.close()

def getImgSrc (html):                            #定义提取所有图片的链接，返回列表
    html = etree.HTML(html)
    img_info = html.cssselect('.BDE_Image[src]')
    return img_info

if __name__=='__main__':
    url = " http://***.com/p/6363002073"
    html = getHtml(url)
    imgUrl = getImgSrc(html)
    k=1
    for i in imgUrl:
        print(i.attrib['src'])
        fname='img'+str(k)+'.jpg'
        imgurl=i.attrib['src']                   #获取链接
        img = requests.get(imgurl)               #请求提取网络图片
        writeFile(fname, img.content)            #写入文件
        k=k+1
```

## 3.3 BeautifulSoup4

了解了 HTML 文件的组织形式后，就可以通过遍历 DOM 树，查找每个节点，获取需要的内容了。目前，流行的网页抽取组件（Java 的 Jsoup 和 Python 的 BeautifulSoup4）都是基于 DOM 树的选择器的。BeautifulSoup4 的基本元素如图 3-5 所示。

BeautifulSoup4 简称 BS4，是编写 Python 爬虫的常用库之一，主要用来解析 HTML 标签。BeautifulSoup4 将复杂的 HTML 文件转换为复杂的树状结构，每个节点都是 Python 对象，所有 Python 对象可以归纳为以下 4 种。

（1）Tag 对象：Tag 对象实际上是 HTML 文件中的标签。它有两个重要的属性，即 name 属性和 attrs 属性。图 3-5 中的<p>标签和</p>标签就是 Tag 对象。

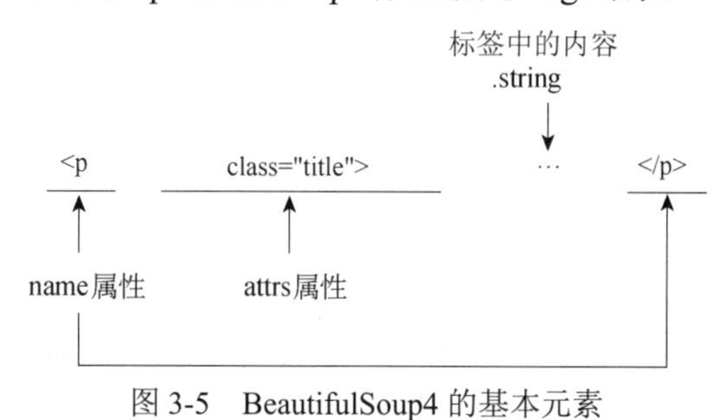


图 3-5　BeautifulSoup4 的基本元素

（2）NavigableString 对象：文本对象。

（3）BeautifulSoup 对象：BeautifulSoup4 解析出来的整个 HTML 对象，可以当作 Tag 对象。

（4）Comment 对象：特殊的 NavigableString 对象，即注释对象。

## 3.3.1　安装

### 1．安装 BeautifulSoup4

BeautifulSoup4 作为 Python 的依赖库，在使用时需要先安装。按组合键 Windows + R，打开“运行”窗口，输入“cmd”，单击“确定”按钮，进入 cmd 命令行窗口，在 Python 3.x/Scripts 目录（这里使用 Python 34/Scripts 目录）下输入并运行以下代码。

```
pip install beautifulsoup4
```

打开 IDLE 窗口，输入以下代码。

```
>>> from bs4 import BeautifulSoup
```

### 2．安装解析器

下面举例说明如何建立 BeautifulSoup4 的初步映像。

**例 3-5：**

```
>>> html_air = """
<html><head><title>空气质量指数(AQI)查询</title></head>
<body>
<div id="citylist">
<div class="citynum">重点城市：</div>
<div class="citynames">
<a href="/air/beijing/">北京</a>
```

```
<a href="/air/shanghai/">上海</a>
<a href="/air/tianjin/">天津</a>
<a href="/air/nanjing/">南京</a>
</div>
</div>
"""
```

使用 BeautifulSoup4 解析上述代码，能够得到一个 BeautifulSoup 对象，并能够按照标准缩进格式输出。

输出结果如下。

```
>>> from bs4 import BeautifulSoup
>>> soup = BeautifulSoup(html_air, 'html.parser')
>>> print(soup.prettify())              #prettify()方法用于实现按标准输出格式输出
```

其中，soup = BeautifulSoup(html_air,'html.parser')命令行中的第一个参数是要解析的 HTML 文本，第二个参数是使用的解析器名称，对 HTML 来讲就是 html.parser，这是 BeautifulSoup4 自带的解析器。解析器如表 3-2 所示。

表 3-2　解析器

| 解析器 | 使用方法 | 优势 |
|---|---|---|
| Python 标准库 | BeautifulSoup(html, "html.parser") | Python 内置的标准库；<br>执行速度适中；<br>文件容错能力强 |
| lxml HTML | BeautifulSoup(html, "lxml") | 执行速度快；<br>文件容错能力强 |
| lxml XML | BeautifulSoup(html, ["lxml", "xml"])<br>BeautifulSoup(html, "xml") | 执行速度快；<br>唯一支持 XML 的解析器 |
| html5lib | BeautifulSoup(html, "html5lib") | 文件容错能力强；<br>通过浏览器解析文件；<br>生成 HTML5 格式的文件 |

BeautifulSoup4 支持 Python 标准库中的 HTML 解析器，还支持一些第三方解析器，其中一个是 lxml。因此，最好安装 lxml。安装 lxml 的方法如下。

打开 cmd 命令行窗口，在 Python 34/Scripts 目录下输入并运行以下代码。

```
pip install lxml
```

## 3.3.2 BeautifulSoup4 的使用

### 1. 导入 BeautifulSoup4

```
from bs4 import BeautifulSoup
```

### 2. 生成 BeautifulSoup 对象

```
soup = BeautifulSoup('<html>data</html>', 'html.parser')
```

其中，<html>data</html>为网页格式的字符串，html.parser 为 Python 内置的解析器。在这个过程中可以传入字符串或文件，首先将输入的内容转为 Unicode，其次使用指定的解析器进行解析。如果不指定解析器，那么默认使用 html.parser。

下面举例说明如何爬取并输出百度首页。

**例 3-6：**

```
#coding:utf-8
from bs4 import BeautifulSoup
import requests
url = 'http://www.***.com'
r = requests.get(url)
r.encoding=r.apparent_encoding
html_text = r.text                                    #服务器返回的响应信息
soup = BeautifulSoup(html_text, "html.parser") #生成的BeautifulSoup对象
print(soup)                                           #输出响应的HTML对象
print(soup.prettify())                              #使用prettify()方法格式化输出
```

上述代码中的 html_text 表示被解析的 HTML 文件的内容；html.parser 表示解析器。

### 3.3.3　BeautifulSoup4 类的基本元素和方法

BeautifulSoup4 是一个关于 HTML 解析（当然也有 XML）的第三方库，能够把 HTML 文件解析成 DOM 树，并且提供很多强大的函数，来帮助搜索其中的元素。在 BeautifulSoup4 中，可以通过提供的各个方法对 DOM 树实行平行遍历、下行遍历和上行遍历。BeautifulSoup4 的元素节点遍历方法如图 3-6 所示。

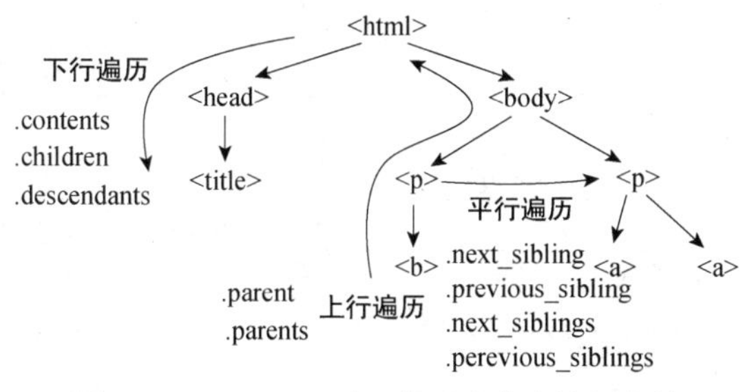


图 3-6　BeautifulSoup4 的元素节点遍历方法

爬取网页后，对下载的网页进行解析，即 soup = BeautifulSoup(html_text, "html.parser")，生成 BeautifulSoup 对象后，一般通过 BeautifulSoup4 类的基本属性与方法来提取 HTML 文件中的内容。BeautifulSoup4 生成对象的常用属性与方法如表 3-3 所示。

表 3-3　BeautifulSoup4 生成对象的常用属性与方法

| 属性与方法 | 描述 | 返回的数据类型 | 备注 |
|---|---|---|---|
| tag | 获取当前标签的内容 | str | 返回字符串 |
| name | 获取当前标签名 | str | 返回字符串 |
| attrs | 获取当前标签指定属性的值 | dict | 返回字符串 |
| attrs['class'] | 获取当前标签指定属性的值 | 视情况而定 | |

续表

| 属性与方法 | 描述 | 返回的数据类型 | 备注 |
| --- | --- | --- | --- |
| contents | 获取当前标签的所有子节点，字符串节点不能使用 contents 属性，这是因为字符串没有子节点 | list | 返回列表 |
| children | 获取当前标签的所有子节点 | list_iterator | 返回迭代器 |
| descendants | 获取当前标签的所有子孙节点 | generator | 子孙节点同样返回。返回生成器 |
| string | 获取当前标签的字符串，即标签的值，返回值为 BeautifulSoup4 的 NavigableString 类型 | str | 只有在如下两个场景下才可以使用：当前标签只有一个 NavigableString 类型的子节点，如<b>loulan <\b>；当前标签只有一个子节点，如<b><a>loulan<\a><\b> |
| strings | 获取当前标签的所有字符串 | generator | |
| stripped_strings | 获取当前标签的所有字符串 | generator | 在 strings 属性的基础上，将每个 string 两侧的空白字符去掉 |
| text | 获取当前标签的所有文本 | str | 返回字符串 |
| parent | 获取当前节点的父节点 | 视情况而定 | 同样可以作用于字符串节点；BeautifulSoup 对象的父节点是 None |
| parents | 获取当前节点的所有父辈节点，即祖先节点 | generator | 递归查询，排列顺序也是如此；最后面的两个值一定是 BeautifulSoup 和 None |
| next_sibling | 返回当前节点的下一个同胞节点 | 视情况而定 | |
| previous_sibling | 返回当前节点的上一个同胞节点 | 视情况而定 | |
| next_siblings | 返回当前节点后面的所有同胞节点 | generator | 返回生成器 |
| previous_siblings | 返回当前节点前面的所有同胞节点 | generator | 返回生成器 |
| next_element | 返回当前元素的下一个元素 | 视情况而定 | 如<p>hello!</p><b>好！</b> <p>.next_element 是文本节点“hello!”，而不是<b>标签 |
| previous_element | 返回当前元素的上一个元素 | 视情况而定 | |
| next_elements | 返回当前元素后面要解析的内容 | generator | 返回生成器 |
| previous_elements | 返回当前元素前面要解析的内容 | generator | 返回生成器 |
| prettify() | 将 BeautifulSoup4 的 DOM 树格式化后以 Unicode 形式输出，每个 XML/ HTML 标签都独占一行 | str | 返回字符串 |
| get_text() | 获取当前标签中的所有文字，包括其子标签 | str | 如 soup.a.get_text()。返回字符串 |
| find_all() /findAll() | 查找符合条件的所有标签对象 | bs4.element. ResultSet | |
| find() | 返回第一个标签对象 | bs4.element. Tag | 如 soup.find() |

下面以例 3-6 中解析的 soup 文件为对象，介绍 BeautifulSoup4 的各个属性和方法的使用。

### 1. 各个属性的使用

**例 3-7：**

```
#coding:utf-8
```

```
from bs4 import BeautifulSoup
import requests
url = 'http://www.***.com'
r = requests.get(url)
r.encoding = r.apparent_encoding
demo = r.text                              #服务器返回响应信息
soup = BeautifulSoup(demo, "html.parser")
```

（1）tag、name、contents 等基本属性的使用。

```
print(soup.head.contents)
print(soup.title.contents)
print(soup.title)
print(soup.title.name)
print(soup.title.parent.name)              #<title>元素的父节点(上一级节点)的名称
print(soup.title.parent.parent.name)       #输出<title>元素的祖先节点
```

输出结果如下。

```
>>>
['百度一下，你就知道']
[<meta content ="text/html;charset=utf-8" http-equiv="content-type"/>,
<meta content ="IE=Edge" http-equiv="X-UA-Compatible"/>, <meta content
="always" name="referrer"/>,<link href = XXXXXXXXXX(备注：网址见输出结果)rel =
"stylesheet" type="text/css"/>,<title>百度一下，你就知道</title>]<title>百度一下，你
就知道</title>
title
head
html
>>>
```

（2）attrs 属性的使用。

```
print('<a>元素的类型如下。', type(soup.a))              #查看<a>元素的类型
print('第一个<a>元素的属性如下。', soup.a.attrs)
print('<a>元素属性的类型如下。', type(soup.a.attrs))    #查看<a>元素属性的类型
print('<a>元素的class属性的值如下。',soup.a.attrs['class'],', 类型：',type
(soup.a.attrs['class']))
print('<a>元素的href属性的值如下。', soup.a.attrs['href'],',类型：',type
(soup.a.attrs['href']))
```

输出结果如下。

```
>>>
<a>元素的类型如下。<class 'bs4.element.Tag'>
第一个<a>元素的属性如下。{'name': 'tj_trnews', 'class': ['mnav'], 'href':
'http://news.***.com'}
<a>元素属性的类型如下。<class 'dict'>
```

```
<a>元素的class属性的值如下。['mnav'] ，类型： <class 'list'>
<a>元素的href属性的值如下。百度新闻网址（见输出结果），类型：<class 'str'>
>>>
```

（3）元素中内容的提取。

为了更加明确地分析提取方法，下面将设计的第一个 <a> 元素和 <p> 元素的 HTML 字符串提取出来，以便将 string 属性、strings 属性及 text 属性的值进行比较，代码如下。

```
print('第一个<a>元素：',soup.a)
print('第一个<a>元素的内容如下。', soup.a.string)
print('<a>元素的非属性字符串的类型如下。', type(soup.a.string))
print('第一个的<p>元素：',soup.p)
print('soup.p.string的内容如下。', soup.p.string)
print('soup.p.strings的内容如下。', soup.p.strings)
for str1 in soup.p.strings:
        print(str1)
print('soup.p.text的内容如下。', soup.p.text)
```

输出结果如下。

```
>>>
第一个<a>元素：<a class="mnav" href="备注：网址见输出结果" name="tj_trnews">新闻
</a>
第一个<a>元素的内容如下。新闻
<a>元素的非属性字符串的类型如下。<class 'bs4.element.NavigableString'>
第一个<p>元素：<p id="lh"> <a href="备注：网址见输出结果">关于百度</a> <a href=
"备注：网址见输出结果">About Baidu</a> </p>
soup.p.string的内容如下。None
soup.p.strings的内容如下。<generator object _all_strings at
0x000000000562BCA8>
关于百度
About Baidu
soup.p.text的内容如下。关于百度 About Baidu >>>
```

可以发现，string 属性的值不能跨越多个元素层次；strings 属性用于获取所有内容，但返回的是生成器，需要遍历输出；text 属性用于返回当前元素中的所有内容，类型为 Python 的字符串。

### 2. 子节点和子孙节点

```
print(soup.body.children)            #返回迭代器
for i,child in enumerate(soup.body.children):
        print(i,child)
print(soup.body.descendants)         #子孙节点，返回迭代器
for i,child in enumerate(soup.body.descendants):
        print(i,child)
```

### 3．父节点和祖先节点

```
print(soup.a.parent)
print(list(enumerate(soup.a.parents)))
```

### 4．同胞节点

```
print(list(enumerate(soup.a.next_siblings)))
print(list(enumerate(soup.a.previous_siblings)))
```

### 5．回退和前进

由于 BeautifulSoup4 的基本元素是按照 DOM 树的顺序遍历的，因此除了对当前相关元素进行提取等，遍历过程中可能还需要回退与前进，以实现完整 DOM 树的遍历。

下面举例说明如何遍历当前标签的下一个元素和下一个同胞节点。

**例 3-8：**

```
from bs4 import BeautifulSoup
ht = """ <a href="/air/shanghai/"> 上海天气<p>空气质量</p>
<b>shanghai's air quality</b> </a>
<a href="/air/beijing/"> 北京天气 </a> """

soup = BeautifulSoup(ht, 'html.parser')
print("<p>.next_sibling = ",soup.p.next_sibling)
a_tag = soup.a
print("a_tag.next_element = ",a_tag.next_element)
print("a_tag.next_sibling = ",list(a_tag.next_sibling))
```

输出结果如下。

```
>>>
<p>.next_sibling = <b>shanghai's air quality</b>
a_tag.next_element = 上海天气
a_tag.next_sibling = ['\n']
>>>
```

在这个输出结果中，第一个<a>元素的 next_sibling 属性的值并不是第二个<a>元素，真实结果是第一个<a>元素和第二个<a>元素之间的顿号和换行符。<a>元素的 next_element 属性的值是<a>元素被解析后的下一个元素。

第二个<a>元素是带有顿号或换行符的 next_sibling 属性。

```
print("a_tag.next_sibling=", a_tag.next_sibling. next_sibling)
```

返回<a>元素后面要解析的内容。

```
for element in a_tag.next_elements:
    print(element)
```

### 6．DOM 树搜索方法：find()方法和 find_all()/findAll()方法

在使用 BeautifulSoup4 的基本属性访问 DOM 树的各个节点时，需要实行上行遍历、下行遍历和平行遍历。此外，还可以通过查找方法遍历。查找方法有 find()方法和 find_all()/findAll()方法。

1）语法

```
<>.find(tag, attrs={}, recursive=True, text, **kwargs)
<>.find_all(tag, attrs={}, recursive=True, text,limit, **kwargs)（备注：findAll()方法的参数与此处相同）
```

（1）find()方法：返回第一个匹配到的对象，即查找一次。

（2）find_all()/findAll()方法：返回所有匹配到的对象，即查找所有元素。二者的定义看起来相似，唯一的不同是 find_all()/findAll()方法中多了一个参数 limit。在实际使用中，find()方法就相当于 find_all()/findAll()方法中 limit = 1 时的特殊情况。

2）返回的数据类型

find()方法和 find_all()/findAll()方法都返回列表，用来存储查找的结果。

3）参数

（1）tag：传递字符串形式的单个标题标签或由多个标题标签组成的列表，如'div'、['h1','span','p']，即需查找标签。

（2）attrs：对标签属性的值检索字符串，可以标注属性检索，查找属性。

（3）recursive：布尔型，默认值为 True，代表 find_all()/findAll()方法会根据要求查找元素参数的所有子标签，以及子标签的子标签。如果值为 False，那么 find_all()/findAll()方法只查找一级标签。

（4）text：字符型，设置参数值以后，提取信息不再含有标签的属性，而只有标签的文本，即标签中字符串区域的文本。

（5）limit：限制范围，当 limit=1 时 find_all/findAll()方法相当于 find()方法。如果只需要查询前面的 *x* 项结果，那么可以使用参数 limit 。

（6）**kwargs：选择那些具有指定属性的标签。参数**kwargs 属性的功能是一个冗余功能，可以使用其他参数来代替。

```
Str=Soup.Find_all(id="citylist")
```

等价于：

```
Str=Soup.Find_all(attrs={"id":"citylist"})
```

① 有些属性在搜索时不能使用，如 HTML5 中的 data_*属性。

```
data_soup = BeautifulSoup('<div data-fine="value">fine!</div>')
data_soup.find_all(data-fine="value")
```

报错：>>> SyntaxError: keyword can't be an expression。

可以通过 find_all()/findAll()方法的参数 attrs 定义一个字典参数来搜索包含特殊属性的标签。

```
data_soup.find_all(attrs={"data-fine": "value"})
```

输出结果如下。

```
>>> [<div data-fine="value">fine!</div>]
```

其中，表达式可以是字符串、布尔值、正则表达式。

② class 是 Python 中的关键字，不能使用 find_all(class="red ")。BeautifulSoup4 提供的解决方法为在关键字 class 后面加上下画线，可以使用 find_all(class_="red") 或 find_all(attrs={"class": "red"})。

③ findall()方法和 find_all()/findAll()方法的区别是，findall()方法是 Python 中 re 模块的一个方法，用于在字符串中查找所有匹配的子串，并返回列表；find_all()/findAll()方法是 BeautifulSoup4 中用于搜索 DOM 树的方法。

下面基于 find_all()/findAll()方法提取相应的元素信息。

**例 3-9：**

```
#coding:utf-8
from bs4 import BeautifulSoup
import requests
url = 'http://www.***.com'
r = requests.get(url)
r.encoding=r.apparent_encoding
demo = r.text                          #服务器返回响应信息
soup = BeautifulSoup(demo, "html.parser")

links = soup.find_all('a')
link2 = soup.findAll('a')
print(link2)

#获取所有超链接的元素
for alink in links:
    print("alink如下。",alink)
    print('<a>元素的内容如下。', alink.string)
    print('<a>元素的href属性的值如下。', alink.attrs['href'])
    print('<a>元素的href属性的值如下。', alink.get('href'))

#获取某个超链接的元素
link_node = soup.find('a', href = 'http://***.com/')
print ('某个元素：',link_node.name,link_node['href'],link_node.get_text())

#获取指定属性的节点
link_node = soup.find('a', class_='bri')
print ('属性匹配：',link_node.name,link_node.get_text())
```

### 7．其他扩展方法

配合 DOM 树的遍历，还有一些其他扩展方法，如表 3-4 所示。

表 3-4　其他扩展方法

| 方法（和 find()方法的参数相同） | 描述 |
| --- | --- |
| <>.find_parents() | 返回所有祖先节点，数据类型为列表 |
| <>.find_parent() | 返回直接父节点，数据类型为字符串 |
| <>.find_next_siblings() | 返回后续所有兄弟节点，数据类型为列表 |
| <>.find_next_sibling() | 返回下一个兄弟节点，数据类型为字符串 |
| <>.find_previous_siblings() | 返回前序所有兄弟节点，数据类型为列表 |
| <>.find_previous_sibling() | 返回上一个兄弟节点，数据类型为字符串 |
| <>.find_all_next() | 返回当前节点后面所有符合条件的节点，数据类型为列表 |
| <>.find_next() | 返回当前节点后面第一个符合条件的节点，数据类型为字符串 |
| <>.find_all_previous() | 返回当前节点前面所有符合条件的节点，数据类型为列表 |
| <>.find_previous() | 返回当前节点前面第一个符合条件的节点，数据类型为字符串 |

例如：

```
a_tag=soup.a=a_tag=soup.find('a')
#返回当前节点后面的所有 b 节点
print("find_all_next('b')=",a_tag.find_all_next("b"))
```

### 8．string 属性和 text 属性的区别

**例 3-10：**

```
from bs4 import BeautifulSoup
ht=""" <a href="/air/shanghai/"> 上海天气<p>空气质量</p> </a>
<a href="/air/beijing/"> 北京天气 </a> """
soup = BeautifulSoup(ht, 'html.parser')
print(soup.contents)
print(type(soup.text))
str= soup.a.text
print(str)
print(soup.a.get_text())
str1=soup.a.string
print("str1=",str1)
str2=soup.a.strings
print("str2=",str2)
for st1 in str2:
    print("st1=",st1)
```

输出结果如图 3-7 所示。

```
>>> ================================ RESTART ================================
>>>
['\n', <a href="/air/shanghai/"> 上海天气<p>空气质量</p> </a>, '\n', <a href="/a
ir/beijing/"> 北京天气 </a>, ' ']
<class 'str'>
 上海天气空气质量
 上海天气空气质量
str1= None
str2= <generator object _all_strings at 0x000000000404BFC0>
st1=  上海天气
```

图 3-7 输出结果

分析程序，str1 应该等于 str 的输出结果，但实际上 str1 输出了 None。为什么会出现这样的输出结果呢？下面修改例 3-10 的程序。

```
from bs4 import BeautifulSoup
ht=""" <a href="/air/shanghai/"> 上海天气<p>空气质量</p> </a>
<a href="/air/beijing/"> 北京天气 </a> """
soup = BeautifulSoup(ht, 'html.parser')
str= soup.a.text
print("str=",str)
str1=soup.a.string
str3=soup.p.string
print("str1=",str1, ";str3=",str3)
print("str的数据类型: ",type(str))
print("str3的数据类型: ",type(str3))
```

输出结果如下。

```
str=  上海天气空气质量
str1= None ;str3= 空气质量
str的数据类型:  <class 'str'>
str3的数据类型:  <class 'bs4.element.NavigableString'>
```

从输出结果中可以看出， soup.a.text 的数据类型为<class 'str'>；soup.p.string 的数据类型为<class 'bs4.element.NavigableString'>。

由此可以得出，如果 <tag> 元素只有一个 NavigableString 类型的子节点，那么 <tag> 元素可以使用 string 属性得到子节点，如使用上述程序中的 str3=soup.p.string，会得到 <p> 元素的子节点。如果 <tag> 元素包含了多个子节点，那么<tag> 元素无法确定 string 属性应该调用哪个子节点的内容，string 属性的值是 None，如上述程序中的 str1=soup.a.string。

要分别得到所有<a>元素的内容和 <p> 元素的内容，可以对例 3-10 的程序进行如下修改。

```
from bs4 import BeautifulSoup
ht=""" <a href="/air/shanghai/"> 上海天气<p>空气质量</p> </a>
<a href="/air/beijing/"> 北京天气 </a> """
soup = BeautifulSoup(ht, 'html.parser')
all_a = soup.find_all('a')
for alink in all_a:
    str2=alink.strings
    for st1 in str2:
```

```
        print("st1=",st1)
```

text 属性用于搜索字符串，找到 string 属性与 find()方法和 find_all()/findAll()方法中 text 属性相符的元素。也就是说，虽然参数名是 text，但实际上搜索的是 string 属性。

## 3.3.4 select()方法

BeautifulSoup4 支持大部分 CSS 选择器。在 <tag> 元素或 BeautifulSoup 对象的 select() 方法中传入字符串，即可使用 CSS 选择器的语法找到 DOM 树中的元素。

### 1. 通过节点名查找

通过节点名可以直接查找、逐层查找，也可以找到某个节点的直接子节点和同胞节点。

```
print(soup.select("title"))                    #直接查找<title>元素
print(soup.select("html head title"))    #逐层查找<title>元素
```

（1）查找直接子节点，如查找<head>元素中的<title>元素。

```
print("查找<head>元素中的<title>=",soup.select("head > title"))
print("查找<p>元素中有href属性的>元素=",soup.select("p > [href]"))
```

（2）查找同胞节点，如查找<a>元素。

```
print("查找所有未被访问的链接=",soup.select("a:link"))
```

### 2. 通过 CSS 的类名查找

```
print("'.air'=",soup.select('.air'))
print("'p a'=",soup.select('p a'))
print("'#link2'=",soup.select('#link2'))
print("('p')[0]=",soup.select('p')[0])
```

### 3. 嵌套选择

```
for p in soup.select('p'):
    print("嵌套=",p.select('a'))
```

### 4. 获取属性

```
for p in soup.select('p'):
    print("p['class']=",p['class'])
    print("p.attrs['class']=",p.attrs['class'])
```

### 5. 获取内容

```
for p in soup.select('p'):
    print(p.text)
```

**例 3-11：**

```
from bs4 import BeautifulSoup
```

```
ht="""
 <html><head><title>天气情况</title> </head><bady>
<p class="title"><a>空气质量对人们的日常生活影响很大。</a></p>
<p class="web">可以查看的空气质量数据网站信息
<a href="http://www.***.com" class="air" id="link1">
<b class="city">城市数据</b></a> and
<a href="/air/shanghai/" class="shanghai" id="link2">上海
</a> </p></body></html>"""
soup = BeautifulSoup(ht, 'html.parser')
print(soup.select("title"))                              #直接查找<title>元素
print(soup.select("html head title"))                    #逐层查找<title>元素
print("查找<head>元素中的<title>元素=",soup.select("head > title"))
print("查找<p>元素中有href属性的元素=",soup.select("p > [href]"))
print("查找所有未被访问的链接=",soup.select("a:link"))
print("'.air'=",soup.select('.air'))
print("'p a'=",soup.select('p a'))
print("'#link2'=",soup.select('#link2'))
print("('p')[0]=",soup.select('p')[0])
for p in soup.select('p'):
   print("嵌套=",p.select('a'))
for p in soup.select('p'):
   print("p['class']=",p['class'])
   print("p.attrs['class']=",p.attrs['class'])
for p in soup.select('p'):
   print(p.text) #print(p.get_text())
```

## 3.3.5 BeautifulSoup4 的综合应用

### 1. 爬取空气质量实时数据

打开网页，右击网页中的任意位置，在弹出的快捷菜单中选择“检查源”命令，在打开的界面中查询“更新时间”，可以看到以下内容。

```
<div class="text-center">
<h2>全国 AQI PM2.5实时地图</h2>
<h4>更新时间 2019-11-15 09:00</h4>
<img src="http://***.com/map/china/2019/11/aqi-2019-11-15-09_p1_ fad2ae89-81ca-4021-ae39-da0db11df6be.png" class="img-thumbnail" alt="全国 AQI 地图">
<p>说明：全国各城市 AQI PM2.5实时数据来自中华人民共和国生态环境部，每小时更新</p>
</div>
```

使用下列语句过滤。

```
>>> tag=soup.find(class_='text-center')
>>> tag1=tag.find('h4').text
```

如果整个文档中只有一个<h4>元素，那么可以直接使用 tag1=tag.find('h4').text。查询全国一些城市和地区的空气质量的首页源代码如下。

```
<div id="citylist">
    <div class="citynum">重点城市：</div>
    <div class="citynames">
        <a href="/air/beijing/">北京</a>
        <a href="/air/shanghai/">上海</a>
        <a href="/air/tianjin/">天津</a>
        …
    </div>
    <div class="citynum">A.</div>
    <div class="citynames">
        <a href="/air/anshan/">鞍山</a>
        <a href="/air/anqing/">安庆</a>
        …
        <a href="/air/alidiqu/">阿里地区</a>
    </div>
        …
```

可以发现，所有城市名或地区名和空气质量的链接都在<div id="citylist">后面的<a>元素中，只要找到<a>元素的属性和属性值即可。

先找到<div id="citylist">的子孙节点。

```
tags= soup.find(id="citylist").children
```

返回的是列表，需要提取<tags>元素的子元素。

```
for tag in tags:
    print(it)
```

在子元素中继续过滤<a>元素提取属性和属性值。

```
for tag in tags.find_all('a'):
    if not tag.get('href') in clist:            #删除重复的链接
        clist.append(tag.get('href'))           #加入到列表中
        if not tag.string in cnlist:            #删除重复的城市名
            cnlist.append(tag.string)
```

获取了所有城市的链接后，进入每个城市的界面（以上海为例）查看源代码。空气质量的代码如下。

```
<div class="aqi-dv">
<div>
<span class="aqi-bg aqi-level-1">34 优</span>
<span class="label label-info">2019年11月26日 12:00发布</span>
</div>
```

找到<span>元素中的内容，使用下列语句过滤。

```
>>> aql=soup.find ('span').text
```

完整的程序代码如例 3-12 所示。

**例 3-12：**

```
import requests
from bs4 import BeautifulSoup
import bs4
import time
aqilist = []                    #存储城市的 AQI
clist = []                      #存储城市 AQI 的链接
cnlist = []                     #存储城市名
cwlink = ["/air/changdudiqu/", "/air/kezilesuzhou/", "/air/linzhidiqu/", "/air
/rikazediqu/","/air/shannandiqu/ ","/air/simao/","/air/xiangfan/","/air/naqudiqu/",
"/air/yilihasake/"]             #异常链接

def handle_request(url):        #伪装浏览器的头信息，发出请求
    header = { 'User-agent': 'Mozilla/5.0 (Windows NT 6.1; Win64; x64)
AppleWebKit/537.36 (KHTML, like Gecko) Chrome/69.0.3497.100
Safari/537.36', }
    try:
        request = requests.get(url, headers=header,timeout=30)
        request.raise_for_status()
    except:
        print('下载出错')
    return request

def get_page(city):             #获得HTML爬取城市信息
    url = "http://www.***.com"+city
    if city in cwlink:
        aqilist.append("Null 异常链接")
    else:
        try:
        r=handle_request(url)
        r.raise_for_status()
        r.encoding = r.apparent_encoding
        ht = r.text
        soup = BeautifulSoup(ht, "html.parser")
        s = soup.find("span")
        if s is not None:
            aqilist.append(s.text)
        else:
            aqilist.append("没有数据")              #返回网页状态正常，没有数据
    except:
```

```
            aqilist.append("Null 没有数据")          #爬取失败

def get_allcity():                                   #爬取城市的链接
    url = "http://www.***.com"
    try:
        r=handle_request(url)
        r.raise_for_status()
        r.encoding = r.apparent_encoding
    except:
        print("爬取城市的链接失败")
    html = r.text
    soup = BeautifulSoup(html, "html.parser")
    date_time = soup.find('h4').text
    print(date_time)
    for tags in soup.find(id="citylist").children:
        if isinstance(tags, bs4.element.Tag):
        #检查<tags>元素是否为bs4.element.Tag类型
            for tag in tags.find_all('a'):
                if not tag.get('href') in clist:         #删除重复的链接
                    clist.append(tag.get('href'))        #加入到列表中
                if not tag.string in cnlist:             #删除重复的城市名
                    cnlist.append(tag.string)
def main():
    get_allcity()
    print("共爬取了{}个城市".format(len(clist)))
    f=open('air.txt','w',encoding='utf-8')
    print("正在爬取中……")
    for it in range(len(clist)):
        get_page(clist[it])
        print("{0} {1}".format(cnlist[it], aqilist[it]))
        apnum=aqilist[it].split()                        #拆分空气质量数据
        str1= str(it)+','+cnlist[it]+','+apnum[0]+','+apnum[1]+'\n'
                                                         #形成字符串
        f.write(str1)                                    #写入文件
    f.close()
    print("网页爬取结束！")
if __name__ == '__main__':
    time.sleep(3)                                        #休眠
    main()
```

### 2. 爬取电子书并将其保存到文本文件中

下面使用 BeautifulSoup4 中 CSS 选择器定位信息的方法。打开史记的电子书界面，右击界面中的任意位置，在弹出的快捷菜单中选择“检查源”命令，可以看见史记的十二本纪、十表、八书、三十世家及七十列传中的每部分的内容和对应的链接。

```
<div class="book-mulu">
<ul>
<li><h5>十二本纪</h5></li>
<li><a href="/book/shiji/1.html">五帝本纪</a></li>
<li><a href="/book/shiji/2.html">夏本纪</a></li>
<li><a href="/book/shiji/3.html">殷本纪</a></li>
<li><a href="/book/shiji/4.html">周本纪</a></li>
<li><a href="/book/shiji/5.html">秦本纪</a></li>
<li><a href="/book/shiji/6.html">秦始皇本纪</a></li>
<li><a href="/book/shiji/7.html">项羽本纪</a></li>
<li><a href="/book/shiji/8.html">高祖本纪</a></li>
<li><a href="/book/shiji/9.html">吕太后本纪</a></li>
<li><a href="/book/shiji/10.html">孝文本纪</a></li>
<li><a href="/book/shiji/11.html">孝景本纪</a></li>
<li><a href="/book/shiji/12.html">孝武本纪</a></li>
<li><h5>十表</h5></li>
<li><a href="/book/shiji/13.html">三代世表</a></li>
<li><a href="/book/shiji/14.html">十二诸侯年表</a></li>
<li><a href="/book/shiji/15.html">六国年表</a></li>
<li><a href="/book/shiji/16.html">秦楚之际月表</a></li>
<li><a href="/book/shiji/17.html">汉兴以来诸侯王年表</a></li>
…
<li><a href="/book/shiji/130.html">太史公自序</a></li>
</ul>
</div>
```

可以发现，只要找到 href="/book/shiji/8.html"（以“高祖本纪”为例），提取属性值，下载这个链接的网页提取内容即可。

```
link_list = soup.select('.book-mulu > ul > li > a')
```

输出所有链接的 HTML 标签列表。

```
[<a href="/book/shiji/1.html">五帝本纪</a>, <a href="/book/shiji/2.html">
夏本纪</a>, <a href="/book/shiji /3.html">殷本纪</a>,…]
```

使用下列循环语句将列表中的每个属性值提取出来。

```
for link in link_list:
    href = 'http://www.***.com' + link['href']
```

将 href 属性的值指向的网页下载下来，并对其进行解析。有很多这样的属性的值指向的网页需要下载，可以通过定义下载函数传送网页地址变量调用。

```
def get_cont(link):
    #构建 Request 对象
    req_text = handle_req(link)
    soup = BeautifulSoup(req_text, 'lxml')              #生成 soup 对象
    #查找包含内容的<div>元素
```

```
    div_cont = soup.find('div', class_='chapter_content')
    return div_cont.text
```

对于 div_cont = soup.find('div', class_='chapter_content')，首先看一下高祖本纪的 Web 网页，通过浏览网页可以发现，每个本纪在一个网页中显示的内容均在<div class_="chapter_content">…</div>中。

```
<div id="main"><div id="main_left">
    <div class="card bookmark-list">
        <h1>高祖本纪</h1>
        <div class="chapter_content">
        <p>高祖，沛丰邑中阳里人，姓刘氏，字季。父曰太公，母曰刘媪。其先刘媪尝息大泽之陂，梦与神遇。是时雷电晦冥，太公往视，则见蛟龙於其上。已而有身，遂产高祖。
…
<p>高祖初起，始自徒中。言从泗上，即号沛公。啸命豪杰，奋发材雄。彤云郁砀，素灵告丰。龙变星聚，蛇分径空。项氏主命，负约弃功。王我巴蜀，实愤于衷。三秦既北，五兵遂东。氾水即位，咸阳筑宫。威加四海，还歌大风。
    </div>
    </div>
    <div class="book-page-nav">
        <a href="/book/shiji/7.html"><span>上一章</span></a>
        <a href="/book/shiji.html"><span>回目录</span></a>
        <a href="/book/shiji/9.html"><span>下一章</span></a>
    </div>
</div>
```

使用 BeautifulSoup4 中的 find()方法找到属性值为 class_='chapter_content'的<div>元素。

```
div_cont = soup.find('div', class_='chapter_content')
```

以上代码用于定位到需要提取的内容的元素处并将内容下载下来，通过 return div_cont.text 提取其中的信息。完整的程序代码如例 3-13 所示。

**例 3-13：**

```
import requests
from bs4 import BeautifulSoup
import time
def handle_req(url):
    try:
        html = requests.get(url)
        html.raise_for_status()
    except:
        print('下载出错')
    return html.text

def parse_html(ht, fp):
    #生成soup对象
```

```
    soup = BeautifulSoup(ht, 'html.parser')
    #查找所有章节的链接和标题
    link_list = soup.select('.book-mulu > ul > li > a')
    #遍历列表，依次获取每个链接和标题
    for link in link_list:
        #获取链接
        href = 'http://www.***.com' + link['href']
        #获取标题
        title = link.string
        print('正在下载--%s--…' % title)
        #获取章节内容函数
        text = get_cont(href)
        #写入文件
        fp.write(title + '\n' + text)
        print('结束下载--%s--' % title)
        time.sleep(2)

def get_cont(link):                              #提取章节内容
    req_text = handle_req(link)                  #构建 Request 对象
    soup = BeautifulSoup(req_text, 'lxml')  #生成soup对象
    #查找包含内容的<div>元素
    div_cont = soup.find('div', class_='chapter_content')
    return div_cont.text

def main():
    #打开文件
    url = 'http://www.***.com/book/shiji.html'
    with open('史记.txt', 'w', encoding='utf-8')as fp:
        #构建 Request 对象
        req_html = handle_req(url)               #发送请求信息，返回响应信息
        parse_html( req_html, fp)                #对下载的网页内容解析
    fp.close()                                   #构建 Request 对象
if __name__ == '__main__':
    main()
```

## 3.4　XPath 选择器

XML 路径语言（XML Path Language，XPath）是一种用来确定 XML 文件中某部分位置的语言。XPath 基于 XML 的树状结构，有不同类型的节点，包括元素、属性和文本，提供在树状结构中找寻节点的能力。XPath 遵循 W3C 标准。XPath 虽然是被设计用来搜寻 XML 文件的，但是能很好地在 HTML 文件中工作，并且大部分浏览器也支持通过 XPath 来查询节点，在网页解析中这被称为 XPath 选择器。XPath 选择器和 BeautifulSoup4 一样，都是用来解析网页内容的工具。

### 3.4.1 XPath 基础

XPath 作为 XML 文件查找信息的工具语言，遵从 DOM 树的节点规则。在 XPath 中，有 7 种节点，分别为元素、属性、文本、命名空间、处理指令、注解及文档（又称根节点）。下面以 XML 文件为例，分析 XPath 节点类型。

```
<?xml version="1.0" encoding="utf-8"?>
<!-- Copyright w3school.com.cn -->
<!-- W3School.com.cn bookstore example -->
<bookstore>
<book category="novel ">
<title lang="english">Harry Potter</title>
<author>J K. Rowling</author>
<year>2005</year>
<price>29.99</price>
</book>
<book category="cooking">
<title lang="en">Everyday Italian</title>
<author>Giada De Laurentiis</author>
<year>2005</year>
<price>30.00</price>
</book>
</bookstore>
```

把其中的一段内容表示成 DOM 树的形式，如图 3-8 所示。这种树被称为节点树，展示了节点的集合及它们之间的联系，可以通过其访问所有节点。在 DOM 树中，<bookstore>元素为根节点，<book>元素是它的子节点，<title>元素是<book>元素的第一个子节点，而<price>元素是<book>元素的最后一个子节点。<title>元素、<author>元素、<year>元素、<price>元素为同胞节点。因为 XML 数据是按照 DOM 树的形式进行构造的，所以可以在不了解 DOM 树的确切结构且不了解其中包含的数据类型的情况下，对其进行遍历。

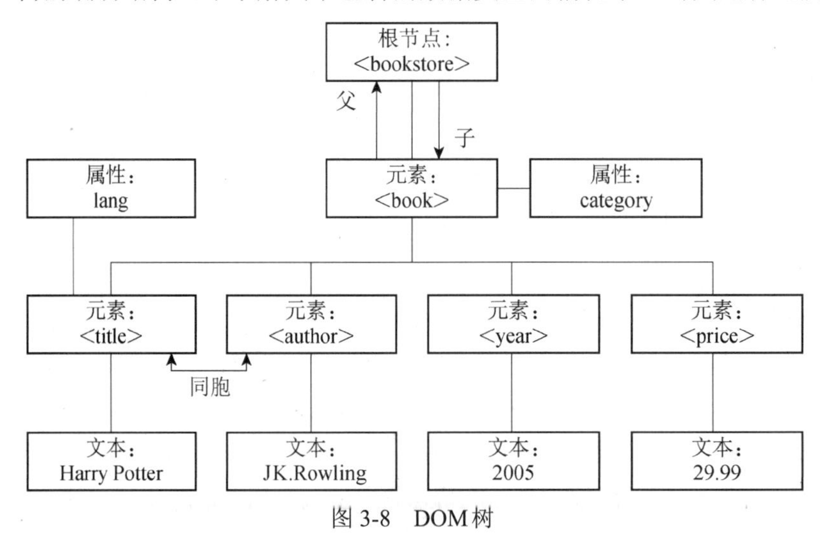


图 3-8　DOM 树

### 1. XPath 中常用的术语

1）节点

DOM 树的根被称为文档节点或根节点，各节点之间的关系如下。

- 父节点（Parent Node）：每个元素及属性都有 1 个父节点。
- 子节点（Children Node）：元素节点可以有 0 个、1 个或多于 1 个子节点。
- 同胞节点（Sibling Node）：拥有相同父节点的节点。
- 祖先节点（Ancestor Node）：某个节点的父节点、父节点的父节点等。
- 后代节点（Descendant Node）：某个节点的子节点、子节点的子节点等。

例如，图 3-8 中的节点如下。

```
<bookstore> （文档节点或根节点）
<author>J K. Rowling</author> （元素节点）
lang="english" （属性节点）
```

2）基本值

基本值（Atomic Value）是无父节点或子节点的节点。例如

```
J K. Rowling
"english"
```

3）项目

项目（Item）是基本值或节点。

### 2. 安装

由于支持 XPath 的解析库为 lxml，因此在使用 XPath 功能时只需要安装 lxml 即可。打开 cmd 命令行窗口，在 Python34/Scripts 目录下输入并运行以下代码。

```
pip3 install lxml
```

如果没有出现错误提示信息那么说明安装成功；如果出现错误提示信息，如缺少 libxml2，那么可以下载并离线安装 wheel 工具（后缀为.whl）。例如，下载 Windows 的 64 位安装包，可以输入并运行以下代码。

```
pip3 install lxml-4.2.4-cp36-cp36m-win_amd64.whl
```

安装完成后，打开 IDLE 窗口导入 lxml，验证是否安装成功。

```
>>> import lxml
```

如果没有出现错误提示信息，那么证明安装成功。

## 3.4.2 XPath 语法

### 1. 路径表达式

XPath 使用路径表达式在 XML 文件中选取节点。节点是沿着路径选取的。XPath 选取节点的路径表达式如表 3-5 所示。

表 3-5　XPath 选取节点的路径表达式

| XPath 选取节点的路径表达式 | 描述 |
| --- | --- |
| nodename | 选取此节点的所有子节点 |
| / | 选取当前节点的直接子节点 |
| // | 选取当前节点的所有子孙节点，而不考虑它们的位置 |
| . | 选取当前节点 |
| .. | 选取当前节点的父节点 |
| @ | 选取属性节点 |
| \| | 选取若干个路径 |
| 通配符 | 匹配未知节点 |
| * | 匹配任何元素节点 |
| @* | 匹配任何属性节点 |
| node() | 匹配任何类型的节点 |

路径表达式示例如表 3-6 所示。

表 3-6　路径表达式示例

| 路径表达式示例 | 描述 |
| --- | --- |
| //book | 选取 <book>元素的所有子孙节点，而不考虑它们的位置 |
| //bookstore/book | 选择属于<bookstore>元素的所有<book>元素，而不考虑它们的位置 |
| //@lang | 选取名为 lang 的所有属性 |
| //title[@*] | 选取所有带有属性的<title>元素 |
| //book/title\| //book/price | 选取<book>元素的所有<title>和<price>元素 |
| //title \| //price | 选取所有<title>和<price>元素 |

**例 3-14：**

```
from lxml import etree
xml_doc='''
<?xml version="1.0" encoding="utf-8"?>
<!-- Copyright w3school.com.cn -->
<!-- W3School.com.cn bookstore example -->
<bookstore>
<book category="novel ">
<p>第一本书 <src img="123.jpg"></src></p>
<title lang="english one"  name="story ">Harry Potter</title>
<author>J K. Rowling</author>
<year>2005</year>
<price>29.99</price>
</book>
<book category="cooking">
<p>第二本书 <src img="123-1.jpg"></src></p>
<title lang="en">Everyday Italian</title>
<author>Giada De Laurentiis</author>
```

```
<year>2005</year>
<price>30.00</price>
</book>
</bookstore>
'''
html = etree.HTML(xml_doc)
```

1）选取所有节点

通过“//*”可以选取当前节点的所有子孙节点。

```
result = html.xpath('//*')
# “//”表示选取当前节点的子孙节点，“*”表示匹配任何元素节点，“//*”表示选取当前节点的所有
子孙节点
for item in result:
    print(item)
for item in result:
    print(item.text)
```

输出结果如图 3-9 所示。

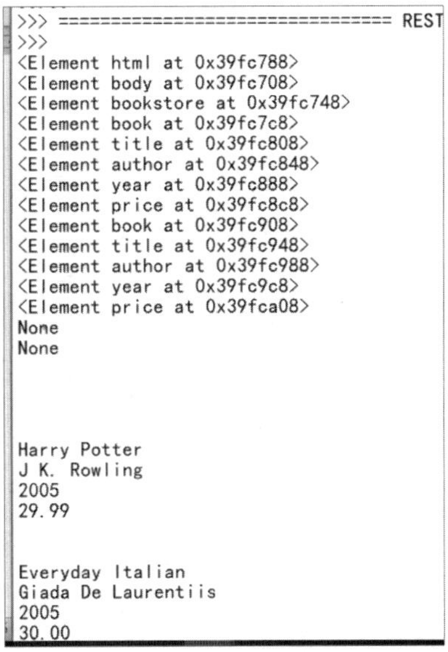

```
>>> ================================ REST
>>>
<Element html at 0x39fc788>
<Element body at 0x39fc708>
<Element bookstore at 0x39fc748>
<Element book at 0x39fc7c8>
<Element title at 0x39fc808>
<Element author at 0x39fc848>
<Element year at 0x39fc888>
<Element price at 0x39fc8c8>
<Element book at 0x39fc908>
<Element title at 0x39fc948>
<Element author at 0x39fc988>
<Element year at 0x39fc9c8>
<Element price at 0x39fca08>
None
None




Harry Potter
J K. Rowling
2005
29.99


Everyday Italian
Giada De Laurentiis
2005
30.00
```

图 3-9 输出结果

如果获取所有<author>元素，那么将“*”改为 author，表示只获取名称为 author 的子孙节点。

```
result = html.xpath('// author ')    #返回一个列表
for item in result:
    print(item)
```

请调试和分析以下语句的输出结果。

```
print( html.xpath('//bookstore'))
print(html.xpath('/html/body/bookstore'))
```

```
print( html.xpath('bookstore'))
print( html.xpath('/bookstore'))
result=html.xpath('//book')
for item in result:
    print("item=",item)
book1=result[0]
print("book1=",book1)
for b1 in book1:
    print("b1=",b1)
print(book1.xpath('.'))
print(book1.xpath('..'))
book2=result[1]
print("book2=",book2)
print(book2.xpath('.'))
print(book2.xpath('../book'))
```

2）选取子节点或子孙节点

通过“/”或“//”可以选取子节点或子孙节点，如选取<book>元素中的所有<src>元素。

```
result = html.xpath('//book//src')
for item in result:
    print(item)
result = html.xpath('//book/src')
```

使用//book//src 可以先选取所有<book>元素，再选取<book>元素中的所有<src>元素。如果使用'//book/src'那么就不行了。读者需要深刻理解“//”和“/”的不同之处，“/”用于选取当前节点的直接子节点，“//”用于选取当前节点的所有子孙节点。

3）属性多值匹配

```
<title lang="english one" name="story ">Harry Potter</title>
```

在上述代码中，如果通过 lang="english"目标定位，那么结果将是空列表。

```
result = html.xpath('//title[@lang="english"]')
print(result)
```

lang 属性的值有两个，被称为属性多值。在上述代码中，//title[@lang="english"]匹配的仅仅是 lang 属性的值只为 english 的<title>元素，这显然是不存在的。

在遇到属性多值的情况时，需要使用 contains()函数。contains()函数用于匹配一个属性值中包含的字符串，而非某个值。将上面的代码修改如下。

```
result = html.xpath('//title[contains (@lang,"english")]/text()')
print(result)
```

注意，contains(string1,string2)表示如果 string1 包含 string2，那么返回 True，否则返回 False。

4）多属性匹配

属性多值匹配是指属性有多个值，根据一个属性的值获取目标节点即可。但在很多情况下无法根据一个属性的值获取目标节点，往往要根据多个属性的值获取目标节点。这时可以使用 and 将两个条件相连。

```
result = html.xpath('//title[contains (@lang,"english")
and @name="story"]')
print(result)
```

5）提取文本

在爬虫中，找到指定的节点是为了提取节点内的文本。XPath 提供了一个 text()函数用于提取节点中的文本。下面的代码就是定位到 lang 属性包含 english 且 name="story"的直接子节点的文本。

```
result0 = html.xpath('//title[contains (@lang,"english")
and @name="story"]/text()')
```

除了可以使用 text()函数，还可以通过 XPath 确定节点的位置，提取节点中的内容到列表中。使用 text 属性可以提取列表中的 网页元素。

```
result1 = html.xpath('//title[contains (@lang,"english") and @name="story"]')
print("result1=",result1)
```

输出结果如下。

```
result1= [<Element title at 0x3afb808>]
```

输出结果是<title>元素列表。

```
result2 = html.xpath('//title[contains (@lang,"english")
and @name="story"]')[0].text
print("result2=",result2)
```

其中， html.xpath('//title[contains (@lang,"english") and @name="story"]')[0]用于提取列表中的第一个元素。.text 用于提取文本。

输出结果如下。

```
result2= Harry Potter
```

注意，/text()和//text()的用法相同，不过/text()提取的是当前节点的直接子节点的文本，而//text()提取的是当前节点的所有子孙节点的文本。

### 2. 谓词表达式

在 HTML 文件中经常有重复的元素，如列表元素，如果需要定位到父元素中的某个位置，那么需要使用属性进行配合，也可以使用谓词进行顺序选择。谓词用来查找某个特定节点或包含某个指定值的节点。谓词被嵌套在方括号中。XPath 的谓词表达式如表 3-7 所示。

表 3-7　XPath 的谓词表达式

| XPath 的谓词表达式 | 描述 |
| --- | --- |
| position() | 返回当前正在被处理的节点的索引位置 |
| last() | 返回在被处理的节点列表中的项目数量 |
| starts-with() | 匹配一个属性开始位置的关键字 |
| contains(string1,string2) | 如果 string1 包含 string2，那么返回 True；否则返回 False，匹配一个属性值中包含的字符串 |
| text() | 匹配的是显示的文本，也可以用于定位 |

XPath 的谓词表达式示例如表 3-8 所示。

表 3-8　XPath 的谓词表达式示例

| XPath 的谓词表达式示例 | 描述 |
| --- | --- |
| //bookstore/book[1] | 选取属于<bookstore>元素的第一个<book>元素 |
| //bookstore/book[last()] | 选取属于<bookstore>元素的最后一个<book>元素 |
| //bookstore/book[last()-1] | 选取属于<bookstore>元素的倒数第二个<book>元素 |
| //bookstore/book[position()<3] | 选取最前面的两个属于<bookstore>元素的<book>元素 |
| //title[@lang] | 选取名为 lang 的所有属性的<title>元素 |
| //bookstore/book[price>35.00] | 选取属于<bookstore>元素的所有<book>元素，且其中的<price>元素的值大于 35.00 |
| //bookstore/book[price>35.00]/title | 选取属于<bookstore>元素的<book>元素的所有<title>元素，且其中的<price>元素的值大于 35.00 |
| //title[contains (@lang,"english")] | 选取 lang 属性的值包含 english 的<title>元素 |
| //div[contains(text(),"ma")] | 选取节点文本包含 ma 的<div>元素 |
| //div[starts-with(@id,"ma")] | 选取 id 属性的值以 ma 开头的<div>元素 |

**例 3-15：**

```
from lxml import etree
html = '''
<div>
<ul>
<li class="sp item-0" name="one"><a href="www.***.com">百度</a></li>
<li class="sp item-1" name="two"><a href="https://www.***.com/">网易</a> </li>
<li class="sp item-2" name="two"><a href="https://www.***.net/">开发者</a> </li>
<li class="sp item-3" name="four"><a href="https://www.***.com">新浪门户
</a> </li>
</ul></div>
'''
html = etree.HTML(html)
result = html.xpath('//li[2]/a/text()')
print(result)
result = html.xpath('//li[last()]/a/text()')
print(result)
result = html.xpath('//li[last()-2]/a/text()')
```

```
print(result)
result = html.xpath('//li[position()>=3]/a/text()')
print(result)
```

### 3. XPath 轴

XPath 轴用于定义相对于当前节点的节点集。通过 XPath 轴可以获取祖先节点、属性值、同胞节点等，这就是 XPath 轴。XPath 轴如表 3-9 所示。

表 3-9 XPath 轴

| XPath 轴 | 描述 |
| --- | --- |
| ancestor | 选取当前节点的所有祖先节点 |
| ancestor-or-self | 选取当前节点的所有祖先节点，以及当前节点本身 |
| attribute | 选取当前节点的所有属性 |
| child | 选取当前节点的所有直接子元素 |
| descendant | 选取当前节点的所有后代节点 |
| descendant-or-self | 选取当前节点的所有后代节点，以及当前节点本身 |
| following | 选取当前节点之后的所有节点 |
| following-sibling | 选取当前节点之后的所有同胞节点 |
| namespace | 选取当前节点的所有命名空间 |
| parent | 选取当前节点的父节点 |
| preceding | 选取当前节点之前的所有同胞节点及同胞节点的子节点 |
| preceding-sibling | 选取当前节点之前的所有同胞节点 |
| self | 选取当前节点 |

### 4. 位置路径表达式

在充分了解了 XPath 语法中的路径表达式、谓词表达式和 XPath 轴后，下面了解在 XPath 中选取位置路径表达式的注意事项。

（1）位置路径可以是绝对的，也可以是相对的。

绝对路径始于“/”，而相对路径不会这样。无论是相对路径还是绝对路径，位置路径均包括 1 个或多于 1 个步，每个步均被“/”分割。

绝对路径：/step/step/...。

相对路径：step/step/...。

（2）步：每个步均根据当前节点集中的节点来计算。步的语法格式如下。

```
轴名称::节点测试[谓词]
```

（3）步包括以下内容。

① 轴：定义所选节点与当前节点之间的层级关系。

② 节点测试：识别某个轴内部的节点。

（4）谓词：可以有 0 个、1 个或更多个谓词。使用谓词是为了更深入地提取所选的节点集。

**例 3-16：**

```
from lxml import etree
```

```
html = '''
<div>
<ul>
<li class="sp item-0" name="one"><a href="www.***.com">百度</a></li>
<li class="sp item-1" name="two"><a href="https://www.***.com/">网易</a>
</li>
<li class="sp item-2" name="two"><a href="https://www.***.net/">开发者</a>
</li>
<li class="sp item-3" name="four"><a href="https://www.***.com">新浪门户
</a> </li>
</ul></div>
'''
html = etree.HTML(html)
```

1）选取祖先节点、后代节点、同胞节点

```
result1 = html.xpath('//li[1]/ancestor::*')     #选取当前节点的所有祖先节点
result2 = html.xpath('//li[1]/ancestor::div')
#选取当前节点的所有祖先节点及其本身
result3= html.xpath('//li[1]/ancestor-or-self::*')
result4 = html.xpath('//ul/descendant::*')      #选取 ul 节点的所有子节点
result5 = html.xpath('//ul/descendant::a/text()')#选取 ul 节点的所有 a 节点的文本
result6 = html.xpath('//li[1]/following::*') #选取第 1 个 li 节点之后的所有节点
#选取第 1 个 li 节点之后的所有同胞节点
result7 = html.xpath('//li[1]/following-sibling::*')
result8 = html.xpath('//li[1]/parent::*')       #选取当前节点的父节点
result9 = html.xpath('//li[3]/preceding::*')
#选取第 3 个 li 节点之前的所有同胞节点及同胞节点的子节点
result10 = html.xpath('//li[3]/preceding-sibling::*')
#选取第 3 个 li 节点之前的所有同胞节点
result 11= html.xpath('//li[3]/a/self::*/text()') #选取当前节点的文本
```

2）选取属性

```
result12= html.xpath('//li[1]/attribute::*')          #选取当前节点的所有属性
result 13= html.xpath('//li[1]/attribute::name')  #选取当前节点的 name 属性
result 14= html.xpath('//ul/child::*')             #选取 ul 节点的所有直接子节点
result15= html.xpath('//ul/child::li[@name="two"]')
#选取 ul 节点的所有 name 属性的值为 two 的 li 节点。其中，child表示选取当前节点的所有直
#接子节点；li[@name="two"]表示选取 name 属性的值为 two 的 li 节点
```

3）输出结果

```
for i in range(1,16):
    res='result'+str(i)
    print("result{}=".format(i),eval(res))
#eval() 函数用来执行一个字符串表达式，并返回该表达式的值
```

### 3.4.3 XPath Helper 插件

Google Chrome 提供了一个 XPath Helper 插件，用于在网页中提取 XPath 的路径。可以在网上下载 XPath Helper 插件，XPath Helper 插件是一个 CRX 文件。要安装这个插件，需要先安装一个 Chrome 插件伴侣。下面介绍如何安装和使用 XPath Helper 插件。

#### 1. 安装 Chrome 插件伴侣

在搜索引擎中搜索“Chrome 插件伴侣”，选择官网下载。下载完成后，解压缩该文件。双击解压缩后的文件，运行程序。在“Chrome 插件伴侣”窗口中，单击“选择插件”按钮，选择下载的 XPath Helper 插件，单击“提取插件内容到桌面（适用于 Chrome 任意版本）”按钮，即可完成 Chrome 插件伴侣的安装，如图 3-10 所示。

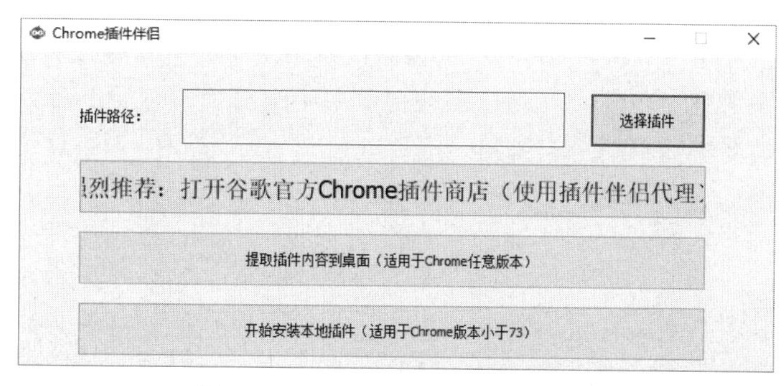


图 3-10 “Chrome 插件伴侣”窗口

#### 2. 设置 Google Chrome

打开 Google Chrome，在地址栏中输入“chrome://extensions”，进入“扩展程序”界面，分别勾选“开发者模式”复选框和“已启用”复选框，如图 3-11 所示。

图 3-11 “扩展程序”界面

#### 3. 使用 XPath Helper 插件

重启浏览器，按组合键 Ctrl+Shift+X 或长按组合键 Ctrl+Shift 运行 XPath Helper 插件，将鼠标指针指向需要提取的段落，按 X 键开启或关闭 XPath Helper 插件，自动生成匹配规则。

### 3.4.4 XPath 选择器的综合应用

爬取豆瓣读书网页中分类图书的第 *n* 页（可以设置）的各种公开的图书评价，并将其写入文本文件。

#### 1. 爬取分类图书地址

在搜索引擎中搜索“豆瓣图书标签”，选取搜索结果中的“豆瓣图书标签”链接，打开网页，右击网页中的任意位置，在弹出的快捷菜单中选择“检查源”命令，可以看见“豆瓣图书标签”下的各类图书的分类链接。

```
<table class="tagCol">
    <tbody>
        <tr>
        <td><a href="/tag/小说">小说</a><b>(6187923)</b></td>
        <td><a href="/tag/历史">历史</a><b>(2574296)</b></td>
        <td><a href="/tag/日本">日本</a><b>(2406437)</b></td>
        <td><a href="/tag/外国文学">外国文学</a><b>(2375310)</b></td>
        </tr>
        <tr>
        <td><a href="/tag/文学">文学</a><b>(2163579)</b></td>
        <td><a href="/tag/中国">中国</a><b>(1697608)</b></td>
        <td><a href="/tag/心理学">心理学</a><b>(1671265)</b></td>
        <td><a href="/tag/哲学">哲学</a><b>(1438195)</b></td>
        </tr>
        <tr>
        <td><a href="/tag/漫画">漫画</a><b>(1426365)</b></td>
        <td><a href="/tag/经典">经典</a><b>(1380290)</b></td>
        <td><a href="/tag/中国文学">中国文学</a><b>(1352371)</b></td>
        <td><a href="/tag/随笔">随笔</a><b>(1323154)</b></td>
        </tr>
        <tr>
      …
        </tbody>
</table>
```

在网页中单击各类标签链接，如“小说”，会发现链接进入的下一个网页的地址格式为“原网址/小说”。如果要爬取各类图书的介绍，那么首先要获取每类图书的网址，即“原网址/小说”。通过“原网址”加上<a>元素的 href 属性的值或<a>元素的内容的方式，即可获取所有类别图书的链接。

下面采用“豆瓣图书标签”的网址加上<a>元素的内容的方式提取 URL。

```
tags=html.xpath('//table[@class="tagCol"]/tbody/tr/td/a/text()')
```

上述代码表示提取所有 class="tagCol"的<table>元素的直接子节点<tbody>元素的直接子节点<tr>元素的直接子节点<td>元素的直接子节点<a>元素的文本。

```
url=[]
for tag in tags:
    href = 'https://book.***.com/tag/'
    pageurl = href + str(tag)
    url.append(pageurl)
```

上述代码表示通过 for 语句提取列表中的内容，形成分类图书地址，保存到地址列表中。

### 2. 爬取图书评价

以“小说”为例，打开网址，运行 XPath Helper 插件，将鼠标指针指向要提取的段落，如图书名称“解忧杂货店”，开启 XPath Helper 插件，自动生成匹配规则。

```
/html[@class='ua-windows ua-webkit book-new-nav']/body/div[@id='wrapper']/
div[@id='content']/div[@ class='grid-16-8 clearfix']/div[@class='article']/
div[@id='subject_list']/ul[@class='subject-list']/li[@class='subject-item']
[1]/div[@class='info']/h2
```

由这个路径可以看出，XPath Helper 插件从根路径开始给出路径表达式。在这个路径表达式的基础上，结合代码分析可以发现，每类图书的相关代码如下。

```
<div id="content">
    <h1>豆瓣图书标签：小说</h1>
    <div class="grid-16-8 clearfix">
        <div class="article">
<div id="subject_list">
<div class="clearfix">
    <span class="rr greyinput">
        综合排序
         / 
        <a href="/tag/%E5%B0%8F%E8%AF%B4?type=R">按出版日期排序</a>
         / 
        <a href="/tag/%E5%B0%8F%E8%AF%B4?type=S">按评价排序</a>
    </span>
</div>
<ul class="subject-list">
    <li class="subject-item">
```

```
        <div class="pic">
        <a class="nbg"
    href="https://book.***.com/subject/25862578/"       onclick="moreurl(this,
{i:'0',query:'',subject_id:'25862578',from:'book_subject_search'})">
    <img class=""
    src="https://img3.***.com/view/subject/m/public/s27264181.jpg" width= "90">
        </a>
        </div>
        <div class="info">
        <h2 class="">
        <a href="https://book.***.com/subject/25862578/" title="解忧杂货店"
onclick ="moreurl(this,{i:'0', query:'',subject_id:'25862578',from:
'book_subject_search'})">
        解忧杂货店
        </a>    </h2>
        <div class="pub"> [日] 东野圭吾 / 李盈春 / 南海出版公司 / 2014-5 / 39.50元
        </div>
        <div class="star clearfix">
        <span class="allstar45"></span>
        <span class="rating_nums">8.5</span>
        <span class="pl">  (574483人评价) </span>
        </div>
        <p>现代人内心流失的东西，这家杂货店能帮你找回——
    僻静的街道旁有一家杂货店，只要写下烦恼投进卷帘门的投信口，第二天就会在店后的牛奶箱里得
到回答。因男友身患绝…… </p>
```

可以发现，截取 XPath Helper 插件的路径的有效部分即可，同时将直接路径表达式的“/”改为提取所有路径表达式的“//”。以图书名称路径表达式为例，代码如下。

```
    bn=html.xpath("//div[@id='subject_list']//ul[@class='subject-list']//
li[@class='subject-item']//div[@class= 'info']/h2/a/text()")
```

提取了图书名称后，打开列表会发现有很多空格和换行符，可以使用 strip()方法删除这些空格和换行符。

```
    bnames= [s.strip() for s in bn]
```

同样，可以发现作者、出版社、出版时间、价格等信息在一个元素中，可以通过下列路径提取信息。

```
    details=html.xpath("//div[@id='subject_list']/ul[@class='subject-list']
//li[@class='subject-item']//div[@class= 'info']/div[@class='pub']/text()")
    details= [s.strip() for s in details]
```

ratings 为“评分”，peoples 为“评价人数”，intros 为“简介”等信息。

```
    ratings =
```

```
    html.xpath("//div[@id='subject_list']/ul[@class='subject-list']//li[@class=
'subject-item']//div[@class='info']/ div[contains (@class,'tar')]/span[@class=
'rating_nums']/text()")
    ratings= [s.strip() for s in ratings]
    peoples =
    html.xpath("//div[@id='subject_list']/ul[@class='subject-list']//li[@class=
'subject-item']//div[@class='info ']/div[contains (@class,'tar')]/span[@class=
'pl']/text()")
    peoples= [s.strip() for s in peoples]
    intros =
    html.xpath("//div[@id='subject_list']/ul[@class='subject-list']//li[@class=
'subject-item']//div[@class='info'] /p/text()")
    intros= [s.strip() for s in intros]
```

要特别注意<div>元素的 class 属性多值的处理：[contains (@class,'tar')]。

进行以上信息的提取后，列表变量 bnames、details、ratings、peoples、intros 中存储的信息需要从各个列表变量中对称提取，若要从 bnames 中提取“图书名称”，则应分别从 details、ratings、peoples、intros 中提取对应的信息。使用 zip()函数将 bnames 、details、ratings、peoples、intros 中的信息形成一一对应的图书信息列表，使用 for 语句循环遍历，先将图书信息写入字典，再将字典信息存入。

```
    for bname, detl, rating, per, intro in zip(bnames, details, ratings,
peoples, intros):
        info = {}
        info['类型']=tag
        info['图书名称'] = bname
        info['作者'] = detl.split('/')[0]
        info['豆瓣评分'] = rating
        if len(detl.split('/'))<4:
            info['出版社']= 'null'
        else:
            info['出版社'] = detl.split('/')[-3]
        if len(detl.split('/'))<4:
            date = 'null'
        else:
            date = detl.split('/')[-2]
        info['出版日期'] = date
        price = detl.split('/')[-1]
        info['价格'] = price
        try:
            pers = int(per.split()[0][1:len(per.split()[0]) - 4])
        except ValueError:
            pers = 5
        info['评价人数'] = pers
```

```
    info['简介'] = intro
    #将图书信息写入文本文件
    print('正在写入文本文件')
    with open('豆瓣读书列表.txt','a',encoding='utf-8') as f:
        f.write(str(info)+'\n')
        f.write('\n')
    print("写入成功")
```

可以使用 split()方法拆分 details 中存储的信息，并通过列表操作提取相应的信息。

```
str='南派三叔 / dgsghdgh/中国友谊出版公司 / 2007-1 / 26.80元'
s=str.split('/')
print(s)
s1=s[0]
print(s1)
s2=s[-3]
print(s2)
```

3．完整代码

**例 3-17**：完整代码。

```
#coding:utf-8
import requests
import random
import time
from lxml import etree
def get_html(url):#定义访问函数
    proxy = {'http': '121.228.8.93:8118'}
    header = {
        'User-agent': 'Mozilla/5.0 (Windows NT 6.1; WOW64) AppleWebKit/
537.36 (KHTML, like Gecko) Chrome/67.0.3396.99 Safari/537.36'}
    html = requests.get(url, headers=header,proxies=proxy)
    return html

def get_pageurl(base_url):                    #爬取链接地址
    html = etree.HTML(get_html(base_url).text)
    links=html.xpath("//table[@class='tagCol']/tbody/tr/td/a/text()")
    url=[]
    href = 'https://book.***.com/tag/'
    for link in links:
        pageurl = href + str(link)
        url.append(pageurl)
    return url

#爬取图书信息
def writeb_info(url):
```

```
        html_t = get_html(url)
        html_t.enconding='utf-8'
        html = etree.HTML(html_t.text)
        tag = url.split("?")[0].split("/")[-1]
        bn=
    html.xpath("//div[@id='subject_list']//ul[@class='subject-list']//li[@class=
'subject-item']//div[@class='info']/ h2/a/text()")
        bnames= [s.strip() for s in bn]
        details=
    html.xpath("//div[@id='subject_list']/ul[@class='subject-list']//li[@class=
'subject-item']//div[@class='info']/div [@class='pub']/text()")
        details= [s.strip() for s in details]
    ratings =
    html.xpath("//div[@id='subject_list']/ul[@class='subject-list']//li[@class=
'subject-item']//div[@class='info']/div [contains (@class,
'tar')]/span[@class= 'rating_nums']/text()")
        ratings= [s.strip() for s in ratings]
    peoples =
    html.xpath("//div[@id='subject_list']/ul[@class='subject-list']//li[@class=
'subject-item']//div[@class='info']/div [contains (@class, 'tar')]/span[@class=
'pl']/text()")
        peoples= [s.strip() for s in peoples]
    intros =
    html.xpath("//div[@id='subject_list']/ul[@class='subject-list']//li[@class=
'subject-item']//div[@class='info']/p/ text()")
        intros= [s.strip() for s in intros]
        data=[]
        for bname, detl, rating, per, intro in zip(bnames, details, ratings,
peoples, intros):
            info = {}
            info['类型']=tag
            info['图书名称'] = bname
            info['作者'] = detl.split('/')[0]
            info['豆瓣评分'] = rating
            if len(detl.split('/'))<4:
                info['出版社']= 'null'
            else:
                info['出版社'] = detl.split('/')[-3]
            if len(detl.split('/'))<4:
                date = 'null'
            else:
                date = detl.split('/')[-2]
            info['出版日期'] = date
            price = detl.split('/')[-1]
```

```
        info['价格'] = price
        try:
            pers = int(per.split()[0][1:len(per.split()[0]) - 4])
        except ValueError:
            pers = 5
        info['评价人数'] = pers
        info['简介'] = intro
        print('正在写入文本文件')
        with open('豆瓣读书列表.txt','a',encoding='utf-8') as f:
            f.write(str(info)+'\n')
        print("写入成功")
    return

def main():
    base_url = 'https://book.***.com/tag/?view=cloud'
    for url in get_pageurl(base_url):
        urls = [url +"?start={}&type=T".format(str(i)) for i in range(0, 20,20)]
        for link in urls:
            writeb_info(link)
            time.sleep(int(format(random.randint(0,5))))  #随机等待几秒
        print('爬取结束')

if __name__ == '__main__':
    main()
```

### 3.4.5 加密文字的处理

一些数据在浏览器中是正常显示的，但是用户在浏览器中查看源代码时常常会发现源代码看不到字体，只能看到十六进制形式的 4 位字符，通过 XPath 选择器等爬取信息时看到的是一些方块、乱码。实际上，这是网站信息的反爬虫处理。加密文字是指网页修改了默认的字符编码集，在网页中加载自己定义的文本文件作为文本的样式，在源代码上同样的二进制数因未加载自定义的文本文件而由计算机默认成了乱码。

以 58 同城网站中的租房信息为例，利用爬虫爬取信息后会发现出现了一些无法识别的方块。

#### 1．提取加密编码

在搜索引擎中搜索“58 同城+租房”，打开 58 同城网站，将城市切换为“北京”，选择“租房”选项，打开网站源代码，新建一个 Word 文件并将源代码复制到 Word 文件中，搜索“base64”，可以发现网站的部分数字是由 base64 加密之后生成的字体。网页中一般采用 WOFF（Web 开放字体格式，Web Open Font Format）的 base64 编码。base64 编码是 Python 内置的编码，在使用时需要导入 base64 模块。WOFF 是一种网页采用的字体格式，可以把它复制下来，也可以使用正则表达式把它提取出来。

下面是 58 同城网站中租房信息的 base64 代码。

```
    bs64str='''
    AAEAAAALAIAAAwAwR1NVQiCLJXoAAAE4AAAAVE9TLzL4XQjtAAABjAAAAFZjbWFwq79/aAAA
AhAAAAIuZ2x5ZuWIN0cAAARYAAADdGhlYWQX+uGbAAAA4AAAADZoaGVhCtADIwAAALwAAAAkaG10
eC7qAAAAAAHkAAAALGxvY2ED7gSyAAAEQAAAABhtYXh
    ..................
    '''
```

如果通过复制提取，那么可能因代码很长而导致遗漏信息，建议使用正则表达式提取，代码如下。

```
import base64
import requests
import re
from lxml import etree
url = 'https://bj.***.com/chuzu/'
headers = {'User-agent':'Mozilla/5.0 (Windows NT 6.1; Win64; x64)'}
html = requests.get(url=url,headers=headers)
html.encoding='utf-8'
page_text= html.text
#从列表中提取字符串
bs64_str = re.findall("charset=utf-8;base64,(.*?)'\)", page_text)[0]
print(bs64_str)
```

### 2. 对加密编码解密

找到加密的编码后，可以借助第三方工具，如 FontCreator 或在线 FontEditor，找到 Unicode 对应的加密编码信息。这里主要对数字进行了加密，使用上述工具对编码解密后，下面将数字 0～9 的编码和 Unicode 以键值对的形式存储到字典中。

```
    diction = {'\u9476': '\u0030', '\u9fa5': '\u0031', '\u9f92': '\u0032', '\u9ea3':
'\u0033', '\u9fa4': '\u0034','\u9a4B': '\u0035', '\u958f': '\u0036', '\u993c':
'\u0037', '\u9E3a': '\u0038', '\u9f64': '\u0039'}  #将0~9的映射表写成字典
```

### 3. 解析首页信息

```
tree = etree.HTML(page_text)
li_list = tree.xpath('//ul[@class="house-list"]/li')
fp = open('58租房.txt','w',encoding='utf-8')
for li in li_list:
    title = li.xpath('./div[@class="des"]/h2/a/text()')
    title=[s.strip() for s in title]
    money = li.xpath('./div[@class="list-li-right"]/div[@class="money"]/
b/text()')
    room = li.xpath('./div[@class="des"]/p[@class="room"]/text()')
    room=[''.join(s.split()) for s in room]
```

```
        adder = li.xpath('./div[@class="des"]/p[@class="infor"]/a[@target=
"_blank"]/text()')
        if title and money and room and adder: #从列表中提取字符串，便于后期操作字符串
            title = title[0]
            money = money[0]
            room = room[0]
            adder=adder[0]
            title = title.replace("\n","").strip()        #删除换行符和空格
            diction = {'\u9476': '\u0030', '\u9fa5': '\u0031', '\u9f92': '\u0032',
'\u9ea3': '\u0033', '\u9fa4':'\u00 34', '\u9a4B': '\u0035', '\u958f': '\u0036',
'\u993c': '\u0037', '\u9E3a': '\u0038', '\u9f64': '\u0039'} #将0~9映射表写成字典
            for key in diction.keys():
            money = money.replace(key, diction[key]).strip()
            #采用映射表中的值替换数字
            room = room.replace(key, diction[key]).strip()
            adder=adder.replace(key, diction[key]).strip()
            fp.write(title+":"+room+":"+money+":"+adder+'\n')
            print("title=",title)
            print("room=",room)
            print("money=",money)
            print("adder=",adder)
    fp.close()
    print('结束')
```

提取 58 同城网站中租房信息的完整代码如下。

```
    import base64
    import requests
    import re
    from lxml import etree
    url = 'https://bj.***.com/chuzu/'
    headers = {'User-agent':'Mozilla/5.0 (Windows NT 6.1; Win64; x64)'}
    html = requests.get(url=url,headers=headers)
    html.encoding='utf-8'
    page_text= html.text
    #从列表中提取字符串
    bs64_str = re.findall("charset=utf-8;base64,(.*?)'\)", page_text)[0]
    tree = etree.HTML(page_text)
    li_list = tree.xpath('//ul[@class="house-list"]/li')
    #result = []
    fp = open('58租房.txt','w',encoding='utf-8')
    for li in li_list:
        title = li.xpath('./div[@class="des"]/h2/a/text()')
        title=[s.strip() for s in title]
        money = li.xpath('./div[@class="list li right"]/div[@class="money"]/
```

```
b/text()')
        room = li.xpath('./div[@class="des"]/p[@class="room"]/text()')
        room=[''.join(s.split()) for s in room]
        adder = li.xpath('./div[@class="des"]/p[@class="infor"]/a[@target=
"_blank"]/text()')
        #从列表中提取字符串，便于后期操作字符串
        if title and money and room and adder:
          title = title[0]
          money = money[0]
          room = room[0]
          adder=adder[0]
          title = title.replace("\n","").strip()        #删除换行符和空格
         #将0~9映射表写成字典
         diction = {'\u9476': '\u0030', '\u9fa5': '\u0031', '\u9f92': '\u0032',
'\u9ea3': '\u0033', '\u9fa4': '\u0034', '\u9a4B': '\u0035', '\u958f': '\u0036',
'\u993c': '\u0037', '\u9E3a': '\u0038', '\u9f64': '\u0039'}
         for key in diction.keys():
           money = money.replace(key, diction[key]).strip()
           #采用映射表中的值替换数字
           room = room.replace(key, diction[key]).strip()
           adder=adder.replace(key, diction[key]).strip()
         fp.write(title+":"+room+":"+money+":"+adder+'\n')
         print("title=",title)
         print("room=",room)
         print("money=",money)
         print("adder=",adder)
    fp.close()
    print('结束')
```

### 4. 使用 Font_Tools

除了可以使用上述方法，还可以使用第三方工具 Font_Tools。打开 cmd 命令行窗口，在 Python34/Scripts 目录下输入并运行以下代码。

```
pip install fontTools
```

成功安装 Font_Tools 的界面如图 3-12 所示。

```
cmd.exe
icrosoft Windows [版本 10.0.15063]
c) 2017 Microsoft Corporation。保留所有权利。

:\Windows\System32>cd\

:\>cd python34\Scripts

:\Python34\Scripts>pip install fontTools
EPRECATION: Python 3.4 support has been deprecated. pip 19.1 will be the last one supporting it. Please upgrade your Py
hon as Python 3.4 won't be maintained after March 2019 (cf PEP 429).
ollecting fontTools
 Downloading https://files.pythonhosted.org/packages/2f/d0/6cee61c41061c908bf572aa44d3606feb4446c1b0df121e71c910353f248
fonttools-3.44.0-py2.py3-none-any.whl (728kB)
    |████████████████████████████████| 737kB 547kB/s
nstalling collected packages: fontTools
uccessfully installed fontTools-3.44.0

:\Python34\Scripts>
```

图 3-12　成功安装 Font_Tools 的界面

在网页中导入以下代码。

```
import base64
from io import BytesIO
from fontTools.ttLib import TTFont
```

使用 TTFont 和 base64 模块的相应方法与函数对加密编码 bs64_str 进行解密和重新编码。定义 def get_font(string)，其中形参 string 为网页爬取的加密字符串。

```
def get_font(string):
    font = TTFont(BytesIO(base64.decodebytes(bs64_str.encode())))
    c = font.getBestCmap()
    ret_list = []
    for char in string:
        decode_num = ord(char)
        if decode_num in c:
            num = c[decode_num]
            num = int(num[-2:])-1
            s_list.append(num)
        else:
            s_list.append(char)
    str_show = ''
    for num in s_list:
        str_show += str(num)
    return str_show
```

使用 Font_Tools 提取 58 同城网站中租房信息的完整代码如下。

```
import base64
from io import BytesIO
from fontTools.ttLib import TTFont
import requests
import re
from lxml import etree
def get_font(string):
    font = TTFont(BytesIO(base64.decodebytes(bs64_str.encode())))
    c = font.getBestCmap()
    ret_list = []
    for char in string:
        decode_num = ord(char)
        if decode_num in c:
            num = c[decode_num]
            num = int(num[-2:])-1
            s_list.append(num)
        else:
            s_list.append(char)
    str_show = ''
```

```
        for num in ret_list:
            str_show += str(num)
        return str_show
    url = 'https://bj.***.com/chuzu/'
    headers = {'User-agent':'Mozilla/5.0 (Windows NT 6.1; Win64; x64)'}
    html = requests.get(url=url,headers=headers)
    html.encoding='utf-8'
    page_text= html.text
    bs64_str = re.findall("charset=utf-8;base64,(.*?)'\)", page_text)[0]
    tree = etree.HTML(page_text)
    li_list = tree.xpath('//ul[@class="house-list"]/li')
    fp = open('58租房.txt','w',encoding='utf-8')
    for li in li_list:
        title = li.xpath('./div[@class="des"]/h2/a[@class="strongbox"]/text()')
        title=[s.strip() for s in title]
        money = li.xpath('./div[@class="list-li-right"]/div[@class="money"]/
b/text()')
        room = li.xpath('./div[@class="des"]/p[@class="room"]/text()')
        room=[''.join(s.split()) for s in room]
        adder = li.xpath('./div[@class="des"]/p[@class="infor"]/a[@target=
"_blank"]/text()')
        #从列表中提取字符串，便于后期操作字符串
        if title and money and room and adder:
            money = get_font(money[0])
            room = get_font(room[0])
            adder=get_font(adder[0])
            title =get_font(title[0])
            fp.write(title+":"+room+":"+money+":"+adder+'\n')
            print("title=",title)
            print("room=",room)
            print("money=",money)
            print("adder=",adder)
    fp.close()
    print('结束')
```

### 3.4.6　删除空格或制表符的方法

#### 1．使用 strip()方法

strip()方法用于删除字符串开头或结尾的空格。

```
>>> a = " abc 123 fd "
>>> a.strip()
```

#### 2．使用 lstrip()方法

lstrip()方法用于删除字符串开头的空格。

```
>>> a = " a = " abc 123 fd "
>>> a.lstrip()
```

### 3. 使用 rstrip()方法

rstrip()方法用于删除字符串结尾的空格。

```
>>> a = " abc 123 fd  "
>>> a.rstrip()
```

### 4. 使用 replace()方法

replace()方法用于实现字符替换。

使用 replace()方法可以实现将空字符替换为空格。

```
>>> a = " abc 123 fd "
>>> a.replace(" ", "")
```

也可以删除“\n”“\r”等换行符，以及制表符等。

```
s.replace('\n', ' ').replace('\r', ' ')
```

### 5. 使用 join()方法+split()方法

join()方法+split()方法用于删除全部空格、制表符、换行符等；join() 方法用于为字符串的合成传入一个字符串列表；split() 方法用于按规则分割字符串，默认按空格分割。

```
>>> a = " abc 123 fd "
>>> b = a.split()                    #将字符串按空格分割成列表
>>> b
['abc', '123', 'fd']
>>> c = "".join(b)                   #使用一个空字符串合成列表内容生成新字符串
```

将上面的代码合成一行代码。

```
c= "".join(a.split())
```

### 6. 使用正则表达式

```
>>> import  re
>>> b = re.compile(r'  ')
>>> a = " abc 123 fd "
>>> c=b.sub('', a)
```

将上面的代码合成一行代码。

```
c=re.compile(r' '). sub('', a)
```

或

```
c=re.sub(r' ','',a)
```

**例 3-18：**

```
import  re
```

```
text = """
赵客缦 胡缨，吴钩　霜雪明。
银鞍照 白马，飒沓　如流星。
十步 杀一人，千　里不留行。
事了拂　衣去，深藏　　身与名。
闲过信　陵饮，脱剑 膝前横。
将炙啖朱亥，持觞　　劝侯嬴。
三杯吐然诺，五岳倒为轻。
"""
r=re.sub("\n", " ", text)                         #删除换行符
text1 = "".join(r.split(" "))                     #删除空格
print(text1)
```

## 3.5 正则表达式

### 3.5.1 正则表达式简介

正则表达式（Regular Expressions，RE）是用于处理字符串的强大工具，并不是 Python 的一部分。其他编程语言中也有正则表达式的概念，但不同的编程语言支持的语法数量不同。正则表达式在本质上是一个微小且高度专业化的编程语言。它被嵌入到 Python 中，并通过 re 模块提供相应的功能。它拥有独特的语法，以及一个独立的处理引擎。在提供了正则表达式的语言中，正则表达式的语法都是一样的。

使用正则表达式进行匹配的流程如图 3-13 所示。

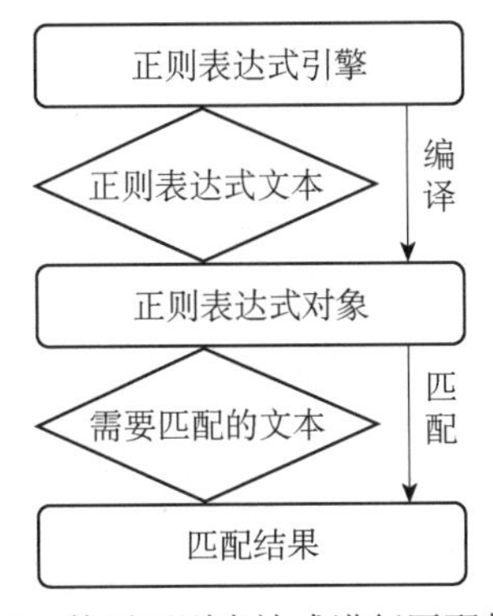


图 3-13　使用正则表达式进行匹配的流程

使用正则表达式需要指定一些规则来描述那些希望匹配的字符串集合。

下面先介绍正则表达式的元字符，再介绍 re 模块。

### 3.5.2 正则表达式的元字符

正则表达式由普通字符和元字符组成。普通字符就是正常的文本，具有字符的本来含

义。元字符具有特定的含义，使正则表达式具有通用的匹配能力。例如，在正则表达式 r"a.d" 中，“a”和“d”是普通字符；“.”是元字符，可以指代任意字符，能匹配“a1d”“a2d”“acd”等。常用正则表达式的元字符如表 3-10 所示。

表 3-10　常用正则表达式的元字符

<table>
<tr><th>元字符</th><th>描述</th></tr>
<tr><td>\d</td><td>匹配任何十进制数，等价于[0-9]</td></tr>
<tr><td>\D</td><td>与\d 相反，匹配任何非十进制数，相当于类[^0-9]</td></tr>
<tr><td>\s</td><td>匹配任何空白字符（空格、换行符、制表符等），相当于类[\t\n\r\f\v]</td></tr>
<tr><td>\S</td><td>与\s 相反，匹配任何非空白字符，相当于类[^ \t\n\r\f\v]</td></tr>
<tr><td>\A</td><td>匹配开头位置</td></tr>
<tr><td>\Z</td><td>匹配结尾位置</td></tr>
<tr><td>\w</td><td>匹配普通字符（数字、字母、汉字、下画线）</td></tr>
<tr><td>\W</td><td>匹配非普通字符</td></tr>
<tr><td>\b</td><td>匹配单词边界。单词边界指数字、字母、汉字、下画线与其他字符的交界位置，如 re.findall(r'\bis\b',"This is a book.")</td></tr>
<tr><td>\B</td><td>匹配非单词边界</td></tr>
<tr><td>[字符集]</td><td>匹配字符集中的任意一个字符</td></tr>
<tr><td>[^字符集]</td><td>匹配除了字符集中字符的任意一个字符</td></tr>
<tr><td>|</td><td>如 A|B，选择分支，或匹配 A ，或匹配 B</td></tr>
<tr><td>()</td><td>匹配一个分组，将圆括号中的内容当作一个整体来对待</td></tr>
<tr><td>.</td><td>匹配除了换行符的任何字符（字母、数字、符号、空白字符）</td></tr>
<tr><td>^</td><td>匹配“^”后面的字符开头的字符串</td></tr>
<tr><td>$</td><td>匹配以“$”之前的字符串结束的字符串</td></tr>
<tr><td>*</td><td>匹配位于“*”之前的 0 个或多于 0 个的字符（贪婪模式）</td></tr>
<tr><td>+</td><td>匹配位于“+”之前的 1 个或多于 1 个的字符（贪婪模式）</td></tr>
<tr><td>?</td><td>匹配位于“?”之前的 0 次或 1 次（贪婪模式），如 re.findall('-?[0-9]+',"James,age:18,-26")的输出结果为['18', '-26']</td></tr>
<tr><td>{m}</td><td>匹配位于花括号之前出现 m 次的字符（贪婪模式），如 re.findall('1[0-9]{10}',"James:13886495728")的输出结果为['13886495728']</td></tr>
<tr><td>{m,}</td><td>最少匹配 m 次</td></tr>
<tr><td>{,n}</td><td>最多匹配 n 次</td></tr>
<tr><td>"{m,n}</td><td>匹配位于花括号之前的正则表达式最少 m 次，最多 n 次，如 re.findall('[1-9][0-9]{5,10}',"Ballet:1259296994")</td></tr>
<tr><td>{m,n}?</td><td>{m,n}的非贪婪模式，只匹配尽量少的字符次数，如对于'aaaaaa'，a{3,5}匹配 5 个'a'，而 a{3,5}?只匹配 3 个'a'</td></tr>
</table>

### 1．正则表达式的转义

正则表达式中的特殊字符有“.”“*”“+”“?”“^”“$”“[]”“()”“{}”“|”“\”。如果使用正则表达式匹配特殊字符，那么需要添加“\”表示转义。例如，要匹配特殊字符“.”，应使用“\.”表示本身含义。

在编写代码的过程中，经常使用“\”进行转义，这样很麻烦且容易出错。Python 提供了原生字符串书写正则表达式的方式，以避免出现多重转义。原生字符串书写正则表达式的方式就是在正则表达式之前添加一个“r”。“r”是“raw”（原始）的意思。

### 2. 贪婪模式和非贪婪模式

贪婪模式：在默认情况下，匹配重复的元字符总是尽可能多地向后匹配内容。

非贪婪模式：又称懒惰模式，匹配重复的元字符总是尽可能少地向后匹配内容。

要将贪婪模式转换为非贪婪模式，在匹配重复的元字符之后添加“?”即可。例如，贪婪模式 re.findall(r'\(.*\)',"(abcd)efgh(higk)")的输出结果为['(abcd)efgh(higk)']；非贪婪模式 re.findall(r'\(.*?\)',"(abcd)efgh(higk)")的输出结果为['(abcd)', '(higk)']。

### 3. 元字符的应用

假设 str="abcdefhjedaef"，下面介绍各个元字符的匹配情况。

1）“.”与“*”

使用“.”可以匹配中间的“bcd”。

```
import re
str="abcdefhjedaef"
reg = 'a…e'
out = re.findall(reg,str)
print(out)
```

输出结果如下。

```
['abcde']
```

这说明成功用 3 个“.”代替了 bcd，当中间的字符不止 3 个而有更多时，就不能简单地使用重复的“.”了，应该使用“*”。使用“.*”可以表示 0 次或多于 0 次的“.”，修改代码如下。

```
import re
str="abcdefhjedaef"
reg = 'a.*e'
out = re.findall(reg,str)
print(out)
```

输出结果如下。

```
['abcdefhjedae']
```

这是贪婪模式，即尽可能多地向后匹配内容。要精确匹配以 a 开头、以 e 结尾的字符串，可以使用非贪婪模式，修改代码如下。

```
reg2 = 'a.*?e'
out = re.findall(reg2,str)
print(out)
```

输出结果如下。

```
['abcde', 'ae']
```

2）“+” 与 “*”

“+” 与 “*” 的功能相似，区别在于 “*” 可以匹配 0 次，也就是说，“*” 匹配的字符可以不出现，而 “+” 匹配的字符最少出现一次。

3）“^” 与 “$”

“^” 与 “$” 分别用于匹配字符串的开头部分和结尾部分。

```
reg1 = '^a.*?e'
out1 = re.findall(reg1,str)
print(oult)
reg2 = '^a.*?e$'
out2 = re.findall(reg2,str)
print(out2)
```

输出结果如下。

```
out1=['abcde']
out2=[]
```

这是因为没有以 e 结尾的字符串。

4）“?”

“?” 也是正则表达式中的一个常用的元字符，有两种用法。

第 1 种用法是表示在 “?” 之前的字符出现 0 次或 1 次，如北京某地的电话号为 010-99999999，定义区号和后面号码之间可以存在 0 个或 1 个 “-”，当 “-” 多于 1 个时，不会返回结果。

```
import re
data = '010-40088999'
data1 = '01040088999'
data2 = '010--40088999'
reg = '^010-?\d{8}'
out = re.findall(reg,data)
out1 = re.findall(reg,data1)
out2 = re.findall(reg,data2)
print(out)
print(out1)
print(out2)
```

输出结果如下。

```
['010-40088999']
['01040088999']
[]
```

第 2 种用法是表示非贪婪模式，只要匹配到一个符合要求的字符就停止。

```
import re
data = 'ppaaaaabbaccc'
reg = 'a+'
reg1 = 'a+?'
out = re.findall(reg,data)
out1 = re.findall(reg1,data)
print(out,"    ",out1)
```

输出结果如下。

```
['aaaaa', 'a']    ['a', 'a', 'a', 'a', 'a', 'a']
```

5）{N}与{N,M}

{N}表示匹配 N 次前面出现的字符，{N,M}表示匹配 N～M 次前面出现的字符。在下面的代码中，reg 表示匹配两次 h，reg1 表示匹配多于两次 h，reg2 表示匹配 2 ～5 次 h。

```
import re
data = 'hhhhhhhhhaabbaefccchh'
reg = 'h{2}'
reg1 = 'h{2,}'
reg2 = 'h{2,5}'
out = re.findall(reg,data)
out1 = re.findall(reg1,data)
out2 = re.findall(reg2,data)
print(out,"    ",out1,"    ",out2)
```

输出结果如下。

```
['hh', 'hh', 'hh', 'hh', 'hh']    ['hhhhhhhhh', 'hh']    ['hhhhh',
'hhhh', 'hh']
```

6）“|”

“|”表示匹配“|”左侧或右侧的字符，只要有一侧成立就可以成功匹配。如果左侧匹配失败那么匹配右侧，如果右侧匹配失败那么匹配左侧。

```
import re
data = '010-40088999'
reg = '^010-.|.{3}9$'
out = re.findall(reg,data)
print(out)
```

输出结果如下。

```
['010-4', '8999']
```

7）“[ ]”

“[ ]”表示匹配字符集中的任意单一字符。“[^]”表示不匹配“[^]”中的内容。例如，要匹配第一位为 1，第二位为 3、5、8，第三位为任意数字，第四位不能为 1 的电话号码，正则表达式为 reg = '1[3 5 8].[^1]{8}'。电话号码共有 11 位，确定前 3 位，后面的为“[^1]”

（非 1）的 8 位即可。

输出结果如下。

```
['15833334444', '18255556666']
```

8）“\w” 与 “\W”

“\w” 表示匹配任何字母、数字；“\W” 表示匹配任何非字母、数字。

```
import re
data = 'ab 12 AB - + *  正则'
reg = '\w'
reg1 = '\W'
out = re.findall(reg,data)
out1 = re.findall(reg1,data)
print(out,"    ",out1)
```

输出结果如下。

```
['a', 'b', '1', '2', 'A', 'B', '正', '则']    [' ', ' ', ' ', '-', ' ',
'+', ' ', '*', ' ', ' ']
```

“\s” 表示匹配任何空白字符；“\S” 表示匹配任何非空白字符；“\d” 表示匹配任何十进制数；“\D” 表示匹配任何非数字。

### 3.5.3 re 模块

正则表达式的功能通过 re 模块来实现。re 模块提供了各种正则表达式的匹配操作，在文本解析、复杂字符串分析、信息提取时是一个非常有用的工具。

在使用 re 模块时，首先要导入 re 模块。只有使用 import re 命令导入 re 模块后，才可以使用 re 模块中的各个方法。

```
>>> import re
>>> print(re.__doc__)
```

以上代码用于查看 re 模块中的信息。

```
>>> import re
>>> dir(re)
```

以上代码用于查看 re 模块中的方法。

#### 1. 生成正则表达式对象

在使用正则表达式时，先使用 re 模块编译正则表达式，如果正则表达式的字符串本身不合规，那么会先报错，再使用编译后的正则表达式匹配字符串。若一个正则表达式要重复使用多次，则出于效率的考虑，使用 re 模块的一般步骤是先使用 re.compile()函数对正则表达式的字符串形式进行编译，生成正则表达式对象，再使用正则表达式对象提供的方法进行字符串处理，以提高字符串处理效率。其使用形式如下。

```
Reg_ Exp = re.compile(pattern[, flags])
```

参数说明如下。

- Reg_Exp：表示编译后生成的正则表达式对象。
- pattern：表示字符串形式的正则表达式。
- flags：可选，表示匹配模式，如忽略大小写、多行模式等。匹配模式的取值可以使用“|”表示，同时生效。

使用 re.compile()函数进行编译后将生成一个正则表达式对象，因为该对象已包含了正则表达式，所以在调用 re 模块对应的方法时不用再给出正则表达式。

1）使用 re.compile()函数编译

```
import re
str_text = 'ab,123,,,,Python java'
    reObj = re.compile('[,  ]+')
lst = reObj.split(str_text)      #对str_text调用正则表达式对象，即split()方法
print(lst)
```

生成正则表达式对象后，使用 re 模块中的方法的方式如下。

```
Reg_ Exp = re.compile(正则表达式字符串)
Reg_ Exp .split(搜索目标字符串)
```

2）不使用 re.compile()函数编译

在进行搜索、匹配等操作前不适合使用 re.compile() 函数，会导致在重复使用模式时需要对模式进行重复转换。

```
import re
some_text = 'ab,123,,,,Python java'
lst = re.split('[,  ]+' , str_text)      #直接调用split()方法，需要提供两个参数
print(lst)
```

直接使用 re 模块中的方法的方式一般如下。

```
re .split(正则表达式字符串,搜索目标字符串)
```

注意，以上两种使用方法中的 split()方法可以被替换为正则表达式对象的所有常用方法。

对正则表达式进行编译，生成正则表达式对象后，正则表达式对象的一些常用方法如下。

match()方法：从开始位置开始查找，为一次匹配。

search()方法：从任何位置开始查找，为一次匹配。

findall()方法：全部匹配，返回列表。

finditer()方法：全部匹配，返回迭代器。

split()方法：分割字符串，返回列表。

sub()方法：完成替换。

### 2. 匹配与搜索字符串

1）match()方法

match()方法用于从开始位置开始查找，为一次匹配，只要查找到一个匹配的结果就返回，而不是查找到所有匹配的结果才返回。

match()方法的使用形式如下。

```
mp = match(string[, pos[, endpos]])
```

其中，string 是待匹配的字符串；pos 和 endpos 是可选参数，分别用于指定字符串的开始位置和结束位置。默认值分别是 0 和 len（字符串长度），表示从字符串的第一个字符即 0 的位置匹配到 len-1 的位置。在不指定 pos 和 endpos 时，match() 方法默认匹配字符串的开头部分。

如果匹配成功，那么返回匹配对象；如果匹配失败，那么返回 None。匹配对象可以使用以下方法输出匹配信息。

（1）group([n, ...])方法：用于获得 1 个或多于 1 个分组匹配的字符串，当要获得整个匹配的子串时，可以直接使用 group()或 group(0)。其中，参数 n 为分组号。

（2）groups()方法：等价于(m.group(1),m.group(2), …)。

（3）start([n])方法：用于获取分组匹配的子串在整个字符串中的开始位置（子串第一个字符的索引），默认值为 0。

（4）end([n])方法：用于获取分组匹配的子串在整个字符串中的结束位置（子串最后一个字符的索引+1），默认值为 0。

（5）span([n])方法：用于返回(start(n), end(n))。

**例 3-19：**

```
import  re
pattern = re.compile(r'\d+')                         #用于匹配至少一个数字
m = pattern.match('one1234567890678two')             #从字符串开头开始匹配
print (m)                                            #匹配失败，返回None
m = pattern.match('one1234567890678two', 3, 10)
print (m)                                            #匹配成功，返回匹配对象
print(m.group())
print(m.start())
print(m.end())
print(m.span())
```

输出结果如下。

```
None
<_sre.SRE_Match object; span=(3, 10), match='1234567'>
1234567
3
10
(3, 10)
```

**例 3-20：**

```
import  re
#re.I 表示忽略大小写，“*” 表示匹配分组中的空格
pattern = re.compile(r'([a-z]+) *([a-z]+ \d).\d', re.I)
m = pattern.match( 'Hello Python 3.8 World ! ')
print (m)                          #匹配成功，返回匹配对象
print(m.group(0))                  #返回匹配成功的整个子串
print(m.span(0))                   #返回匹配成功的整个子串的索引
print(m.group(1))                  #返回第 1 个分组匹配成功的子串
print(m.span(1))                   #返回第 1 个分组匹配成功的子串的索引(0,5)
print(m.group(2))                  #返回第 2 个分组匹配成功的子串
print(m.span(2))                   #返回第 2 个分组匹配成功的子串的索引(6,13)
print(m.groups())    #等价于(m.group(1), m.group(2),…)('Hello','Python 3')
print(m.group(3))                  #不存在第 3 个分组，报错
```

输出结果如下。

```
>>>
<_sre.SRE_Match object; span=(0, 15), match='Hello Python 3.8'>
Hello Python 3.8
(0, 15)
Hello
(0, 5)
Python 3
(6, 13)
('Hello', 'Python 3')
Traceback (most recent call last):
   File "备注：查看运行结果", line 32, in <module>
   print(m.group(3))    #不存在第 3 个分组
IndexError: no such group
>>>
```

2）search()方法

search()方法用于从任何位置开始查找，为一次匹配，只要查找到一个匹配的结果就返回，而不是查找到所有匹配的结果才返回。

search()方法的使用形式如下。

```
sp = search(string[, pos[, endpos]])
```

其中，string 是待匹配的字符串；pos 和 endpos 是可选参数，分别用于指定字符串的开始位置和结束位置。默认值分别是 0 和 len（字符串长度）。在 pos 和 endpos 之间的任意位置匹配，只要匹配成功就返回。

如果匹配成功，那么返回匹配对象；如果匹配失败，那么返回 None。

**例 3-21：**

```
import  re
```

```
pattern = re.compile(r'\d+')                   #用于匹配至少一个数字
m = pattern.match('one1234567890678two')       #从字符串开头开始匹配
print (m)                                      #匹配失败，返回 None
m = pattern.search('one1234567890678two')      #在字符串的任意位置匹配
print (m.group())                              #匹配成功，返回 1234567890678
```

3）findall()方法

match()方法和 search()方法都为一次匹配，都是只要查找到一个匹配的结果就返回。然而，在大多数情况下，需要搜索整个字符串，获得所有匹配的结果。findall()方法为全部匹配，返回列表。

findall()方法的使用形式如下。

```
flist = findall(string[, pos[, endpos]])
```

其中，string 是待匹配的字符串；pos 和 endpos 是可选参数，分别用于指定字符串的开始位置和结束位置。默认值分别是 0 和 len（字符串长度）。

如果匹配失败，那么返回空列表。

**例 3-22：**

```
import  re
pattern = re.compile(r'\d+.\d*')
flst = pattern.findall('123.14183, "Python 3.8", 8888, 3.15')
print(flst)
m = pattern.match('123.14183, "Python 3.8", 8888, 3.15')
print(m.group())
```

输出结果如下。

```
>>>
['123.14183', '3.8', '8888,', '3.15']
123.14183
>>>
```

4）finditer()方法

finditer()方法为全部匹配，返回迭代器。迭代器中的每个子串都是一个匹配对象。

finditer()方法的使用形式如下。

```
fm = finditer(string[, pos[, endpos]])
```

其中，string 是待匹配的字符串；pos 和 endpos 是可选参数，分别用于指定字符串的开始位置和结束位置。

**例 3-23：**

```
pattern = re.compile(r'\d+')
r_iter1 = pattern.finditer('123456  hello  789')
r_iter2 = pattern.finditer('one1 two2 three3 four4', 5, 20)
print (type(r_iter1),type(r_iter2))
print ("r_iter1…")
```

```
for m1 in r_iter1:                          #m1 是匹配对象
    print ('matching string: {}, position: {}'.format(m1.group(), m1.span()))
print ("r_iter2…")
for m2 in r_iter2:
    print ('matching string: {}, position: {}'.format(m2.group(), m2.span()))
```

输出结果如下。

```
>>>
<class 'callable_iterator'> <class 'callable_iterator'>
r_iter1…
matching string: 123456, position: (0, 6)
matching string: 789, position: (15, 18)
r_iter2…
matching string: 2, position: (8, 9)
matching string: 3, position: (15, 16)
>>>
```

### 3．分割与替换字符串

1）split()*方法*

split()方法用于分割字符串，返回列表。

split()方法的使用形式如下。

```
slist = split(string[, maxsplit])
```

其中，maxsplit 用于指定最大分割次数，若不指定则全部分割。

**例 3-24：**

```
import  re
str_text = 'ab,123,,,,Python  java'
reObj = re.compile('[,  ]+')
lst = reObj.split(str_text)                    #将str_text以逗号和空格分割
print(lst)
```

输出结果如下。

```
['ab', '123', 'Python', 'java']
```

2）sub()*方法*

sub()方法用于完成替换，即使用正则表达式匹配字符串，使用指定内容替换结果，并返回替换后的字符串。

sub()方法的使用形式如下。

```
s = sub(repl, string[, count])
```

其中，repl 可以是字符串，也可以是函数。如果 repl 是字符串，那么使用 repl 替换字符串中每个匹配的子串，并返回替换后的字符串，另外 repl 还能以 id 的形式引用分组，但不能使用编号 0。如果 repl 是函数，那么这个方法只接受一个参数（匹配对象），并返回替换后的字符串（返回的字符串中不能再引用分组）。count 用于指定最多替换次数，若不指定则全部替换。

**例 3-25：**

```
p = re.compile(r'(\w+) (\w+)')
s = 'hello 123, hello 456'
print (p.sub(r'hello world', s))     #使用hello world替换hello 123和hello 456
print(s)
print (p.sub(r'\2 \1', s))              #引用分组，用分组字符串匹配替换 s
```

输出结果如下。

```
>>>
hello world, hello world
123 hello, 456 hello
>>>
```

**4. 匹配中文**

在某些情况下，需要精确匹配出文本中的中文，在 Python 中使用 Unicode 。中文基本字符的 Unicode 的范围为[\u4e00-\u9fa5]，这个范围不包括全角（中文）标点。

**例 3-26：**

```
import re
text = '好，Python的编程世界'
p = re.compile(r'[\u4e00-\u9fa5]+')
result = p.findall(text)
print (result)
p1 = re.compile(r'[\u4e00-\u9fa5]')
result1 = p1.findall(text)
print (result1)
```

输出结果如下。

```
>>>
['好', '的编程世界']
['', '好', '的', '编', '程', '世', '界']
>>>
```

注意，本程序在正则表达式之前添加了两个前缀，其中 r 表示使用原始字符串，u 表示使用 Unicode 字符串。

### 3.5.4 正则表达式的综合应用

这里爬取百度贴吧的某网页中显示的图片，找到图片的链接地址并将图片保存到文件夹中。爬取该网页，可以使用以下代码。

```
def get_text(url):
    try:
        r=requests.get(url,timeout=10)
        r.raise_for_status #如果状态码不是200，那么会引发 requests.HTTPError异常
        r.encoding = r.apparent_encoding
        return r.text
    except:
        return
```

为了及时分析需要爬取的图片在网页中的信息，可以把需要爬取的图片在网页中的信息写入文本文件。

```
html = get_text("地址")
with open ('tieba.txt','w') as f:
    f.write(str(html))
```

分析爬取网页信息的源代码可以发现，爬取的是 JPG 图片。

```
<img pic_type="0" class =
"BDE_Image" src=https://imgsa.***.com/forum/w%3D580/
sign=3c0378a4962bd40742c7d3f54b889e9c/3447f21fbe096b63c303b8dc0d338744eb
f8ac21.jpg  …>
```

为了分析上述代码，可以设计一个正则表达式来匹配该格式，其中的\s 表示匹配任何空白字符。

```
reg=r'img\spic_type="0"\sclass="BDE_Image"\ssrc="(.+?\.jpg)"'
```

也可以使用简略的模式。

```
reg=r'src="(.+?\.jpg)"'
```

通过以下代码，可以将前面爬取的网页中所有图片的地址找出来，存放到 imglist 中。

```
def getImg(html):
    #reg=r'src="(.+?\.jpg)"'
    reg=r'img\spic_type="0"\sclass="BDE_Image"\ssrc="(.+?\.jpg)"'
    imgre = re.compile(reg)
    imglist = re.findall(imgre,html)
```

找到图片的地址后，继续调用 requests.get()方法，将图片在网页中的信息爬取下来，以二进制形式写入文本文件。

```
x = 0
    for imgurl in imglist:
        try:
            jpg_t= requests.get(imgurl)
            with open("jpg_t"+str(x)+".jpg","wb")as f:   #保存图片
            f.write(jpg_t.content)                       #将图片写入文件
        except Exception:
```

```
            pass
        else:
            x+=1
            print('Getting the %s picture' % x)
```

下面举例说明如何爬取并保存网页中的图片。

**例 3-27：**

```
#coding=utf-8
import requests
import re

def get_text(url):
    try:
        r=requests.get(url,timeout=10)
        r.raise_for_status #如果状态码不是200，那么会引发requests.HTTPError异常
        r.encoding = r.apparent_encoding
        return r.text
    except:
        return

def getImg(html):
    #reg=r'src="(.+?\.jpg)"'
    reg=r'img\spic_type="0"\sclass="BDE_Image"\ssrc="(.+?\.jpg)"'
    imgre = re.compile(reg)
    imglist = re.findall(imgre,html)
    print(imglist)
    x = 0
    for imgurl in imglist:
        try:
            jpg_t= requests.get(imgurl)
            with open("jpg_t"+str(x)+".jpg","wb")as f:   #保存图片
            f.write(jpg_t.content)                       #将图片写入文件
        except Exception:
            pass
        else:
            x+=1
            print('Getting the %s picture' % x)

html = get_text("https://tieba.***.com/p/2460150866?pn=5")
with open ('tieba.txt','w') as f:
    f.write(str(html))

getImg(html)
```

输出结果如下（在不同的时间因网页信息的改变，会使得结果发生改变）。

```
>>>
['爬取图片的地址']
```

说明，因为网络上的图片是变化的，所以每次运行的图片数据不固定。列表中为爬取图片的地址信息，上述程序一共爬取了 29 张图片，列表中有 29 条图片的地址信息。请运行程序，查看程序输出结果。

```
Getting the 1 picture
Getting the 2 picture
Getting the 3 picture
Getting the 4 picture
Getting the 5 picture
Getting the 6 picture
Getting the 7 picture
Getting the 8 picture
Getting the 9 picture
Getting the 10 picture
Getting the 11 picture
Getting the 12 picture
Getting the 13 picture
Getting the 14 picture
Getting the 15 picture
Getting the 16 picture
Getting the 17 picture
Getting the 18 picture
Getting the 19 picture
Getting the 20 picture
Getting the 21 picture
Getting the 22 picture
Getting the 23 picture
Getting the 24 picture
Getting the 25 picture
Getting the 26 picture
Getting the 27 picture
Getting the 28 picture
Getting the 29 picture
>>>
```

# 第 4 章

# Python 爬虫之数据存储

众所周知，网页中的数据基本上都是非结构化数据。通过爬虫将网页爬取下来后，为了便于后续的数据分析与处理，往往需要将解析后的数据变成半结构化数据或结构化数据。本章将重点介绍常用的网页数据存储格式，即 CSV 格式、JSON 格式等，以及 MySQL 数据库格式。

## 4.1 文本文件的操作

在程序编写的过程中，一般的实际应用程序会涉及大量输入/输出数据的处理。数据的存储和读取是一项重要的工作。数据的存储一般有文本文件形式和数据库形式两种。常用的文本文件形式有 CSV、JSON 等。本章主要介绍 Python 中文本文件的操作。

文本文件的操作主要为文本文件的读写，分为读取和写入。文本文件操作的过程主要分为打开、读写、关闭。首先需要打开文件并创建文件对象，其次需要对文件内容进行读写，最后需要关闭文件。文件的读取就是从文件中取出数据到内存缓冲区中，文件的写入就是将内存缓冲区中的数据输出到文件中。

### 4.1.1 文件的打开与关闭

在对文件进行读写之前，需要打开文件并创建文件对象。文件读写结束后，必须关闭文件。Python 提供了 open()函数和 close()函数分别用于实现文件的打开和关闭。

#### 1．open()函数

打开文件的作用是在程序和操作系统之间建立联系，把文件名、读写方式及读写的文件指针等信息告知操作系统。要读取文件，必须确认这个文件是否存在；要写入文件，则必须检查是否有同名文件存在。若有则先删除这个文件，再按程序通知的信息创建新文件，并将读写的文件指针置于文件头，准备写入数据。open()函数是进行文件操作的第一步。

open()函数的语法格式如下。

```
文件对象名= open(filename [, mode] [, buffering])
```

其中，filename 必不可少，mode 的默认值为 r。

其完整的语法格式和参数默认值如下。

```
open(filename, mode='r', buffering=-1, encoding=None, errors=None, newline=
None, closefd=True, opener=None)
```

（1）filename：要访问的文件名的字符串，包含准确的路径（相对路径或绝对路径）。

（2）mode：打开文件的模式（只读、写入、追加等）。这个参数是非强制性的，默认值为 r。

（3）buffering：读写文件的缓存模式。值为 0 表示不缓存（仅在二进制形式下可用），值为 1 表示缓存（仅在文本模式下可用），值大于 1 表示内存缓冲区的大小，默认值是 1。如果取负值，那么内存缓冲区的大小为系统默认值。

（4）encoding：对文本进行编码和解码的方式，只适用于文本模式，可以使用 Python 支持的任何格式，如 GBK、CP936 等。

（5）errors：报错级别。这个参数是可选的，用于指定如何处理编码和解码错误的情况，只在文本模式下使用。

（6）newline：区分换行符。这个参数用于控制通用换行符模式的工作原理，仅适用于文本模式。值可以是“None”“\n”“\r”“\r\n”等。如果值是 None，那么启用通用换行符模式。

（7）closefd：传入的文件参数类型。如果值是 False 且给出的是文件描述器而不是文件名，那么在关闭文件时，基本文件描述器将被打开。如果给定文件名，那么值必须是 True（默认值），否则将产生错误。

（8）opener：通过传递可调用对象，可以使用自定义开启器。参数 opener 必须返回一个打开的文件描述器。

open()函数如果正常执行，那么返回一个文件对象，通过该文件对象可以对文件进行读写。如果因指定文件不存在、访问权限不够、磁盘空间不足或其他原因而导致创建文件对象失败，那么会引发异常。

对文件操作完成后，一定要关闭文件，这样才能保证所做的任何修改都确实被保存到文件中。注意，即使编写了关闭文件的代码，也无法保证文件一定能够被正常关闭。例如，如果在打开文件之后和关闭文件之前发生了错误导致程序崩溃，那么文件将无法被正常关闭。在管理文件对象时使用关键字 with 可以有效地避免这个问题。

with open 语句的语法格式如下。

```
with open(filename, mode, [encoding]) as 文件对象:
```

使用 with 上下文管理模式可以自动管理资源。无论因何种原因跳出 with open 语句，文件都可以被正常关闭。

```
s = 'Hello world\n文本文件的读取方法\n文本文件的写入方法\n'
with open('sample.txt', 'w') as fp:
    fp.write(s)
with open('sample.txt') as fp:
```

```
    print(fp.read())
```

### 2. 参数 mode

在打开文件时，通过参数 mode 可以设置文件的打开模式，如表 4-1 所示。

表 4-1 文件打开模式

| 模式 | 描述 |
| --- | --- |
| r | 以只读模式打开文件，文件指针将被放在文件开头，文件必须存在。这是默认模式 |
| rb | 以二进制形式的只读模式打开文件，文件指针将被放在文件开头，文件必须存在 |
| r+ | 以读写模式打开文件，文件指针将被放在文件开头，文件必须存在 |
| rb+ | 以二进制形式的读写模式打开文件，文件指针将被放在文件开头，文件必须存在 |
| w | 以写入模式打开文件。如果文件已存在，那么打开文件，并从文件开头开始写入，即原有内容会被删除；如果文件不存在，那么创建新文件 |
| wb | 以二进制形式的写入模式打开文件。如果文件已存在，那么打开文件，并从文件开头开始写入，即原有内容会被删除；如果文件不存在，那么创建新文件 |
| w+ | 以读写模式打开文件。如果文件已存在，那么打开文件，并从文件开头开始读写，即原有内容会被删除；如果文件不存在，那么创建新文件 |
| wb+ | 以二进制形式的读写模式打开文件。如果文件已存在，那么打开文件，并从文件开头开始读写，即原有内容会被删除；如果文件不存在，那么创建新文件 |
| a | 以追加模式打开文件。如果文件不存在，那么创建新文件进行写入；如果文件已存在，那么写入的数据会被追加到文件末尾，即文件原先的内容会被保留 |
| ab | 以二进制形式的追加模式打开文件。如果文件不存在，那么创建新文件进行写入；如果文件已存在，那么写入的数据会被追加到文件末尾，即文件原先的内容会被保留 |
| a+ | 以读写模式打开文件。如果文件不存在，那么创建新文件进行写入；如果文件已存在，那么写入的数据会被追加到文件末尾，即文件原先的内容会被保留 |
| ab+ | 以二进制形式的读写模式打开文件。如果文件不存在，那么创建新文件进行写入；如果文件已存在，那么写入的数据会被追加到文件末尾，即文件原先的内容会被保留 |

### 3. 文件对象的方法

通过 open()函数打开文件，建立一个文件对象，通过文件对象提供的方法可以进行读取数据或写入数据等操作。常用文件对象的方法如表 4-2 所示。

表 4-2 常用文件对象的方法

| 方法 | 描述 |
| --- | --- |
| f.close() | 关闭文件，关闭后文件不能进行读写 |
| f.flush() | 刷新文件内存缓冲区，直接把内存缓冲区的数据写入文件 |
| f.fileno() | 返回整型文件描述符，可以用在 os 模块的 read() 方法等一些底层操作上 |
| f.next() | 返回到文件的下一行 |
| f.read() | 从文件中读取指定的字符数 |
| f.readline() | 读取当前行，包括“\n” |
| f.readlines() | 读取所有行并返回列表 |
| f.seek() | 语法格式为 f.seek(offset[,where])，功能是把文件指针移动到相对于 where 的 offset 位置。where 的值为 0 表示文件开头，是默认值；值为 1 表示当前位置；值为 2 表示文件结尾 |

续表

| 方法 | 描述 |
|---|---|
| f.tell() | 返回文件指针的当前位置 |
| f.write() | 将字符串写入文件 |
| f.writelines() | 向文件写入字符串列表 |

#### 4．close()函数

完成读写操作后，必须进行关闭操作，以释放文件对象供其他程序使用，同时也可以避免文件中的数据丢失。要关闭文件应使用 close()函数。close()函数的语法格式如下。

```
f.close()
```

如果后面的程序要继续使用被关闭的文件，那么必须重新打开这个被关闭的文件。

### 4.1.2　文件的读写

文本文件是指以 ASCII 方式存储的文件，文本文件只能存储有效字符，不能存储其他任何形式的数据。文件的读写一般包括文件中数据的读取和文件中数据的写入。

#### 1．文件中数据的读取

Python 对文件的操作通过调用文件对象的方法来实现，文件对象提供了 read()方法、readline()方法和 readlines()方法用于读取文件中的数据。

1）read()方法

read()方法的语法格式如下。

```
变量 = 文件对象.read([size])
```

其功能是从文件指针的当前位置开始读取 size 个字符，并作为字符串返回，赋值给变量。如果 size 的值大于文件指针的当前位置到文件结尾的字符数，那么从文件指针的当前位置读到文件结尾。如果没有给出 size 的值，那么读取从文件指针的当前位置到文件结尾的数据。如果是刚打开的文件，那么读取整个文件中的数据。

2）readline()方法

readline()方法的语法格式如下。

```
变量 = 文件对象.readline()
```

其功能是读取文件指针指向的当前行，包括行结束符。如果文前指针位于文件结尾，那么返回空字符串。

3）readlines()方法

readlines()方法的语法格式如下。

```
变量 = 文件对象.readlines()
```

其功能是读取从文件指针的当前位置到文件结尾的所有行，并将读取的所有行的字符串构成列表返回，赋值给变量。文件中的一行构成列表中的一个元素。如果文件指针在文件结尾，那么返回空列表。

**例 4-1：** 已经建立一个 data.txt 文件，统计文件中大写字母的个数。

```
#使用read()方法
f= open('data.txt', 'r')
strs = f.read()                    #读取所有数据
n=0
for c in strs:
    if 'a' <c <'z':
        n=n+1
print(n)
f.close()

#使用readline()方法
f= open('data.txt', 'r')
strs = f.readline()                #读取一行
n=0
while strs!='':
    for c in strs:
        if 'a' <c <'z':
            n=n+1
    strs=f.readline()              #读取下一行
print(n)
f.close()

#使用readlines()方法
f= open('data.txt', 'r')
liststr = f.readlines()            #读取一行
n=0
for str in liststr :               #读取列表中的每一行
    for c in str:                  #读取一行中的字符
        if 'a' <c <'z':
            n=n+1
print(n)
f.close()
```

### 2．文件中数据的写入

文件对象提供了两种将内存中的数据写入文件的方法，即 write()方法和 writelines()方法。

1）write()方法

write()方法的语法格式如下。

```
文件对象.write(str)
```

其功能是在文件指针的当前位置写入字符串并返回字符串的个数。要特别注意的是，write()方法执行完后并不会换行，如果需要换行，那么应在字符串后面添加换行符。

2）writelines()方法

writelines()方法的语法格式如下。

```
文件对象.writelines (字符串列表)
```

其功能是在文件指针的当前位置依次写入列表中的所有字符串元素。writelines()方法用于接收一个字符串列表作为参数，将它们写入文件。writelines()方法不能自动添加换行符。如果需要换行，那么必须在列表中需要换行的每行字符串结尾自行添加换行符。

**例 4-2：**输入若干个字符，将其写入 sample.txt 文件，读取该文件中的数据，并将其在屏幕上显示出来。

```
#使用 write()方法
print("======write()==========")
y='yes'
with open('sample.txt','a+') as fp:            #打开追加模式
    while y=='yes' or y=='y' or y=='Y':
        s=input("输入要写入的文件中的数据：")
        s=s+"\n"
        fp.write(s)
        y=input("是否继续输入(yes/y/Y):")
    else:
        print("输入结束")
fp.close()
with open('sample.txt','r') as fp:
    print(fp.read())

#使用 writelines()方法
print("======writelines()==========")
y='yes'
lst=[]
while y=='yes' or y=='y' or y=='Y':
    s=input("输入要写入的文件中的数据：")
    s=s+"\n"
    lst.append(s)
    y=input("是否继续输入(yes/y/Y):")
else:
    print("输入结束")

with open('sample.txt','a+') as fp:
    fp.writelines(lst)
fp.close()
with open('sample.txt','r') as fp:
```

```
    print(fp.readlines())
```

（1）若要写入的文件不存在，则 open()函数将自动创建文件。在以写入模式打开文件时，每次写入都会清空之前的内容，写入新内容。

（2）写入的内容必须是字符串，如果不是字符串，那么写入前需要将其转换为字符串。

（3）write()方法不会在写入文本结尾自动换行，如果要换行，那么需要添加换行符。

（4）在写入中文时要设置 encoding='utf-8'，如 with open('1.txt','w',encoding='utf-8') as f:。

### 4.1.3 列表和字典的读写

#### 1. 文件中列表的读写

Python 中虽然提供了 readlines()方法和 writelines()方法，可以实现字符串列表的操作，但这两个方法读写的必须是["Python","C++","Java"]这种形式的列表。

**例 4-3：**列表的读写。

```
data =[ ['a','b','c'],['a','b','c'],['a','b','c']]
lst=["Python","c++","java"]
with open("1.txt","w") as f:
    f.writelines(lst)
    for i in data:
        f.writelines(i)

with open("1.txt","r") as f:
    print(f.readlines())
```

输出结果如下。

```
['Pythonc++javaabcabcabc']
```

在本程序中，要恢复原来的数据结构形式，将无法进行分割恢复。

恢复复杂列表的文件读写，可以使用 str()函数、eval()函数及 split()方法，将列表转换为字符串，加上换行符，写入文件。在读取时，可以使用 split('\n')作为分隔符，返回字符串。使用 eval()函数可以将字符串转换为列表，要注意删除空字符串，代码如下。

```
with open("2.txt","w") as f:
    f.write(str(lst)+'\n')
    for i in data:
        f.write(str(i)+'\n')

with open("2.txt","r") as f:
    res=f.read()
    f.close()
lststr=res.split('\n')
print("lststr = ",lststr)
for s in lststr:
```

```
    if s!='':
        lst1 = eval(s)
        print(lst1,type(lst1))
```

输出结果如下。

```
lststr =  ["['Python', 'c++', 'java']", "['a', 'b', 'c']", "['a', 'b',
'c']", "['a', 'b', 'c']", '']
['Python', 'c++', 'java'] <class 'list'>
['a', 'b', 'c'] <class 'list'>
['a', 'b', 'c'] <class 'list'>
['a', 'b', 'c'] <class 'list'>
```

## 2. 文件中字典的读写

Python 中没有提供将字典写入文件或读取文件中的字典的功能，如果要将字典写入文件或读取文件中的字典，那么可以通过 JSON 转换方法，以及 str()函数与 eval()函数转换方法完成。

```
d = {"nhy":"123456","ylm":"456789","abc":123,"city": "shanghai", "skill":
"js" }
```

**例 4-4：** 文件中字典的读写。

（1）使用 JSON 转换方法。

① 将字典写入文件。使用 json.dumps() 方法将字典转换为 JSON 字符串。

```
import json
res = json.dumps(d,indent=4,ensure_ascii=False)     #将字典转换为JSON字符串
f = open('test.txt','w',encoding='utf-8')
f.write(res)
f.close()
```

② 读取文件中的字典。使用 json.loads() 方法将 JSON 字符串转换为字典。

```
f = open('test.txt')
res = f.read()
print('res的类型',res,type(res))
d = json.loads(res)                         #将JSON字符串转换为字典
print("d = json.loads(res)= ",d)
f.close()
```

（2）使用 str() 函数与 eval()函数转换方法（同样适用于列表）。

① 将字典写入文件。使用 str()函数将字典转换为字符串。

```
fw = open("test.txt",'w+')
fw.write(str(dic))                    #将字典转换为字符串
fw.close()
```

② 读取文件中的字典。使用 eval()函数将字符串转换为字典。

```
fr = open("test.txt",'r+')
dic = eval(fr.read())                    #将字符串转换为字典
print(dic)
fr.close()
```

## 4.2 CSV文件的处理

### 4.2.1 CSV 简介

#### 1. CSV 文件的介绍

因为分隔符没有严格的要求，可以使用逗号，也可以使用其他字符（制表符、分号等），所以 CSV （Comma-Separated Values）也被称为逗号分隔值或其他字符分隔值。CSV 文件使用纯文本来存储表格数据，只能存储文本，不能存储二进制数。

CSV 是一种通用的、相对简单的文件格式，广泛应用于在程序之间转移表格数据。因为大量程序都支持 CSV 文件，所以 CSV 文件可以作为一种中间的输入/输出格式，很容易被导入各种表格及数据库中。CSV 文件中的一行即表格中的一行，生成的字段使用半角逗号分隔。

CSV 文件不是一种单一的、定义明确的文件。CSV 文件泛指具有以下特征的任何文件。

（1）纯文本形式，使用某个字符集，如 ASCII、Unicode、GB2312 等。

（2）以行为单位，开头不留空，每行一条记录，一行数据不跨行。

（3）每条记录被分隔符分隔为字段（典型的分隔符包括逗号、分号、制表符，有时还包括可选的空格），文件后缀为.csv。

（4）可以不含列名，列名一般放在文件的首行，如果有文件头，那么每条记录最好有同样的字段序列。由于不一样的字段也可以写入文件，因此对 CSV 格式的定义不是很明确，没有特定的约束。

#### 2. CSV 文件的界面操作

CSV 文件以纯文本形式存储表格数据。纯文本意味着该文件是一个字符序列，每个字符都默认以逗号分隔。在 Windows 中，CSV 文件可以像 Word、Excel 等文件一样编辑。

1）打开方式

CSV 文件的打开方式有多种，如记事本、Excel 等，只要使用的是文本编辑器都能正确打开。

2）创建方式

（1）使用记事本或 Excel 创建 CSV 文件。

新建文件，按文本文件格式或 Excel 文件格式进行编辑。注意，在记事本中编辑时，关键字与关键字之间使用半角逗号分隔，第一行为引用字段，第二行为对应值。

（2）生成 CSV 文件。

方式一：在记事本中选择“文件”→“另存为”命令，弹出“另存为”对话框，在“文件名”文本框中输入文件名，在“保存类型”下拉列表中选择需要保存为的类型，在“编码”下拉列表中选择“UIF-8”选项，单击“保存”按钮；在 Excel 中选择“文件”→“另存为”命令，在弹出的“另存为”窗格中单击“浏览”按钮，弹出“另存为”对话框，在“保存类型”下拉列表中选择相应的类型，在“文件名”文本框中输入文件名，单击“保存”按钮。

方式二：保存文件后直接修改文件后缀为.csv。

#### 3. CSV 文件格式

（1）每条记录占一行，以逗号分隔，逗号分隔的部分被称为字段。

（2）忽略逗号前后的字段中的空格。

（3）字段中若包含逗号、换行符、空格，则必须用双引号引起来。

（4）字段中若包含双引号，则必须用两个双引号表示。

（5）第一条记录可以是字段名。

### 4.2.2 CSV 库的常用方法

CSV 库的常用方法主要用于实现对 CSV 文件的读写与格式的转换。Python 3.x 集成了对 CSV 文件的操作，直接导入 CSV 库即可。

#### 1. CSV 库的使用

使用 CSV 库前，应先导入 CSV 库，即 import csv。

#### 2. CSV 文件的打开与关闭

1）open()函数和 with open 语句

open()函数、with open 语句与 Python 文件的操作中对应的方法的功能一样，都是实现打开文件的功能。使用 open()函数将创建一个 CSV 文件。

```
csvfile = open('例421.csv','r',newline='')          #以只读模式打开
csvfile = open('例421.csv','w',newline='')          #以写入模式打开
```

等同于：

```
with open('例421.csv','r',newline='') as csvfile
with open('例421.csv','w',newline='') as csvfile
```

（1）在涉及中文的读写时，需要添加参数，即 encoding='utf-8-sig'。

（2）在打开 CSV 文件时需要添加参数，即 newline='',避免出现空行。

2）csvfile.close()方法

打开文件后，建立了一个 CSV 文件对象 csvfile，通过对 csvfile 进行读写操作，可以将

数据读取或写入。操作完成后，需要关闭文件。

CSV 文件提供了两种读写操作，一是使用 csv.reader()方法和 csv.writer()方法；二是使用 csv.DictReader()方法和 csv.DictWriter()方法。

### 3. CSV 文件的读取

#### 1）csv.reader()方法

csv.reader()方法的语法格式如下。

```
csv_reader = csv.reader(iterable [, dialect='excel'] [,**fmtparams])
```

csv.reader()方法的功能是遍历 CSV 文件并返回迭代器。返回的迭代器将遍历给定 iterable 中的行，并在每次调用__next__()方法时返回字符串的任何对象（文件对象和列表对象均适用）。如果 iterable 是文件对象，那么在使用 open()函数打开时设置 newline=''。

（1）iterable：任何可迭代对象，可以为每次迭代生成一个完整的文本行。返回的迭代器是一个迭代程序，可以为每次迭代生成一个字符串。

（2）dialect：默认值为 'excel'，主要用于处理不同 CSV 编码之间的差异。该参数仅支持两个内置方言，即'excel'和'excel-tab'。

（3）**fmtparams：格式化参数，用于覆盖 dialect 指定的编码风格。

#### 2）csv.DictReader()方法

csv.DictReader()方法的语法格式如下。

```
csv_reader = csv.DictReader (f [,fieldnames=None, restkey=None, restval=
None, dialect='excel', **fmtparams])
```

对于 csv.DictReader()方法，首先定义一个实例化对象，其次对该实例化对象进行操作。csv.DictReader()方法的功能是将读取的信息映射到字典中。该字典的键由可选参数 fieldnames 指定。如果省略 fieldnames，那么 csvfile 第一行中的值将被用作字段名。

在介绍参数之前，下面先介绍一下 CSV 格式。CSV 文件如图 4-1 所示。

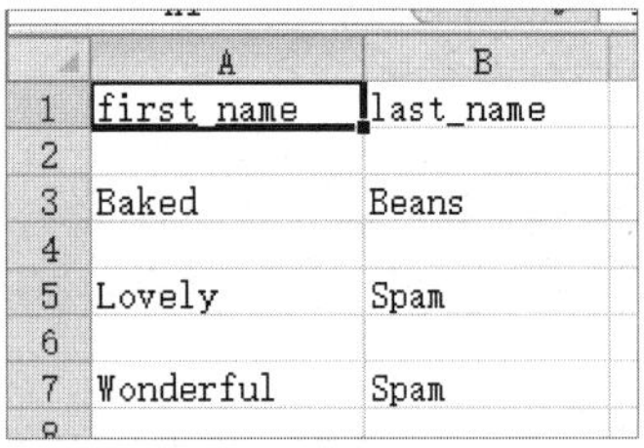

| | A | B |
|---|---|---|
| 1 | first_name | last_name |
| 2 | | |
| 3 | Baked | Beans |
| 4 | | |
| 5 | Lovely | Spam |
| 6 | | |
| 7 | Wonderful | Spam |

图 4-1　CSV 文件

在如图 4-1 所示的 CSV 文件中，csv.DictReader()方法会将第 1 行中的内容（类标题）作为字典的键，从第 2 行开始才是对应字典的值，即 CSV 文件有 2 列 7 行数据，第 1 列的 key 属性的值为 first_name，第 2 列的 key 属性的值为 last_name。

（1）f：读取的文件对象。

（2）fieldnames：指定在返回的字典中用作键的字段名。如果忽略该参数，那么将从输入文件的第 1 行中取得字典的键名。默认值为 None。

（3）restkey：提供用来存储超额数据的字典的键名。例如，在行的数据字段的个数比字段名的个数多时可以指定该参数。默认值为 None。

（4）restval：指定输入中字段的默认值，在行中没有足够的字段时可以指定该参数。默认值为 None。

（5）dialect 和 fmtparams：含义与 csv.reader()方法中同名参数的含义相同。

**例 4-5：** 读取 names.csv 文件中的数据。观察输出结果会发现，使用 for 语句可以循环迭代输出每行数据，输出的数据类型分别为列表和字典。

```
import csv
def reader_n(file):                          #按行读取
    with open(file, 'r', newline='') as csv_file:
        csv_reader = csv.reader(csv_file)
        for row in csv_reader:
            print("row = ",row, " ;  row的类型 = ",type(row))
    csv_file.close()

def read_col(file):                          #按列读取
    with open(file, "r") as fp:
        reader = csv.reader(fp)          #reader是一个迭代器
        next(reader)    #如果不需要输出标题，那么可以使用next()函数，把迭代器往下移
        for x in reader: #通过下标的方式获取
            first_name = x[0]
            last_name = x[1]
            print({"first_name":first_name,"last_name":last_name})
    fp.close()

def D_reader(file):     #按字典读取
    with open(file, 'r') as csv_file:
        csv_reader1 = csv.DictReader(csv_file)
        for d_row in csv_reader1:
            print("d_row = ",d_row, "\n"+"d_row的类型 = ",type(d_row))
    csv_file.close()
reader_n('names.csv')
read_col('names.csv')
D_reader('names.csv')
```

输出结果如下。

```
>>>
row =  ['first_name', 'last_name']  ;  row的类型 =  <class 'list'>
row =  ['Baked', 'Beans']  ;  row的类型 =  <class 'list'>
row =  ['Lovely', 'Spam']  ;  row的类型 =  <class 'list'>
row =  ['Wonderful', 'Spam']  ;  row的类型 =  <class 'list'>
{'first_name': 'Baked', 'last_name': 'Beans'}
{'first_name': 'Lovely', 'last_name': 'Spam'}
{'first_name': 'Wonderful', 'last_name': '123'}
{'first_name': '王平', 'last_name': '王小二'}
{'first_name': '李华', 'last_name': '梨花'}
{'first_name': '君川', 'last_name': '骏川'}
```

```
{'first_name': '姓名', 'last_name': '小花'}
{'first_name': 'Spam', 'last_name': 'Spam'}
{'first_name': 'Spam', 'last_name': 'Lovely Spam'}
d_row =  {'last_name': 'Beans', 'first_name': 'Baked'}
d_row的类型 =  <class 'dict'>
d_row =  {'last_name': 'Spam', 'first_name': 'Lovely'}
d_row的类型 =  <class 'dict'>
d_row =  {'last_name': 'Spam', 'first_name': 'Wonderful'}
d_row的类型 =  <class 'dict'>
>>>
```

注意，在 Python 3.6 中更改：返回的 row 的类型为 OrderedDict。在 Python3.8 中更改：返回的 row 的类型为字典。

#### 4．CSV 文件的写入

1）csv.writer()方法

csv.writer()方法的语法格式如下。

```
csv_ writer = csv.writer(csvfile, [, dialect='excel', **fmtparams])
```

csv.writer()方法的功能是返回 CSV 文件写入对象。该对象负责将数据转换为给定文件对象的定界字符串。csvfile 可以是带有 csv.writer()方法的任何对象。如果 csvfile 是文件对象，那么在使用 open()函数打开文件时应使用 newline='', 以避免在写入时出现空格。其他参数的功能等价于 csv.reader()方法中对应参数的功能。

返回的 csv_ writer 提供以下 2 个方法完成数据的写入。

（1）csv_writer.writerow(row)：将 row 中的参数写入文件对象，并根据当前方言格式化。

（2）csv_writer.writerows(rows)：将 rows 中的所有数据写入文件对象，一次写入多行数据。

2）csv.DictWriter()方法

csv.DictWriter()方法的语法格式如下。

```
csv_ writer = csv.DictWriter(fileobj, fieldnames[, restval='', extrasaction=
'raise', dialect='excel', *args, **kwds])
```

csv.DictWriter()方法的功能是创建字典形式的 CSV 文件写入对象。序列数据将按照 fieldnames 作为字典的键的顺序被写入。

（1）fileobj：写入的文件对象。

（2）fieldnames：指定字典的键，为列表。

（3）restval：可选参数。如果字典字段名中的键缺少相应的值，那么写入 restval 的值。

（4）extrasaction：如果传递给该 writerow()方法在 fieldnames 中找不到的相应的键，那么可选的 extrasaction 指示要执行的操作。如果将值设置为'raise'，那么会引发 ValueError 异常；如果将值设置为'ignore'，那么字典中多余的值将被忽略。

其他任何可选参数的功能等价于 csv.writer()方法中对应参数的功能。

注意，与 csv.DictReader() 方法不同，csv.DictWriter()方法中的 fieldnames 是不可选的。

返回的 csv_ writer 提供以下 3 个方法完成数据的写入。

（1）csv_writer.writerow(row)和 csv_writer.writerows(rows)：功能与 csv.writer()方法中对应返回的 csv_writer 提供的 2 个方法的功能相同。

（2）csv_writer.writeheader()：将 csv.DictWriter(fileobj, fieldnames)中的 fieldnames 作为文件头写入文件，当作字段名。

**例 4-6：**写入数据到 CSV 文件中。

```
import csv
#DictWriter
with open('names.csv', 'w', newline='') as csvfile:
    fieldnames = ['first_name', 'last_name']
    writer = csv.DictWriter(csvfile, fieldnames=fieldnames)
    writer.writeheader()
    writer.writerow({'first_name': 'Baked', 'last_name': 'Beans'})
    writer.writerow({'first_name': 'Lovely', 'last_name': 'Spam'})
    writer.writerow({'first_name': 'Wonderful', 'last_name': 123})
#writerows
    Namelist = [{'first_name': '王平', 'last_name': '王小二'},{'first_name':
'李华', 'last_name': '梨花'}, {'first_name': '君川', 'last_name': '骏川'}]
    writer.writerows(namelist)
csvfile.close()
#writer
with open('names.csv', 'a', newline='') as csvfile:
    spamwriter = csv.writer(csvfile
    fieldn = ['姓名','小花']
    spamwriter.writerow(fieldn)
    spamwriter.writerow(['Spam'] * 5 + ['Baked Beans'])
    spamwriter.writerow(['Spam', 'Lovely Spam', 'Wonderful Spam'])
csvfile.close()
```

针对最后两条记录的写入，在数据量比 fieldnames = ['first_name', 'last_name']的字段数量多的情况下可以得出，字典的输出结果如下。

```
d_row = {'first_name': 'Spam', None: ['Spam', 'Spam', 'Spam', 'Baked
Beans'], 'last_name': 'Spam'}
d_row = {'first_name': 'Spam', None: ['Wonderful Spam'], 'last_name':
'Lovely Spam'}
```

注意：

① 在写入数据时，非字符串会被 str()函数转换为字符串存储。

② 在将数据写入到 CSV 文件中时，如果 csvfile 是一个文件对象，那么应使用 newline=''指定换行符。

③ 在默认情况下，使用逗号作为分隔符，使用双引号作为引用符。在遇到特殊情况时，

可以根据需要手动指定字符。

```
import csv
with open('names.csv', 'r') as f:
    reader = csv.reader(f, delimiter=':', quoting=csv.QUOTE_NONE)
    for row in reader:
      print (row)
```

上述程序指定了冒号作为分隔符，并且指定了 quoting 的值为不引用。这意味着在读取数据时，认为数据不被默认引用符包围。

### 5. CSV 文件读写的注意事项

（1）字符串写入问题：CSV 文件写入的是列表类型的字符串，当字符串被 CSV 文件写入时，会将字符串转换为列表。例如， s='abcdf'，写入 CSV 文件后，会有 5 个单元格将其分成 a、b、c、d、f。若想将字符串写入一个单元格，则应使用 csv_writer.writerow([s])转换。

（2）中文读写问题：Python 在读取和写入中文到 CSV 文件中时使用 Excel 格式打开会出现乱码。其原因是在 Excel 中使用了 utf_8_sig 。在读取和写入中文时，可以在 open()函数中添加 encoding = 'utf_8_sig'解决该问题。

（3）文件关闭问题：CSV 文件读写完成后，会经常忘记关闭。养成良好的关闭文件的习惯很重要。

## 4.2.3 CSV 格式的综合应用

前面介绍了 CSV 库的常用方法。下面将应用这些方法实现对 CSV 文件的读写。

**例 4-7：**爬取豆瓣读书网页，提取作者、译者、出版社、出版日期、价格等信息，写入 CSV 文件。

这里在搜索引擎中搜索“豆瓣图书标签”，选取搜索结果中的“豆瓣图书标签”链接，打开网页，查看 HTML 代码。

```
<div id="content">
    <h1>豆瓣图书标签</h1>
     <div class="grid-16-8 clearfix">
    <div class="article">
    <div class="tag-view-type clearfix">
     <span class="rr greyinput">    分类浏览 /
       <a href="https://book.***.com/tag/?view=cloud">所有热门标签</a>
     </span>
   </div>
   <div class="">
       <div class="">
         <a name="文学" class="tag-title-wrapper">
         <h2 style="padding-top:10px">文学… </h2>
         </a>
```

```
        <table class="tagCol">
        <tbody>
            <tr>
            <td><a href="/tag/小说">小说</a><b>(6638548)</b></td>
            …
```

使用 BeautifulSoup4 的 select()方法，即 tags = soup.select('#content div div table tbody tr td a') 定位到每类图书的索引地址。

```
url=[]
for tag in tags:
    tag = tag.get_text()
    href = 'https://book.***.com/tag/'
    pageurl = href + str(tag)
    url.append(pageurl)
```

找到每类网页，如小说网页，打开网页的 HTML 代码，找到需要爬取的信息部分的代码。

```
<div id="content">
    <h1>豆瓣图书标签：小说</h1>
    <div class="grid-16-8 clearfix">
     <div class="article">
  <div id="subject_list">
   <div class="clearfix">
    <span class="rr greyinput">
        综合排序
         / 
        <a href="/tag/%E5%B0%8F%E8%AF%B4?type=R">按出版日期排序</a>
         / 
        <a href="/tag/%E5%B0%8F%E8%AF%B4?type=S">按评价排序</a>
    </span>
  </div>
  <ul class="subject-list">
    …
    <div class="info">
    <h2 class="">
        <a href="https://book.***.com/subject/25955474/" title="坏小孩"
onclick="moreurl(this,{i:'0',query:'',subject_id:'25955474',from:'book_subje
ct_search'})">   坏小孩
    <span style="font-size:12px;"> : 推理之王 2 </span> </a>   </h2>
    <div class="pub">  紫金陈 / 湖南文艺出版社 / 2018-7-1 / 54.00元 </div>
  <div class="star clearfix">
     <span class="allstar35"></span>
     <span class="rating_nums">7.3</span>
    <span class="pl">
```

```
        (55955人评价)
      </span>
    </div>
    <p>麦家、鹦鹉史航、马伯庸、雷米、周浩晖都推崇的作家社会派悬疑推理大神紫金陈“推理之王”系列第2部改编网络剧《隐秘的角落》，秦昊、王景春主演，现已重磅上线…… </p>
```

同样，使用 BeautifulSoup4 的 select()方法，即 booknames = soup.select('div#subject_list > ul.subject-list > li.subject-item > div.info > h2 > a')，定位到有效位置，爬取所有有效数据。

完整的程序代码如下。

```
#coding:utf-8
import requests
from bs4 import BeautifulSoup
import time
import random
import csv

def get_html(base_url):
    proxy_addr = {'http': '118.114.77.47:8080'}
    headers = {
        'User-agent': 'Mozilla/5.0 (Windows NT 6.1; WOW64) AppleWebKit/537.36 (KHTML, like Gecko) Chrome/67.0.3396.99 Safari/537.36'}
    html = requests.get(base_url, headers=headers, proxies=proxy_addr)
    return html

def get_pageurl(base_url):
    soup = BeautifulSoup(get_html(base_url).text, 'lxml')
    tags = soup.select('#content div div table tbody tr td a')
    url=[]
    for tag in tags:
        tag = tag.get_text()
        href = 'https://book.***.com/tag/'
        pageurl = href + str(tag)
        url.append(pageurl)
    return url

#解析图书信息
def bookinfo(url):
    soup = soup = BeautifulSoup(get_html(base_url).text, 'lxml')
    tag = url.split("?")[0].split("/")[-1]
    booknames = soup.select('div#subject_list > ul.subject-list > li.subject- item > div.info > h2 > a')
    details = soup.select('div#subject_list > ul div.info div.pub')
    ratings = soup.select('#subject_list div.info div.star.clearfix span. rating_nums')  #评分
```

```
        peoples = soup.select('#subject_list  div.star.clearfix span.pl')
        intros = soup.select('#subject_list  ul  div.info p')
        data=[]
        for bookname, detail, rating, person, intro in zip(booknames, details,
ratings, peoples, intros):
            info = {}
            info['类型']=tag
            booktitle = bookname.get_text().split()[0]
            info['书籍名称'] = booktitle
            detailspt = detail.get_text().split('/')
            if len(detailspt) > 4:
                author = detailspt[0].strip('\n ').strip(' ')
                info['作者'] = author
                translator = detailspt[1]
                info['译者'] = translator
                press = detailspt[2]
                info['出版社'] = press
                date = detailspt[3].split('-')[0]
                info['出版日期'] = date
                price = detailspt[4].strip('\n ').strip('  ')
                info['价格'] = price
            else:
                author = detailspt[0].strip('\n ').strip(' ')
                info['作者'] = author
                translator = "无"
                info['译者'] = translator
                press = detailspt[1]
                info['出版社'] = press
                date = detailspt[2].split('-')[0]
                info['出版日期'] = date
                price = detailspt[3].strip('\n ').strip('  ')
                info['价格'] = price
            rating_num = rating.get_text()
            info['豆瓣评分'] = rating_num      #评分
            person = get_num(person)
            info['评价人数'] = person          #评价人数
            introduction = intro.get_text()
            info['简介'] = introduction       #简介
            data.append(info)
        return data

    #判断评价人数，没有数据的按 10 人处理
    def get_num(person):
```

```
        try:
          person = int(person.get_text().split()[0][1:len(person.get_text().split()
[0]) - 4])
        except ValueError:
          person = int(10)
        return person

    def main():
        base_url = 'https://book.***.com/tag/?view=cloud'
        print('正在写入文件')
        with open('d:豆瓣读书列表.csv','w',newline='',encoding='utf-8-sig') as
f:  #encoding='utf-8-sig'防止中文乱码
            fieldnames = ['类型', '书籍名称', '作者', '译者', '豆瓣评分', '出版社',
'出版日期', '评价人数', '价格', '简介']
            writer = csv.DictWriter(f,fieldnames=fieldnames)
            writer.writeheader()

            pageurl = get_pageurl(base_url)[:2]  #爬取前面两个分类的网址
            print("pageurl = ",pageurl)

            for urls in pageurl:
                urlss = [urls +"?start={}&type=T".format(str(i)) for i in range
(0, 1000, 400)]
                print("urlss = ",urlss)
                for url in urlss:
                    print('正在写入文件',url)
                    data = bookinfo(url)
                    writer.writerows(data)
                    print("写入成功")
            #爬取每页信息后随机等待几秒，进行反爬虫处理
            time.sleep(int(format(random.randint(0,9))))
        print('爬取结束！')        #爬取结束
        f.close()

    if __name__ == '__main__':
        main()
```

## 4.3 JSON 文件的处理

JavaScript 对象表示法（JavaScript Object Notation，JSON），通过对象和数组的组合来表示数据，构造简洁、结构化程度非常高，是一种轻量级的数据交换格式。它是基于 ECMAScript 的一个子集，采用完全独立于编程语言的文本格式来存储和表示数据。简洁和

清晰的层次结构使得 JavaScript 成为理想的数据交换语言，易于程序员阅读和编写，同时也易于计算机解析和生成，通常用于在客户端（浏览器）与服务器之间传递数据。

在 JavaScript 中，一切皆是对象。因此，任何支持的类型都可以通过 JSON 来表示，如字符串、数字、对象、数组等，其中对象和数组是比较特殊且常用的两种数据类型。对象和数组的主要定义如下。

对象：对象在 JavaScript 中是使用花括号括起来的内容，数据结构为{key1:value1, key2:value2, ...}。在面向对象的语言中，key 为对象的键，value 为对应的值。键名可以使用整数和字符串来表示。值可以是任意数据类型，如{"firstName": "shu", "lastName": "linen"}。

数组：数组在 JavaScript 中是使用方括号括起来的内容，数据结构为["java", "javascript", "Python", ...]。在 JavaScript 中，数组是一种比较特殊的数据类型，也可以像对象那样使用键值对。同样，值可以是任意数据类型。

通过爬虫从网页中爬取的信息，很多是使用 JavaScript 描述的数据，应用 JSON 文件存储有时更便利。JSON 文件的后缀为.json。JSON 文件可以用记事本、浏览器打开，也可以用文件编辑器打开。本节主要介绍 Python 中 JSON 文件的处理。

## 4.3.1　JSON 数据类型

JSON 中的值的数据类型必须为以下任意一种：字符串、数字、对象（JSON 对象）、数组、布尔、Null。

JSON 中的值的数据类型不可以是以下任意一种：函数、日期、Undefined。

### 1. 字符串和数字

JSON 中的字符串必须用双引号引起来。JSON 中的数字必须是整数或浮点数。例如：

```
{ "name":"John" }
{ "age":30 }
```

### 2. 对象

JSON 中的对象必须用花括号括起来，对象可以包含多个键值对。

例如：

```
{ "firstName":"John" , "lastName":"Doe" }
```

等价于 JavaScript 中的：

```
firstName = "John"
lastName = "Doe"
```

### 3. 数组

JSON 中的数组必须用方括号括起来，数组可以包含多个对象。例如，定义一个名称为"employees"的对象，由多个值组成，多个值可以使用数组表示。

```
{ "employees": [
{ "firstName":"John" , "lastName":"Doe" },
{ "firstName":"Anna" , "lastName":"Smith" },
{ "firstName":"Peter" , "lastName":"Jones" }
] }
```

在上面的代码中，"employees"是包含 3 个对象的数组。每个对象代表一条关于某人（有姓和名）的记录。

#### 4．布尔和 Null

JSON 中的值的数据类型可以是布尔、Null。布尔值可以是 True 或 False。例如：

```
{ "sale":True }
{ "middlename":Null }
```

### 4.3.2 JSON 库

在使用 JSON 库时需要先导入 JSON 库。导入 JSON 库的语法格式如下。

```
import json
```

由于 JSON 有自己的数据格式，因此将数据以 JSON 数据类型写入文件或从 JSON 文件中读取数据时，常常需要进行数据格式的转换。Python 中提供了 JSON 库，用于实现数据格式的转换功能。JSON 库有 4 个常用方法，即 json.dumps()方法、json.dump()方法、json.loads()方法和 json.load()方法，如表 4-3 所示。其中，json.dumps()方法和 json.loads()方法是 JSON 格式处理方法；json.dump()方法和 json.load()方法用于在转换格式后，继续完成 JSON 文件的读写。两类方法的语法格式相似。

表 4-3　JSON 库的常用方法

| 方法 | 描述 |
| --- | --- |
| json.dumps() | 将 Python 对象编码为 JSON 字符串 |
| json.dump() | 将 Python 对象编码为 JSON 字符串，并写入文件 |
| json.loads() | 将已编码的 JSON 字符串解码为 Python 对象 |
| json.load() | 从 JSON 文件中读取 JSON 字符串，并将 JSON 字符串解码为 Python 对象 |

#### 1．json.dumps()方法

json.dumps()方法的语法格式如下。

```
json_str = json.dumps(obj[, skipkeys=False, ensure_ascii=True, check_circular=True, allow_nan=True, cls=None, indent=None, separators=None, encoding="utf-8", default=None, sort_keys=False, **kw])
```

json.dumps()方法的功能是将 Python 对象编码为 JSON 字符串，输出的 json_str 是一个 JSON 字符串。将 Python 对象编码为 JSON 类型的转换对应如表 4-4 所示。简单来说，就是将字典转换为字符串。因为如果直接将字典写入 JSON 文件会发生报错，所以在将数据写

入文件时需要用到该方法进行数据类型的转换。编码后的 JSON 字符串紧凑输出，且无顺序。json.dumps()方法提供了一些可选参数，可以让输出格式的可读性更高。

表 4-4 将 Python 对象编码为 JSON 类型的转换对应

| Python 对象 | JSON 类型 |
|---|---|
| 字典 | 对象 |
| 列表、元组 | 数组 |
| 字符串 | 字符串 |
| int, float, int- & float-derived Enums | 数字 |
| True | True |
| False | False |
| None | Null |

（1）obj：Python 数据对象，即需要转换的数据对象。

（2）skipkeys：在 encoding 编码过程中，字典的键只可以是字符串，如果是其他类型，那么会引发 ValueError 异常。skipkeys 用于跳过那些非字符串。

（3）indent：定义数据缩进显示格式。indent 的值用于表示缩进空格，应该为非负的整型。如果值为 0 或空，那么在一行中显示数据；否则，换行且按照 indent 的数量显示前面的空白。

（4）sort_keys：将数据按照字典的键（a 到 z），进行排序输出。

（5）ensure_ascii：解码方式，默认值 True 是 ASCII。json.dumps()方法在序列化时对中文默认使用 ASCII。例如，要输出中文，应设置 ensure_ascii=False。如果无任何设置或使用默认设置，那么输出 ASCII 。

### 2. json.dump()方法

json.dump()方法的语法格式如下。

```
    json.dump(obj, fp[, skipkeys=False, ensure_ascii=True, check_circular=True,
allow_nan= True, cls=None, indent=None, separators=None, encoding='utf-8',
default=None, sort_keys=False, **kw])
```

json.dump()方法的功能是将 Python 对象编码为 JSON 字符串，并写入文件。

json.dump()方法的参数与 json.dumps()方法的参数相比，多了一个 fp，fp 一般表示文件对象。

### 3. 将 Python 对象写入 JSON 文件

由于 JSON 文件是具有自身数据格式的一种文本文件，因此要将 Python 对象写入 JSON 文件，可以使用 json.dump()方法或 json.dumps()方法实现。下面分别使用这两种方法将 Python 对象写入 JSON 文件。

**例 4-8：**将 Python 对象写入 JSON 文件。

```
import json
data = { "employees": [
```

```
    { "firstName":"John" , "lastName":"Doe" },
    { "firstName":"Anna" , "lastName":"Smith" },
    { "firstName":"Peter" , "lastName":"Jones" }
    ] }
#使用json.dumps( )方法将 Python 对象写入 JSON 文件
def w_dps(file):
    with open (file,'w') as f:
        jdata = json.dumps(data)
        f.write(jdata)
    f.close()
#使用json.dump()方法将 Python 对象写入 JSON 文件
def w_dp(file):
    with open (file,'w') as f:
        json.dump(data,f)
        f.close()

w_dps("js.json")
w_dp("js1.json")
```

### 4．json.loads()方法

json.loads()方法的语法格式如下。

```
pobj = json.loads(s[,encoding=None, cls=None, object_hook=None, parse_float=
None,parse_int=None, parse_constant=None, object_pairs_hook=None, **kw])
```

json.loads()方法的功能是将已编码的 JSON 字符串解码为 Python 对象。JSON 库会将输入的字符串自动转换为合适的数据类型。

（1）s：把一个字符串反序列化为 Python 对象，这个 Python 对象可以是字符串，也可以是 Unicode 。如果 s 是基于 ASCII 的字符串，那么需要手动通过 encoding 指定编码格式，不是基于 ASCII 的字符串是不被允许的，必须把它转换为 Unicode 。

（2）object_hook：可选参数，将结果（一般是字典）替换为指定类型。

（3）object_pairs_hook：可选参数，将结果以键值对有序列表的形式返回。如果同时指定 object_hook 和 object_pairs_hook 的值，那么优先返回 object_pairs_hook 的值。

（4）parse_float：可选参数。设置这个参数后，在解码 JSON 字符串时，浮点型字符串将被转换为指定类型，如指定 parse_float=decimal.Decimal。

（5）parse_int：可选参数。设置这个参数后，在解码 JSON 字符串时，整型字符串将被转换为指定类型，如指定 p = json.loads("123", parse_int=float)。

在 JSON 编码和解码过程中，Python 对象与 JSON 类型会相互转换。将 JSON 类型解码为 Python 对象的转换对应如表 4-5 所示。

表 4-5 将 JSON 类型解码为 Python 对象的转换对应

| JSON 类型 | Python 对象 |
|---|---|
| 对象 | 字典 |
| 数组 | 列表 |

续表

| JSON 类型 | Python 对象 |
| --- | --- |
| 字符串 | 字符串 |
| 整型 | 整数 |
| 实型 | 浮点数 |
| True | True |
| False | False |
| Null | None |

### 5. json.load()方法

json.load()方法的语法格式如下。

```
pobj = json.load(fp[,encoding=None, cls=None, object_hook=None, parse_float=
None,parse_int=None, parse_constant=None, object_pairs_hook=None, **kw])
```

json.load()方法的功能是从 JSON 文件中读取 JSON 字符串，并将 JSON 字符串解码为 Python 对象。

对 json.loads()方法来说，输入的 s 是一个字符串；而对 json.load()方法来说，输入的 fp 是一个数据流文件。两个方法只是处理的数据源不同，其他参数都是相同的，返回结果的类型也是相同的。

### 6. 读写应用

**例 4-9：** 将已编码的 JSON 字符串解码为 Python 对象，写入文件并读取。

这里使用 json.loads( )方法将字符串解码为 Python 对象。由于最外层是方括号，因此最终类型是列表。

因为输出列表，所以可以使用索引获取对应的内容。例如，如果想取第一个元素中的“姓名”属性，那么可以使用如下方式。

```
import json
from collections import OrderedDict
#collections是一个Python内置的模块，以有序字典输出
str1="""
[{ "姓名":"lisha",   "性别":"male",    "年龄":"46"},
    {"姓名":"jhon",   "性别":"female", "年龄":"44"}]"""

#将JSON字符串按原有顺序输出
jdata=json.loads(str1,object_pairs_hook=OrderedDict)
print("jdata=",jdata)
print("jdata的数据类型=",type(jdata))
print("第一项的姓名=",jdata[0]['姓名'])
print("第一项的姓名=",jdata[0].get('姓名'))

with open ('data.json','w') as f:
   f.write(json.dumps(jdata))        #jdata是JSON对象
```

```
with open ('data.json','w') as f:  #,encoding='utf-8'
    dats=json.dumps(jdata,ensure_ascii=False)
    f.write(dats)                          #输出中文编码到文件中
    json.dump(jdata,f,ensure_ascii=False)
#读取数据
with open ('data.json','r') as f:
    str2=f.read()
    jdata1=json.loads(str2)
    jdata2 = json.load(f)
print("str2=",str2)
print("jdata1=",jdata1)
print("jdata2=",jdata2)
```

先通过方括号加 0 索引即可得到第一个字典元素，再调用其键名即可得到相应的键值对。要获取键值对有两种方式，一种是通过方括号加键名，另一种是通过 get()方法传入键名。建议使用 Python 中列表的 get()方法，如果键名不存在，那么不会报错，而会返回 None。另外，get()方法还可以传入第二个参数（默认值），在数据不存在的情况下返回该默认值。例如：

```
print("第一人的年龄=",jdata[0].get('年龄',56))
```

例如，要读取 data.json 文件，应调用 Python 文件操作的 read()方法将 JSON 文件的内容读出，使用 json.loads()方法将已编码的字符串解码为 Python 对象，或直接使用 jdata2 = json.load(f)读取数据并将其转换为 Python 对象。

输出结果如下。

```
str2= [{"\u59d3\u540d": "lisha", "\u6027\u522b": "male", "\u5e74\u9f84": "46"}, {"\u59d3\u540d": "jhon", "\u6027\u522b": "female", "\u5e74\u9f84": "44"}]
jdata1= [{'姓名': 'lisha', '性别': 'male', '年龄': '46'}, {'姓名': 'jhon', '性别': 'female', '年龄': '44'}]
```

观察 str2 的输出结果可以看到，从 JSON 文件中读取的数据的中文都变成了 Unicode，而不是真正的中文。这是因为 json.dumps() 方法在序列化时对中文默认使用的是 ASCII。为了输出中文，可以指定 ensure_ascii 的值为 False。

## 4.4 Python 与 MySQL 数据库

前面介绍了将网页文件存储为不同格式的方法。在需要对大量数据进行存储时，可能需要将爬取的数据存储到数据库中。本章将介绍 Python 连接 MySQL 数据库的方法。Python 2.x 支持 MySQLdb，随着 Python 2.x 的逐步退出，Python 3.x 不再支持 MySQLdb。

Python 3.x 提供了多种用于连接 MySQL 数据库的扩展库，其中常见的是使用 Python 编写的、可以和 Python 程序代码无缝衔接的 PyMySQL 扩展库和 mysql-connector-python 扩展库。

下面介绍 mysql-connector-python 扩展库的使用方法。PyMySQL 扩展库的使用方法与 mysql-connector-python 扩展库的使用方法类似。

## 4.4.1　mysql-connector-python 扩展库

mysql-connector-python 扩展库是一个使用 Python 实现的 MySQL 数据库客户端/服务器的连接协议。该扩展库无须安装任何 MySQL 数据库软件。下面详细介绍 mysql-connector-python 扩展库的使用方法，以便在 Python 中操作 MySQL 数据库。

### 1. 安装 mysql-connector-python 扩展库

可以直接使用 pip 命令安装 mysql-connector-python 扩展库。打开 cmd 命令行窗口，在 Python 34/Scripts 目录下，输入并运行以下代码。

```
pip install mysql-connector-python
```

如果安装失败，那么也可以从 MySQL 数据库的官网下载 mysql-connector-python 的稳定版本后安装。

注意，不要安装分支模块，即不要输入 pip install mysql-connector，这是因为其已经停止更新。

### 2. 连接数据库

安装成功后，首先需要输入语句 import mysql.connector，导入 mysql.connector 模块，连接数据库，其次需要配置数据库参数，代码如下。

```
import mysql.connector
config={'host':'127.0.0.1',                 #默认为127.0.0.1
            'user':'####',                  #修改为用户自己设置的用户名
            'password':'####',              #修改为用户自己设置的密码
            'port':3306 ,                   #默认为3306
            'database':'test',
            'charset':'utf8'                #默认为utf8
            }
try:
cnn=mysql.connector.connect(**config)
except mysql.connector.Error  as e:
   print('connect fails!{}'.format(e))
cur = cnn.cursor()                          #创建游标
```

### 3. 数据库操作

数据库操作包括显示所有数据库、创建新数据库、指定当前操作的数据库，以及删除

数据库。MySQL 数据库操作的代码如下。

```
show databases;                          #显示所有数据库
create database if not exists t1;        #创建新数据库t1
use database t1;                         #指定当前操作的数据库为t1
drop database if exists t1;              #删除数据库t1
```

在 mysql.connector 模块中，进行如下操作（默认使用上述数据）。

```
cur.execute('create database if not exists t1')     #创建新数据库t1
cur.execute('SHOW DATABASES')                  #显示所有数据库，大小写都可以
for db in cur.fetchall():                      #cur.fetchall()，提取游标中的所有数据
    print(db)                                  #输出数据库信息
cur.execute(' use database t1')
```

#### 4．创建表和删除表

1）创建表

创建表的语法格式如下。

```
CREATE TABLE if not exists 表名
```

指定数据库后，如 cur.execute(' use database t1')，使用创建表的操作，创建一张名为 student 的表。例如，下面的代码中在数据库 t1 中创建了一张名为 student 的表。创建表前，需要判断表是否存在，以防报错。

```
sql_create_table="""
CREATE TABLE if not exists student(id int(10) NOT NULL AUTO_INCREMENT,
    name varchar(10) DEFAULT NULL, age int(3) DEFAULT NULL,
    PRIMARY KEY (id)) ENGINE=MyISAM
        """
try:
    cur.execute(sql_create_table)
    cnn.commit()
except mysql.connector.Error as e:
    print('create table student fails!{}'.format(e))
```

2）删除表

删除表的语法格式如下。

```
DROP TABLE if exists表名
```

例如：

```
cur.execute('show tables')
for i in cur.fetchall():
     sql = "DROP TABLE IF EXISTS {}".format(i)
     try:
        cur.execute(sql)
```

```
        cnn.commit()
        print ('table: {}--已被删除'.format(i))
    except mysql.connector.Error as e:
        print('DROP table fails!{}'.format(e))
```

### 5. 插入操作

在 Python 中执行插入操作有 4 种方式。这里仍然采用前面介绍的连接数据库的数据。

1）字符串直接插入

```
sql_insert1="insert into student (name, age) values ('orange', 20)"
 cur.execute(sql_insert1)
```

2）元组连接插入

以下代码中的%s 是占位符，而不是格式化字符串。

```
sql_insert2="insert into student (name, age) values (%s, %s)"
data=('shiki',25)
cur.execute(sql_insert2,data)
```

3）字典连接插入

```
sql_insert3="insert into student (name, age) values (%(name)s, %(age)s)"
data={'name':'王平','age':30}
cur.execute(sql_insert3,data)
```

如果数据库引擎为 InnoDB，那么执行完成后需执行 cnn.commit()方法进行事务提交。

4）多次插入

使用 executemany()方法可以对元组形式的列表多次插入。

```
stmt='insert into student (name, age) values (%s,%s)'
data=[
    ('Lucy',21),
    ('Tom',22),
    ('Lily',21)]
cur.executemany(stmt,data)
```

**例 4-10：**插入操作。

```
import mysql.connector
config={'host':'127.0.0.1',      #默认为127.0.0.1
       'user':'root',
       'password':'123456',
       'port':3306 ,             #默认为3306
       'database':'test',
       'charset':'utf8'          #默认为utf8
       }
try:
    cnn=mysql.connector.connect(**config)
```

```
except mysql.connector.Error  as e:
    print('connect fails!{}'.format(e))
cur = cnn.cursor()                  #创建游标
cur.execute('show databases')   #显示所有数据库
for db in cur:
    print(db)                       #输出数据库信息
sql_create_table="""
CREATE TABLE if not exists student(id int(10) NOT NULL AUTO_INCREMENT,
   name varchar(10) DEFAULT NULL, age int(3) DEFAULT NULL,
   PRIMARY KEY (id)) ENGINE=MyISAM
      """
try:
   cur.execute(sql_create_table)
   cnn.commit()
except mysql.connector.Error as e:
   print('create table student fails!{}'.format(e))
#插入数据
try:
   sql_insert1="insert into student (name, age) values ('王平', 20)"
   cur.execute(sql_insert1)
   sql_insert2="insert into student (name, age) values (%s, %s)"
   data=('张三',25)
   cur.execute(sql_insert2,data)
   sql_insert3="insert into student (name, age) values (%(name)s, %(age)s)"
   data={'name':'李玉','age':30}
   cur.execute(sql_insert3,data)
sql_i='insert into student (name, age) values (%s,%s)'
data=[
    ('Lucyli',21),
    ('Tomcat',22),
    ('Lilybili',21)]
cur.executemany(sql_i,data)
cnn.commit()
except mysql.connector.Error as e:
   print('insert datas error!{}'.format(e))
finally:
   cur.close()
   cnn.close()
```

6．查询操作

```
try:
    sql_query='select id,name from student where  age > %s'
    cur.execute(sql_query,(21,))
    for id,name in cur:
     print (%s\'s age is older than 21,and her/his id is %d'%(name,id))
```

```
except mysql.connector.Error as e:
    print('query error!{}'.format(e))
cnn.commit()
```

若需要取出查询结果，则可以调用以下方法。

（1）column_names：取出字段名集合。

```
col_names = cur.column_names
```

（2）fetchall()：取出全部数据。

```
sql_query1='select * from student '
cur.execute(sql_query1)
result=cur.fetchall()
for r in result:    #遍历取出每一个值
    print(r)
```

（3）fetchone()和 fetchmany(num)：fetchone()方法用于每次只取出一个结果集，每调用一次，内部指针会指向下一个结果集；fetchmany(num)方法用于指定每次取出 num 个结果集。

```
result=cur.fetchone()
finally:                                        #关闭游标和链接
    cur.close()
    cnn.close()
```

以上程序的输出结果为元组类型的列表，若要输出字典，则可以显示定义游标属性 dictionary=True 的类型。

```
cur1= cnn.cursor(dictionary=True)           #输出字典
sql_query1='select * from student '
cur1.execute(sql_query1)
result=cur1.fetchall()
```

### 7. 删除操作

```
try:
    sql_delete='delete from student where name = %(name)s and age
< %(age)s'
    data={'name':'王平','age':20}
    cur.execute(sql_delete,data)
except mysql.connector.Error as e:
    print('delete error!{}'.format(e))
cnn.commit()
finally:
    cur.close()
    cnn.close()
```

#### 8. 更新操作

在 Python 中执行更新操作有 3 种方式。

1）字符串方式

```
try:
update1=("update student set name='Tom1',age=20 where Id=3")
cur.execute(update1)
```

2）数组方式

```
update2=("update student set name=%s,age=%s where Id=%s")
data=('Tom2',21,3)
cur.execute(update2,data)
```

3）字典方式

```
update3=("update student set name=%(name)s,age=%(age)s where Id=%(Id)s")
data={
        'name':'Tom3',
        'age':29,
        'Id':3
     }
cur.execute(update3,data)
except mysql.connector.Error as e:
    print('update error!{}'.format(e))
cnn.commit()               #提交
cur.close()
con.close()
```

### 4.4.2 Python 与 MySQL 数据库的综合应用

**例 4-11**：Python 对 MySQL 数据库的操作，包括删除表、创建表、插入数据、查询数据、删除数据、更新数据。

首先，在服务器上定义数据库，在程序中导入 mysql.connector 模块，配置数据库参数。其次，创建游标，调用游标的方法，完成删除表、创建表、插入数据、查询数据、删除数据、更新数据的操作。

```
import mysql.connector
config={'host':'127.0.0.1',      #默认为127.0.0.1
        'user':'###',             #修改为用户自己设置的用户名
        'password':'###',         #修改为用户自己设置的密码
        'port':3306 ,             #默认为3306
        'database':'t1',          #用户自己创建的数据库名
        'charset':'utf8'          #默认为utf8
        }
try:
```

```
    cnn=mysql.connector.connect(**config)
except mysql.connector.Error  as e:
    print('connect fails!{}'.format(e))
cur = cnn.cursor()                #创建游标
#删除表
cur.execute('show tables')
for i in cur.fetchall():
    sql = "DROP TABLE IF EXISTS {}".format(i)
    try:
        cur.execute(sql)
        cnn.commit()
        print ('table: {}--已被删除'.format(i))
    except mysql.connector.Error as e:
        print('DROP table fails!{}'.format(e))
#创建表
sql_create_table="""CREATE TABLE if not exists
              student(id int(10) NOT NULL AUTO_INCREMENT,
              name varchar(10) DEFAULT NULL, age int(3) DEFAULT NULL,
              PRIMARY KEY (id)) ENGINE=MyISAM
            """
try:
    cur.execute(sql_create_table)
    cnn.commit()
except mysql.connector.Error as e:
    print('create table student fails!{}'.format(e))
#插入数据
try:
    sql_insert1="insert into student (name, age) values ('王平', 20)"
    cur.execute(sql_insert1)
    sql_insert2="insert into student (name, age) values (%s, %s)"
    data=('张三',25)
    cur.execute(sql_insert2,data)
    sql_insert3="insert into student (name, age) values (%(name)s, %(age)s)"
    data={'name':'李玉','age':30}
    cur.execute(sql_insert3,data)
    sql_i='insert into student (name, age) values (%s,%s)'
    data=[
    ('Lucyli',21),
    ('Tomcat',22),
    ('Lilybili',21)]
    cur.executemany(sql_i,data)
except MySQL.connector.Error as e:
    print('insert datas error!{}'.format(e))
cnn.commit()
```

```
#查询数据
try:
    sql_query='select id,name from student where  age > %s'
    cur.execute(sql_query,(21,))
    for id,name in cur:
      print ("%s's age is older than 21,  id is %d" %(name,id))
#输出列表
    sql_query1='select * from student '
    cur.execute(sql_query1)
    result=cur.fetchall()
    for r in result:    #遍历取出每一个值
      print(r)
#输出字典
    cur1= cnn.cursor(dictionary=True)
    cur1.execute(sql_query1)
    result=cur1.fetchall()
    for r in result:    #遍历取出每一个值
      print(r)
    cur1.close()
except MySQL.connector.Error as e:
    print('query error!{}'.format(e))
cnn.commit()
#删除数据
try:
    sql_delete='delete from student where name = %(name)s and age < %(age)s'
    data={'name':'王平','age':20}
    cur.execute(sql_delete,data)
except mysql.connector.Error as e:
    print('delete error!{}'.format(e))
cnn.commit()
#更新数据
try:
    update1=("update student set name='Tom1',age=20 where Id=3")
    cur.execute(update1)
except mysql.connector.Error as e:
    print('update error!{}'.format(e))
cnn.commit()            #提交
cur.close()
cnn.close()
```

**例 4-12**：将文本文件中的数据写入 MySQL 数据库。

```
import os
import datetime
```

```
import mysql.connector

MYSQL_CONFIG = {
    ''user':'###',          #修改为用户自己设置的用户名
    'password':'###',      #修改为用户自己设置的密码
    'database':'t1',       #用户自己创建的数据库名
    'host': '127.0.0.1',
  }

add_log = ("INSERT INTO Log"
             "(student_id, log_date, week_day, hour, source_ip, dest_ip)"
             "VALUES(%s, %s, %s, %s, %s, %s)")

def Reduce(sourceFolder):
    if not os.path.isdir(sourceFolder):
        print(sourceFolder, ' does not exist.')
        return
    result = {}
    #Deal only with the mapped files
    allFiles = sourceFolder+'/'+'requirements.txt'
    cnx = mysql.connector.connect(**MYSQL_CONFIG)
    cursor = cnx.cursor()
    with open(allFiles, 'r', encoding='utf-8', errors= 'ignore') as fp:
        for line in fp:
            try:
                line = line.strip()
                data_list = line.split('\t')
                db_data = []
                db_data.append(data_list[4])
                db_data.append(data_list[0])
                db_data.append(data_list[1])
                time = datetime.datetime.strptime(data_list[2], '%H:%M:
%S')                        #标准时分秒
                db_data.append(time.hour)
                db_data.append(data_list[6])
                db_data.append(data_list[8])

                tup = tuple(db_data)
                cursor.execute(add_log, tup)
            except mysql.connector.Error as err:
                print("insert table 'mytable' failed.")
                print("Error: {}".format(err.msg))
            except Exception as e:
                print("type error: " + str(e))
```

```
            cnx.commit()
        cursor.close()
        cnx.close()

    if __name__ == '__main__':
        create_table_sql = """CREATE TABLE  if not exists 'Log' ('id' int(11)
NOT NULL AUTO_INCREMENT, 'student_id' varchar(128) NOT NULL,'log_date' date
NOT NULL,'week_day' int(11) NOT NULL, 'hour' int(11) NOT NULL,'source_ip'
varchar(128) NOT NULL,'dest_ip' varchar(128) NOT NULL,PRIMARY KEY ('id'),
KEY 'student_id' ('student_id'),KEY 'hour' ('hour'),KEY 'date_hour'
('log_date','hour'), KEY 'idx_Log_dest_ip' ('dest_ip'),KEY 'dest_ip'
('dest_ip')) ENGINE=InnoDB AUTO_INCREMENT=63172520 DEFAULT CHARSET=utf8;"""
        cnx = mysql.connector.connect(**MYSQL_CONFIG)
        cursor = cnx.cursor()
        sql = "DROP TABLE IF EXISTS Log"
        try:
            cursor.execute(sql)
            cnx.commit()
            print ('table log--已被删除')
        except mysql.connector.Error as e:
            print('DROP table fails!{}'.format(e))

        try:
            cursor.execute(create_table_sql)
            cnx.commit()
            print ('table log--已被创建')
        except mysql.connector.Error as err:
            print("create table 'mytable' failed.")
            print("Error: {}".format(err.msg))

        sourceFolder = os.getcwd()  #获取当前路径
        Reduce(sourceFolder)
```

# 第 5 章
# Scrapy

Scrapy 是一个为爬取网页数据、提取结构性数据编写的应用框架。该框架是已封装的，包含调度器、下载器、引擎等，从数据挖掘到监控和自动化测试，应用广泛。

## 5.1 scrapy.Spider 类

### 5.1.1 scrapy.Spider 类示例

假设已经安装了 Scrapy，下面通过一个示例来分析实现 scrapy.Spider 类的原理。

**例 5-1：**

```
import  scrapy
class  l_spider(scrapy.Spider):
   name = 'quotes'
   start_urls = [ 'http://***.toscrape.com/tag/humor/',  ]

   def parse(self, response):
       for quote in response.css('div.quote'):
         yield {
             'author': quote.xpath('span/small/text()').get(),
             'text': quote.css('span.text::text').get(),
         }
       next_page = response.css('li.next a::attr("href")').get()
       if next_page is not None:
         yield  response.follow(next_page, self.parse)
```

Scrapy 有自己的模式，程序运行的方式不同于前面常规的爬虫。下面将上述代码在 Python 中命名为“例 5-1.py”，保存在 D:\scrapy 目录下。打开 cmd 命令行窗口，将当前目录设置为 D:\scrapy，使用 scrapy runspider 命令运行这个爬虫文件。

```
scrapy  runspider  例5-1.py  -o  li1.json
```

其中，-o 为输出标志，即将爬取的结果输出到 li1.json 文件中。

在运行上述程序时，Scrapy 会在其中查找 scrapy.Spider 类的定义，并通过引擎运行该定义。

在爬虫开始时，对 start_urls 属性中定义的 URL 发出请求，并将请求后返回的 Response 对象作为参数传递给爬虫的处理方法 parse()，parse() 方法是默认处理爬虫的回调方法。在 parse() 方法回调中，可以使用 Scrapy 的内部选择器，即 CSS 选择器遍历<quote>元素，生成包含提取的'text'和'author'的字典，同时查找指向下一页的链接，使用语句 yield response.follow(next_page, self.parse)启动下一个请求并调用它。

在 parse() 方法中，关键字 yield 的作用就是把一个函数变成一个生成器，带有关键字 yield 的函数不再是一个普通函数。分析下面的程序，理解普通函数的定义和生成器函数的定义。

### 1. 普通函数的定义

```
def demo():
    for i in range(10):
       return  i          #返回当前值并结束函数的运行
gen=demo()
print(gen)
for i in range(10):
   print(demo(),end=';')
print()
```

输出结果如下。

```
0
0;0;0;0;0;0;0;0;0;0;
```

### 2. 生成器函数的定义

```
def demo1():
    for i in range(10):
       yield  i   #返回i，暂停函数中的循环，遇到next()函数后恢复下一次运行
gen1=demo1()
print("gen1=",gen1)
for i in range(5):
    print(next(gen1),end=';')
print()
print(list(gen1))
```

输出结果如下。

```
gen1= <generator object demo1 at 0x0000000003E45288>
0;1;2;3;4;
[5, 6, 7, 8, 9]
```

通过以上程序的输出结果可知，在普通函数的循环体中关键字 return 的功能是返回当前值并结束函数的运行，即使是循环也只能运行一次；在生成器函数的循环体中 yield i 的功能是返回 i，暂停函数中的循环，遇到 next() 函数后恢复下一次运行，即 next(gen1)，从

关键字 yield 处继续执行。

生成器函数的特殊之处在于，函数体中没有关键字 return，函数的返回值是一个生成器。当执行 gen1=demo1()时，返回的是一个生成器，此时函数体中的代码并不会被执行，只有在显性或隐性地调用 next()函数时才会真正执行其中的代码。

因 Scrapy 中的 scrapy.Spider 类在定义时常需要使用生成器的概念，故下面将介绍 scrapy.Spider 类的属性和方法、定义等。

## 5.1.2 scrapy.Spider 类简介

scrapy.Spider 类是所有爬虫的基类，用户定义的爬虫必须从这个类中继承。这个类并没有提供什么特殊的功能，只提供了一个默认的 start_requests()方法，通过 start_urls 属性（scrapy.Spider 类的属性）发送请求信息并根据返回结果调用 parse()方法。

scrapy.Spider 类定义了如何爬取某个（或某些）网站，包括爬取的动作（是否跟进链接等），以及如何从网页的内容中提取结构化数据。换句话说，scrapy.Spider 类就是定义爬取的动作及分析某个网页（或某些网页）的地方。对 scrapy.Spider 类来说，爬取的循环过程如下。

- 以初始的 URL 初始化 Request 对象，并设置回调函数。当该 Request 对象下载完毕并返回时，将生成 Response 对象，并作为参数传给该回调函数。
- 爬虫中初始化的 Request 对象是通过调用 start_requests()方法来获取的。start_requests()方法用于读取 start_urls 属性中的 URL，并以 parse() 方法生成 Request 对象。如果没有指定回调函数，那么 parse()方法将作为默认的 Request 对象的回调函数，赋给 Request 对象，指定 parse()方法处理这些请求，如 scrapy.Request(url, callback=self.parse)。
- 在 parse() 方法中分析返回的网页内容，返回 Item 对象或 Request 对象，抑或一个包括二者的可迭代对象。返回 Request 对象后会经过 Scrapy 处理，下载相应的内容，并调用设置的回调函数（函数可相同）。
- 在回调函数中，可以使用选择器，也可以使用 BeautifulSoup4、lxml 或其他任何解析器来分析网页内容，并根据分析的数据生成 Item 对象。
- 返回的 Item 对象将被存储到数据库中（由某些 Item Pipeline 处理）或使用导出文件 Feed exports 将返回的 Item 对象存入文件。

虽然该循环过程对任何类型的爬虫基本都适用，但是 Scrapy 仍然为了不同的需求提供了多种默认的 scrapy.Spider 类。感兴趣的读者可以查找相关资料深入学习。

### 1. scrapy.Spider 类的属性和方法

1）name 属性

name 属性是用于定义爬虫名称的字符串。因为爬虫名称表示 Scrapy 如何定位（并初始化）爬虫，所以其必须是唯一的，不过可以生成多个相同的爬虫实例，这没有任何限制。name 属性是爬虫十分重要的属性，并且是必须的。例如，如果爬虫爬取 mywebsite.com，那么该爬虫通常会被命名为mywebsite，以便于记忆。

2）allowed_domains 属性

allowed_domains 属性是可选的，包含了爬虫允许爬取的域名列表。当启用OffsiteMiddleware 时，域名不在列表中的 URL 不会被跟进。

3）start_urls 属性

start_urls 属性用于定义 URL 列表。在没有制定特定的 URL 时，爬虫将从该列表中开始爬取。因此，第一个被获取到的网页的 URL 将是该列表的一部分。后续的 URL 将会从获取到的数据中提取。

4）start_requests()方法

start_requests()方法必须返回一个可迭代对象。该对象包含了爬虫用于爬取的第一个Request 对象。当爬虫虽开始爬取但未指定 URL 时，start_requests()方法将被调用。当指定了 URL 时，make_requests_from_url()方法将被调用，用于创建 Request 对象。由于start_requests()方法仅仅会被 Scrapy 调用一次，因此也可以将其实现为生成器。

start_requests()方法的默认实现是使用 start_urls 属性中的 URL 生成 Request 对象。

5）make_requests_from_url()方法

make_requests_from_url()方法用于接收一个 URL 并返回爬取的 Request 对象。该方法在初始化 Request 对象时被 start_requests()方法调用，也被用于转化 URL 为 Request 对象。

在默认情况下，当 make_requests_from_url()方法未被复写时，在其返回的 Request 对象中，parse()作为回调函数，参数 dont_filter 被设置为开启。

6）parse()方法

parse()方法的语法格式如下。

```
parse(self,response)
```

当 Response 对象没有指定回调函数时，parse()方法是 Scrapy 处理下载的 Response 对象的默认方法。

parse() 方法负责处理 Response 对象并返回处理的数据或跟进的 URL。爬虫对其他Request 对象的回调函数也有相同的要求。

该方法及其他 Request 对象的回调函数必须返回一个包含 Request 对象或 Item 对象的可迭代对象。

7）closed()方法

当关闭爬虫时，closed()方法被调用。

下面通过对 scrapy.Spider 类的定义，以及由此类生成的其他类的调用（Request 类）等的学习，读者可以充分理解 scrapy.Spider 类爬取的过程，以及 scrapy.Spider 类的属性和方法。

### 2. scrapy.Spider 类的定义

```
class Spider(object_ref):
#定义爬虫名称的字符串
```

```
        name = None    #name属性是Spider十分重要的属性，并且是必须的
        def __init__(self, name=None, **kwargs):  #初始化，提取爬虫名称
          if name is not None:
              self.name = name
          elif not getattr(self, 'name', None):  #如果爬虫没有名称，那么中断报错
              raise ValueError("%s must have a name" % type(self).__name__)
        #Python 对象或类型通过内置成员__dict__来存储成员信息
        self.__dict__.update(kwargs)

    #URL列表
        if not hasattr(self, 'start_urls'):
          self.start_urls = []

      #输出Scrapy执行后的log
      def log(self, message, level=log.DEBUG, **kw):
        log.msg(message, spider=self, level=level, **kw)

      #判断对象的属性是否存在，若不存在则进行断言处理
      def set_crawler(self, crawler):
        assert not hasattr(self, '_crawler'), "Spider already bounded to %s" %
crawler
        self._crawler = crawler
      @property
      def crawler(self):
        assert hasattr(self, '_crawler'), "Spider not bounded to any crawler"
        return self._crawler
      @property
      def settings(self):
        return self.crawler.settings

     #start_requests()方法将读取start_urls属性中的URL,并为每个URL生成一个Request
#对象，交给Scrapy下载并返回Response 对象。该方法仅会被调用一次
      def  start_requests(self):
        for  url  in self.start_urls:
          yield  self.make_requests_from_url(url)

      #在start_requests()方法中调用，实际生成Request对象
      #Request对象默认的回调函数为parse()方法，提交方式为使用get()方法
      def make_requests_from_url(self, url):
        return Request(url, dont_filter=True)
      #处理返回的Response对象
      #生成Item对象或Request对象，必须实现parse()方法
      def  parse(self, response):
        raise NotImplementedError
```

```
    @classmethod
    def  handles_request(cls, request):
      return url_is_from_spider(request.url, cls)
    def __str__(self):
      return "<%s %r at 0x%0x>" % (type(self).__name__, self.name, id(self))
    __repr__ = __str__
```

### 3. Request 类（由爬虫产生）构造函数的参数分析

```
class Request(object_ref):
     #url: 请求参数
     #callback: 请求回调函数
     #method: HTTP 请求类型
     #headers: 请求头
     #body: 请求体
     #cookies: 自动登录后，Scrapy会自动把Cookie加入到Request对象中
     #该操作的实现是由Scrapy内置的CookiesMiddleware完成的
     #meta: 元数据，(可以在Request对象中传递)
     #encoding: 网页编码格式
     #priority: 设置在调度器中的调度优先级
     #dont_filter: 是否不过滤同时发出的相同请求
     #errback: 失败的回调函数

     def __init__(self, url, callback=None, method='GET', headers=None,
                   body=None, cookies=None, meta=None, encoding='utf-8',
                   priority=0, dont_filter=False, errback=None, flags=None):
          self._encoding = encoding  #this one has to be set first
          self.method = str(method).upper()
          self._set_url(url)
          self._set_body(body)
          if not isinstance(priority, int):
              raise  TypeError("Request  priority  not  an  integer:  %r"  %
priority)
          self.priority = priority

          if callback is not None and not callable(callback):
                 raise TypeError('callback must be a callable, got %s' %
type (callback).__name__)
          if errback is not None and not callable(errback):
                 raise TypeError('errback must be a callable, got %s' %
type (errback).__name__)
          self.callback = callback
          self.errback = errback
          self.cookies = cookies or {}
          self.headers = Headers(headers or {}, encoding=encoding)
```

```
        self.dont_filter = dont_filter
        self._meta = dict(meta) if meta else None
        self._cb_kwargs = dict(cb_kwargs) if cb_kwargs else None
        self.flags = [] if flags is None else list(flags)
...
```

### 4. Response 类（由下载器产生）构造函数的参数分析

```
class Response(object_ref):
    #url：网页的 URL
    #status：状态码，默认是 200，代表成功
    #headers：响应头
    #body：响应体
    #request：之前关键字 yield 的 Request 对象对应的请求
    def __init__(self, url, status=200, headers=None, body=b'', flags=
None, request=None):
        self.headers = Headers(headers or {})
        self.status = int(status)
        self._set_body(body)
        self._set_url(url)
        self.request = request
        self.flags = [] if flags is None else list(flags)
...
```

### 5. parse()方法的工作机制分析

当请求 URL 返回网页没有指定回调函数时，默认 Request 对象的回调函数即 parse()方法，用来处理网页返回的 Response 对象和生成的 Item 对象或 Request 对象。下面分析 parse()方法的工作机制。

（1）因为在 parse() 方法中使用的是关键字 yield，而不是关键字 return，所以 parse()方法将会被当作一个生成器使用，Scrapy 会注意调用 parse() 方法中生成的结果，且判断该结果是一个什么数据类型。

下面分析一下 Scrapy 中使用关键字 yield 循环处理网页 URL 的情况。

① Scrapy 对含有关键字 yield 的 parse()方法的调用是以迭代的方式进行的。

```
for n in parse(self, response):
    pass
```

② Python 将 parse()方法视为生成器，在首次调用时开始执行代码，只有每次进行迭代请求时才会执行关键字 yield 处的循环代码，生成每次迭代的值。

```
def parse(self, response):
    hxs = HtmlXPathSelector(response)                    #创建查询对象
    all_urls = hxs.select('//a/@href').extract()         #获取所有 URL
    for url in all_urls:
        if url.startswith('http://www.…com/…'):          #符合给定条件的网址
            yield Request(url, callback=self.parse)       #递归地查找下去
```

```
            print(url)
            …
```

③ Scrapy 开始执行爬虫，对 parse()方法迭代，即{for n in parse(self, response)}，程序首先会对第一个 Response 对象进行分析，提取需要的东西，其次提取该 Response 对象中的所有 URL 进行循环处理。

④ 在循环处理过程中，首次执行到 parse-for-yield 处会返回一个迭代值，即生成一个 Request 对象（其中定义了回调函数，即 callback=self.parse），此时第一次迭代结束。在第一次迭代过程中生成的 Request 对象，即一个新 URL 请求，会返回一个新 Response 对象，使用该 Response 对象执行回调函数，进行另一个分支的迭代处理。

⑤ 分支迭代的程序处理完成后，进行第二次迭代，会从关键字 yield 的下一条语句开始，继续执行 for 语句，执行到 yield 语句处时又会生成一个 Request2 对象，生成 Request2 对象相当于又开始了一个新分支，直到循环结束。

（2）若是回调函数生成的 Request 对象则会加入爬取队列；若是回调函数生成的 Item 对象则会使用 Item Pipeline 处理；若是回调函数生成的其他类型的对象则会返回错误信息。

（3）Scrapy 在获取第一部分的 Request 对象后不会立刻发送 Request 对象，只是将该 Request 对象放到队列中，接着从生成器中获取。

（4）获取完了第一部分的 Request 对象后，开始获取第二部分的 Item 对象，获取 Item 对象后，就可以使用对应的 Item Pipeline 处理了。

（5）parse() 方法作为回调函数给 Request 对象赋值，指定 parse()方法处理这些请求，即 scrapy.Request(url,callback=self.parse)。其中，参数 callback 用于指定爬虫中处理 Response 对象的函数，默认使用 parse() 方法。

（6）Request 对象经过调度，执行 scrapy.http.response()方法生成 Response 对象，并将其送回 parse()方法，直到调度器中没有 Request 对象为止（采用递归的思路）。

（7）获取完之后，parse()方法的工作结束，根据队列和 Item Pipeline 中的内容执行相应的操作即可。

（8）程序在提取到各个网页的 Item 对象前，会先处理完之前所有队列的请求。

## 5.2 Scrapy 的基础知识

### 5.2.1 Scrapy 组件

Scrapy 组件如图 5-1 所示。下面分别介绍 Scrapy 组件的功能及工作流程。

#### 1. Scrapy 组件的功能

（1）Scrapy Engine（引擎）：负责爬虫、Item Pipeline、下载器、调度器的通信，是整个 Scrapy 的核心。通过引擎处理整个系统的数据流、触发事务等，实现整个 Scrapy 正常工作。

（2）Scheduler（调度器）：用来接收引擎发过来的请求并按照一定的方式进行整理排列

并压入队列，当引擎需要时，再交还给引擎。可以将调度器想象成一个待爬取网页的网址或链接的 URL 的优先队列，由它来决定下一个要爬取的网址是什么，同时删除重复的网址。

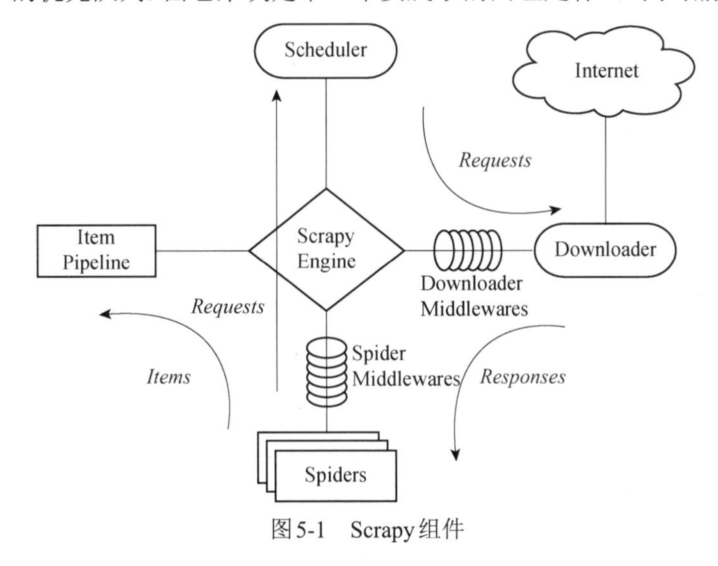


图 5-1　Scrapy 组件

（3）Downloader（下载器）：负责下载引擎发送的所有请求，并将获取的内容返回给引擎，由引擎交给爬虫来处理。爬虫对内容进行解析，提取有用的数据，进行下一步爬取，或将数据结构化给 Item Pipeline。

（4）Spiders（爬虫）：负责处理所有 Response 对象，从中分析提取数据，获取 Item 对象需要的数据，并将需要跟进的 URL 提交给引擎，再次进入调度器。

（5）Item Pipeline（项目管道）：负责处理爬虫中获取的 Item 对象，并进行后期处理（详细分析、过滤、存储等）。

（6）Downloader Middlewares（下载中间件）：可以理解为一个能够自定义扩展下载功能的组件。

（7）Spider Middlewares（爬虫中间件）：可以理解为一个能够自定义扩展和操作引擎，以及爬虫中间通信功能的组件。例如，进入爬虫的 Response 对象和从爬虫中出去的 Request 对象。

在 Scrapy 中，需要先设置 start_urls 属性，调度器将从 start_urls 属性开始，将其交给下载器进行下载，下载后交给爬虫进行分析。爬虫分析出来的结果有两种，一种是需要进一步爬取的链接，如之前分析的“下一页”链接，这些新的需要下载的链接会被传回调度器；另一种是需要保存的数据，它们会被送到 Item Pipeline，对数据进行分析、过滤、存储等后期处理。

### 2. Scrapy 组件的工作流程

下面介绍 Scrapy 组件是怎样进行协调工作的。当使用 Scrapy 的机制编写好程序后，在程序运行过程中，各个组件的工作流程如下。

（1）引擎询问爬虫需要处理的网站信息，爬虫将 start_urls 属性的值传递给引擎。

（2）引擎请求调度器将 Request 对象排序后插入需要爬取的地址队列中。

（3）引擎请求调度器，把处理好的 Request 对象发送给引擎。

（4）引擎把 Request 对象发送给下载器，请求下载器按照下载中间件的设置下载这个 Request 请求。

（5）下载器反馈信息给引擎，即下载器将 Response 对象反馈给引擎。

（6）引擎分析 Response 对象。若下载成功则将信息传递给爬虫，Response 对象默认是交给 parse()方法处理的，解析出 Item 对象或 Request 对象；若下载失败则引擎告知调度器，该 Request 对象下载失败了，请调度器记录下来，稍后进行下载。

（7）爬虫将解析出的 Item 对象或 Request 对象提交给引擎。

（8）引擎获取 Item 对象或 Request 对象后对其进行分析，分别请求 Item Pipeline 或下载器，将 Item 对象发送给 Item Pipeline，将 Request 对象发送给调度器。

（9）从第 3 步开始循环，直到获取完需要的全部信息为止。只有调度器中不存在任何 Request 对象，整个程序才会停止。对于下载失败的 URL，Scrapy 会重新下载。

### 5.2.2 Scrapy 的安装

Scrapy 是基于 Twisted 开发而来的，而 Twisted 是一个事件驱动的 Python 网络框架。Scrapy 的功能十分强大，这得益于很多依赖库的功能支持。为了顺利将 Scrapy 安装成功，最好不要使用 pip install scrapy 命令直接安装，而先行安装需要的依赖库。下面介绍 Windows 中使用 Scrapy 时需要安装的一些依赖库。安装依赖库前，可能需要安装一些工具，如下载 wheel 工具，以便后面安装依赖库。

#### 1. 工具和依赖库简介

在安装 Scrapy 时，需要先安装 4 个依赖库，分别为 lxml、pyOpenSSL、Twisted 和 PyWin32。安装这些依赖库前，有时还需要安装 wheel 工具以便执行 WHL 文件。WHL 格式本质上是一个压缩包，里面包含了 PY 文件，以及经过编译的 PYD 文件，可以在不具备编译环境的情况下，选择合适的 Python 进行安装。

由于 Scrapy 是基于 Python 的，因此需要了解本机安装的 Python 版本和操作系统类型，是 64 位操作系统还是 32 位操作系统。例如，Python 3.6 的版本就是 3.6，在下载依赖库时必须先选择操作系统类型，及与 Python 版本对应的依赖库。

需要注意的是，在使用 pip 命令安装依赖库时，默认安装目录为 Python 34 \lib\site-packages。

#### 2. 安装 wheel 工具和升级 pip 命令

1）安装 wheel 工具

在 cmd 命令行窗口中输入并运行以下代码。

```
pip3 install wheel
```

wheel 工具安装完成后，验证 wheel 工具是否安装成功，可以通过在 cmd 命令行窗口中输入并运行“wheel”实现。

```
C:\Windows\System32>wheel
usage: wheel [-h] {unpack,pack,convert,version,help} …

positional arguments:
  {unpack,pack,convert,version,help}
                        commands
    unpack                    Unpack wheel
    pack                Repack wheel
    convert             Convert egg or wininst to wheel
    version             Print version and exit
    help                Show this help

optional arguments:
  -h, --help        show this help message and exit
```

2）升级 pip 命令

如果版本较低，那么需升级 pip 命令。打开 cmd 命令行窗口，在 Python 34/Scripts 目录下，输入并运行以下代码。

```
C:\Python 35>Python -m pip install --upgrade pip
```

### 3. 安装依赖库

（1）查看 Python 版本信息。在 cmd 命令行窗口中输入“ Python”，按 Enter 键，查看 Python 版本信息。可以看出， Python 的版本为 3.5.2-64bit。

```
C:\Windows\System32>Python
Python 3.5.2 (v3.5.2:ab2c023a9432, Oct  6 2014, 22:16:31) [MSC v.1600 64 
bit (AMD64)] on win32
Type "help", "copyright", "credits" or "license" for more information.
>>> exit()   #exit()函数用于退出 Python
C:\Windows\System32>
```

（2）下载第三方依赖库。有很多用于 Windows 的编译好的第三方依赖库，下载好对应 Python 版本的第三方依赖库即可。可以新建一个文件夹用来存放下载的第三方依赖库。搜索关键字 uci.edu/~gohlke/pythonlibs/，打开包含此关键字的网站。按组合键 Ctrl+F，搜索 lxml、Twisted、pyOpenSSL、Scrapy，下载对应的版本。例如，lxml-3.7.3-cp35-cp35m-win_adm64.whl，表示 lxml 的版本为 3.7.3，对应的 Python 版本为 3.5-64bit。下载后将其存放到新建的文件夹，如“D:\scrapy 依赖库”文件夹中。

（3）安装第三方依赖库。在 cmd 命令行窗口中输入并运行 DOS 命令，进入下载好的 WHL 文件的文件夹中。假设 WHL 文件被放在了“D:\scrapy 依赖库”文件夹中，应运行以下代码。

```
pip3 install lxml-3.7.3-cp35-cp35m-win_amd64.whl
pip3 install Twisted-17.1.0-cp35-cp35m-win_amd64.whl
```

```
pip3 install pyOpenSSL-19.1.0-py2.py3-none-any.whl
pip3 install scrapy-1.5.1-py2.py3-none-any.whl
pip3 install pywin32-228-cp35-cp35m-win_amd64.whl
```

以上安装步骤是比较稳妥的方法。在网络条件比较好的情况下，也可以在 cmd 命令行窗口中使用 pip3 install scrapy 命令直接安装。如果报错，那么也可以使用以下代码逐步安装。

```
pip3 install lxml
pip3 install Twisted
pip3 install pyOpenSSL
pip3 install pywin32
pip3 install scrapy
```

（4）检查是否安装成功。打开 cmd 命令行窗口，输入并运行以下代码。

```
C:\Windows\System32>scrapy version
Scrapy 1.5.1
C:\Windows\System32>
```

上述程序中显示 Scrapy 1.5.1，表明安装成功。

### 5.2.3 Scrapy 的应用

通常在使用 Scrapy 编写爬虫时，由于 Scrapy 中各个组件的基本功能已经实现，因此需要按照对 Scrapy 中各个组件的要求编写相应部分的程序。例如，parse()方法，若存在数据处理，则可以通过设置 settings.py 文件中的选项，将爬虫中的 Item 对象发送给 Item Pipeline 处理等。因此，使用 Scrapy 编写爬虫一般需要以下 4 步。

- 创建项目（scrapy startproject xxx）：创建一个新爬虫项目。
- 明确目标（编写 items.py 文件）：明确想要爬取的目标信息。
- 编写爬虫（spiders/xxspider.py 文件）：编写爬虫，开始爬取网页。
- 存储内容（pipelines.py 文件）：设计管道程序，存储爬取的内容。

下面介绍如何使用 Scrapy 提供的命令，实现简单的爬虫功能。特别需要注意的是，生成爬虫文件后，若要爬取的目标信息（Item 对象）需要用户编写，则在启动爬虫时，可以设置输出文件，即将爬取的 Item 对象输出到设定的文件中。

#### 1. 常用的命令

创建项目：scrapy startproject xxx。

进入项目：cd xxx（进入某个文件夹）。

创建爬虫：scrapy genspider xxx（爬虫名称）xxx.com（爬取域）。

生成爬虫文件：scrapy crawl xxx -o xxx.json（生成某种类型的文件）。

运行爬虫：scrapy crawl xxx。

列出所有爬虫：scrapy list。

获取配置信息：scrapy settings [options]。

### 2. 命令的应用

安装好 Scrapy 以后，运行上述创建项目的命令生成项目的默认结构。具体步骤为，打开 cmd 命令行窗口，进入要存储 Scrapy 项目的目录，输入并运行 scrapy startproject xxx 命令，这里把 FirstProj 作为项目名。

1）创建项目

```
scrapy  startproject  FirstProj
```

输出结果如下。

```
C:\Windows\System32>d:
D:\>scrapy  startproject  FirstProj
New scrapy project 'FirstProj', using template directory
'c:\\Python 34\\lib\\site-packages\\scrapy\\templates\\project', created in:
    D:\FirstProj
You can start your first spider with:
    cd FirstProj
    scrapy genspider example example.com
D:\>
```

2）认识目录结构

执行上述命令后，将会创建一个 D:\FirstProj 文件夹。下面查看 D:\FirstProj 文件夹中的 Scrapy 命令生成的目录结构。注意，带“*”的是重点。

```
├─FirstProj                  #项目总目录
│  │  scrapy.cfg             #部署项目的配置文件（一般不用）
│  └─FirstProj               #项目核心目录
│     │  items.py            #定义数据结构的文件，这是创建数据对象的地方，
                             #爬取的信息分别被放到不同的容器中
│     │  middlewares.py      #存放各种中间件的文件
│     │  pipelines.py        #管道文件*
│     │  settings.py         #项目配置文件*
│     │  __init__.py         #包的标记文件
│     ├─spiders              #爬虫核心目录，用于存储实际的爬虫代码
│     │  │  __init__.py
│     │  └─__pycache__
│     └─__pycache__          #Python的缓存文件
```

3）生成爬虫文件

观察前面的目录结构可以发现，爬虫核心目录 spiders 是项目核心目录 FirstProj 的子目录。因此，应用模板应先生成一个爬虫文件。其需要使用如下 2 个步骤。

（1）cd项目核心目录。

（2）scrapy genspider 爬虫名称 爬取的域名。

使用scrapy startproject FirstProj创建项目成功后，相应的提示信息如下。

```
You can start your first spider with:
    cd FirstProj
    scrapy genspider example example.com
```

例如，在 cmd 命令行窗口中输入以下代码。

```
cd FirstProj
scrapy genspider baidu  baidu.com   #baidu是爬虫名称，baidu.com是爬取的域名
```

输出结果是在 spiders 目录下创建了一个 baidu.py 文件。

输出结果如下。

```
D:\FirstProj\FirstProj>scrapy genspider baidu  baidu.com
Created spider 'baidu' using template 'basic' in module:
  FirstProj.spiders.baidu
```

在创建的爬虫文件中，只是以模板生成了基本的爬虫文件。下面分析 baidu.py 文件代码。

```
#-*- coding: utf-8 -*-
import scrapy
class BaiduSpider(scrapy.Spider):          #继承 scrapy.Spider 类
    name = 'baidu'                         #爬虫的唯一标识，不能重复，启动爬虫时要用
    allowed_domains = ['baidu.com']        #限定域名，只爬取该域名下的网页
    start_urls = ['http://***.com/']       #开始爬取的链接地址

    def parse(self, response):
       pass                                #未定义，由用户根据需要自定义
```

用户也可以自行创建 baidu.py 文件并编写上面的代码，使用命令可以免去编写固定代码的麻烦。

要编写一个爬虫，必须使用 scrapy.Spider 类创建一个子类，并确定以下三个强制的属性和一个方法。

（1）name = ""：爬虫的识别名称，必须是唯一的，不同的爬虫必须定义不同的名称。

（2）allowed_domains = []：搜索的域名范围，也就是爬虫的约束区域，规定爬虫只爬取这个域名下的网页，不存在的 URL 会被忽略。

（3）start_urls = []：因为爬虫从这里开始爬取数据，所以第一次下载的数据将从这里开始。

（4）parse()，主要有两个作用，用户根据这两个作用来进行编程。

负责解析 start_urls 属性中的 URL 形成的 Request 对象的响应信息，即 Response 对象，根据 Item 对象提取数据，解析 Item 对象的前提是 parse()方法中的全部 Request 对象都被加入到了爬取队列中。

下面完善 Scrapy 创建的 baidu.py 文件。

```
#-*- coding: utf-8 -*-
import scrapy
class BaiduSpider(scrapy.Spider):
```

```
        name = 'baidu'
        allowed_domains = ['baidu.com']
        start_urls = ['http://www.***.com/']

        def parse(self, response):
            fname = response.url.split(".")[-2]   #获取URL，使用“.”分段获取文件名
            with open(fname+'.txt', 'w') as f:
                f.write(response.text)            #把访问得到的源代码写入文件
```

打开 settings.py 文件，将注释 ROBOTSTXT_OBEY = True 去掉。

response 是一个 Response 对象，可以通过一些主要属性访问 Response 对象。

```
response.url                      #请求的URL
response.status                   #状态码
response.headers                  #响应头
response.text                     #响应的字符串格式内容
response.body                     #响应的字节格式内容
response.xpath('…').extract()     #提取数据
```

4）运行爬虫

```
cd  FirstProj/FirstProj /spiders
scrapy crawl 爬虫名称(scrapy crawl baidu)
```

需要注意，不要带文件后缀.py。这里的爬虫名称是 baidu.py 文件中定义的'baidu'。

在启动爬虫时 Scrapy 做了什么工作呢？Scrapy 为 start_urls 属性中的 URL 创建了 Request 对象，并将 parse() 方法作为回调函数赋给了 Request 对象，而 Request 对象经过调度器的调度，执行生成 Response 对象并送给 parse()方法进行解析。因此，请求链接的改变是靠回调函数实现的。例如，在 parse()方法中生成后继的新访问地址时，需要调用以下代码。

```
yield scrapy.Request(self.url, callback=self.parse)
```

### 3. 运行爬虫的方式

（1）终端方式运行：进入爬虫文件目录，输入以下代码。

```
scrapy crawl爬虫名称
```

（2）文件方式运行：在 spider 目录下新建一个 Python 文件，如 start.py 文件，输入以下代码。

```
from scrapy import cmdline  #导入cmdline模块
#以下两种任选其中一种
cmdline.execute(['scrapy', 'craw', 'baidu'])
cmdline.execute('scrapy crawl baidu'.split(' '))
```

或

```
from scrapy.cmdline import execute
```

```
#以下两种任选其中一种
execute('scrapy crawl baidu '.split())
execute(['scrapy', 'crawl', 'baidu'])
```

在 IDLE 或其他集成环境中运行 start.py 文件即可。

### 4. 输出格式

根据前面的介绍，爬虫在处理引擎传来的响应信息时，一般会进行两个方面的工作，一是提取网页中的有效数据，一般在 items.py 文件中设置需要提取的数据对象，使用 pipelines.py 文件进行相应的处理；二是处理后继新的请求地址信息。在 Scrapy 中，提供了 3 种输出文件的格式，分别为 JSON、XML 和 CSV。

（1）输出格式如下。

```
scrapy crawl爬虫名称-o自定义文件名.格式
```

（2）默认文件存放目录为 spiders。

JSON 格式：

```
scrapy crawl baidu -o baidu.json
```

XML 格式：

```
scrapy crawl baidu -o baidu.xml
```

CSV 格式：

```
scrapy crawl baidu -o baidu.csv
```

（3）注意事项。

要保存 Item 对象到一个 JSON 文件中，除了可以使用后面介绍的 Item Pipeline，还可以使用 cmd 命令。一般情况下，使用 cmd 命令时，需要设置数据项并返回。如果没有设置数据项或爬虫文件代码中没有语句 yield item，那么返回文件为空。

如果保存的文件出现中文乱码，那么可以在 settings.py 文件中写入如下代码。

```
FEED_EXPORT_ENCODING = 'utf-8'
```

## 5.3 Scrapy 中的选择器

众所周知，在设计爬虫时，比较麻烦的一步是对网页元素进行分析。目前流行的网页元素获取工具有 BeautifulSoup4、lxml 等。Scrapy 带有自己的数据提取机制。之所以将数据提取机制称为选择器，是因为数据提取机制“选择”了 XPath 表达式或 CSS 表达式指定的 HTML 文件的某些部分。Scrapy 的元素选择器，即 XPath 选择器或 CSS 选择器（结合正则表达式）能快速实现定位功能且有很高的提取效率。

## 5.3.1 Scrapy 集成 XPath 选择器或 CSS 选择器的不同

Scrapy 已经集成了 XPath 选择器或 CSS 选择器方法，直接使用即可。和非 Scrapy 的使用方法略有不同，以前无论是获取文本还是获取属性，得到的都是字符串，而在 Scrapy 中使用 XPath 选择器或 CSS 选择器，得到的是 Selector 对象。假设 HTML 标签为 <html><body><span> good</span></body></html>，下面通过构造 XPath 表达式来选择 <span>元素中的文本，分析 Scrapy 中的 XPath 选择器返回的值是否为 Selector 对象。

**例 5-2：**

```
from scrapy.selector import Selector
body = '<html><body><span>good</span></body></html>'
sel=Selector(text=body)
sel1=sel.xpath('//span/text()')
print(sel1)
```

输出结果如下。

```
[<Selector xpath='//span/text()'  data='good'>]
```

该结果为 Selector 对象。下面对比一下常规的 XPath 选择器解析的结果。

```
from lxml import etree
body = '<html><body><span>good</span></body></html>'
body1=etree.HTML(body)
sel2=body1.xpath('//span/text()')
print(sel2)
```

输出结果如下。

```
['good']
```

该结果为字符串列表。

由此可见，Scrapy 集成 XPath 选择器或 CSS 选择器解析的结果不是常规的字符串，而是 Selector 对象。若要提取 Selector 对象，则需要进行内容的提取。

## 5.3.2 选择器简介

Scrapy 中内置了 XPath 选择器和 CSS 选择器。这些选择器提供了一些基本方法，其中常用的是 xpath()方法。

### 1. 基本方法

（1）xpath()方法：传入 XPath 表达式，返回该表达式对应的所有节点的 Selector 对象，数据类型为列表。其语法同前面介绍过的 XPath 选择器的内容。

（2）css()方法：传入 CSS 表达式，返回该表达式对应的所有节点的 Selector 对象列表。其语法同前面介绍过的 CSS 选择器的内容。

（3）re()方法：根据传入的正则表达式对数据进行提取，返回 Unicode 字符串列表。

（4）re_first()方法：根据传入的正则表达式对数据进行提取，返回 Unicode 字符串列表中的第一个元素。

（5）extract()方法：序列化节点为 Unicode 字符串并返回列表，等价于 getall()方法。

（6）extract_first()方法：返回列表中的第一个字符串，等价于 get()方法。

### 2. extract()方法、extract_first()方法、get()方法、getall()方法

在使用 Scrapy 爬取数据时，使用 xpath()方法或 css()方法来获取 HTML 标签，需要用到的提取内容的方法有两类，一类是 extract()方法和 extract_first()方法，另一类是 get()方法和 getall()方法。下面通过示例演示这 4 个方法的使用。

**例 5-3：**

```
from scrapy.selector import Selector
body = '<html><body><span>good</span><span> scrapy
</span></body></html>'
sel=Selector(text=body)
sel1=sel.xpath('//span/text()')
print(sel1)
print("extract() = ",sel1.extract())
print("extract_first() = ",sel1.extract_first())
print("extract()[0] = ",sel1.extract()[0])        #获取列表中的第一个元素
print("get() = ",sel1.get())
print("getall () = ",sel1.getall())
print("getall ()[0] = ",sel1.getall()[0])          #获取列表中的第一个元素
```

输出结果如下。

```
>>>
[<Selector xpath='//span/text()' data='good'>, <Selector xpath='//span/
text()' data=' scrapy '>]
extract() =  ['good', ' scrapy ']
extract_first() =  good
extract()[0] =  good
get() =  good
getall ()=  ['good', ' scrapy ']
getall ()[0] =  good
>>>
```

基于上述 4 个方法，应注意以下几点。

（1）get()方法、getall()方法是新发布的方法，而 extract()方法、extract_first()方法是早期 Scrapy 版本中的方法。

（2）若使用 extract()方法、extract_first()方法获取不到数据则返回 None。

（3）若使用 get()方法、getall()方法获取不到数据则抛出异常。

## 5.3.3　选择器的使用

要使用选择器获取下载网页中的有效数据，一般需要经过 3 个步骤。首先，需要构造 Selector 对象；其次，需要在 Selector 对象上使用 XPath 选择器和 CSS 选择器；最后，需要使用 getall()等方法提取有效数据。

### 1．构造选择器

选择器是将 TextResponse 对象或标记作为 Unicode 字符串文本（在参数 text 中传递）构造的类的实例。通常不需要手动构造选择器。由于在 parse()方法中提供了 Response 对象，因此在大多数情况下，使用 selector.xpath()方法和 selector.css()方法，或使用 css()方法和 xpath()方法，即可对 Response 对象进行一次解析。

有时，需要直接使用 Selector 对象。一般需要构造 Selector 对象后才能使用。

（1）使用字符串文本构造 Selector 对象。

```
#导入Selector 对象
>>> from scrapy.selector import Selector
#定义一段HTML文本
>>> body = '<html><body><span>good</span></body></html>'
#构造Selector对象，其中需要将信息传递给参数 text
>>> sel = Selector(text=body)
#解析和提取数据
 >>> sel.xpath('//span/text()') .get()
```

输出结果如下。

```
'good'
```

（2）使用 Response 对象构造 Selector 对象，将 Response 对象传递给构造的 Selector 对象的方法中的参数 response 。下面演示如何从下载后的网页中使用 Response 对象构造 Selector 对象。

**例 5-4：**

使用 Scrapy 文档服务器页面进行测试的完整 HTML 代码如下。

```
<html>
 <head>
  <base href='http://***.com/' />
  <title>Example website</title>
 </head>
 <body>
  <div id='images'>
   <a href='image1.html'>Name: My image 1 <br /><img src='image1_thumb.jpg'
/> </a>
   <a href='image2.html'>Name: My image 2 <br /><img src='image2_thumb.jpg'
/> </a>
   <a href='image3.html'>Name: My image 3 <br /><img src='image3_thumb.jpg'
```

```
/> </a>
      <a href='image4.html'>Name: My image 4 <br /><img src='image4_thumb.jpg'
/> </a>
      <a href='image5.html'>Name: My image 5 <br /><img src='image5_thumb.jpg'
/> </a>
     </div>
    </body>
   </html>
```

程序代码如下。

```
from scrapy.selector import Selector
from scrapy.http import HtmlResponse
import requests
#使用Response对象构造 Selector 对象，将其传递给构造 Selector 对象的方法中的参数response
response =
    requests.get('http://***.org/en/latest/_static/selectors-
sample1.html')
html1 = response.text
res = HtmlResponse(url=html1,body=html1,encoding='utf-8')
sel = Selector(response = res).xpath('//a').getall()[0]
print(sel)
```

输出结果如下。

```
<a href="image1.html">Name: My image 1 <br><img src="image1_thumb.jpg">
</a>
```

其分析如下。

① 从 scrapy.selector 导入 Selector：from scrapy.selector import Selector。

② 从 scrapy.http 导入 HtmlResponse：from scrapy.http import HtmlResponse。

③ 构造 Selector 对象：sel=Selector(response = res)，其中 res 为 HtmlResponse 对象，通过 response = res 传递给 Selector 对象的参数 response。

（3）由于选择器主要与 Scrapy 结合使用，因此使用 scrapy.Spider 类的 parse()方法中的参数 response 直接调用 xpath()方法或 css()方法来提取数据。参数 response 有一个 selector 属性，调用 selector 属性返回的内容就相当于使用 Response 对象的 text 属性构造一个选择器。通过这个选择器可以调用解析方法，如 xpath()、css()等。通过向解析方法传入 XPath 选择器或 CSS 选择器参数，即可实现信息的提取。

Scrapy 提供了两个实用的快捷方法，即 xpath()方法和 css()方法，二者的功能等同于 selector.xpath()方法和 selector.css()方法。

### 2. 使用选择器

构造了选择器后，通过这个选择器可以调用 xpath()方法、css()方法，以及正则表达式等。xpath()方法、css()方法及正则表达式的语法已在前面章节中介绍过，这里不再赘述。这里简单给出各个方法的应用示例，以进一步理解在 Scrapy 中使用选择器的方法。

1）xpath()方法

上面的示例中提取了 a 节点。下面继续调用 xpath()方法来提取 a 节点内的 img 节点。

```
print (Selector(response=res).xpath('//a/img').getall())#提取a节点内的img 节点
```

或

```
#提取HTML文件中所有的img 文档
print(Selector(response=res).xpath('//img').getall())
```

2）css()方法

通过 css()方法可以使用 CSS 选择器来选择对应的元素。例如，在上面的示例中提取 a 节点，同样可以通过 css()方法实现。

```
sel = Selector(response=res). css('a').getall()[0]
```

另外，css()方法和 xpath()方法一样可以嵌套选择。可以先使用 xpath()方法选择所有 a 节点，再使用 css()方法选择所有 img 节点，最后使用 xpath()方法提取所有 img 节点。

```
res = Selector(response=res)    #构造 Selector 对象
print(res.xpath('//a').css('img').xpath('@src').extract())
```

因此，可以自由组合 xpath()方法和 css()方法实现嵌套查询，二者是完全兼容的。

3）正则匹配

选择器还提供了一种使用正则表达式提取数据的方法，即 re()方法。与使用 xpath()方法和 css()方法不同，使用 re()方法返回 Unicode 字符串列表，而不是选择器列表。因此，无法构造 re()方法嵌套调用。在前面示例的 a 节点中的内容类似于 Name: My image 1，若想将 Name:后面的内容提取出来，则可以借助 re()方法。

```
res = Selector(response=res)  #构造 Selector 对象
print(res.xpath('//a/text()').re(r'Name:\s*(.*)'))
```

输出结果如下。

```
['My image 1 ', 'My image 2 ', 'My image 3 ', 'My image 4 ', 'My image 5 ']
```

类似 get()方法或 extract_first()方法，若只提取第一个匹配的字符串，则可以使用 re_first()方法，re_first()方法可以提取列表中的第一个元素。

```
print(res.xpath('//a/text()').re_first(r'Name:\s*(.*)'))
```

## 5.4 Scrapy爬虫的简单应用

下面使用前面介绍过的 Scrapy 常用的命令来实现第一个爬虫，即 spider1.py 文件。在制作这个爬虫时是以根目录 D:\作为存放地址的。spider1.py 文件的完整代码在本书提供的 code 文件夹下的“例 5-5fspider”文件夹中。

**例 5-5：**

### 1. 创建项目

在开始爬取之前，设置一个新的 Scrapy 项目名，如 fspider。打开 cmd 命令行窗口，使用 DOS 命令进入根目录 D:\，输入以下代码。

```
scrapy startproject fspider
```

### 2. 生成爬虫文件

使用模板生成一个爬虫文件，首先确定需要爬取的网址，以 http:// quotes.***.com 作为示例网站。例如，打开 cmd 命令行窗口，输入并运行以下代码。

```
cd fspider
scrapy genspider spider1  quotes.***.com
```

可以发现，在 D:\fspider\fspider\spiders 目录下生成了一个 spider1.py 文件，这个文件为模板生成的爬虫文件。模板会在 settings.py 文件中初步设置相关的配置信息。对于 spider1.py 文件的 parse()方法，用户可以根据需要编写。

假设需要提取网页中 class="text"、class="author"和 class="tag"标签后的所有内容，应通过编写代码完善程序。

打开网页，分析可知，每个 class="quote"的属性节点都由网页元素表示。

```
<div class="quote" itemscope itemtype="http://schema.org/***">
    <span class="text" itemprop="text">"It is our choices, Harry, that
show what we truly are, far more than our abilities."</span>
    <span>by <small class="author" itemprop="author">J.K. Rowling</small>
    <a href="/author/J-K-Rowling">(about)</a>
    </span>
    <div class="tags">
        Tags:
        <meta class="keywords" itemprop="keywords" content="abilities,
choices" / >
        <a class="tag" href="/tag/abilities/page/1/">abilities</a>
         <a class="tag" href="/tag/choices/page/1/">choices</a>
    </div>
</div>
```

使用 Scrapy 爬虫组件通常会生成许多字典，其中包含从网页中提取的数据。为此，可以改写 parse()方法，使用关键字 yield 将需要提取的数据返回给 Scrapy 的相关组件。spider1.py 文件的程序代码如下。

```
#-*- coding: utf-8 -*-
import scrapy
class Spider1Spider(scrapy.Spider):
    name = 'spider1'
```

```
    allowed_domains = ['quotes.toscrape.com']
    start_urls = ['http://quotes.***.com/']

    def parse(self, response):
        for quote in response.css('div.quote'):
            yield {
                'text': quote.css('span.text::text').get(),
                'author': quote.css('small.author::text').get(),
                'tags': quote.css('div.tags a.tag::text').getall(),
            }
```

### 3. 运行爬虫并存储爬取的数据

存储爬取的数据比较简单的方法是使用 Scrapy 自带的 Feed 输出功能， Feed 输出功能支持多种序列化格式及存储方式，感兴趣的读者可以在 Scrapy 官网查看相关资料。例如，使用以下命令可以将爬取的结果输出到一个 JSON 文件中。

```
cd spiders    #进入爬虫目录
scrapy crawl spider1 -o s1.json
```

“-o s1.json”是输出参数，表示将爬取的数据保存为 JSON 格式，前命名为 s1.json，默认存放在项目目录下。需要注意的是，Scrapy 会每次附加到给定文件上，而不是覆盖其内容。如果两次运行上述代码而没有在第二次运行之前删除 s1.json 文件，那么有可能得到一个损坏的 s1.json 文件。

### 4. 爬取后继链接

上述示例在网站首页爬取内容时，通过关键字 yield 提取了字典数据。如果还需要提取网站中所有网页的引用，那么该如何实现呢？下面介绍如何跟踪网页中的链接。

将链接提取到要关注的网页中。检查网页，查找“next”，可以看到指向下一页的链接的代码。

```
<ul class="pager">
    <li class="next">
        <a href="/page/2/">Next <span aria-hidden="true">&rarr;</span></a>
    </li>
</ul>
```

下面查看 spider1.py 文件，将 parse()方法的功能修改为以递归方式查找下一页的链接，并从中提取数据。

```
def parse(self, response):
        for quote in response.css('div.quote'):
            yield {
                'text': quote.css('span.text::text').get(),
                'author': quote.css('small.author::text').get(),
                'tags': quote.css('div.tags a.tag::text').getall(),
```

```
                }
        #获取新的需要访问的地址
        next_page = response.css('li.next a::attr(href)').get()
        if next_page is not None:
            next_page = response.urljoin(next_page) #生成绝对地址
            yield scrapy.Request(next_page, callback=self.parse)
```

或

```
        for href in response.css(' li.next a::attr(href)').getall():
            next_page = response.urljoin(href)
            yield scrapy.Request(next_page, self.parse)
```

提取数据之后，使用 parse()方法查找下一页的链接，使用 urljoin()方法构建完整的绝对 URL（因为链接可以是相对的），并产生对下一页的新请求，调用自身作为回调函数，处理提取下一页的数据，保持对所有网页的爬取。

上述程序创建了一个循环，跟踪指向下一页的所有链接，直到找不到为止。

#### 5. 创建 Request 对象的快捷方式

Scrapy 提供了 response.follow()方法和 response.follow_all()方法作为创建 Request 对象实例的快捷方式，其中使用 response.follow()方法只能创建一个 Request 对象实例；使用 response.follow_all()方法能创建多个 Request 对象实例。

1）response.follow()方法

与 scrapy.Request() 方法不同，response.follow() 方法直接支持对应 URL，无须调用 urljoin() 方法，也可以直接将地址选择器传递给 response.follow() 方法而不一定需要提取字符串地址。因此，可以对 parse()方法中产生的下一页的请求进行如下修改。

```
    next_page = response.css('li.next a::attr(href)').get()#提取的字符串地址列表
    if next_page is not None:
        yield response.follow(next_page, callback=self.parse)
```

或

```
    for href in response.css(''li.next a::attr(href)'):  #生成的是地址选择器列表
        yield response.follow(href, callback=self.parse)
```

2）response.follow_all()方法

要为一个可迭代对象创建多个请求，可以使用 response.follow_all()方法。

```
    anchors = response.css(''li.next a::attr(href)')
    yield from response.follow_all(urls=anchors, callback=self.parse)
```

或

```
    yield from response.follow_all(css=''li.next a::attr(href)', callback=self.
parse)
```

上述程序对爬取的网页根据需要采用 css()方法提取了数据，并通过 Scrapy 中自定义的内部数据输出了管道参数-o，可以输出到 JSON、CSV 或 XML 文件中。使用这种数据存储方式相对简单地爬取数据是可以的。如果需要应用程序来处理爬取的数据，那么一般不采用这种方式。下面将介绍 Scrapy 的数据管道。

## 5.5 数据管道

Scrapy 中除了通过 Feed 提供简单的输出数据管道参数-o 的功能，还提供了实现数据管道功能的 Item Pipeline，为用户提供了自身编写代码处理爬虫爬取数据的功能。这个组件的功能主要是实现对爬虫组件提供的 Item 对象进行处理。因此，Item Pipeline 主要通过 Scrapy 中的两个文件完成响应的功能，可以打开 D:\fspider\fspider 目录查看其中的 items.py 文件和 pipelines.py 文件，这两个文件是模板自动生成的。

### 5.5.1 items.py 文件

众所周知，编写爬虫的主要目标是从通常是 Web 网页的非结构化源数据中提取结构化数据。items.py 文件在其中起到关键的作用。items.py 文件是用来定义需要提取的结构化数据，是 Item 对象的文件。在 items.py 文件中，会预先定义好要爬取的数据，即 Item 对象，Item 对象是一个以键值对形式定义的数据容器对象，Scrapy 提供了 scrapy.Item，Item 对象必须继承 scrapy.Item。把字段定义好之后，就可以在爬虫中进行使用。

Scrapy 支持多种数据类型的 Item 对象。可以使用任何数据类型创建 Item 对象。只需要编写接收 Item 对象的代码能够处理这些定义的数据类型即可。

#### 1．定义 Item 对象

scrapy.Field()是 Scrapy 框架中的一个类，用于定义 Item 对象中的字段。通过使用 scrapy.Field()，可以在爬虫中定义需要爬取的数据的字段名和类型，以便后续数据的处理和存储。Item 对象的使用方法和 Python 中字典的使用方法类似，即创建一个 scrapy.Item 的子类，且定义每个需要提取的字段的数据类型为 scrapy.Field ()。例如：

```
import scrapy
class FspiderItem (scrapy.Item):    #创建一个继承了scrapy.Item的子类
    name = scrapy.Field()
    price = scrapy.Field()
    stock = scrapy.Field()
    tags = scrapy.Field()
    last_updated = scrapy.Field(serializer=str)
```

上述代码定义了一个 FspiderItem 类的 scrapy.Item 的子类。其中，name、price、stock、tags 和 last_updated 为程序中定义的字段名，相当于 Python 中字典的键。在 parse()方法中，通

过将需要爬取的数据赋值给 Item 对象，如 item['name']= response.css ('li.next a::attr(href)').get() 可以将数据爬取到 Item 对象中。

### 2. scrapy.Field()

Scrapy 是一个 Python 爬虫框架，旨在帮助开发人员快速、高效地从互联网上爬取各种数据。scrapy.Field()是该框架中的一个重要组件，作为爬虫处理数据时的关键组件之一，有许多重要的用途。

首先，scrapy.Field()可以用于定义爬取的数据类型。Scrapy 支持不同类型的数据，如文本、图片、视频等。可以使用 scrapy.Field()来指定每个数据的类型，以及它们在数据库中的存储方式。还可以使用 scrapy.Field()让开发人员将数据存储到不同的文件（NoSQL 数据库文件、CSV 文件等）中。

其次，scrapy.Field()可以用于对数据进行预处理。爬取的文本经常包含一些不必要或无用的信息。使用 scrapy.Field()可以对数据进行处理，将其清洗成需要的格式，或将多个字段合并成一个字段。这样，可以减少在后续数据处理和分析中需要处理的数据量，提高工作效率。

除此之外，scrapy.Field()还可以用于数据的有效性和准确性检查。例如，如果将一个字符串赋给 price 字段，那么 Scrapy 会自动将其转换为数值。

总之，scrapy.Field()是 Scrapy 中一个很重要的组件，可以帮助开发人员配置采集数据类型、对数据进行预处理、进行数据有效性和准确性检查等，从而简化爬虫开发步骤并提高数据质量。

### 3. 使用 Item 对象

要在 Scrapy 中使用 Item 对象爬取数据，首先应明确要爬取的数据目标，其次应编写 items.py 文件。定义 Item 对象非常简单，只需要继承 scrapy.Item ，并将所有字段都定义为 scrapy.Field() 即可。下面以前面定义的 FspiderItem 类来完成一些常见的操作，如填充字段值、访问填充的字段值等，对 items.py 文件中定义的数据项的操作类似于对字典的操作。对字典适用的方法基本也都对 Item 对象适用。

**例 5-6：**

```
import scrapy
class FspiderItem(scrapy.Item):   #创建一个继承了scrapy.Item的子类
    name = scrapy.Field()
    price = scrapy.Field()
    stock = scrapy.Field()
    last_updated = scrapy.Field(serializer=str)
#实例化类
fsitem = FspiderItem()
fsitem1 = FspiderItem(name='Python', price=1000)  #带值实例化类
print ("fsitem = ",fsitem, "   及 fsitem1 = ",fsitem1)
#填充字段值
```

```
fsitem['name']='Desktop PC'
print(fsitem['name'])
print(fsitem.get('name'))
#访问填充的字段值
print(fsitem1.keys())
print(fsitem1.items())
```

输出结果如下。

```
>>>
fsitem =  {}     及 fsitem1 =  {'name': 'Python', 'price': 1000}
Desktop PC
Desktop PC
dict_keys(['name', 'price'])
ItemsView({'name': 'Python', 'price': 1000})
>>>
```

（1）在使用 Item 对象前必须实例化类，可以带值实例化类，如 fsitem1。

（2）可以通过实例化对象名加键名，对 Item 对象赋值或读取 Item 对象，如 fsitem['name']='Desktop PC'或 print(fsitem['name'])。

（3）在使用 Item 对象时支持字典函数操作，但仅提取已赋值的 Item 对象。

### 4．Item 对象应用示例

下面仍然以“例 5-5fspider”文件夹中的示例代码为基础进行说明。

首先，对 items.py 文件进行如下修改。

```
import scrapy
class FspiderItem(scrapy.Item):        #创建一个继承了scrapy.Item的子类
    text = scrapy.Field()              #存储引文信息
    author = scrapy.Field()            #存储作者信息
    tags = scrapy.Field()              #存储引文标签信息
```

在 spiders 目录下新建一个 spider2.py 文件，代码如下。

```
import scrapy
from fspider.items import FspiderItem   #导入items.py文件中的FspiderItem类
class spider2Spider(scrapy.Spider):
    name = "spider2"
    def start_requests(self):#以自定义的start_requests()方法代替start_url 属性
        urls = [
            'http://quotes.***.com/page/1/',
            'http://quotes.***.com/page/2/',
        ]
        for url in urls:
            yield scrapy.Request(url=url, callback=self.parse)
```

```
        def parse(self, response):
            for quote in response.css('div.quote'):
                item = FspiderItem()          #实例化类
                item['text'] = quote.css('span.text::text').get()
                item['author'] = quote.css('small.author::text').get()
                item['tags'] = quote.css('div.tags a.tag::text').getall()
                yield item                    #返回Item对象
```

其次，运行爬虫。打开 cmd 命令行窗口，进入相应目录，输入以下代码。

```
scrapy crawl spider2
```

在爬取过程中，可以看见以下输出结果。

```
{'author': 'Allen Saunders',
 'tags': ['fate', 'life', 'misattributed-john-lennon', 'planning', 'plans'],
 'text': '"Life is what happens to us while we are making other plans."'}
```

由上述输出结果可以看出，Item 对象收集到了响应的采集数据。那么如何对收集的数据进行后续处理呢？可以采用 Item Pipeline 的功能。

## 5.5.2 ItemLoader 的应用

在使用 Scrapy 爬取数据时，首先要明确需要爬取多少数据。若使用 Scrapy 提供的 Item 对象这种简单的容器，通过 Item 对象定义爬取数据的格式，则在爬虫中导入 Item 对象容器后，通过赋值可以将数据爬取下来。但是如果项目很大，爬取的字段数以百计，那么各种提取规则会越来越多，按照这种方式来做，维护工作将会是一场“噩梦”。为此，Scrapy 提供了 ItemLoader，使用这个容器可以配置 Item 对象各个字段的提取规则。可以通过函数分析原始数据，并对 item 字段进行赋值，这样做更为便捷。

Item 对象和 ItemLoader 之间的关系可以这么来看，Item 对象提供的是保存爬取到数据的容器，而 ItemLoader 提供的是填充容器的机制。

ItemLoader 提供的是一种灵活、高效的机制，可以更方便地被爬虫或源格式（HTML、XML 等）扩展并重写，更易于维护，尤其是分析规则复杂繁多时。

ItemLoader 负责数据的收集、处理、填充；而 Item 对象仅承载数据本身。数据的收集、处理、填充归功于 ItemLoader 中的两个重要组件，即输入处理器（input_processor）和输出处理器（output_processor）。

### 1. 实例化 ItemLoader

要使用 ItemLoader，必须先导入 ItemLoader 再将它实例化。可以使用类似字典的对象或前面定义的 items.py 文件中的 Item 对象来进行实例化。下面继续以 spider2.py 文件为例进行介绍，修改后将其存储为 spider3.py 文件。

```
#spider3.py文件
import scrapy
```

```
    from scrapy.loader import ItemLoader    #导入ItemLoader
    from fspider.items import FspiderItem
    class spider3Spider(scrapy.Spider):
        name = "spider3"
        def start_requests(self):
            urls = [
                'http://quotes.***.com/page/1/',
                'http://quotes.***.com/page/2/',
            ]
            for url in urls:
                yield scrapy.Request(url=url, callback=self.parse)
        def parse(self, response):
        #因为是选择器批量提取的，所以无须页内循环提取相关元素中的内容
            item = ItemLoader(item = FspiderItem(), response=response)
            item.add_css('text','div.quote span.text::text')
            item.add_css ('author','div.quote small.author::text')
            item.add_xpath ('tags','//div[@class="quote"]/div[@class="tags"]
/a/text()')
            item.add_value('date', 'today')
            l_item = item.load_item()    #将提取好的数据下载下来
            yield l_item
```

（1）在 item = ItemLoader(item = FspiderItem(), response=response)中有两个重要的参数。第一个参数为 item，传递进来的 Item 对象一般是在 items.py 文件中定义的，也可以是一个类似字典的对象。特别需要注意的是，传递的是一个实例 FspiderItem()，不是类名。当不使用对象进行实例化时，Item 对象会自动使用 ItemLoader.default_item_class 属性中的类实例化。第二个参数为 response，指定的是用于提取数据的源数据，一般是 parse()方法中的参数。

（2）调用 add_xpath() 等方法只是将爬取的数据收集起来。所有数据都被收集起来之后，还需要调用 ItemLoader.load_item()方法，实际上填充并且返回了之前调用 add_xpath()等方法爬取和收集到的数据。

### 2. ItemLoader 填充数据的 3 种方法

实例化 ItemLoader 之后，开始收集数据到 ItemLoader 中。ItemLoader 提供了 3 个重要的方法，即 add_xpath()、add_css()和 add_value()，用于填充数据。它们分别为调用 xpath()方法、add_css()方法和 add_value()方法提供的值填充数据。尤其需要注意，对于 add_value()方法，不管被赋的值是什么，都会自动转换为列表。

运行爬虫。

```
scrapy crawl  spider3
```

可以发现，每个属性值都是列表。

部分输出结果如下。

```
l_item =  {'author': ['Marilyn Monroe',
           'J.K. Rowling',
           'Albert Einstein',
           'Bob Marley',
           … ],
 'date': ['today'],
 'text': [""This life is what you make it. No matter what, you're going to "
          "mess up sometimes, …]
 …
```

add_xpath(fieldname,re/val)方法、add_css()方法和 add_value()方法的重要参数说明如下。

（1）第一个参数 fieldname 用于指定字段名，如'author'。第二个参数 re/val 用于指定对应的提取规则 re 或传值 val。

（2）这些字段填入的全部是列表。即使使用 add_value()方法传递了一个值，结果也是一个列表。

### 3．输入处理器和输出处理器

事实上，每个被定义为 scrapy.Field()的 Item 的字段都有两个参数，第一个是 input_processor，当 Item 对象的'date'、'text'等字段的值被传递过来时，可以在传递过来的值上面做一些预处理；第二个是 output_processor，当 Item 对象的'date'、'text'等字段被预处理之后，在输出前，对 output_processor 进行最后一步处理。因此，每个 Item 对象的字段的数据处理过程如下。

第一步，通过 add_xpath()方法、add_css()方法或 add_value()方法爬取数据。

第二步，将爬取到的数据传递到输入处理器中进行处理，处理结果被收集起来，并保存在 ItemLoader 中，但尚未分配给该 Item 对象。

第三步，调用输出处理器用于处理之前收集到的数据，将其存入 Item 对象，输出处理器的结果是被分配给 Item 对象的最终值。

第四步，收集到所有数据后，通过调用 ItemLoader.load_item()方法来填充，得到填充后的 Item 对象。

需要注意的是，输入处理器和输出处理器都是可调用对象，在调用时传入需要被分析的数据，在处理后返回分析得到的值。因此，可以使用任意函数作为输入处理器和输出处理器。此外，必须提供给它们一个迭代器性质的参数。

下面改写 code 文件夹下的“例 5-5fspider”文件夹中的 items.py 文件为 ditems-1.py 文件。

```
import scrapy
from scrapy.loader.processors import TakeFirst ,MapCompose
#定义一个时间处理转换函数，将2020-8-14转换为2020年8月14日
def date_convert(value):
    c_date = value.split('-')
    c_date=c_date[0]+'年'+c_date[1]+'月'+c_date[2]+'日'
    return c_date
```

```
class FspiderItem(scrapy.Item):          #创建一个继承了scrapy.Item的子类
    text = scrapy.Field( output_processor = TakeFirst())
    author = scrapy.Field()
    tags = scrapy.Field()
    date = scrapy.Field(input_processor = MapCompose(date_convert),
                     output_processor = TakeFirst())
#在spider4.py文件中，先导入ditems.py文件，再导入FspiderItem类
import scrapy
from scrapy.loader import ItemLoader   #导入ItemLoader
import fspider.ditems
from fspider.ditems import FspiderItem
from datetime import datetime
class spider4Spider(scrapy.Spider):
    name = "spider4"
    def start_requests(self):
        urls = [
            'http://quotes.***.com/page/1/',
            'http://quotes.***.com/page/2/',
        ]
        for url in urls:
            yield scrapy.Request(url=url, callback=self.parse)

    def parse(self, response):
        item = ItemLoader(item = FspiderItem(), response=response)
        item.add_css('text','div.quote span.text::text')
        item.add_css ('author','div.quote small.author::text')
        item.add_xpath ('tags','//div[@class="quote"]/div[@class="tags"] /a/text()')
        item.add_value('date', str(datetime.now().date()))
        l_item = item.load_item()          #将提取好的数据下载下来
        yield l_item
```

运行爬虫。

```
scrapy crawl spider4
```

可以发现，'date'的输出格式为“2020 年 08 月 25 日”，'text'只收集了第一条数据。如果需要对 ItemLoader 中提取的数据进行后续处理，那么可以使用处理器的一些方法。

### 4. 常见的内置处理器方法

Scrapy 提供了内置处理器，包含 Join()方法、TakeFirst()方法、MapCompose()方法、Compose()方法、Identity()方法、SelectJmes()方法，常用于数据清洗。下面对这几种方法的用法进行简单介绍。

（1）在使用这些方法之前，需要先导入这些方法，使用什么方法就导入什么方法。

```
from scrapy.loader.processors import Join,TakeFirst,MapCompose,Compose,
```

```
Identity,SelectJmes
```

（2）Identity()方法、TakeFirst()方法、Join()方法、Compose()方法、MapCompose()方法的功能如下。

Identity()方法：不对数据进行处理，直接返回原数据，即数据本身，无参数。

TakeFirst()方法：返回第一个非空值，常用于单值字段的输出处理器。

Join()方法：返回使用分隔符连接的值，默认分隔符为空格。

Compose()方法：使用给定的多个函数的组合构造处理器。列表对象（不是指列表中的元素），依次先被传递给第一个函数并输出，再被传递给第二个函数并输出，以此类推，直到被传递给最后一个函数并输出。

在默认情况下，当遇到空值（列表中有空值）时停止处理。可以通过传递 stop_on_none = False 或 True 改变这种行为。

```
from scrapy.loader.processors import Compose
proc = Compose(lambda v: v[3], str.upper(item), stop_on_none=False)
print( proc(['one', 'two', None, 'three']))
```

输出结果如下。

```
THREE
```

MapCompose()方法：与 Compose()方法的功能类似，区别在于各个函数结果在内部传递的方式不同。

## 5.5.3 pipeline.py 文件的应用

前面介绍了 Item 对象及 ItemLoader。Item 对象在爬虫中被收集之后，将会被传递给项目管道，这些 Item Pipeline 按定义的顺序处理 Item 对象。在不做其他存储处理的情况下，这些被收集的数据会在爬取网页的同时输出到屏幕上。若要对这些收集的数据进行存储处理，则需要完成以下工作。

### 1. Item Pipeline 的启用

打开 D:\fspider 目录下的 settings.py 文件，找到以下配置信息。

```
#Configure item pipelines
#See https://doc.***.org/en/latest/topics/item-pipeline.html
#ITEM_PIPELINES = {
#    'fspider.pipelines.FspiderPipeline': 300,
#}
#删除前面的注释
ITEM_PIPELINES = {
    'fspider.pipelines.FspiderPipeline': 300,
}
```

## 2. 编写 Item Pipeline 处理程序

爬取了一个项目后，将其发送给 Item Pipeline，通过依次执行的几个组件对其进行处理。每个 Item Pipeline 都是一个实现简单方法的 Python 类。组件收到一个 Item 对象并对其执行操作，决定是丢弃此 Item 对象还是存储此 Item 对象。Item Pipeline 的典型应用如下。

- 清理 HTML 数据。
- 验证爬取的数据，检查 Item 对象是否包含某些字段。
- 检查重复项，并将其删除。
- 将爬取结果保存到文件或数据库中。

每个 Item Pipeline 都是一个 Python 类，其中必须实现 process_item()方法，这是因为每个 Item Pipeline 都调用该方法。打开 D:\fspider 目录下的 pipelines.py 文件可以看见，模板生成了基本的文件框架。

```
class FspiderPipeline(object):
    def process_item(self, item, spider):
        return item
```

下面介绍 FspiderPipeline 类中通常需要实现的方法。

1）*必须实现的方法*：process_item()*方法*

```
def process_item(self, item, spider):
    pass    #由用户定义
```

（1）参数 item 表示被爬取的 Item 对象。

（2）参数 spider 表示爬取 Item 对象的爬虫，即正在激活的爬虫。

（3）process_item()方法必须被实现，每个 Item Pipeline 都需要调用该方法，即只要有数据传递过来，就执行一次 process_item()方法。

（4）process_item()方法必须返回一个 Item 对象，即 return item，被丢弃的 Item 对象将不会被之后的 Item Pipeline 处理，或返回延迟对象 Deferred，或引发 Item 对象处理异常 DropItem。

2）*可选实现的方法*：__init__()*方法*、open_spider()*方法和* close_spider()*方法*

这 3 个方法在条件满足时触发，只执行一次。下面介绍一下这 3 个方法。

（1）__init__()方法：可选，一般用于初始化参数等。如果在爬虫 spider2 中统计重复的'author'的数量，并将爬取的数据项写入文件，那么可以进行文件初始化。

```
#爬虫 spider2 的pipelines.py 文件，采用的是原始的 item["text"] = quote.css
#('span.text::text').get()的数据填充法，爬取一个Item对象就调用一次process_ item()方法
    class FspiderPipeline(object):
        def __init__(self):
            self. aut_seen = set()
            self.f = open('exp.json', 'w')
```

编写 process_item()方法。

```
def process_item(self, item, spider):
    num=0
    if item ['author'] in self.aut_seen:
      num = num+1
    else:
      self.aut_seen.add(aut)
    self.f .write(item["text"] +"\n")
    self.f.write(item["author"]+"\n")
    self.f .write(str(item["tags"])+"\n")
    return item
```

（2）open_spider()方法：可选，当爬虫被开启时，这个方法被调用。其语法格式如下。

```
def open_spider(self, spider)
```

其中，参数 spider 表示被开启的爬虫。前面的打开文件的代码 self.f=open('exp.json','w')也可以放于此处。

（3）close_spider()方法：可选，当爬虫被关闭时，这个方法被调用。其语法格式如下。

```
def close_spider(self, spider)
```

其中，参数 spider 表示被关闭的爬虫。下面基于上面的示例继续编写。

```
def close_spider(self, spider):
    self.f.close()
```

要启用 Item Pipeline，必须在 settings.py 文件中把注释去掉。

```
ITEM_PIPELINES = { 'fspider.pipelines.FspiderPipeline': 300, }
```

3）ItemLoader 数据填充法

爬虫 spider3 的 pipelines.py 文件采用 ItemLoader 数据填充法。ItemLoader 数据填充法是指爬取一个网页后将 Item 对象的每项形成一个列表，返回一次数据，调用一次 process_item()方法。每个 Item 对象，如 item ['author']，都是一个列表。下面针对 ItemLoader 数据填充法，修改爬虫 spider3 的 pipelines.py 文件。

```
class FspiderPipeline3(object):
    def  __init__(self):
       self. aut_seen = set()
       self.f = open('exp1.txt', 'w')
       self.num=0
    def process_item(self, item, spider):
       for aut in item ['author']:
           if aut in self.aut_seen:
                self.num = self.num+1
           else:
                self.aut_seen.add(aut)
       self.f.write(str(item['text'])+'\n')
```

```
        self.f.write(str(item['author'])+'\n')
        self.f.write(str(item['tags'])+'\n')
        return item
    def close_spider(self, spider):
        self.f.close()
```

### 3. 其他常用数据存储格式的处理

爬取网页数据后，通过 Item Pipeline 的处理，一般将数据存储为文本文件或数据库文件。对于文本文件，一般会根据需要保存为 TXT、JSON 和 CSV 格式；对于数据库文件，一般会根据数据大小选用 MySQL 数据库等格式。下面将简单介绍几种常用的数据存储格式。

1）处理文件路径

```
import  os
def  __init__(self):
    base_dir = os.getcwd()
    file_name = base_dir + '/test'
    self.f = open(file_name+'. txt', 'w')
    self.f1= open(file_name+'. json', 'w')
    self.f2= open(file_name+'.csv', 'w')
```

2）保存数据为 TXT 格式

参见前面介绍的 pipelines.py 文件示例，此处不再赘述。

3）保存数据为 JSON 格式

首先导入 JSON 格式，其次把字典类型的数据转换为 JSON 格式，最后写入即可。

```
import json
def process_item(self, item, spider):
    line = json.dumps(dict(item),ensure_ascii=False,indent=4)
    self.f1.write(line)
    self.f1.write("\n")
    return item
```

这里强调一下 json.dumps()方法中的几个参数。

（1）item：提取的数据，要转换为 JSON 格式。

（2）ensure_ascii：要设置值为 False。

（3）indent：格式化输出，增加可阅读性。

4）保存数据为 CSV 格式

在一般情况下，爬取的数据都是结构化数据，一般会用字典来表示。在 CSV 库中也提供了字典的写入方式。

```
import csv
def  __init__(self):
     base_dir = os.getcwd()
```

```
        file_name = base_dir + '/test'
        self.f2= open(file_name+'.csv', 'w')
        #初始化 CSV 文件头信息
        fieldnames = ['text','author','tags']  #定义字段名
        #初始化字典
        self.wr = csv.DictWriter(self.f2,fieldnames=fieldnames)
        self.wr.writeheader()                   #调用writeheader()方法写入头信息
    def process_item(self, item, spider):
        #传入相应的字典
        self.wr.writerow({'text':item['text'],'author':item['author'],'tags':
item['tags']})
        return item
```

下面基于爬虫 spider2 收集的 Item 对象，把上述存储方法集成一个完整的 pipelines.py 文件。

```
    import json
    import csv
    class FspiderPipeline(object):
        def  __init__(self):
           self.f = open('exp.txt', 'w')
           self.f1 = open('exp.json', 'w')
           self.f2 = open('exp.csv', 'w')
           #初始化 CSV 文件头信息
           fieldnames = ['text','author','tags']    #定义字段名
           self.wr = csv.DictWriter(self.f2,fieldnames=fieldnames) #初始化字典
           self.wr.writeheader()                   #调用writeheader()方法写入头信息

        def process_item(self, item, spider):
    #TXT 格式
           self.f.write(item['text']+'\n')
           self.f.write(item['author']+'\n')
           self.f.write(str(item['tags'])+'\n')     #item['tags']的值是列表
    #JSON 格式
           line = json.dumps(dict(item),ensure_ascii=False,indent=4)
           self.f1.write(line)
           self.f1.write("\n")
    #CSV 格式
           #传入相应的字典
           self.wr.writerow({'text':item['text'],'author':item['author'],
'tags':item['tags']})
           return item
        def close_spider(self, spider):
           self.f.close()
```

```
        self.f1.close()
        self.f2.close()
```

编写一个启动程序，将其存储到 spiders 目录下。

```
from scrapy.cmdline import execute
name = input ("请输入爬虫名称: ").strip()
execute(['scrapy', 'crawl', name])
```

直接运行启动程序即可。

5）保存为数据库文件

前面已经介绍过 Python 操作 MySQL 数据库的方法，此处不再赘述。当然，也可以将数据存储为其他数据库文件。

```
import mysql.connector
def  __init__(self):
#初始化数据库头信息，必须已创建数据库文件和表文件
    config={'host':'127.0.0.1',     #默认为127.0.0.1
        'user':'root',
        'password':' root ',
        'port':3306 ,                #默认为3306
        'database': 'hello',
        'charset':'utf8'             #默认为utf8
        }
    Self.conn=mysql.connector.connect(**config)
    self .cur = self.conn.cursor()

def process_item(self, item, spider):
    self.cur.execute("insert into exp (text,suthor,tags) VALUES (%s,%s)" ,
              (item['text'], item['author'], str(item['tags']))
    self.cur.close()
    self.conn.commit()
def close_spider(self, spider):
    self. conn.close()
```

## 5.6 settings.py 文件

settings.py 文件允许用户自定义所有 Scrapy 组件，包括核心组件、扩展组件等。settings.py 文件以字典的键值对形式定义每项设置。应用模板生成爬虫框架后，同时也会生成一个 settings.py 文件。爬虫将会自动调用配置文件的信息。

下面为常用的 Scrapy 中 settings.py 文件的设置。

```
#-*- coding: utf-8 -*-
#scrapy settings for GitHub project
```

```
    #For simplicity, this file contains only settings considered important or
    #commonly used. You can find more settings consulting the documentation:
    #http://doc.scrapy.org/en/***/topics/settings.html
    #http://scrapy.readthedocs.org/en/latest/***/downloader-middleware.html
    #http://scrapy.readthedocs.org/en/latest/***/spider-middleware.html
    #Scrapy项目的名称，用来构造默认的 User-agent，同时也用作 log，当使用 startproject
    #命令创建项目时其也被自动赋值
    BOT_NAME = 'fspider'
    #Scrapy搜索爬虫的模块列表，默认为['xxx.spiders']
    SPIDER_MODULES = ['fspider.spiders']
    #使用 genspider 命令创建新爬虫的模块，默认为'xxx.spiders'
    NEWSPIDER_MODULE = 'fspider.spiders'
    #设置User-agent
    #Crawl responsibly by identifying yourself (and your website) on the User-
    #agent
    USER_AGENT = 'Mozilla/5.0 (Windows NT 10.0; WOW64) AppleWebKit/537.36
(KHTML, like Gecko) Chrome/72.0.3626.119 Safari/537.36'
    #设置是否遵守Robots协议，因为一般是不遵守的，所以需要删除注释
    #Obey robots.txt rules
    #ROBOTSTXT_OBEY = False
    #scrapy downloader设置最大并发数，默认是16个
    #Configure maximum concurrent requests performed by scrapy (default: 16)
    #CONCURRENT_REQUESTS = 32
    #Configure a delay for requests for the same website (default: 0)
    #See http://scrapy.readthedocs.org/en/latest/***/settings.html#download-
#delay
    #See also autothrottle settings and docs
    #设置延迟（批量的），如有16个线程，即16个请求之后休息一段时间继续爬取
    #下载器在下载同一个网站的下一个网页前需要等待的时间，用来限制爬取速度，减轻服务器压力
    #DOWNLOAD_DELAY = 3
    #和上方设置最大并发数是一样功能的设置，下载延迟设置只有一个有效
    #The download delay setting will honor only one of:
    #对单个网站进行并发请求的最大值
    #CONCURRENT_REQUESTS_PER_DOMAIN = 16
    #对单个IP地址进行并发请求的最大值。如果非0，那么忽略CONCURRENT_REQUESTS_PER_DOMAIN
    #的设置，使用该设置。也就是说，并发限制将针对IP 地址，而不是网站。该设置也会影响
    #DOWNLOAD_DELAY。如果CONCURRENT_REQUESTS_PER_IP的值非0，那么下载延迟应用在IP地
    #址上而不是网站上
    #CONCURRENT_REQUESTS_PER_IP = 16
    #禁用Cookie(默认启用)
    #Disable cookies (enabled by default)
    #COOKIES_ENABLED = False
    #禁用Telnet控制台（默认启用）
    #Disable Telnet Console (enabled by default)
    #TELNETCONSOLE_ENABLED = False
```

```
#覆盖默认的请求头
#Override the default request headers:
#DEFAULT_REQUEST_HEADERS = {
#'Accept': 'text/html,application/xhtml+xml,application/xml;q=0.9,*/*;q=0.8',
#'Accept-language': 'en',
#}
#爬虫中间件
#Enable or disable spider middlewares
#See http://scrapy.readthedocs.org/en/latest/***/spider-middleware.html
#SPIDER_MIDDLEWARES = {
#'fspider.middlewares.FspiderSpiderMiddleware': 543,
#}
#下载中间件
#Enable or disable downloader middlewares
#See http://scrapy.readthedocs.org/en/latest/***/downloader-middleware.html
#DOWNLOADER_MIDDLEWARES = {
#'fspider.middlewares.FspiderDownloaderMiddleware': 543,
#}
#启用或禁用扩展
#Enable or disable extensions
#See http://scrapy.readthedocs.org/en/latest/***/extensions.html
#EXTENSIONS = {
#'scrapy.extensions.telnet.TelnetConsole': None,
#}
#Configure item pipelines
#See http://scrapy.readthedocs.org/en/latest/***/item-pipeline.html
ITEM_PIPELINES = {
    #'fspider.pipelines3.FspiderPipeline3': 300,
    #数字300表示优先级，数字越小优先级越高
    'fspider.pipelines.FspiderPipeline': 300,
#}
#启用和配置AutoThrottle扩展（在默认情况下禁用）
#Enable and configure the AutoThrottle extension (disabled by default)
#See http://doc.scrapy.org/en/latest/***/autothrottle.html
#AUTOTHROTTLE_ENABLED = True
#初始下载延迟
#The initial download delay
#AUTOTHROTTLE_START_DELAY = 5
#在高延迟情况下设置的最大下载延迟
#The maximum download delay to be set in case of high latencies
#AUTOTHROTTLE_MAX_DELAY = 60
#Scrapy平均请求数应与每个远程服务器并行发送
#The average number of requests scrapy should be sending in parallel to
#each remote server
```

```
#AUTOTHROTTLE_TARGET_CONCURRENCY = 1.0
#启用显示收到的每个响应的限制状态
#Enable showing throttling stats for every response received:
#AUTOTHROTTLE_DEBUG = False
#启用和配置HTTP缓存（在默认情况下禁用）
#Enable and configure HTTP caching (disabled by default)
#See http://scrapy.readthedocs.org/en/latest/***/downloader-middleware. html
#httpcache-middleware-settings
#HTTPCACHE_ENABLED = True
#HTTPCACHE_EXPIRATION_SECS = 0
#HTTPCACHE_DIR = 'httpcache'
#HTTPCACHE_IGNORE_HTTP_CODES = []
#HTTPCACHE_STORAGE = 'scrapy.extensions.httpcache.FilesystemCacheStorage'
```

根据需要，用户还可以自己在 settings.py 文件中以键值对的形式添加设置。感兴趣的读者可以参考官方文档。例如，为了解决中文输出问题，可以在 settings.py 文件中添加以下代码。

```
#FEED_EXPORT_ENCODING = 'utf-8'
```

## 5.7 Scrapy 的综合应用

### 5.7.1 非框架爬虫和 Scrapy 爬虫的比较

下面以获取空气质量实时数据为例，爬取网页中重点城市当日 AQI 和评价。例如，需要爬取的网页信息如图 5-2 所示。

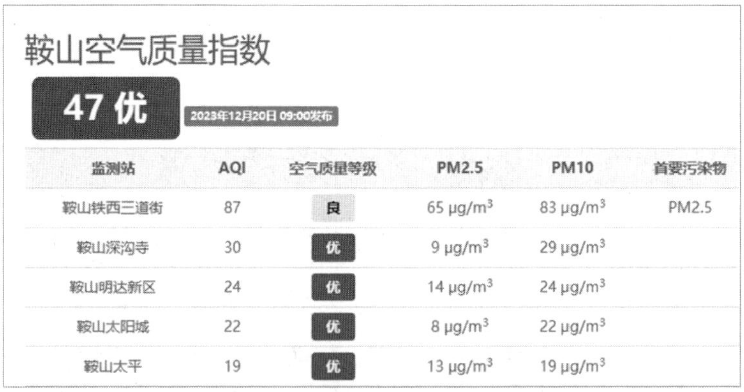

鞍山空气质量指数

47 优 2023年12月20日 09:00发布

| 监测站 | AQI | 空气质量等级 | PM2.5 | PM10 | 首要污染物 |
|---|---|---|---|---|---|
| 鞍山铁西三道街 | 87 | 良 | 65 μg/m³ | 83 μg/m³ | PM2.5 |
| 鞍山深沟寺 | 30 | 优 | 9 μg/m³ | 29 μg/m³ | |
| 鞍山明达新区 | 24 | 优 | 14 μg/m³ | 24 μg/m³ | |
| 鞍山太阳城 | 22 | 优 | 8 μg/m³ | 22 μg/m³ | |
| 鞍山太平 | 19 | 优 | 13 μg/m³ | 19 μg/m³ | |

图 5-2　需要爬取的网页信息

打开网页，查找需要爬取的关键字，找到网页代码，使用前面介绍的方法解析即可。下面分别介绍非框架爬虫和 Scrapy 爬虫。

#### 1. 非框架爬虫

程序代码在 air 目录下。

**例 5-7：**

```
import requests
from bs4 import BeautifulSoup
import bs4
import time

aqilist = []     #存储城市当日 AQI
clist = []       #存储城市当日 AQI 的链接
cnlist = []      #存储城市名
cwlink = ["/air/changdudiqu/", "/air/kezilesuzhou/", "/air/linzhidiqu/",
      "/air/rikazediqu/", "/air/shannandiqu/", "/air/simao/", "/air/
      xiangfan/","/air/naqudiqu/", "/air/yilihasake/"] #异常链接
def handle_request(url):          #伪装成浏览器的头信息，发出请求
    header = {
        'User-agent': 'Mozilla/5.0 (Windows NT 6.1; Win64; x64) AppleWebKit/
537.36 (KHTML, like Gecko) Chrome/69.0.3497.100 Safari/537.36',
    }
    request = requests.get(url, headers=header,timeout=30)
    return request

def get_page(city):                   #获得HTML 爬取城市信息
    url = "http://www.***.com"+city
    if city in cwlink:
        aqilist.append("Null 异常链接")
    else:
        try:
            r=handle_request(url)
            r.raise_for_status()
            r.encoding = r.apparent_encoding
            ht = r.text
            soup = BeautifulSoup(ht, "html.parser")
            s = soup.find("span")
            if s is not None:
                aqilist.append(s.text)
            else:
                aqilist.append("没有数据")        #返回网页状态正常，没有数据
        except:
            aqilist.append("Null 没有数据")    #爬取失败

def get_allcity():                                  #爬取城市的链接
    url = "http://www.***.com"
    try:
        r=handle_request(url)
        r.raise_for_status()
```

```
        r.encoding = r.apparent_encoding
    except:
        print("爬取城市的链接失败")
    html = r.text
    soup = BeautifulSoup(html, "html.parser")
    time = soup.find('h4').text
    print(time)
    for it in soup.find(id="citylist").children:
        if isinstance(it, bs4.element.Tag): #检测it是否为bs4.element.Tag类型
            for its in it.find_all('a'):
                if not its.get('href') in clist:
                    clist.append(its.get('href'))       #加入到列表中
                if not its.string in cnlist:            #删除重复的城市名
                    cnlist.append(its.string)

def main():
    get_allcity()
    print("共爬取了{}个城市".format(len(clist)))
    f=open('air.txt','w',encoding='utf-8')
    print("正在爬取中……")
    for it in range(len(clist)):
        get_page(clist[it])
        print("{0} {1}".format(cnlist[it], aqilist[it]))
        apnum=aqilist[it].split()  #拆分空气质量数据
        #形成字符串
        str1= str(it)+','+cnlist[it]+','+apnum[0]+','+apnum[1]+'\n'
        f.write(str1)                  #写入文件
    f.close()
    print("网页爬取结束！")

if __name__ == '__main__':
    time.sleep(3)                      #休眠
    main()
```

#### 2. Scrapy 爬虫

程序代码在 air2 目录下。下面按照模板创建项目，步骤如下。

（1）创建项目。

```
scrapy startproject  air2
```

（2）进入项目目录。

```
cd air2
```

（3）生成爬虫文件。

```
scrapy genspider air2spider www.air-level.com
```

（4）编写 items.py 文件的代码、air2spider.py 文件的代码、pipelines.py 文件的代码、main.py 文件的代码。

```
#items.py文件的代码
import scrapy
class Air2Item(scrapy.Item):
    city_name = scrapy.Field()      #城市名
    aqi_val = scrapy.Field()        #空气质量指数
    quality_level = scrapy.Field()  #空气质量等级

#air2spider.py文件的代码
#-*- coding: utf-8 -*-
import scrapy
import requests
from bs4 import BeautifulSoup
import bs4
import time
from air2.items import  Air2Item

base_url = 'http://www.***.com'
cwlink = ["/air/changdudiqu/", "/air/kezilesuzhou/", "/air/linzhidiqu/",
         "/air/rikazediqu/", "/air/shannandiqu/", "/air/simao/", "/air/
         xiangfan/", "/air/naqudiqu/", "/air/yilihasake/"]  #异常链接

class Air2spiderSpider(scrapy.Spider):
    name = 'air2spider'

    def start_requests(self):
        urls=['http://www.***.com']
        UA={'User-agent':'Mozilla/5.0 (Windows NT 10.0; WOW64) AppleWebKit/
537.36 (KHTML, like Gecko) Chrome/65.0.3325.181 Safari/537.36'}
        for url in urls:
            yield scrapy.Request(url=url,callback=self.parse,headers= UA,
encoding='utf-8')
#为了解决中文输出问题，在settings.py文件中添加信息
    #FEED_EXPORT_ENCODING = 'utf-8'
    def parse(self, response):
        city_url_list =
            response.xpath('//div[@id="citylist"]//div[@class= "citynames"]
//a//@href')
        #获取城市名
        for city_url in city_url_list:
            #依次遍历城市的URL
            if city_url.extract() not in cwlink:
                city_url = base_url + city_url.extract()
```

```
                yield scrapy.Request(url=city_url,callback=self.parse_
citypage)
        #解析每个城市的数据
        def parse_citypage(self, response):
            item = Air2Item()
            demo = response.body.decode('utf-8') #获取网页信息，为字符串
            soup = BeautifulSoup(demo, "html.parser")
            s = soup.find("span")
            cityname=response.xpath('//div[@class="row page"]//div[@class=
"col-md-8"]/h2/text()').extract()
            if cityname !=[] :
               item['city_name']=cityname[0][0:len(str(cityname[0]))-6]
            else:
                item['city_name']=''

            if s is not None:
                val=s.string
                item['aqi_val']=val.split()[0]
                item['quality_level']=val.split()[1]
            else:
                item['aqi_val']='Null'
                item['quality_level']="没有数据"
            yield item
    #pipelines.py文件的代码。提示，需要先创建数据库和表文件，若无则可以注释掉数据库部分的代码
    from scrapy.exporters import CsvItemExporter
    from air2.items import Air2Item
    #import pymysql
    import mysql.connector
    MYSQL_CONFIG = {
       'user': 'root',
       'password': 'root',
       'host': '127.0.0.1',
       'database': 'air2'  }

    class Air2Pipeline(object):
        def __init__(self):
            # 创建数据库的连接
            self.connect = mysql.connector.connect(**MYSQL_CONFIG)
            # 创建游标，用来操作表
            self.cursor = self.connect.cursor()
            dele="delete from air"
            self.cursor.execute(dele)

        def open_spider(self,spider):
```

```
        #打开CSV文件
        self.file = open('air2.csv', 'wb')
        self.exporter = CsvItemExporter(self.file)
        self.exporter.start_exporting()
        #打开TXT文件
        self.f=open("air2.txt",'w')

    def close_spider(self,spider):
        #关闭CSV文件
        self.exporter.finish_exporting()
        self.file.close()
        #关闭TXT文件
        self.f.close()
        #关闭数据库
        self.cursor.close()
        self.connect.close()

    def process_item(self, item, spider):
        #爬虫处理Item对象的方法
        line=str(dict(item))+'\n'
        self.f.write(line)
        self.exporter.export_item(item)

        #将Item对象放入数据库，默认同步写入
        if item['city_name']!='' :
            insert_sql = "insert into air (cityname, airnum, quality)
values ('%s','%s','%s')"
            data=(str(item['city_name']),str(item['aqi_val']),str(item
['quality_level']))
            sql=insert_sql%data
            self.cursor.execute(sql)
            self.connect.commit()   #提交操作
        return item
#main.py文件的代码
from scrapy import cmdline
name='air2spider' #若需输出到air2scv.csv文件中，则可以使用语句name='air2spider
-o air2scv.csv'
cmd = 'scrapy crawl {0}'.format(name)
cmdline.execute(cmd.split())
```

注意，修改settings.py文件中的ITEM_PIPELINES及USER_AGENT的值。

（5）修改settings.py 文件。按照程序中的提示信息进行修改，将其中的ROBOTSTXT_OBEY的值由True改为False。

## 5.7.2 选择器的应用

下面以 Scrapy 爬取“豆瓣电影”网站 TOP250 的信息为例进行介绍。首先分析源代码，观察图 5-3 可以发现，所有信息都被放在一个单独的<li>元素中，而且<li>元素中还有一个 class 属性的值为 item 的 <div> 元素包裹着所有信息，选取其中电影的名称、评分和简介。

```html
<ol class="grid_view">
        <li>
            <div class="item">
                <div class="pic">
                    <em class="">1</em>
                    <a href="https://movie.douban.com/subject/1292052/">
                        <img width="100" alt="肖申克的救赎" src="https://img3.doubanio.com/view/photo/s_ratio_poster/public/p480747492.webp" class="">
                    </a>
                </div>
                <div class="info">
                    <div class="hd">
                        <a href="https://movie.douban.com/subject/1292052/" class="">
                            <span class="title">肖申克的救赎</span>
                                    <span class="title"> / The Shawshank Redemption</span>
                                <span class="other"> / 月黑高飞(港)  /  刺激1995(台)</span>
                        </a>


                            <span class="playable">[可播放]</span>
                    </div>
                    <div class="bd">
                        <p class="">
                            导演: 弗兰克·德拉邦特 Frank Darabont   主演: 蒂姆·罗宾斯 Tim Robbins /...<br>
                            1994 / 美国 / 犯罪 剧情
                        </p>


                        <div class="star">
                                <span class="rating5-t"></span>
                                <span class="rating_num" property="v:average">9.7</span>
                                <span property="v:best" content="10.0"></span>
                                <span>2959182人评价</span>
                        </div>

                            <p class="quote">
                                <span class="inq">希望让人自由。</span>
                            </p>
                    </div>
                </div>
```

图 5-3 源代码分析

由于每页只能显示 25 条数据，因此还需要判断是否存在下一页，如果存在那么继续爬取，最后爬取 10 页共 250 条数据。

下面举例说明如何爬取“豆瓣电影”网站 TOP250 的信息并将其存入 CSV 文件。

**例 5-8：**

这里以选择器解析数据，并使用 Feed 输出到 CSV 文件中。

其步骤如下。

（1）创建项目。

```
scrapy startproject dban
```

（2）进入项目目录。

```
cd dban
```

（3）生成爬虫文件。

```
scrapy genspider dbspider movie.douban.com/top250
```

（4）打开 settings.py 文件，将其中的 ROBOTSTXT_OBEY 的值由 True 改为 False。

（5）编写 dbspider.py 文件和 main.py 文件的代码。

```
#dbspider.py文件的代码
```

```
    #-*- coding: utf-8 -*-
    import scrapy
    class dbspiderSpider(scrapy.Spider):
        name = 'dbspider'
        headler = {
          'User-agent': 'Mozilla/5.0 (Windows NT 10.0; WOW64) AppleWebKit/
537.36 (KHTML, like Gecko)Chrome/63.0.3239.132 Safari/537.36'}
        urls = ['https://movie.***.com/top250/']

        def start_requests(self):
          for url in self.urls:
              yield scrapy.Request(url=url, callback=self.parse, headers=
self.headler)

        def parse(self, response):
          #使用CSS选择器，通过for语句循环遍历电影的名称、评分和简介
          for quote in response.css('div.item'):
              yield {
        "film_name":  quote.css('div.info  div.hd  a  span.title::text').extract_
first(),
        "score":  quote.css('div.info  div.bd  div.star  span.rating_num::text').
extract(),
        "Introduction":  quote.css('div.info  div.bd  p.quote  span.inq::text').
extract()
        }
          #下一页的地址
          next_url=response.css('div.paginator span.next a::attr(href)').
extract()
          if next_url:
              next_url="https://movie.***.com/top250"+next_url[0]
              print(next_url)
              yield scrapy.Request(next_url,headers=self.headler)

    #main.py文件的代码
    from scrapy import cmdline
    name='abspider -o dbscv.csv'
    cmd = 'scrapy crawl {0}'.format(name)
    cmdline.execute(cmd.split())
```

# 第 6 章

# 动态网页爬取

## 6.1 JavaScript 与 AJAX

### 6.1.1 JavaScript

JavaScript 是一种函数优先的轻量级、解释型的高级编程语言，已经被广泛用于互联网上的 Web 开发。JavaScript 代码是通过嵌入 HTML 来增加交互行为的。

其中，JavaScript 分为 3 个部分。

ECMAScript：JavaScript 的核心，定义了 JavaScript 的基本语法和数据类型，包括变量、表达式、运算符、函数、if 语句、for 语句等。

DOM 用于操作页面元素的 API。例如，可以控制相关元素的增删改查。

BOM（Browser Object Model，浏览器对象模型）用于操作浏览器部分功能的 API。例如，弹出框、控制页面滑动等。

JavaScript 有以下特点。

简单易用：可以使用任何文本编辑工具编写，只需要浏览器就可以执行程序。

解释执行（解释语言）：事先不编译，逐行执行，无须进行严格的变量声明。

基于对象：内置大量现成对象，编写少量程序即可完成目标。

JavaScript 是一种弱类型语言。其语法通常可以与 C++和 Java 进行对比。JavaScript 的语法中的一些元素，如操作符、循环条件和数组等，与 C++、Java 的语法接近。

提示，在运行 JavaScript 文件时，可以打开浏览器，通过右击或按 F12 键打开控制台，把<script>元素中的内容输入，按 Enter 键，即可查看输出结果。当然，也可以安装 node.js 等运行环境。

#### 1. 基本语法

JavaScript 对换行、缩进、空格不敏感。每行语句结尾要添加分号，如果不添加分号，那么压缩后将不能运行。JavaScript 语句中的所有符号都是英文。

1）JavaScript 语句

<script>元素中包含 JavaScript。每个 JavaScript 语句均以分号结束。例如：

```
<script>
alert("我的第一个 JavaScript");
</script>
```

2）注释

单行注释以//开头。

```
// 这是一行注释
alert('hello'); // 这也是注释
```

多行注释以 /* 开头，以 */ 结尾。

```
/* 这是一行注释
alert('hello'); 这也是注释*/
```

### 2. 数据类型

JavaScript 的数据类型分为两种，一种为简单数据类型，另一种为复杂数据类型。
简单数据类型有数字（Number）、字符串（String）、布尔（Boolean）、Null 和 Undefined。
复杂数据类型有数组（Array）、对象（Object）。

1）数字

JavaScript 不区分整数和浮点数，统一用数字表示。

```
var a=123;          // 整数
var b=0.456;        // 浮点数
var c=1.2345e3;     // 用科学记数法表示1.2345×1000，等同于1234.5
var d= -99;         // 负数
var e=NaN;          // NaN表示Not a Number，当无法计算结果时用NaN表示
// Infinity表示无限大，当数值超过了JavaScript的数字所能表示的最大值时使用Infinity
var f=Infinity;
```

2）字符串

字符串是以单引号或双引号引起来的任何字符。

```
var a = "abcd";
var b = '哈哈哈';
```

字符串的属性如表 6-1 所示。

表 6-1　字符串的属性

| 属性 | 描述 |
| --- | --- |
| constructor | 返回创建字符串属性的函数 |
| length | 返回字符串的长度 |
| prototype | 给对象的构造函数添加新属性 |

字符串的方法如表 6-2 所示。

表 6-2　字符串的方法

| 方法 | 描述 |
| --- | --- |
| charAt() | 返回指定索引位置的字符 |
| charCodeAt() | 返回指定索引位置字符的 Unicode |
| concat() | 连接两个或两个以上的字符串，返回连接后的字符串 |
| fromCharCode() | 将 Unicode 转换为字符串 |
| indexOf() | 返回字符串中检索指定字符第一次出现的位置 |
| lastIndexOf() | 返回字符串中检索指定字符最后一次出现的位置 |
| trim() | 移除字符串首尾的空白 |
| trimLeft() | 移除字符串左侧的空白 |
| trimRight() | 移除字符串右侧的空白 |
| substring() | 返回指定索引区间的子串 |
| slice() | 提取字符串片段，并在新字符串中返回被提取的部分 |
| toLowerCase() | 把字符串转换为全小写形式 |
| toUpperCase() | 把字符串转换为全大写形式 |
| split() | 把字符串分割为子串数组 |
| valueOf() | 返回某个字符串的原始值 |

3）布尔

布尔值只能为 True 或 False。

```
var x=true;
var y=false;
```

4）Null 和 Undefined

（1）Null 是一个表示“无”的对象，在转为数值时为 0；Undefined 是一个表示“无”的原始值，在转为数值时为 NaN。

Null 表示没有对象，即该处不应该有值

① 作为函数的参数，表示该函数的参数不是对象。

② 作为对象原型链的终点。

（2）Undefined 表示默认值，就是此处应该有一个值，但是还没有被定义。

① 变量虽被声明了，但没有被赋值时，就相当于 Undefined。

② 在调用函数时，应该提供的参数没有提供，该参数等于 Undefined。

③ 对象没有赋值的属性的值为 Undefined。

④ 函数在没有返回值时，默认返回 Undefined。

5）数组

数组是一组按顺序排列的集合，集合的每个值被称为元素。JavaScript 的数组可以包括任意数据类型。

创建数组的方法如下。

（1）通过方括号实现。

```
var arr= [1, 2, 3.14, 'Hello', null, true];
```

（2）通过 array()函数实现。

```
var arr= new array(1, 2, 3);
```

数组的方法如表 6-3 所示。

表 6-3　数组的方法

| 方法 | 描述 |
|---|---|
| push() | 返回指定索引位置字符的 Unicode |
| pop() | 从数组中删除最后一个元素，返回“被弹出”的值 |
| shift() | 移除数组的第一项 |
| unshift() | （在一数组开头）向数组中添加一个或多个元素 |
| indexOf() | 返回检索一个指定元素的位置 |
| toString() | 将数组转换为字符串 |
| slice() | 切片 |
| reverse() | 反转 |
| sort() | 排序 |
| splice () | 从指定索引位置开始删除若干个元素，并从该位置开始添加若干个元素 |
| concat() | 合并多个数组，得到一个新数组，原数组不变 |
| join() | 将数组中的元素连接成字符串 |
| forEach() | 将数组中的每个元素传递给回调函数 |
| map() | （迭代）遍历数组，每次循环时执行传入的回调函数，根据回调函数的返回值生成一个新数组 |

6）对象

JavaScript 的对象是一种无序的集合数据类型，由若干个键值对组成，以“名称:值”的形式来书写（名称和值由冒号分隔）。键值对在 JavaScript 的对象中通常被称为对象属性。

```
    var person = {firstName:"Bill", lastName:"Gates", age:62,
eyeColor:"blue"};
    person.lastName;          // 通过操作符 “.” 来访问对象属性
    person["lastName"];       //通过操作符['xxx']来访问对象属性
```

### 3. 变量

JavaScript 使用关键字 var 来声明变量，和 Python 类似，两者都是弱类型语言，只不过 Python 不需要使用关键字来声明。其命名规范为，只能由英文字母、数字、下画线、美元符号构成，不能以数字开头，且不能是 JavaScript 的关键字，如 var、for 等。应严格区分大小写，也就是说，同一个单词的大写和小写是不一样的变量。

JavaScript 的关键字如表 6-4 所示。

表 6-4　JavaScript 的关键字

| abstract | arguments | boolean | break | byte |
|---|---|---|---|---|
| case | catch | char | class | const |
| continue | debugger | default | delete | do |
| double | else | enum | eval | export |

续表

| for | function | goto | if | implements |
|---|---|---|---|---|
| import | in | instanceof | int | interface |
| let | long | native | new | null |
| package | private | protected | public | return |
| short | static | super | switch | synchronized |
| this | throw | throws | transient | true |
| try | typeof | var | void | volatile |
| while | with | yield | | |

下面给变量赋值。

```
var pi=3.14;                #数字变量
var str="John Doe";         #字符串变量
//在一条语句中声明很多变量时，该条语句以关键字 var 开头，并使用逗号分隔变量
var lastname="Doe", age=30, job="carpenter";
```

### 4. 运算符

逻辑运算符如表 6-5 所示。

表 6-5 逻辑运算符

| 逻辑运算符 | 描述 |
|---|---|
| && | 逻辑与 |
| \|\| | 逻辑或 |
| ! | 逻辑非 |

比较运算符如表 6-6 所示。

表 6-6 比较运算符

| 比较运算符 | 描述 |
|---|---|
| == | 等于 |
| === | 等同于（值和类型均相等） |
| != | 不等于 |
| !== | 不等同于（值和类型至少有一个不相等） |
| > | 大于 |
| < | 小于 |
| >= | 大于或等于 |
| <= | 小于或等于 |

算术运算符用于对数字执行算术运算。算术运算符如表 6-7 所示。

表 6-7 算术运算符

| 算术运算符 | 描述 |
|---|---|
| + | 加 |
| - | 减 |

续表

| 算术运算符 | 描述 |
|---|---|
| * | 乘 |
| / | 除 |
| % | 取模（余数） |
| ++ | 自增 |
| -- | 自减 |

位运算符如表 6-8 所示。

表 6-8　位运算符

| 位运算符 | 描述 |
|---|---|
| & | 与 |
| \| | 或 |
| ~ | 非 |
| ^ | 异或 |
| << | 零填充位运算左移 |
| >> | 有符号位运算右移 |
| >>> | 零填充位运算右移 |

### 5. 控制语句

1）分支语句

分支语句是基于不同的条件来执行不同动作的。

在 JavaScript 中，可以使用以下分支语句。

（1）if 语句：只有当指定条件为 True 时，才使用该语句来执行代码。

（2）if...else 语句：当条件为 True 时执行 if 后面的代码；当条件为 False 时执行 else 后面的代码。

（3）if...else if...else 语句：使用该语句来选择多个代码块之一来执行。

（4）switch 语句：使用该语句来选择多个代码块之一来执行。

if...else 语句的使用示例如下。

```
if (time<20)
{
    x="Good day";
}
else
{
    x="Good evening";
}
```

switch 语句的使用示例如下。

```
var d=new Date().getDay();
switch (d)
```

```
{
    case 0:x="今天是星期日";
    break;
    case 1:x="今天是星期一";
    break;
    case 2:x="今天是星期二";
    break;
    case 3:x="今天是星期三";
    break;
    case 4:x="今天是星期四";
    break;
    case 5:x="今天是星期五";
    break;
    case 6:x="今天是星期六";
    break;
}
```

2）语句：循环语句

JavaScript 支持不同类型的循环语句。

（1）for 语句：循环代码块特定的次数。

（2）for…in 语句：循环遍历对象的属性。

（3）while 语句：在每次循环开始时判断条件，当指定的条件为 True 时，循环指定的代码块。

（4）do…while 语句：在每次循环完成时判断条件，当指定的条件为 True 时，循环指定的代码块。

for 语句的使用示例如下。

```
var x = 0;
var i;
for (i=1; i<=10000; i++) {
    x = x + i;
}
```

### 6. 函数

1）定义函数

在 JavaScript 中，定义函数的语法格式如下。

```
function functionname()
{
    // 执行代码
}
```

2）调用函数

在调用函数时，按顺序传入参数即可。

例如，下面的 JavaScript 代码通过递归方式计算 Fibonacci 序列，最后把结果输出到浏览器的开发者控制台上。

```
<script>
function fibonacci(a, b){
    var nextNum = a + b;
    console.log(nextNum+" is in the Fibonacci sequence");
    if(nextNum < 100){
        fibonacci(b, nextNum);
    }
}
fibonacci(1, 1);
</script>
```

JavaScript 还有一个非常好的特性，就是可以把函数作为变量使用。

```
<script>
var fibonacci = function() {
    var a = 1;
    var b = 1;
    return function() {
        var temp = b;
        b = a + b;
        a = temp;
        return b;
    }
}
var fibInstance = fibonacci();
console.log(fibInstance()+" is in the Fibonacci sequence");
console.log(fibInstance()+" is in the Fibonacci sequence");
console.log(fibInstance()+" is in the Fibonacci sequence");
</script>
```

在上述程序中，变量 fibonacci 被定义成一个函数，返回一个递增的 Fibonacci 序列中较大的值。变量 fibonacci 每次被调用时，会返回 Fibonacci 序列的计算函数，再次执行 Fibonacci 序列的计算，并增加变量的值。

虽然这样看起来有点儿复杂，但是在解决一些问题时，如计算 Fibonacci 序列的值，使用这种方式还是比较合适的。在处理用户行为和回调函数时，把函数作为变量进行传递是非常方便的。此外，在阅读 JavaScript 代码时也必须适应这种编程方式。

虽然了解 JavaScript 本身的语法很重要，但是在当前的网络开发中，可能要使用至少一种 JavaScript 的第三方库。在查看网页源代码时，可能会看到很多常用的 JavaScript 的第三方库。

jQuery 是一个十分常见的库，可以通过一行简单的标记被添加到网页中。一个网站使用 jQuery 的特征，就是源代码中包含了 jQuery 入口，代码如下。

```
    <script  src="http://ajax.***.com/ajax/libs/jquery/1.9.1/jquery.min.  js">
</script>
```

如果在一个网站上看到了 jQuery，那么在采集这个网站的网页中的内容时要格外小心。jQuery 可以动态地创建网页中的内容，只有在 JavaScript 代码执行之后才会显示。如果使用传统的方法采集网页中的内容，那么只能获得 JavaScript 代码执行之前网页中的内容。

另外，这些网页中还可能包含动画、用户交互内容和嵌入式媒体，这些内容对数据采集来说都是挑战。

## 6.1.2 AJAX

AJAX（Asynchronous JavaScript and XML，异步 JavaScript 和 XML）其实并不是一门语言，而是使用 JavaScript 在保证网页不被刷新、网页链接不被改变的情况下与服务器交换数据并更新部分网页的技术，换句话说，AJAX 是一种在无须重新加载整个网页的情况下，能够更新部分网页的技术。网站不需要使用单独的网页请求就可以和网络服务器进行交互（收发信息）。由于 AJAX 并不是一门语言，因此在使用 AJAX 时，不应该说“这个网站是用 AJAX 写的”，正确的表达是“这个网站使用了 AJAX 与网络服务器通信技术”。

对传统的网页来说，如果想更新其内容，那么必须重新加载整个网页，有了 AJAX，便可以在网页不被重新加载的情况下更新。在这个过程中，网页实际上是在后台与服务器进行了数据交互。获取数据之后，使用 JavaScript 改变网页。这样网页内容就会被更新。因此，AJAX 使得互联网应用程序更简洁、运行速度更快、界面更友好。然而，针对使用了 AJAX 的网页，爬虫提取信息时会比较麻烦。

AJAX 的核心是 XHR（XMLHttpRequest），可以通过使用 XHR 获取服务器的数据，通过 DOM 将数据插入到网页中。虽然名称中包含 XML，但 AJAX 通信与数据格式无关。因此，数据可以是 XML 、 JSON 等格式。

### 1. 实例引入

在浏览网页时用户经常会发现，很多网页都可以通过滑动滚动条查看更多的选项。例如，打开“豆瓣电影”网站网页，在“排行榜”选项卡中，单击“动作”按钮一直向下滑动滚动条，可以发现向下滑动几次滚动条后不再出现新内容，转而会出现一个加载的动作，不一会儿下方就会继续出现新内容，这个过程其实就是 AJAX 加载的过程。简而言之，用户会发现网页呈现出一个效果，即快到底时又有了新内容，这样基本可以判定使用 AJAX 进行了异步加载。

### 2. 基本原理

初步了解 AJAX 之后，下面详细了解它的基本原理。从发送 AJAX 请求到更新网页的过程可以简单地分为发送请求信息、解析内容、渲染并显示网页 3 个步骤。

简而言之，就是客户端发送请求信息给服务器，服务器收到请求后，将类型为 XHR 的文件返还给客户端，客户端对其进行解析，渲染并显示网页。

下面分别介绍这3个步骤。

1）发送请求信息

众所周知，使用JavaScript可以实现网页的各种交互功能，AJAX也不例外，AJAX也是由JavaScript实现的，实际上运行了以下代码。

```
    var xmlhttp;
    if (window.XMLHttpRequest){
        //code for IE7+,Firefox,Chrome,Opera,Safari
        xmlhttp = new XMLHttpRequest();
    }
    else{
    /code for IE6,IE5
        xmlhttp = new ActiveXObject("Microsoft,XMLHTTP");
    }
    xmlhttp.onreadystatechange = function(){
            if (xmlhttp.readyState == 4 && xmlhttp.status == 20){
                document.getElementById("myDiv").innerHTML = xmlhttp.
responseText;
            }
    }
    xmlhttp.open("POSt","AJAX在服务器中的位置",True);
    xmlhttp.send();
```

上述代码中的核心对象是XHR，这正是AJAX的技术基础。所有现代浏览器均支持XHR（IE5和IE6使用ActiveXObject）。

XHR用于在后台与服务器交换数据，具体作用如下。

（1）在不重新加载网页的情况下更新网页。

（2）已加载网页后通过服务器请求数据。

（3）已加载网页后通过服务器接收数据。

（4）在后台向服务器发送数据。

这是JavaScript对AJAX底层的实现，实际上就是先新建了XHR，再调用了onreadystatechange属性设置了监听，最后使用了XHR的open()函数和send()函数将请求发送到服务器。这里请求的发送由JavaScript完成。由于设置了监听，因此当服务器返回Response对象时，onreadystatechange属性对应的方法便会被触发，并解析Response对象。

2）解析内容

onreadystatechange属性对应的方法被触发后，使用responseText属性便可以获取Response对象。这类似于Python中使用Requests向服务器发送请求信息，并获取响应信息的过程。返回的内容可能是HTML，也可能是JSON。下面只需要在方法中使用JavaScript进一步处理即可。如果是JSON，那么可以进行解析和转化。

3）渲染并显示网页

```
document.getElementById("myDiv").innerHTML=xmlhttp.responseText;
```

若需获取来自服务器的响应信息，则应使用 XHR 的 responseText 属性或 responseXML 属性。其中 responseText 属性用于获取 TXT 或 JSON 文件，而 responseXML 属性用于获取 XML 文件。相应地，接收到 XHR 文件之后，剩下的事情就交给 JavaScript 来做了。JavaScript 会针对解析完的内容对网页进行下一步处理。例如，通过 document.getElementById("myDiv").innerHTML=xmlhttp.responseText;会将 id 属性的值为 myDiv 的元素内部的 HTML 代码更改为服务器返回的内容，这样 id 属性的值为 myDiv 的元素便会呈现出服务器返回的新数据，网页就会实现部分内容的更新。这样操作可以对某个元素中的源代码进行更改，进而使网页显示的内容改变。这样的操作也被称为 DOM 操作，即对 HTML 文件进行操作，如更改、删除等。

以上 3 个步骤其实都是由 JavaScript 完成的。

真实的数据都是通过一次次 AJAX 请求得到的，如果想要爬取这些数据，那么需要知道这些请求到底是怎么发送的、要发往哪里，以及发送了哪些参数。知道了这些内容之后，就可以使用 Python 爬虫模拟发送操作，并获取其中的结果了。

## 6.2 分析和爬取AJAX数据

### 6.2.1 分析 AJAX 数据

这里还以“豆瓣电影”网站为例，已知拖动刷新的内容由 AJAX 加载，且网页的 URL 没有变化，那么应该到哪里去查看这些 AJAX 请求的信息呢？查看 AJAX 请求的信息，如图 6-1 所示。其步骤如下。

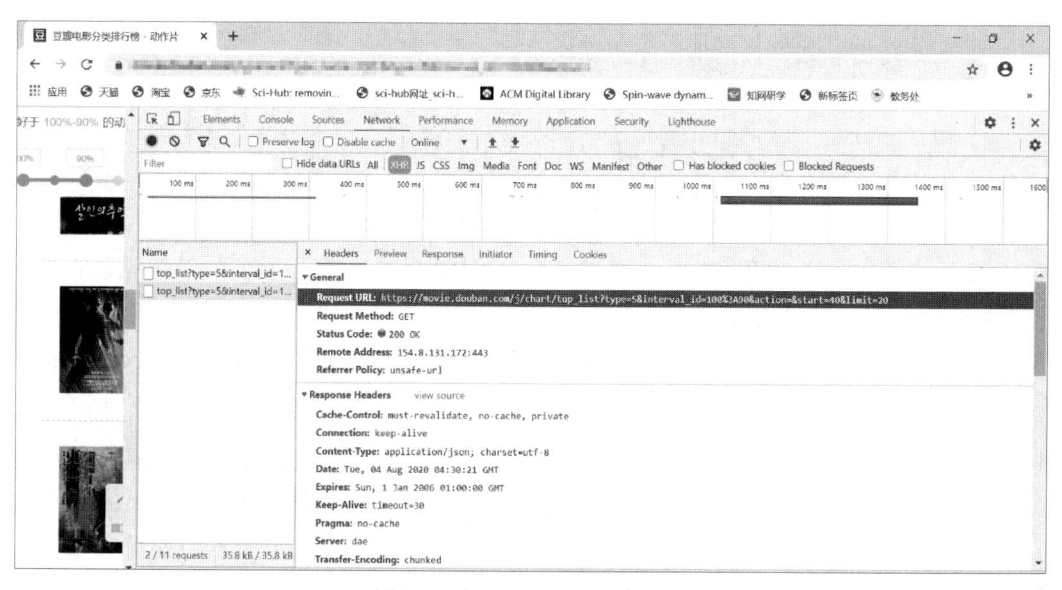


图6-1　查看AJAX请求的信息

（1）右击网页中的任意位置，在弹出的快捷菜单中选择“检查”命令，选择“Network”

选项。

（2）向下滑动滚动条，刷新网页。

（3）可以看到请求在不断更新，单击任意一个请求，即可看到该请求的信息。

（4）选择“XHR”选项。在右侧可以观察到其请求头、URL 和响应头等信息。

至此，找到了真实地址，即 Request URL 后面的地址。

## 6.2.2　爬取 AJAX 数据

找到了使用 AJAX 的网页的真实地址后，就可以直接使用这个地址获取数据了，代码如下。

**例 6-1：**

```
from urllib import request
import json

#interval_id用于表示排名段（可自行修改），限制20个
url = "https://movie.***.com/j/chart/top_list?type=5&interval_id=100%3A
90&action=&start=20&limit=20"
herders={
    'User-agent':'Mozilla/5.0  (Windows  NT  6.1;WOW64)  AppleWebKit/537.36
(KHTML, like GeCKO) Chrome/45.0.2454.85 Safari/537.36 115Broswer/6.0.3',
    'Referer':'https://movie.***.com/',
    'Connection':'keep-alive'}
req=request.Request(url,headers=herders)
response=request.urlopen(req)
data=response.read().decode('utf8')

data = json.loads(data)

#遍历输出JSON数据中的键值对
for item in data:
       print("排名：", item['rank'], "\n",
           "名称：", item['title'], "\n",
           "类型：", item['types'], "\n",
           "主演：", item['actors'], "\n",
           "分数：", item['score'],"\n-------------",)
```

输出结果如下。

```
排名： 21
名称： 杀人回忆
类型： ['剧情', '动作', '犯罪', '悬疑', '惊悚']
主演： ['宋康昊', '金相庆', '金雷夏', '宋在浩', '边希峰', '高瑞熙', '柳泰浩',
'朴努植', '朴海日', '全美善', '徐永�', '崔钟律', '刘承睦', '申贤宗', '李在应', '郑
```

```
仁仙', '吴龙', '朴真宇', '朴泰京', '沈成宝', '朴镇宇', '廉惠兰', 'Joo-ryeong Kim', '李东勇', '赵德济', '申文成', '孙康国', '李大贤', '李玉珠', '刘仁秀', '千明宰', '郭秀贞', '曹文义', '朴贤英', '申贤胜', '权炳吉', '金熙珍', '崔铉基', '金荷景', '金景来', '金景来', '白奉基', '孙镇浩', '金周灵', '刘琴', '禹高娜', '李勋京', '申云燮', '李江山']
    分数: 8.8
    -------------
    排名: 22
    名称: 谍影重重3
    类型: ['动作', '悬疑', '惊悚']
    主演: ['马特·达蒙', '朱丽娅·斯蒂尔斯', '大卫·斯特雷泽恩', '斯科特·格伦', '帕迪·康斯戴恩', '埃德加·拉米雷兹', '阿尔伯特·芬尼', '琼·艾伦', '克里·约翰逊', '丹尼尔·布鲁赫', '乔伊·安沙', '科林·斯廷顿', '丹·弗雷登堡', '特雷弗·圣约翰', '查尔斯·维恩', '弗朗卡·波滕特', '布莱恩·考克斯', '劳伦斯·波萨', '马克·巴泽利', '汤姆·加洛普', '马克·莫特拉姆', '迈克尔·怀德曼', '杰弗里·李·吉布森', '凯·马丁', '斯科特·阿金斯', '露西·莱曼', '布兰科·托莫维奇']
    分数: 8.8
   ……………………#省略了后面的输出内容，读者可以通过运行本程序查看
```

### 6.2.3 爬取 AJAX 数据的综合应用

下面主要爬取由 AJAX 加载的“豆瓣电影”网站中的内容。

打开“豆瓣电影”网站网页，单击“选电影”选项卡中的“类型”下拉按钮，在弹出的下拉列表中选择“全部类型”选项；单击“选电影”选项卡中的“年代”下拉按钮，在弹出的下拉列表中选择“全部年代”选项；单击“选电影”选项卡中的“地区”下拉按钮，在弹出的下拉列表中选择“全部地区”选项。此时，一页显示 20 条满足条件的电影介绍，滑动滚动条到网页底部，单击“加载更多”按钮，将继续显示下一页内容，如图 6-2 所示。

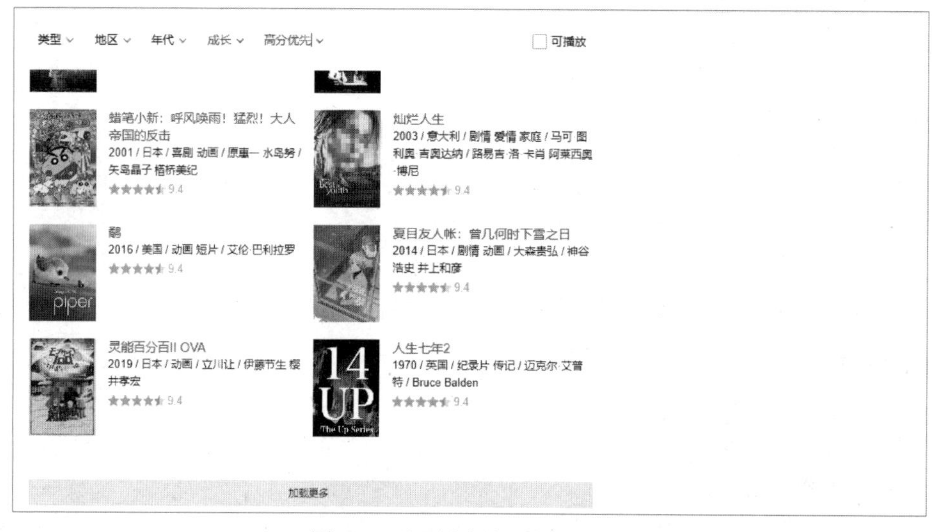


图6-2 “豆瓣电影”网站网页

网页是通过 AJAX 加载的。

单击“加载更多”按钮，可以发现在“Network”选项卡中多了一个 new_search，也就是重新加载的网页。对比几个 new_search 会发现，在 Request URL 的末尾 start=i 中，i 一直是 20 的倍数，可以直接编写一个循环爬取多个网页电影信息的代码。

可以很容易地依据 URL 的规律直接构造二次请求的 URL，得到真实地址。检查请求的信息如图 6-3 所示。

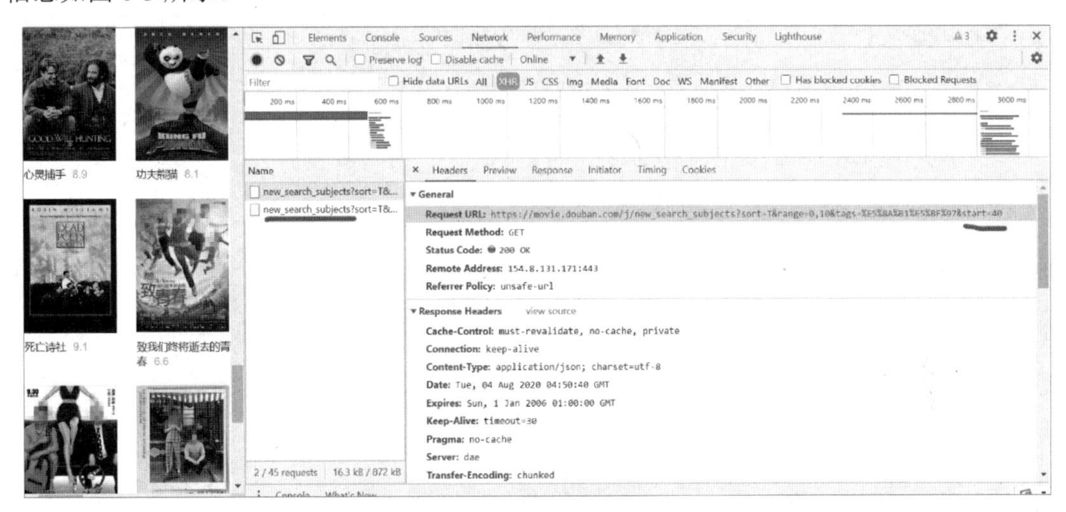


图 6-3　检查请求的信息

爬取真实网站，URL 的构造请参考如例 6-2 所示。

**例 6-2：**

```
import requests
from requests.exceptions import RequestException
import time
import csv
import json

headers = {'User-agent':'Mozilla/5.0 (Windows NT 10.0; WOW64) AppleWebKit/
537.36 (KHTML, like Gecko) Chrome/55.0.2883.87 Safari/537.36'}
def get_one_page(url):
    try:
        response = requests.get(url,headers=headers)
        if response.status_code == 200:
            #将返回的JSON数据转换为Python可读的字典
            return response.json()
        return None
    except RequestException:
        print("爬取失败")

def parse_one_page(d):
    try:
```

```
            datum = d['data']
            for data in datum:
                yield{
                    'Title':data['title'],
                    'Director':data['directors'],
                    'Actors':data['casts'],
                    'Rate':data['rate'],
                    'Link':data['url']
                }
            if data['Title','Director','Actors','Rate','Link'] == None:
                return None
        except Exception:
            return None
def main():
    for i in range(10):#爬取10个网页，如果需要更多数据，那么可以将数值修改得更大一些
        url = '''https://movie.***.com/j/new_search_subjects?sort= T&range=0,
10&
            tags=%E5%8A%B1%E5%BF%97&start={}'''.format(i*20)
        d = get_one_page(url)
        print('第{}页爬取完毕'.format(i+1))
        for item in parse_one_page(d):
            print(item)
        #将输出的数据依次写入 CSV 文件
        with open('Movie.csv', 'a', newline='',encoding='utf-8') as f:
            fieldnames = ['Title', 'Director', 'Actors', 'Rate', 'Link']
            writer = csv.DictWriter(f, fieldnames=fieldnames)
            writer.writeheader()
            for item in parse_one_page(d):
                writer.writerow(item)
if __name__=='__main__':
    main()
```

## 6.3 爬取动态内容

### 6.3.1 动态渲染网页

在 6.2 节中介绍了分析和爬取 AJAX 数据，这其实也是 JavaScript 动态渲染网页的一种情形，通过直接分析 AJAX，仍然可以借助 Requests 或 Urllib 来实现数据的爬取。在之前的示例中，使用 Google Chrome 的检查功能可以很容易地根据选项卡中二次请求的 URL 的规律变化找到源地址。然而，有一些网站非常复杂，如天猫产品评价，使用检查功能很难根据选项卡中二次请求的 URL 的规律找到调用的网页。除此之外，有一些数据的真实地址也十分冗长和复杂，有些网站为了规避爬取会对地址进行加密，造成其中的一些变量让人“摸

不着头脑”。例如，在“淘宝”网站中，即使是 AJAX 获取的数据，因其 AJAX 接口含有很多加密参数而使用户难以直接找出其规律，也很难直接通过分析 AJAX 数据来爬取 AJAX 数据。当然，JavaScript 动态渲染网页的方式不止这一种。例如，中国青年网的分页部分是由 JavaScript 生成的，并非原始的 HTML 代码，这其中并不包含 AJAX 请求。

下面介绍另一种方法，即使用浏览器渲染引擎，直接用浏览器在显示网页时解析 HTML、应用 CSS 样式并执行 JavaScript 代码。这个方法在爬取过程中会打开一个浏览器加载该网页，自动操作浏览器浏览各个网页，顺便爬取数据。也就是说，可以直接使用能够模拟浏览器运行的方式来实现，这样可以做到在浏览器中看到是什么样的，爬取的源代码就是什么样的，简单而通俗地来说，就是使用浏览器渲染引擎将爬取动态网页变成爬取静态网页。这样就不用再去考虑网页内部的 JavaScript 使用了什么算法进行渲染，也不用再去分析网页后台的 AJAX 接口到底有哪些参数。

Python 提供了许多模拟浏览器运行的库，如 Selenium 等。下面介绍 Selenium。注意，读者在运行本章中的示例时，要保持浏览器和浏览器驱动程序的版本一致。

## 6.3.2 Selenium 的安装

Selenium 是一个用于应用程序测试的工具。Selenium 测试直接运行在浏览器中，浏览器自动按照脚本实现单击、输入、打开、验证等操作，就像真正的用户在操作一样。对一些采用 JavaScript 渲染的网页来说，使用这种爬取方式非常有效。使用 Selenium 需要安装相应的依赖库，下面介绍 Selenium 的安装过程。若需下载相应的依赖库，则可以在 Selenium 、GitHub、PyPI 等官网找到相应的文件链接。

### 1. 使用 pip 命令安装

推荐直接使用 pip 命令安装。打开 cmd 命令行窗口，在 Python34 /Scripts 目录下，输入并运行以下代码。

```
pip3 install selenium
```

### 2. 使用 wheel 工具安装

也可以在 PyPI 官网中下载对应的 wheel 工具进行安装，若最新版本为 3.141.0，则下载 selenium-3.141.0-py2.py3-none-any.whl 即可。

进入 wheel 工具文件目录，使用 pip 命令安装。

```
pip3 install selenium-3.141.0-py2.py3-none-any.whl
```

### 3. 验证安装

进入 Python 命令行交互模式，使用语句 import selenium 导入 Selenium 包，如果没有报错，那么证明安装成功。

成功安装 Selenium 后，还需要使用浏览器驱动（Google Chrome、Firefox 等）来配合 Selenium 的工作。

## 6.3.3 ChromeDriver 的安装

ChromeDriver 是 Python 爬虫使用的 Selenium 用来模拟打开 Google Chrome 必要的一个文件，能够模拟在 Google Chrome 上的操作。如果用户使用的是其他浏览器，那么需要下载对应的浏览器驱动。Google Chrome 因无界面爬取的优势和很高的稳定性常常被当作爬虫用户首选的浏览器。

### 1. 确认正确版本的浏览器驱动

爬虫开始时，首先启动本地事先安装好的 Google Chrome，由于 ChromeDriver 只兼容相应的浏览器版本，因此在下载前需要确定 ChromeDriver 的版本。

要确定 Google Chrome 的版本，可以通过以下方法实现。

（1）打开 Google Chrome，先单击“帮助”按钮，再选择“关于 Google Chrome”选项。

（2）输入“chrome://version”，如图 6-4 所示。

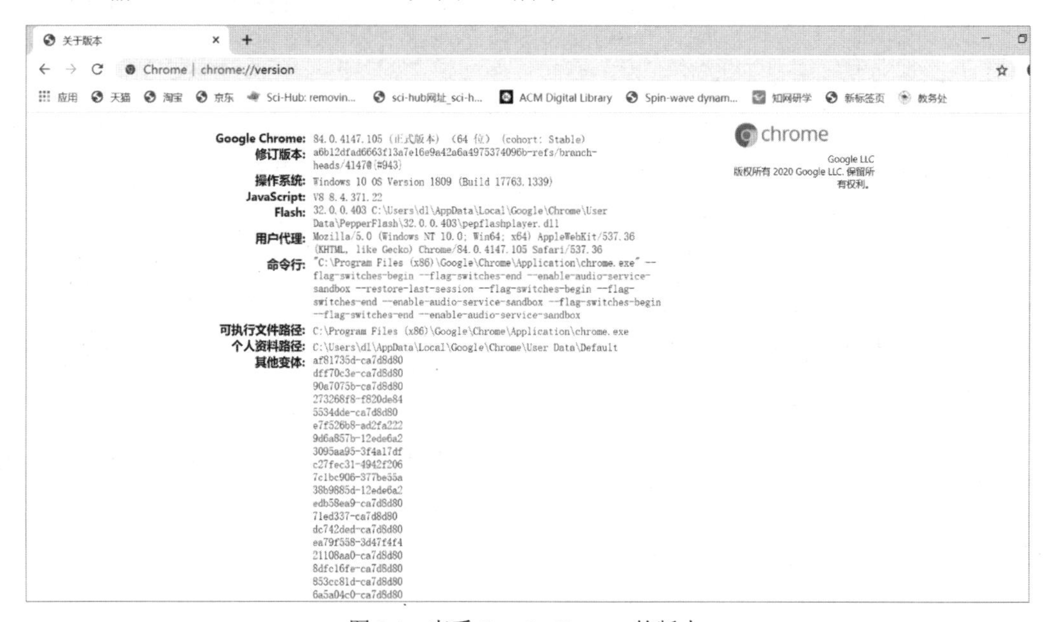


图6-4　查看 Google Chrome 的版本

### 2. 下载 ChromeDriver

确定相应的版本后，下载 ChromeDriver。具体可以到百度搜索关键字“ChromeDriver 下载”，选择相应的版本。注意，Windows 不区分 64 位和 32 位，计算机为 64 位的下载 win32 即可。例如，版本是 84.0.4147.105，下载 84.0.4147.30 即可，如图 6-5 所示。

### 3. 配置环境变量

下载完成后，解压缩压缩包，找到 chromedriver.exe 文件，将该文件复制到相应的位置，即复制该文件到 Python34/Scripts 目录下。如果使用的是 PyCharm，那么应再复制该文件到 Python34/site-packages/selenium/webdriver/chrome 目录下。

复制 chromedriver.exe 文件的目录并将其加入计算机的环境变量。在控制面板中选择

“高级系统设置”选项，在弹出的“系统属性”对话框的“高级”选项卡中，单击“环境变量”按钮，在弹出的“环境变量”对话框的“系统变量”列表框中选择“Path”选项，单击“编辑”按钮，如图 6-6 所示。

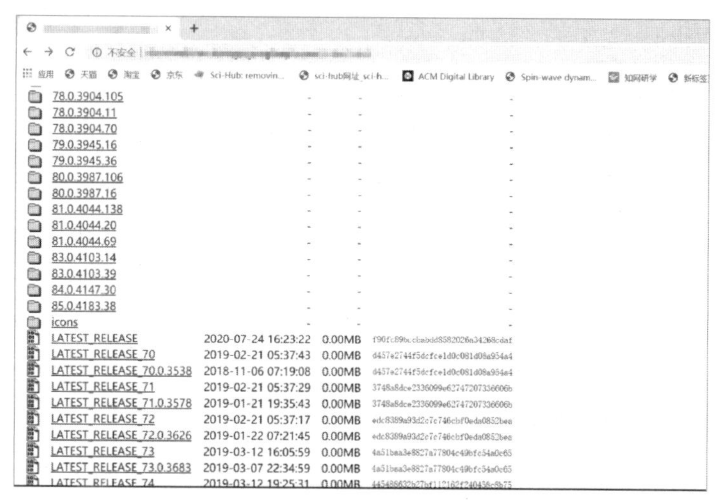


图 6-5　下载 ChromeDriver

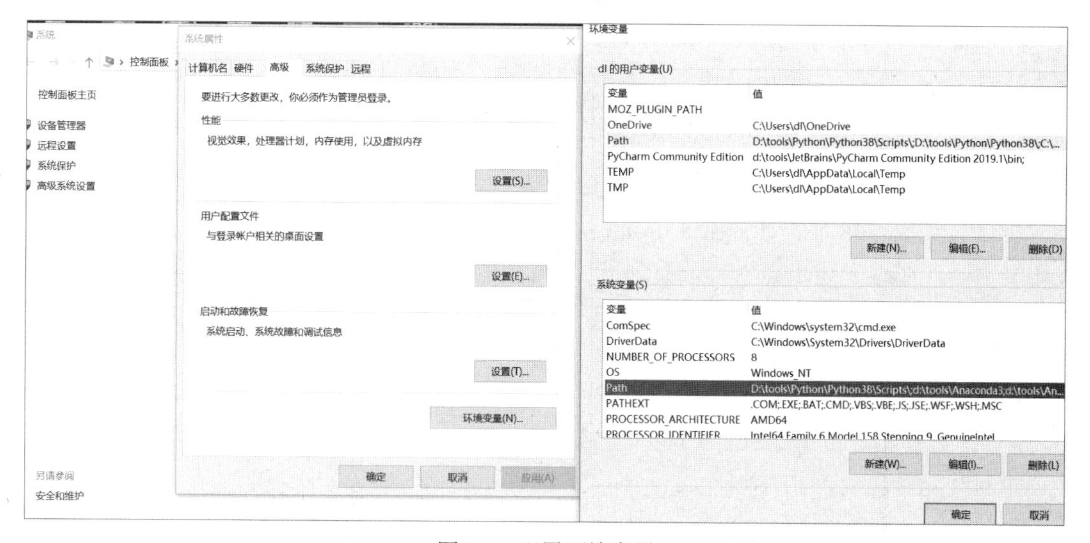


图 6-6　配置环境变量

### 4．验证环境变量

配置完成后，就可以直接执行 chromedriver 命令了，如果产生如图 6-7 所示的输出结果，那么证明 ChromeDriver 的环境变量配置完成。

```
Microsoft Windows [版本 10.0.17763.1339]
(c) 2018 Microsoft Corporation。保留所有权利。

C:\Users\dl>chromedriver
Starting ChromeDriver 84.0.4147.30 (48b3e868b4cc0aa7e8149519690b6
f6949e110a8-refs/branch-heads/4147@{#310}) on port 9515
Only local connections are allowed.
Please see https://chromedriver.chromium.org/security-considerati
ons for suggestions on keeping ChromeDriver safe.
ChromeDriver was started successfully.
```

图 6-7　验证环境变量

### 6.3.4 Selenium 的使用

使用 Selenium 模拟浏览器操作可以分为以下几个步骤。

#### 1．获取网页代码

（1）导入 webdriver 模块。

```
from selenium import webdriver
```

（2）创建 Google Chrome。

```
driver  = webdriver.Chrome()
```

创建 Google Chrome 后，在程序执行时会弹出 Google Chrome。

（3）使用 driver.get()方法访问网页。

```
driver.get('https://www.***.com/')
```

这类似于 requests.get()方法，同样是请求网址，不同的是 driver.get()方法请求后的网页源代码中有异步加载的信息，这样可以轻松地获取 JavaScript 的数据。

（4）通过 driver.page_source 获取网页代码。

```
html = driver.page_source
print(html)
```

（5）使用 driver.close()方法或 driver.quit()方法关闭浏览器。

运行后发现，弹出了 Google Chrome 并且自动访问了网页，控制台输出了网页代码，关闭浏览器。通过上述步骤（1）～（5），即可获取网页代码，非常便捷。

#### 2．查找网页元素

获取网页代码后，可以使用多种方法查找网页元素并爬取其中的数据，在之前的几章中，曾介绍过使用 BeautifulSoup4 选择网页元素。Selenium 在 DOM 中使用了全新的选择器来查找网页元素。

1）使用 XPath 查找网页元素

使用 XPath 查找网页元素主要有以下两个函数。

（1）find_element_by_xpath()函数：查找匹配的第一个元素，如果找到那么返回一个 WebElement 对象，如果找不到那么抛出异常。

（2）find_elements_by_xpath()函数：查找匹配的所有元素列表，每个元素都是一个 WebElement 对象，如果找不到那么返回空列表。

任何一个 WebElement 对象都可以调用 find_element_by_xpath()函数与 find_elements_by_xpath() 函数。

2）使用 WebElement 对象查找网页元素的文本与属性

使用 WebElement 对象可以查找网页元素的文本与属性。

（1）text 属性：任何一个 WebElement 对象都可以通过 text 属性获取文本，网页元素的文本是它与它的所有子孙节点的文字的组合，如果没有那么返回空字符串。

（2）get_attribute(attrName)方法：任何一个 WebElement 对象都可以通过 get_attribute()函数获取 attrName 属性的值，如果元素中没有获取 attrName 属性那么返回 None。

3）使用 id 属性的值查找网页元素

HTML 中的很多元素都有一个唯一的 id 属性的值，Selenium 可以使用 id 属性的值查找网页元素。

driver.find_element_by_id()函数：查找匹配的第一个元素，如果找到那么返回一个 WebElement 对象，如果找不到那么抛出异常。

4）使用 name 属性的值查找网页元素

HTML 中的很多元素都有一个 name 属性的值，Selenium 可以使用 name 属性的值查找网页元素。

（1）find_element_by_name()函数：查找 name=value 匹配的第一个元素，如果找到那么返回一个 WebElement 对象，如果找不到那么抛出异常。

（2）find_elements_by_name()函数：查找匹配的所有元素列表，每个元素都是一个 WebElement 对象，如果找不到那么返回空列表。

5）使用 CSS 查找网页元素

Selenium 也支持使用 CSS 查找网页元素。

（1）find_element_by_css_selector()函数：查找匹配的第一个元素，如果找到那么返回一个 WebElement 对象，如果找不到那么抛出异常。

（2）find_elements_by_css_selector()函数：查找匹配的所有元素列表，每个元素都是一个 WebElement 对象，如果找不到那么返回空列表。

6）使用 tag name 属性的值查找网页元素

Selenium 还可以使用 find_elements_by_tag_name()函数通过 tag name 属性的值查找网页元素。

7）使用文本查找超链接元素

Selenium 可以使用文本查找超链接元素。

（1）find_element_by_link_text()函数：查找第一个文本为 text 的超链接元素，如果找到那么返回该元素的 WebElement 对象，如果找不到那么抛出异常。

（2）find_element_by_partial_link_text()函数：查找第一个文本包含 text 的超链接元素，如果找到那么返回该元素的 WebElement 对象，如果找不到那么抛出异常。

（3）find_elements_by_link_text()函数：查找所有文本都为 text 的超链接元素，如果找到那么返回 WebElement 对象列表，如果找不到那么返回空列表。

（4）find_elements_by_partial_link_text()函数：查找所有文本都包含 text 的超链接元素，如果找到那么返回 WebElement 对象列表，如果找不到那么返回空列表。

8）使用 class 属性的值查找网页元素

Selenium 可以使用 class 属性的值查找网页元素。

（1）find_element_by_class_name()函数：查找匹配的第一个元素，如果找到那么返回 WebElement 对象，如果找不到那么抛出异常。

（2）find_elements_by_class_name()函数：查找匹配的所有元素列表，如果找到那么返回 WebElement 对象列表，如果找不到那么返回空列表。

### 3. 模拟动作

Selenium 在查找网页元素时返回一个 WebElement 对象，这个对象的功能十分强大，不但可以用于获取元素的属性值，而且可以模拟动作，其主要动作是键盘输入动作与鼠标单击动作。

1）键盘输入动作

有些网页元素，如<input type="text">，用户可以在其中输入文字，WebElement 对象可以模拟用户的键盘输入动作。

（1）clear()函数：模拟清除元素中的所有文字。

（2）send_keys()函数：模拟在元素中输入字符串。

其中，send_keys() 函数不但可以模拟输入一般的文字，而且可以模拟输入回车、退格等键盘动作，Selenium 提供了一个 Keys 类，其中有很多常用不可见的特殊按键，主要有 Keys.BACKSPACE （退格）和 Keys.ENTER （回车）。

2）鼠标单击动作

很多网页元素都有鼠标单击动作，如<input type="submit">，用户单击按钮后即可提交表单。WebElement 对象使用 click()函数实现鼠标单击动作，代码如下。

```
driver.find_element_by_xpath("input[@type='submit']").click()
```

**例 6-3：**

```
from selenium import webdriver
import time
driver= webdriver.Chrome()
driver.get('https://www.***.com/')
driver.implicitly_wait(10)
#得到文本框
input_tag = driver.find_element_by_id('key')
input_tag.send_keys('华为')
time.sleep(1)
input_tag.clear()
input_tag.send_keys('中兴')
button= driver.find_element_by_class_name('button')
button.click()
driver.close()
```

首先驱动浏览器打开“京东商城”网站，其次使用 find_element_by_id()函数获取文本框，使用 send_keys()函数输入文字“华为”，等待一秒后使用 clear()函数清空文本框，再次调用 send_keys()函数输入文字“中兴”，之后使用 find_element_by_class_name()函数获取搜索按钮，最后调用 click()函数完成搜索。

通过上面的方法就完成了一些常见元素的操作，更多操作可以参见官方文档的交互动作介绍。

### 4．执行 JavaScript

对于某些操作，Selenium API 并没有提供。例如，向下滑动滚动条，可以直接模拟执行 JavaScript 代码，此时使用 execute_script()函数即可实现，代码如下。

**例 6-4：**

```
from selenium import webdriver
import time
driver= webdriver.Chrome()
driver.get('https://www.***.com/')
#向下滑动滚动条，可以加载网页中的全部商品信息；不向下滑动滚动条，不会显示下半部分信息
driver.execute_script("window.scrollBy(0, 8000)")
```

这里使用 execute_script()函数将滚动条滑动到底部。

### 5．等待网页元素

在浏览器加载网页的过程中，有些网页元素时常会出现延迟的情况。在 Selenium 中，get()方法会在网页框架加载结束后结束执行，此时如果获取网页代码，那么可能并不是浏览器完全加载完成的网页代码，如果某些网页有额外的 AJAX 请求，那么在网页代码中也不一定能成功获取到。这时 Selenium 需要等待 网页元素，确保节点已经加载出来。下面介绍 Selenium 强制等待、Selenium 隐性等待及 Selenium 显式等待。

1）Selenium 强制等待

Selenium 使用 time.sleep(seconds)实现强制等待，这种方式是简单且粗暴的，不管当前操作是否完成，不管是否可以进行下一步操作，都必须等待数秒。其缺点是不能准确把握需要等待的时间（有时操作还未完成，等待就结束了，导致报错；有时虽操作已经完成了，但等待时间还没有到，导致浪费时间），如果在用例中大量使用，会浪费不必要的等待时间，影响程序的执行效率。例如，爬虫在加载网页后强制等待 3 秒。

**例 6-5：**

```
from selenium import webdriver
import time
driver= webdriver.Chrome()
driver.get('https://www.***.com/')
#进程挂起3秒，等待窗口加载完成，若未加载完成则会导致爬取的数据不全或网页元素无法定位
time.sleep(3)
#向下滑动滚动条，可以加载网页中的全部商品信息；不向下滑动滚动条，不会显示下半部分信息
```

```
driver.execute_script("window.scrollBy(0, 8000)")
```

这里使用 time.sleep(seconds)实现了强制等待。这个方法在处理规模较大的网站时仍可能会出现问题。这是因为其网页加载时间是不确定的，具体依赖于服务器某一时间的负载情况，以及不断变化的网速。

2）Selenium 隐性等待

Selenium 使用 implicitly_wait(seconds)实现隐性等待，即设置网页在加载时的最长等待时间。例如，爬虫在访问网页时设置隐性加载时间为 3 秒。

**例 6-6：**

```
from selenium import webdriver
import time
driver= webdriver.Chrome()
driver.get('https://www.***.com/')
#进程挂起3秒，等待窗口加载完成，若未加载完成则会导致爬取的数据不全或网页元素无法定位
driver.implicitly_wait(3)
#向下滑动滚动条，可以加载网页中的全部商品信息；不向下滑动滚动条，不会显示下半部分信息
driver.execute_script("window.scrollBy(0, 8000)")
```

3）Selenium 显式等待

使用前面两种方式等待的效果其实并没有那么好，这是因为只规定了一个固定时间，而网页加载时间会受到网络条件的影响。如果设置的强制等待时间不够长，那么爬取不到需要的数据。这里还有一种更合适的显式等待方法，它指定要查找的节点，并指定一个最长等待时间。如果在规定时间内成功加载了这个节点，那么返回要查找的节点；如果到了规定时间依然没有加载出来这个节点，那么抛出超时异常。Selenium 使用 WebDriverWait 类实现显式等待，使用显式等待之前应先导入 WebDriverWait、By 等类。

**例 6-7：**

```
from selenium import webdriver
from selenium.webdriver.common.by import By
from selenium.webdriver.support.ui import WebDriverWait
from selenium.webdriver.support import expected_conditions as EC
driver= webdriver.Chrome()
driver.get('https://www.***.com/')
wait = WebDriverWait(driver, 10,0.5)
input_tag = wait.until(EC.presence_of_element_located((By.ID,'key')))
button= driver.find_element_by_class_name('button')
print(input_tag,'\n',button)
```

上述程序首先导入 WebDriverWait 类，指定最长等待时间，其次调用 until()方法，传入等待条件。例如，上述程序传入 presence_of_element_located 这个条件，代表节点出现，其参数是节点的定位元组。这样可以做到的效果是，最长等待 10 秒，每间隔 0.5 秒出现一次检查。如果在 10 秒内成功加载了节点，那么返回该节点；如果超过 10 秒还没有成功加载节点，那么抛出异常。

运行程序，在网速较好的情况下是可以成功加载节点的。

输出结果如图 6-8 所示。

```
<selenium.webdriver.remote.webelement.WebElement (session="715723be41015c23cbdc5df8b858ebec", element="2c8a4187-8191-45f2-bb25-4a34ebeea091")>
 <selenium.webdriver.remote.webelement.WebElement (session="715723be41015c23cbdc5df8b858ebec", element="a7e7f069-d65a-4768-9873-dc804aa619fd")>

Process finished with exit code 0
```

图 6-8　输出结果 1

可以看到，成功加载了两个节点，它们都是 WebElement 类型的。

如果网络有问题，10 秒内没有成功加载节点，那么抛出 TimeoutException 异常。

显式等待有很多种形式，读者可以查看 Selenium 的官方文档说明。下面介绍一些常用形式。

（1）EC.presence_of_element_located(locator)。

节点加载出来，传入定位元组，如（By.ID,'key'），这种形式是等待 locator 指定的元素出现，也就是 HTML 文件中建立起了这个元素。

（2）EC.visibility_of_element_located(locator)。

节点可见，传入定位元组，这种形式是等待 locator 指定的元素可以被看见。

（3）EC.element_to_be_clickable(locator)。

节点可单击，这种形式是等待 locator 指定的元素可以被单击。

（4）EC.element_located_to_be_selected(locator)。

节点可选择，传入节点对象，这种形式是等待 locator 指定的元素可以被选择，可以被选择的元素一般是<select>元素中的<option>、<input type="checkbox">及<input type="radio">等元素。

（5）EC.text_to_be_present_in_element(locator,text)。

某个节点文本包含某些文字，这种形式是等待 locator 指定的元素中包含指定的文本。

### 6. 前进和后退

在通常情况下使用浏览器时都有前进和后退功能，Selenium 也可以实现前进和后退功能。使用 back()方法可以实现后退功能，使用 forward()方法可以实现前进功能。

**例 6-8：**

```
from selenium import webdriver
driver= webdriver.Chrome()
driver.get('https://www.***.com')
driver.get('https://www.***.com')
driver.get('https://www.***.com')
driver.back()
time.sleep(1)
driver.forward()
driver.close()
```

上述程序连续访问了 3 个网页，调用 back()方法返回到第二个网页中，调用 forward()方法前进到第三个网页中。

### 7. 对 Cookies 进行操作

使用 Selenium 可以很方便地对 Cookies 进行操作，如获取、添加、删除等。

**例 6-9：**

```
from selenium import webdriver

browser = webdriver.Chrome()
browser.get("http://www.***.com/")

cookies = browser.get_cookies()       #使用get_cookies()函数获取Cookies
print(cookies)

browser.add_cookie({                  #使用add_cookie()函数添加Cookies
    'domain': 'www.baidu.com',
    'httpOnly': True,
    'name': 'BD_HOME',
    'path': '/',
    'secure': False,
    'value': '0'
})
cookies = browser.get_cookies()
print(cookies)

#使用delete_all_cookies()函数删除Cookies，删除之后重新获取，结果为空
browser.delete_all_cookies()
cookies = browser.get_cookies()
print(cookies)
```

输出结果如下。

```
[{'domain': '.baidu.com', 'httpOnly': False, 'name': 'H_PS_PSSID', 'path': '/', 'secure': False, 'value': '32812_1425_32788_7543_31660_32723_32231_7517_7605_26350'}, {'domain': '.baidu.com', 'expiry': 1634355722, 'httpOnly': False, 'name': 'BAIDUID', 'path': '/', 'secure': False, 'value': '7E52BE2C9B9BE2FF233200DC370AAA13:FG=1'}, {'domain': '.baidu.com', 'expiry': 3750303369, 'httpOnly': False, 'name': 'BIDUPSID', 'path': '/', 'secure': False, 'value': '7E52BE2C9B9BE2FF5ED3A499E50E0060'}, {'domain': '.baidu.com', 'expiry': 3750303369, 'httpOnly': False, 'name': 'PSTM', 'path': '/', 'secure': False, 'value': '1602819719'}, {'domain': 'www.baidu.com', 'expiry': 1603683723, 'httpOnly': False, 'name': 'BD_UPN', 'path': '/', 'secure': False, 'value': '12314753'}, {'domain': 'www.baidu.com', 'httpOnly': False, 'name': 'BD_HOME', 'path': '/', 'secure': False, 'value': '1'}]
[{'domain': '.baidu.com', 'httpOnly': False, 'name': 'H_PS_PSSID', 'path': '/', 'secure': False, 'value': '32812_1425_32788_7543_31660_32723_32231_7517_7605_26350'}, {'domain': '.baidu.com', 'expiry': 1634355722, 'httpOnly':
```

```
False, 'name': 'BAIDUID', 'path': '/', 'secure': False, 'value': '7E52BE2C9B9
BE2FF233200DC370AAA13:FG=1'}, {'domain': '.www.baidu.com', 'httpOnly': True,
'name': 'BD_HOME', 'path': '/', 'secure': True, 'value': '0'}, {'domain':
'.baidu.com', 'expiry': 3750303369, 'httpOnly': False, 'name': 'BIDUPSID',
'path': '/', 'secure': False, 'value': '7E52BE2C9B9BE2FF5ED3A499E50E0060'},
{'domain': '.baidu.com', 'expiry': 3750303369, 'httpOnly': False, 'name':
'PSTM', 'path': '/', 'secure': False, 'value': '1602819719'}, {'domain':
'www.baidu.com', 'expiry': 1603683723, 'httpOnly': False, 'name': 'BD_UPN',
'path': '/', 'secure': False, 'value': '12314753'}, {'domain': 'www.baidu.
com', 'httpOnly': False, 'name': 'BD_HOME', 'path': '/', 'secure': False,
'value': '1'}]
    []
```

#### 8. 在不同窗口或框架之间移动

Selenium 提供了可以在不同窗口或框架之间移动的功能。通常可以使用 driver.switch_to_window("windowName")或 driver.switch_to_frame("frameName")直接获取表单的 id 属性和 name 属性。如果没有可用的 id 属性和 name 属性，那么可以通过下面的方式进行定位。

（1）通过 XPath 选择器定位到<iframe>元素。

```
xf = driver.find_element_by_xpath('//*[@id="x-URS-iframe"]')
```

（2）将定位对象传递给 switch_to_frame()方法，切换到框架中。

```
driver.switch_to_frame(xf)
```

（3）一旦完成了框架中的工作，就可以返回父框架了。

```
driver.switch_to_default_content()
```

**例 6-10：**

```
import time
from selenium import webdriver
driver= webdriver.Chrome()
driver.get('https://www.***.com')
driver.execute_script('window.open()')
print(driver.window_handles)
driver.switch_to.window(driver.window_handles[1])
driver.get('https://www.***.com')
time.sleep(1)
driver.switch_to.window(driver.window_handles[0])
driver.get('https://www.***.com')
```

输出结果如图 6-9 所示。

```
['CDwindow-E73BF52FC3DA5272C3E9564894310FFB', 'CDwindow-726862C29AF1174D7BE8E36EDEF73BB8']

Process finished with exit code 0
```

图6-9　输出结果 2

### 6.3.5 爬取动态内容的综合应用

在前面已经介绍了如何通过分析 AJAX 数据来爬取 AJAX 数据，但在实际操作过程中，并不是所有网页都可以通过分析 AJAX 数据来爬取 AJAX 数据的。

#### 1. 爬取“豆瓣电影”网站数据

这里通过 Selenium 模拟浏览器爬取，通过 BeautifulSoup4 解析网页源代码。

**例 6-11：**

```
#一直不断单击，直至完全加载
from bs4 import BeautifulSoup
from selenium import webdriver
import time
import re

browser = webdriver.Chrome()
browser.get('https://movie.***.com/tag/#/?sort=T&range=0,10&tags=')
browser.implicitly_wait(3)
time.sleep(3)
browser.find_element_by_xpath('//*[@id="app"]/div/div[1]/div[1]/ul[4]/li
[6]/span').click()#自动选择励志电影类型
soup = BeautifulSoup(browser.page_source, 'html.parser')

#soup.select()，返回类型为列表，判断只要长度大于0，就会一直不断单击
while len(soup.select('.more'))>0:
    browser.find_element_by_link_text("加载更多").click()
    #如果没有完全加载，那么会出现单击错误，单击到某个电影网页。因此，添加了睡眠时间
    time.sleep(5)
    soup = BeautifulSoup(browser.page_source, 'html.parser')
#使用BeautifulSoup4解析网页源代码

items = soup.find('div', class_=re.compile('list-wp'))
for item in items.find_all('a'):
    Title = item.find('span', class_='title').text
Rate = item.find('span', class_='rate').text
Link = item.find('span', class_='pic').find('img').get('src')
print(Title, Rate, Link)
```

#### 2. 爬取“京东商城”网站数据

“京东商城”网站中有大量的商品数据，在搜索框中输入某类商品，如“Python 爬虫”，可以看到数页信息。下面使用 Selenium 编写爬虫，输入“Python 爬虫”，自动翻页爬取所有数据，并将其保存到文件中。

1）解析网页代码

“京东商城”网站中上架了各种各样的书籍，使用 Google Chrome 进入“京东商城”网站，输入“Python 爬虫”就会看到如图 6-10 所示的界面。

右击任意一本图书的图标，在弹出的快捷菜单中选择“检查”命令，可以看到每本图书的信息都被包含在<li>元素中，且每个<li>元素都是<li data-sku="11993134" data-spu="11993134" ware-type= "11" class= "gl-item">的形式。因此，分析<li>元素中的结构就可以找到这本图书的信息。网页代码如图 6-11 所示。

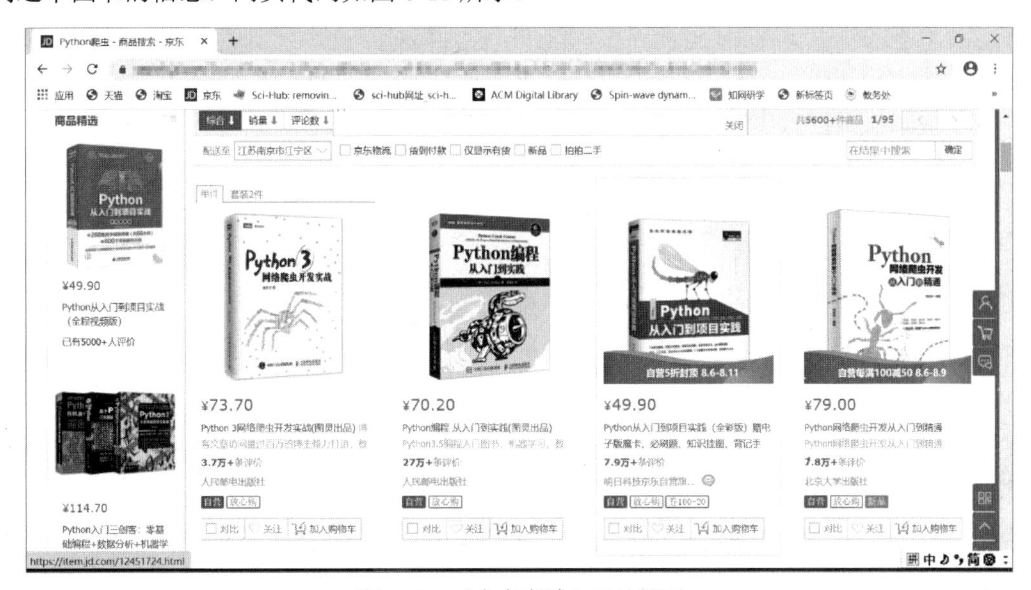


图 6-10　“京东商城”网站界面

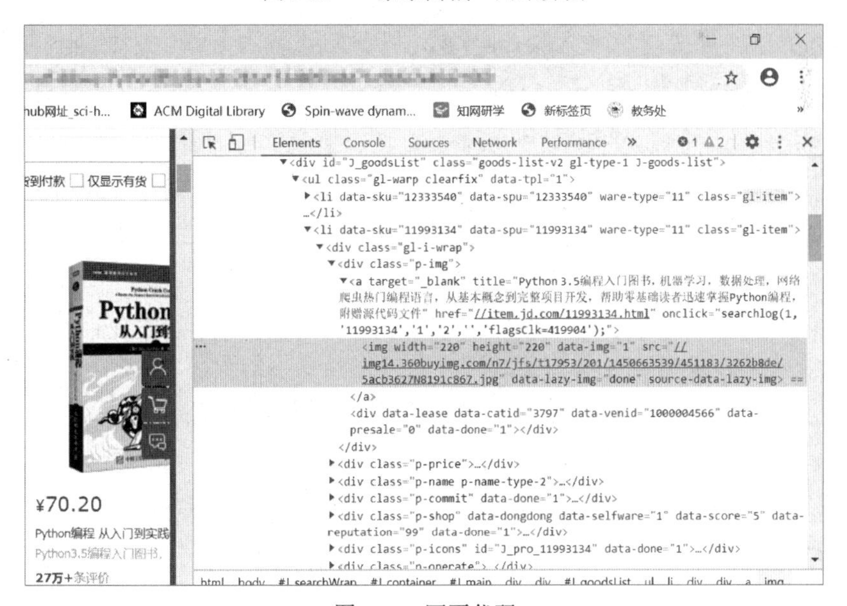


图 6-11　网页代码

复制<li>元素中的网页代码。

```
<li data-sku="11993134" data-spu="11993134" ware-type="11" class="gl-item">
```

```
        <div class="gl-i-wrap">
          <div class="p-img">
            <a target="_blank" title="Python 3.5编程入门图书，机器学习，数据处理，
网络爬虫热门编程语言，从基本概念到完整项目开发，帮助零基础读者迅速掌握Python编程，附赠源
代码文件" href="//item.jd.com/11993134.html" onclick="searchlog(1,
'11993134', '1','2','','flagsClk=419904');">
              <img width="220" height="220" data-img="1" src="//
              img14.360buyimg.com/n7/jfs/t17953/201/1450663539/451183/ 3262b8de/
5acb3627N8191c867.jpg" data-lazy-img="done" source-data-lazy-img="">
                </a>
                <div data-lease="" data-catid="3797" data-venid="1000004566"
                data-presale="0" data-done="1"></div>
              </div>
              <div class="p-price">
              <strong class="J_11993134" data-done="1">
              <em>¥</em><i>70.20</i>
              </strong>
              </div>
              <div class="p-name p-name-type-2">
              <a target="_blank" title="Python 3.5编程入门图书，机器学习，数据处理，
网络爬虫热门编程语言，从基本概念到完整项目开发，帮助零基础读者迅速掌握Python编程，附赠源代
码文件" href="//item.jd.com/11993134.html" onclick="searchlog(1, '11993134', '1',
'1','','flagsClk=419904');">
                <em><font class="skcolor_ljg">Python</font>编程 从入门到实践(图
灵出品)</em>
                <i class="promo-words" id="J_AD_11993134">Python 3.5编程入门
图书，机器学习，数据处理，网络爬虫热门编程语言，从基本概念到完整项目开发，帮助零基础读者迅
速掌握Python编程，附赠源代码文件</i>
                </a>
              </div>
              <div class="p-commit" data-done="1">
              <strong><a id="J_comment_ 11993134" target="_blank"
    href="//item.jd.com/11993134.html#comment"
    onclick="searchlog(1, '11993134','1','3','','flagsClk=419904');">27万
+</a>条评价</strong>
              </div>
              <div class="p-shop" data-dongdong="" data-selfware="1" data-score=
"5" data-reputation="99" data-done="1">
                <span class="J_im_icon">
                <a  target="_blank"  class="curr-shop  hd-shopname"  onclick=
"searchlog(1,'1000004566',0,58)" href="//mall.jd. com/index-1000004566.html?from
=pc" title="人民邮电出版社">人民邮电出版社</a></span>
              </div>
                                …
              </div>
        </li>
```

不难看出，在<li>元素中，class=p-name p-name-type-2 对应商品标题，class=p-price 对应商品价格，class=p-commit 对应商品 ID（方便后面获取评价数）。

2）爬取网页数据

爬取网页数据，如图 6-12 所示。

图 6-12　爬取网页数据

可以看出，每个<li>元素都被包含在<div id="J_goodsList">元素下方，而且每个<li>元素都是<li data-sku="…" … class="gl-item">的格式。爬取需要的网页数据如图 6-13 所示。例如：

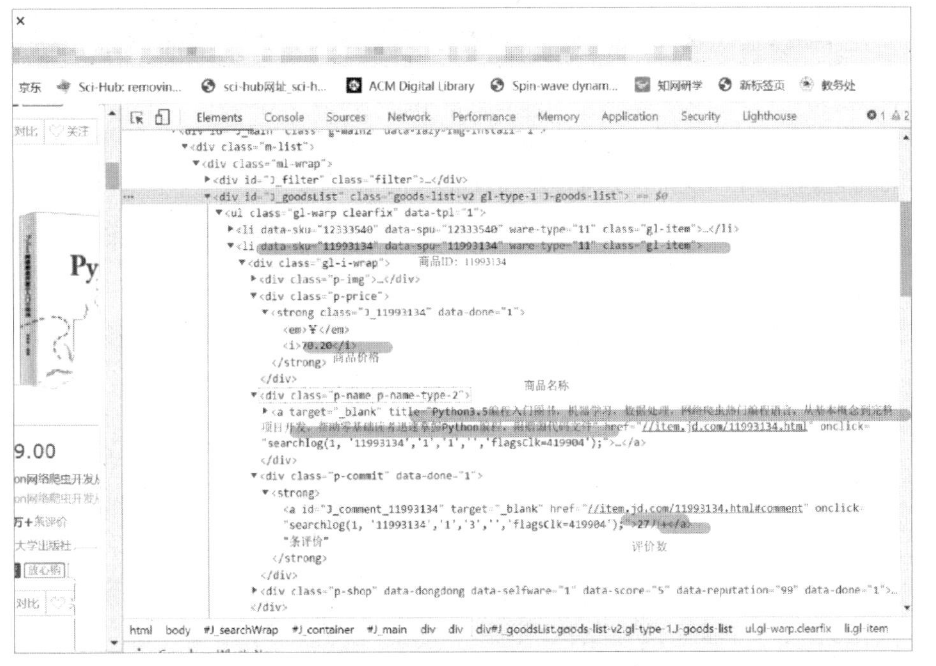


图 6-13　爬取需要的网页数据

（1）商品 ID：browser.find_elements_by_xpath('//li[@data-sku]')，用于构造链接地址。

（2）商品价格：browser.find_elements_by_xpath('//div[@class="gl-i-wrap"]/div[2]/strong/i')。

（3）商品名称：browser.find_elements_by_xpath('//div[@class="gl-i-wrap"]/div[3]/a/em')。

（4）评价数：browser.find_elements_by_xpath('//div[@class="gl-i-wrap"]/div[4]/strong')。

3）实现翻页

查找控制翻页的超链接元素，可以发现翻页不是通过简单的网页代码控制的，而是通过 JavaScript 控制的，如图 6-14 所示。

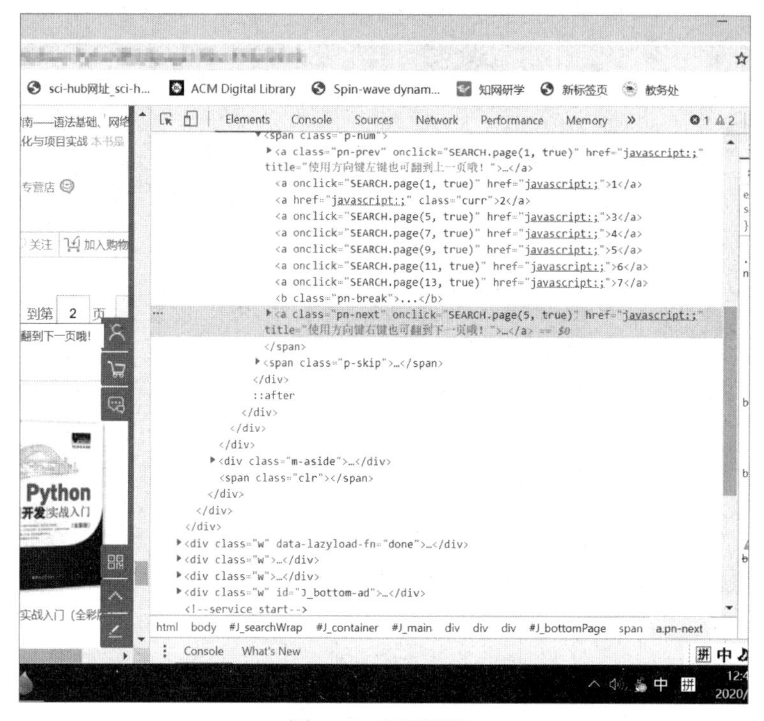


图 6-14　网页翻页

要爬取下一页必须获取控制翻页的超链接元素，即<a>元素，并模仿鼠标单击，去单击该链接，这样就转去下一页了。复制翻页的代码如下。

```
    <a class="pn-next" onclick="SEARCH.page(5, True)" href="javascript:;"
title= "使用方向键右键也可翻到下一页哦！"><em>下一页</em><i>&gt;</i></a>
```

可以看出，只要先找到<span class="p-num">，再找到"下一页"的超链接，在正常能翻页时的超链接是<a class='pn-next'>，到最后一页不能翻页时超链接变成<a class='pn-next-disabled'>。通过编写以下代码找到 nextPage 即可实现翻页。

```
    def turn_page(self):
            try:
                self.wait.until(EC.element_to_be_clickable((By.XPATH,'//a [@class=
"pn-next"]'))).click()
                time.sleep(1)
                self.browser.execute_script("window.scrollTo(0,document.body.
```

```
scrollHeight)")
                time.sleep(2)
            except selenium.common.exceptions.NoSuchElementException:
                self.isLast = True
            except selenium.common.exceptions.TimeoutException:
                print('turn_page: TimeoutException')
                self.turn_page()
            except selenium.common.exceptions.StaleElementReferenceException:
                print('turn_page: StaleElementReferenceException')
                self.browser.refresh()
```

4）编写爬虫

根据前面的分析，编写爬虫。

**例 6-12：**

```
    from selenium import webdriver
    from selenium.webdriver.chrome.options import Options
    from selenium.webdriver.common.keys import Keys
    from selenium.webdriver.support.wait import WebDriverWait
    from selenium.webdriver.support import expected_conditions as EC
    from selenium.webdriver.common.by import By
    import selenium.common.exceptions
    import json
    import csv
    import time

    class JdSpider():
        headers = {
          "User-agent": "Mozilla/5.0 (Windows; U; Windows NT 6.0 x64; en-US;
rv:1.9pre) Gecko/2008072421 Minefield/3.0.2pre"}
        def open_file(self):
          self.fm = input('请输入文件存储格式（txt、json、csv）：')
          while self.fm!='txt' and self.fm!='json' and self.fm!='csv':
              self.fm = input('输入错误，请重新输入文件存储格式（txt、json、csv）：')
          if self.fm=='txt' :
              self.fd = open('Jd.txt','w',encoding='utf-8')
          elif self.fm=='json' :
              self.fd = open('Jd.json','w',encoding='utf-8')
          elif self.fm=='csv' :
              self.fd = open('Jd.csv','w',encoding='utf-8',newline='')

        def open_browser(self):
          #声明一个ChromeDriver，并设置不加载图片，间接加快访问速度
          options = Options()
          options.add_argument('--headless')
          options.add_argument('--disable-gpu')
```

```
        options.add_experimental_option('prefs', {'profile.managed_
default_content_settings.images': 2})
        self.browser = webdriver.Chrome(options=options)
        self.browser.implicitly_wait(10)
        self.wait = WebDriverWait(self.browser,10)

    def init_variable(self):
        self.data = zip()
        self.isLast = False

    def parse_page(self):
        try:
            skus = self.wait.until(EC.presence_of_all_elements_located
((By.XPATH, '//li[@class="gl-item"]')))
            skus = [item.get_attribute('data-sku') for item in skus]
            links = ['https://item.***.com/{sku}.html'.format(sku=item)
for item in skus]
            prices = self.wait.until(EC.presence_of_all_elements_located
((By.XPATH,'//div[@class="gl-i-wrap"]/div[2]/strong/i')))
            prices = [item.text for item in prices]
            names = self.wait.until(EC.presence_of_all_elements_located
((By.XPATH,'//div[@class="gl-i-wrap"]/div[3]/a/em')))
            names = [item.text for item in names]
            comments = self.wait.until(EC.presence_of_all_elements_ located
((By.XPATH,'//div[@class="gl-i-wrap"]/div[4]/strong')))
            comments = [item.text for item in comments]
            self.data = zip(links,prices,names,comments)
        except selenium.common.exceptions.TimeoutException:
            print('parse_page: TimeoutException')
            self.parse_page()
        except selenium.common.exceptions.StaleElementReferenceException:
            print('parse_page: StaleElementReferenceException')
            self.browser.refresh()

    def turn_page(self):
        try:
            self.wait.until(EC.element_to_be_clickable((By.XPATH,'//a
[@class= "pn-next"]'))).click()
            time.sleep(1)
            self.browser.execute_script("window.scrollTo(0,document.body.
scrollHeight)")
            time.sleep(2)
        except selenium.common.exceptions.NoSuchElementException:
            self.isLast = True
```

```
        except selenium.common.exceptions.TimeoutException:
            print('turn_page: TimeoutException')
            self.turn_page()
        except selenium.common.exceptions.StaleElementReferenceException:
            print('turn_page: StaleElementReferenceException')
            self.browser.refresh()

    def write_to_file(self):
        if self.fm == 'txt':
            for item in self.data:
                self.fd.write('----------------------------------------\n')
                self.fd.write('link: ' + str(item[0]) + '\n')
                self.fd.write('price: ' + str(item[1]) + '\n')
                self.fd.write('name: ' + str(item[2]) + '\n')
                self.fd.write('comment: ' + str(item[3]) + '\n')
        if self.fm == 'json':
            temp = ('link','price','name','comment')
            for item in self.data:
                json.dump(dict(zip(temp,item)),self.fd,ensure_ascii= False)
        if self.fm == 'csv':
            writer = csv.writer(self.fd)
            for item in self.data:
                writer.writerow(item)

    def close_file(self):
        self.fd.close()

    def close_browser(self):
        self.browser.quit()

    def crawl(self):
        self.open_file()
        self.open_browser()
        self.init_variable()
        print('开始爬取')
        url = 'https://www.***.com/'
        self.browser.get(url)
        self.browser.find_element_by_id('key').send_keys('Python爬虫')
        self.browser.find_element_by_id('key').send_keys(Keys.ENTER)
        time.sleep(10)
        self.browser.execute_script("window.scrollTo(0,document.body.
scrollHeight)")
        time.sleep(2)
        count = 0
```

```
        while not self.isLast:
            count += 1
            print('正在爬取第 ' + str(count) + ' 页…')
            self.parse_page()
            self.write_to_file()
            self.turn_page()
        self.close_file()
        self.close_browser()
        print('结束爬取')

if __name__ == '__main__':
    spider = JdSpider()
    spider.crawl()
```

# 第7章 数据可视化

## 7.1 NumPy的应用

NumPy是Python生态系统中数据分析、机器学习和科学计算的“主力军”。NumPy的使用极大地简化了数组的操作步骤。Python的一些主要软件包，如 Scikit-Learn、SciPy、Pandas和TensorFlow等，都以NumPy作为架构的基础部分。下面简单介绍一下NumPy的应用。由于Anaconda包括Conda、Python，以及一大堆安装好的工具包，如NumPy、Pandas等，且其语法与IDLE一致，因此下面用到的代码在Anaconda或IDLE中都可以运行。对于Anaconda，请读者在官网搜索相关资料自行安装，此处不再赘述。NumPy的安装步骤和前面介绍的依赖库的安装步骤一样，此处也不再赘述。

### 7.1.1 NumPy的导入

NumPy是外部库。这里所说的“外部”是指不被包含在标准版Python中。要使用NumPy，首先需要安装NumPy，其次可以使用语句import numpy或import numpy as np导入NumPy。

注意，使用array()函数可以生成一维数组、二维数组、三维数组等任意维数的数组。数学上将一维数组称为向量，将二维数组称为矩阵。另外，可以将一般化之后的向量或矩阵统称为张量。

### 7.1.2 NumPy的一维数组

#### 1. 一维数组的创建

创建NumPy的一维数组，需要使用array()函数。array()函数用于接收一个Python列表作为参数。在例7-1中，使用Python创建的一维数组及最大值如图7-1所示。

**例 7-1：**

```
import numpy as np
data = np.array([1,2,3])
print(data)
print(type(data))
print(data.max())
```

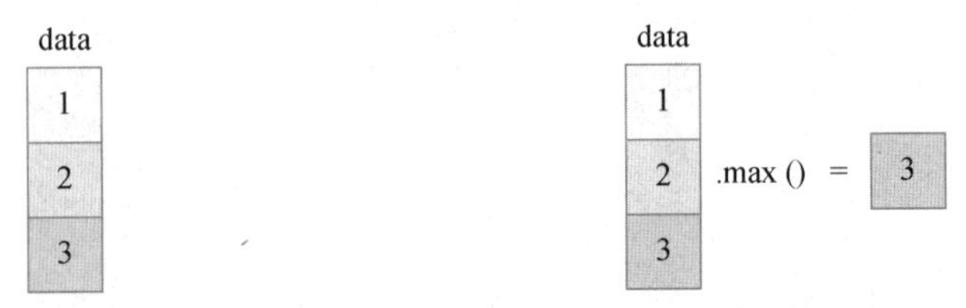


图 7-1　使用 Python 创建的一维数组及最大值

输出结果如下。

```
[1 2 3]
<class 'numpy.ndarray'>
3
```

在创建一维数组时，通常希望使用 NumPy 初始化数组的值，如图 7-2 所示。这个值一般为 0、 1 或随机数。这个值通常作为加法和乘法循环的初始值。

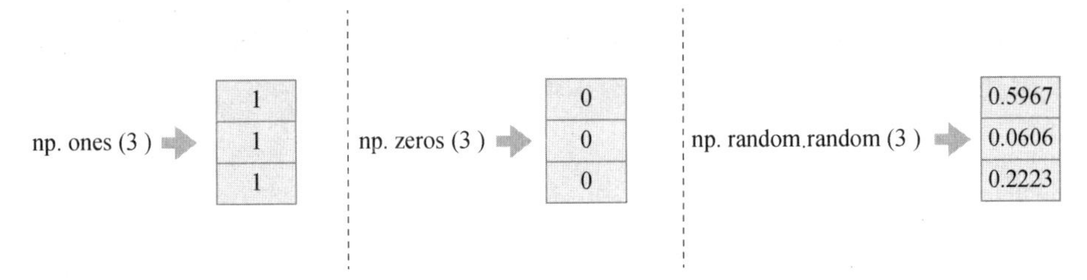


图 7-2　使用 NumPy 初始化数组的值

（1）要创建初始值为 0 或 1 的数组，可以使用 ones()、zeros()等函数。例如：

```
data = np.ones(3)    #输出结果为[1. 1. 1.]，这里创建了值全为1的数组
data = np.zeros(3)   #输出结果为[0. 0. 0.]，这里创建了值全为0的数组
```

（2）要创建常用的随机数的数组，可以使用 random.random()等函数。例如：

```
data = np.random.random(3)  #生成大小为3的随机数的数组[0,1)
```

**2. 一维数组的算术运算**

NumPy 的一维数组的加、减、乘、除算术运算，分别对应 add()函数、subtract()函数、multiple()函数及 divide()函数。注意，在进行算术运算时，输入数组必须具有相同的形状，或符合数组的广播规则。下面以创建 data 和 ones 两个一维数组来展示 NumPy 的一维数组的算术运算。

例 7-2：

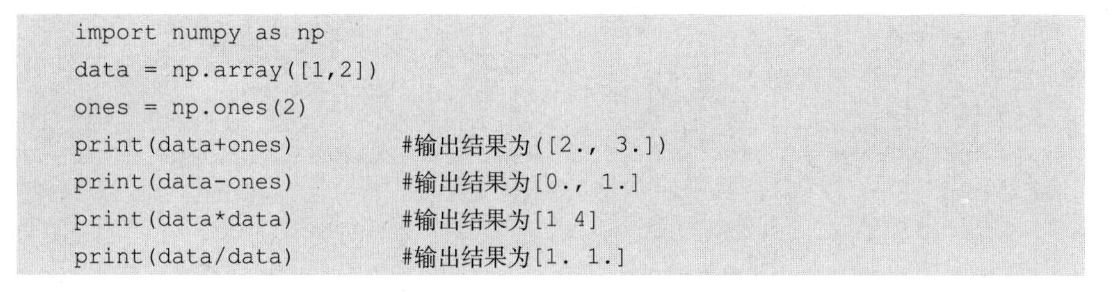

```
import numpy as np
data = np.array([1,2])
ones = np.ones(2)
print(data+ones)          #输出结果为([2., 3.])
print(data-ones)          #输出结果为[0., 1.]
print(data*data)          #输出结果为[1 4]
print(data/data)          #输出结果为[1. 1.]
```

使用 NumPy 创建数组如图 7-3 所示。

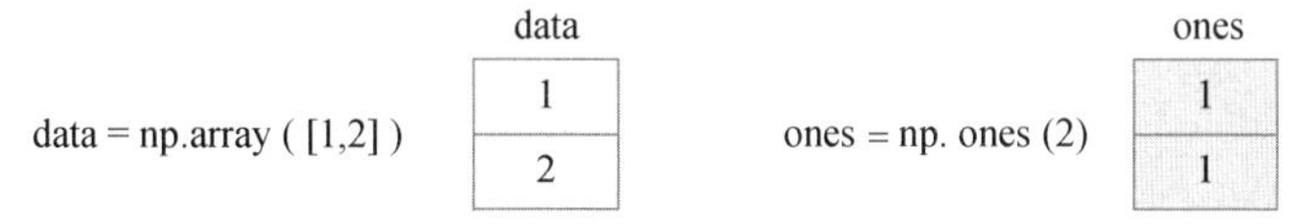


图 7-3　使用 NumPy 创建一维数组

将它们按位置相加（即每行对应相加），直接输入 data + ones 即可，过程如图 7-4 所示。

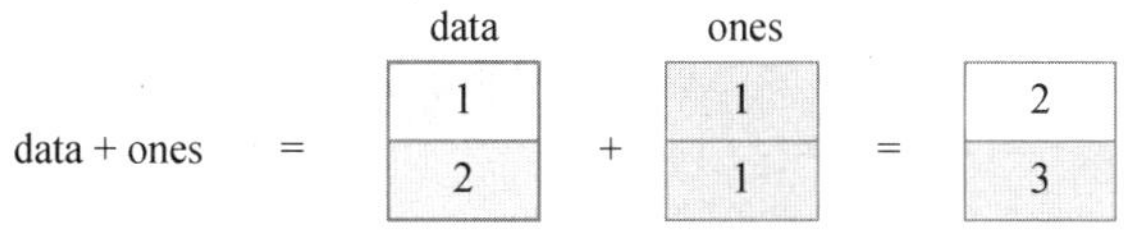

图 7-4　一维数组算术运算的过程 1

除了相加，还可以进行如下算术运算，过程如图 7-5 所示。

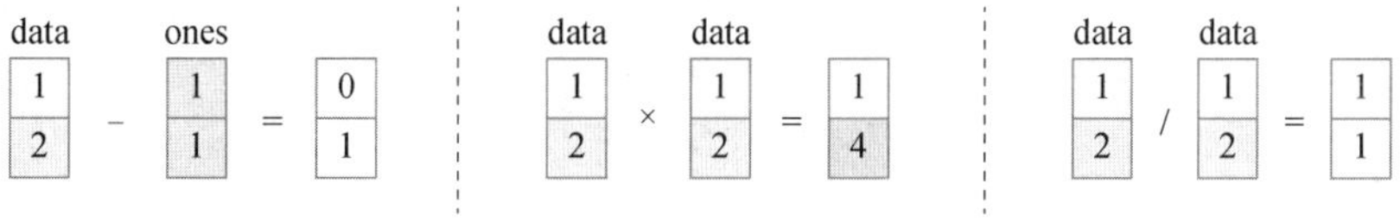

图 7-5　一维数组算术运算的过程 2

需要注意的是，data 和 ones 两个一维数组的元素个数是相同的（二者的元素个数均为 2）。当二者的元素个数相同时，可以对各个元素进行算术运算。如果二者的元素个数不同，那么程序会报错。一维数组不仅可以进行对应元素的运算，而且可以和单一的数值（标量）组合起来进行运算。此时，需要在一维数组的各个元素和标量之间进行运算。这个功能也被称为广播。这个功能会在后文详细介绍。例如：

```
print(data*1.6)  #输出结果为[1.6 3.2]
```

一维数组广播的过程如图 7-6 所示。

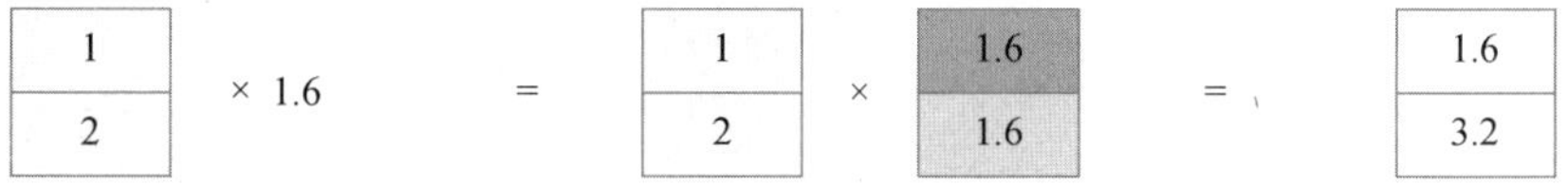

图 7-6　一维数组广播的过程

### 3. 索引和切片

一维数组的索引和切片与列表的索引和切片类似。可以根据列表的索引和切片对一维数组进行任意索引和切片，输出指定的数组元素。

**例 7-3：**

```
import numpy as np
data = np.array([1,2,3])
print(data[0])         #输出结果为 1
print(data[1])         #输出结果为 2
print(data[0:2])       #输出结果为[1 2]
print(data[1:])        #输出结果为[2 3]
```

一维数组索引的过程如图 7-7 所示。

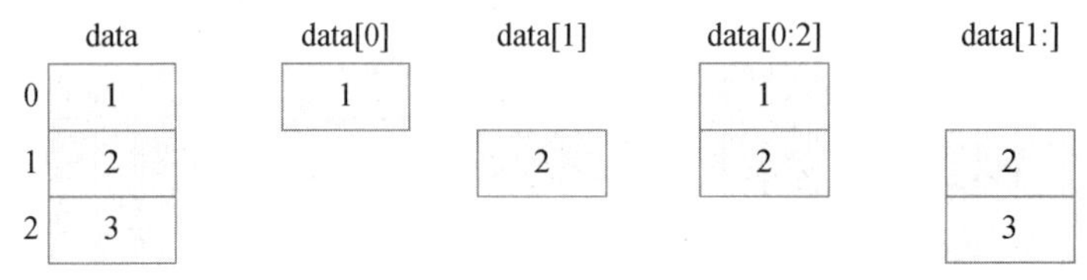


图 7-7　一维数组索引的过程

#### 4. 聚合

NumPy 提供聚合功能。例如，求最大值、求最小值、求和、求平均值、求所有元素的乘积和求标准差等。

**例 7-4：**

```
import numpy as np
data = np.array([1,2,3])
print(data.max(),data.min(),data.sum())
print(data.mean(),data.prod(),data.std())
```

输出结果如下。

```
3 1 6
2.0 6 0.816496580927726
```

### 7.1.3　NumPy 的二维数组

上面的示例都是处理一维数组的。使用 NumPy 不仅可以创建一维数组，而且可以创建二维数组。

#### 1. 二维数组的创建

使用 NumPy 可以将列表生成二维数组。

**例 7-5：**

```
import numpy as np
A = np.array([[1,2],[3,4]])
print(A)
print(A.shape)
print(A.dtype)
```

输出结果如下。

```
[[1 2]
 [3 4]]
(2, 2)
int32
```

上述程序生成了一个 2 × 2 的二维数组。也可以使用前面提到的函数（ones()函数、zeros()函数和 random.random()函数），只要写入一个描述创建的二维数组的元素即可。可以通过以下方法查看二维数组的形状和二维数组元素的数据类型。

（1）A.shape：查看二维数组的形状，例 7-5 中的二维数组的形状为 2×2。

（2）A.dtype：查看二维数组元素的数据类型，例 7-5 中的二维数组元素的数据类型为整型。

### 2. 二维数组的运算

#### 1）二维数组的算术运算

和一维数组一样，二维数组也可以进行算术运算。二维数组的算术运算在相同形状的二维数组之间以对应元素的方式进行。如果两个二维数组的形状相同，那么可以使用算术运算符对二维数组进行加法和乘法运算。NumPy 将它们视为对应元素的运算。例如：

```
import numpy as np
A = np.array([[1,2],[3,4]])
B = np.array([[3, 0],[0, 6]])
print(A+B)
print(A*B)
```

输出结果如下。

```
[[ 4  2]
 [ 3 10]]
[[ 3  0]
 [ 0 24]]
```

可以对不同大小的两个二维数组执行此类算术运算，前提是某个维度为 1，如数组只有一列或一行，可以基于广播的功能进行算术运算。例如：

```
import numpy as np
data = np.array([[1,2],[3,4],[5,6]])
ones_row= np.array([1,1])
print(data+ones_row)
```

输出结果如下。

```
[[2 3]
 [4 5]
 [6 7]]
```

二维数组算术运算的过程如图 7-8 所示。

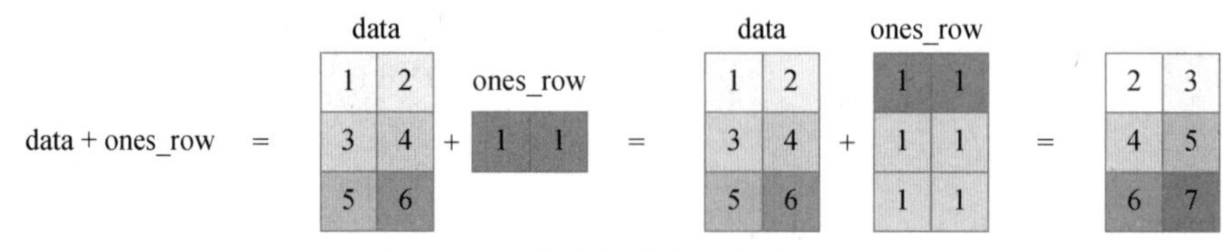


图 7-8　二维数组算术运算的过程

在 NumPy 中，形状不同的数组之间也可以进行运算。本示例在 3×2 的二维数组 data 和 1×2 的二维数组 ones_row 之间进行了加法运算。在这个过程中，二维数组 ones_row 先被扩展成 3 × 2 的形状，再与二维数组 data 进行加法运算。也就是说，较小的数组会扩展到较大的数组的大小，使它们的形状兼容，这个功能被称为广播。

2）二维数组的点乘运算

NumPy 为每个二维数组赋予了 dot()方法，可以使用 dot()方法与其他二维数组进行点乘运算。例如：

```
import numpy as np
data = np.array([1,2,3])          #1×3矩阵
powers_of_ten = np.array([[1,10],[100,1000],[10000,100000]])   #3×2矩阵
print(data.dot(powers_of_ten)) #1×2矩阵
```

输出结果如下。

```
[ 30201 302010]
```

二维数组点乘运算的过程如图 7-9 所示。

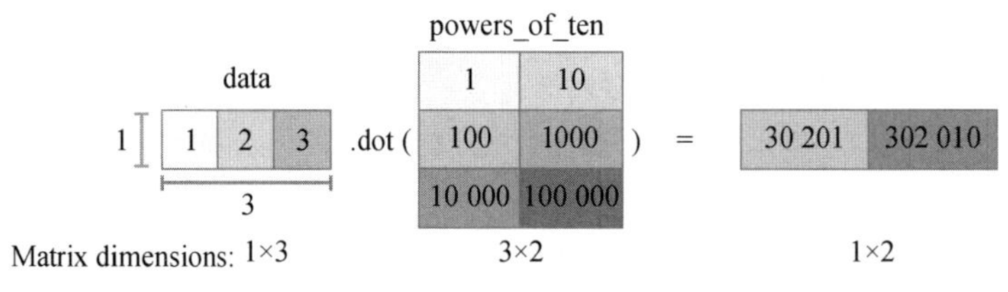


图 7-9　二维数组点乘运算的过程

在图 7-9 的下方添加了维数，可以看出进行点乘运算的两个二维数组的临近边必须有相同的维数。

上述点乘运算公式为“sum(行×列)”，即 1×1+2×100+3×10 000=30 201；1×10+2×1000+3×100 000=302 010。

## 3．索引和切片

与 Python 中列表的操作类似，二维数组也可以和列表一样，通过索引或切片来进行访问与修改。

1）使用 slice()方法进行切片

可以通过内置的 slice()方法实现切片，在 slice(start, stop[, step])中，需要定义参数 start、stop 及 step 的值，使用 slice()方法可以从原二维数组中切割出一个新数组。其中， start 用

于表示切片的起始位置，stop 用于表示切片的终止位置（不包括以 stop 索引的元素），step 用于表示步长。

**例 7-6：**

```
import numpy as np  #生成一个0～7的二维数组
x = np.arange(8)
arr_slice = slice(2,7,3)
print(x[arr_slice])
```

输出结果如下。

```
[2 5]
```

2）使用下标进行索引

在很多情况下，也可以直接使用下标进行索引，如基于上述程序，增加以下代码。

```
data = np.array([[1,2],[3,4],[5,6]])
print(data[0,1])          #取第0行第1列的数据
print(data[1:3])          #取第1行和第2行的数据
print(data[0:2,0])        #先取第0行和第1行的数据，再取切片后第0列的数据
```

输出结果如下。

```
2
[[3 4]
 [5 6]]
[1 3]
```

二维数组索引和切片的过程如图 7-10 所示。

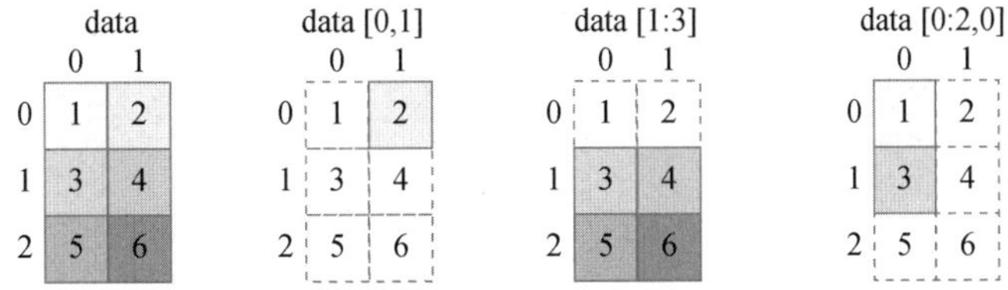

图 7-10　二维数组索引和切片的过程

### 4．聚合

二维数组也可以像一维数组一样进行聚合，如求最大值、求最小值、求和等。除了可以对整个二维数组进行聚合，还可以对行或列进行聚合。在聚合时有一个参数 axis，有时需要设置这个参数。

**例 7-7：**

```
import numpy as np
data = np.array([[1, 2], [3, 4],[5,6]])          #生成一个3×2的二维数组
print(data.max(),data.min(),data.sum())
```

输出结果如下。

```
6 1 21
```

二维数组聚合的过程如图 7-11 所示。

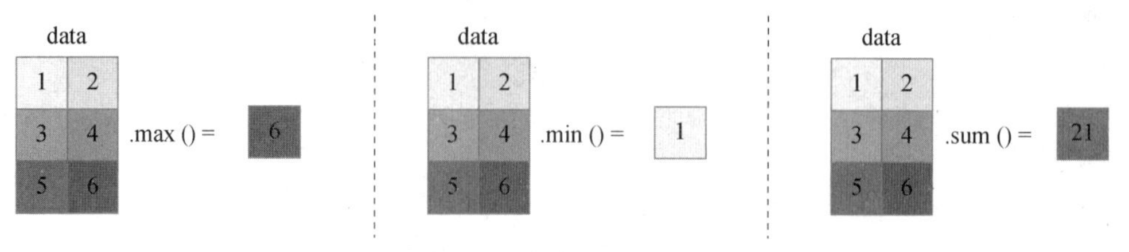


图 7-11　二维数组聚合的过程

不仅可以聚合二维数组中的所有值，而且可以使用参数 axis 执行跨行或跨列聚合，参数 axis 可以用于计算给定轴上的聚合值。参数 axis 的值参照数组的维数，如三维数组的轴分别被命名为 *X*、*Y*、*Z* 轴，也称第 0 轴、第 1 轴和第 2 轴。因此，axis=i 表示沿着第 i 个下标的方向进行相应操作。基于上述程序，增加以下代码。

```
data = np.array([[1, 2], [5, 3],[4,6]])
print(data.max(axis=0))
print(data.max(axis=1))
#没有指定参数axis的值，此时表示将二维数组a平铺成一个一维数组求所有元素的和
print(np.sum(data))
print(np.sum(data, axis=0))#指定axis=0，表示沿着x轴的方向对每列求和
print(np.sum(data, axis=1))#指定axis=1，表示沿着Y轴的方向对每行求和
```

输出结果如下。

```
[5 6]
[2 5 6]
21
[10 11]
[ 3 8 10]
```

data.max(axis=0)和 data.max(axis=1)的计算过程如图 7-12 所示。

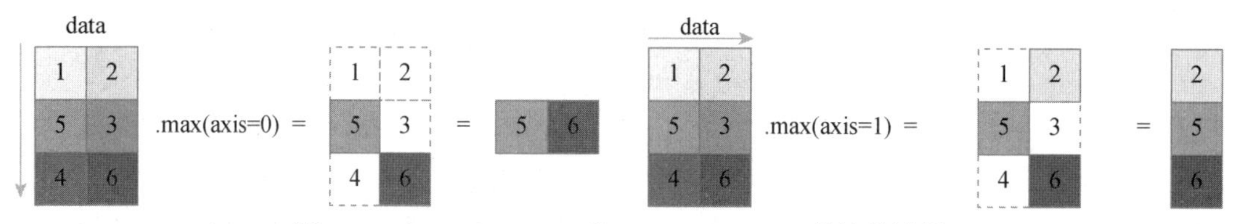


图 7-12　data.max(axis=0)和 data.max(axis=1)的计算过程

### 5. 转置和重塑

在处理二维数组时经常需要对其进行转置。例如，当需要对两个二维数组进行点乘运算并对齐它们共享的维度时，应对其进行转置。

1）T 方法

NumPy 提供了 T 方法，用于实现矩阵转置。例如：

**例 7-8：**

```
import numpy as np
data = np.array([[1, 2], [3, 4],[5,6]])
print(data.T)
```

输出结果如下。

```
[[1 3 5]
 [2 4 6]]
```

转置的过程如图 7-13 所示。

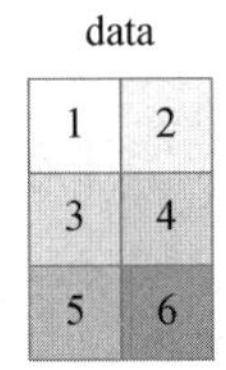


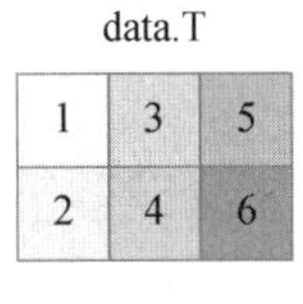


图7-13　转置的过程

2）reshape()方法

reshape()方法的语法格式如下。

```
numpy.reshape(a, newshape, order='C')
```

（1）a：需要处理的原二维数组。

（2）newshape：新数组格式，值为 int 或 tuple of ints（整型或整型数组），如(2,3)表示第 2 行第 3 列。新形状应该与原形状兼容，即行数和列数相乘后等于参数 a 中元素的数量。如果是整数，那么结果是一维数组，故这个整数必须等于参数 a 中元素的数量。如果是-1，那么 NumPy 可以根据原二维数组推断出正确的维度。

order：可选范围为{'C','F','A'}。使用索引顺序读取参数 a 中的元素，并按照索引顺序将读取的元素放到变换后的数组中。如果不对参数 order 进行设置，那么默认值为' C'。要了解具体参数的含义请查阅官网。

```
data = np.array([1,2,3,4,5,6])       #共6个元素
print(data.reshape(2,3))
print(data.reshape(3,2))
```

输出结果如下。

```
[[1 2 3]
 [4 5 6]]
[[1 2]
 [3 4]
 [5 6]]
```

3）堆叠

NumPy 提供了 stack()函数。这个函数用于设置各种堆叠方式。针对二维数组，NumPy

还提供了 vstack()函数和 hstack()函数。其中，vstack()函数用于进行垂直堆叠；hstack()函数用于进行水平堆叠。stack()函数中有参数 axis，用于设置堆叠的维度，默认值为 0，其和 vstack()函数显示的是同一个效果。参数 axis 的含义在前面已介绍过，此处不再赘述。

```
A = np.array([1,3,7])
B = np.array([3,5,8])
print(np.vstack((A, B)))
print(np.hstack((A, B)))
print(np.stack((A, B), axis=0))      #沿着X轴的方向，对列堆叠
print(np.stack((A, B), axis=1))      #沿着Y轴的方向，对行堆叠
```

输出结果如下。

```
[[1 3 7]
 [3 5 8]]
[1 3 7 3 5 8]
[[1 3 7]
 [3 5 8]]
[[1 3]
 [3 5]
 [7 8]]
```

### 7.1.4 NumPy 的 *N* 维数组

前面介绍的一维数组和二维数组是 NumPy 的 *N* 维数组的特例，也是常用数组。NumPy 的 *N* 维数组可以在任意维度实现一维数组和二维数组中介绍的所有功能。*N* 维数组的中心数据结构叫作 ndarray。下面介绍 ndarray 的常用函数、属性、方法等。

ndarray 是 *N* 维数组对象，是 NumPy 中基本的数据结构，所有元素都属于同一种类型，每个元素在内存中都有相同大小的区域。ndarray 有丰富的函数。ndarray 的常用函数如表 7-1 所示。

**表 7-1　ndarray 的常用函数**

| 函数 | 语法格式 | 描述 |
|---|---|---|
| array() | np.array([x,y,z],dtype=int) | 从列表或元组中创建数组 |
| arange() | np.arange(x,y,i) | 生成一个由 x 到 y，以 i 为步长的数组 |
| linspace() | np.linspace(x,y,n) | 生成一个由 x 到 y，等分为 n 个元素的数组 |
| random.random() | np.random.random(m,n) | 生成一个第 m 行第 n 列的[0,1)中的随机浮点数数组 |
| ones() | np.ones((m,n),dtype) | 生成一个第 m 行第 n 列全为 1 的数组，dtype 为数据类型 |
| zeros() | np.zeros((m,n),dtype) | 生成一个第 m 行第 n 列全为 0 的数组，dtype 为数据类型 |
| fromfunction() | np.fromfunction() | 从函数中生成数组 |

图 7-14 所示为创建 2×2×2 的三维数组的过程。

在很多情况下，处理一个新维度只需在 NumPy 函数的参数中添加一个逗号。创建 *N* 维数组的过程如图 7-15 所示。

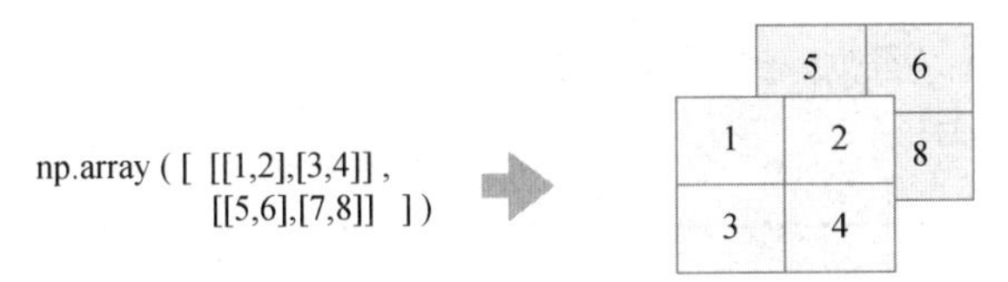


图 7-14　创建 2×2×2 的三维数组的过程

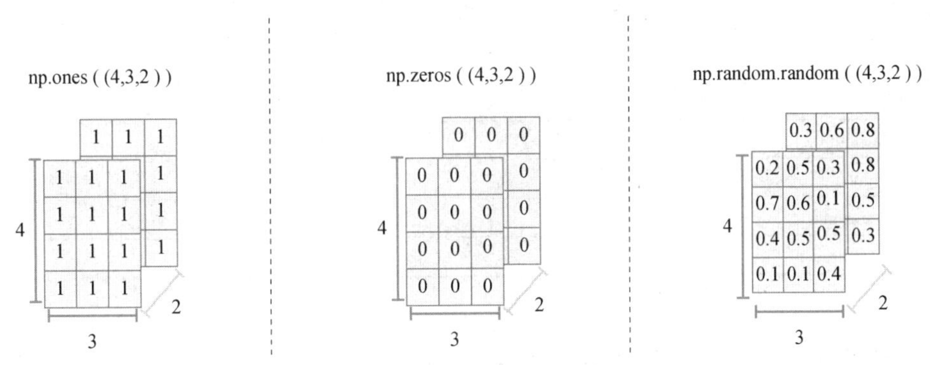


图 7-15　创建 *N* 维数组的过程

ndarray 的常用属性如表 7-2 所示。

表 7-2　ndarray 的常用属性

| 属性 | 描述 |
|---|---|
| ndarray.ndim | 数组轴的个数，也称秩 |
| ndarray.shape | 数组的维度，返回一个元组 |
| ndarray.size | 数组元素的总个数 |
| ndarray.dtype | 数组元素的数据类型 |
| ndarray.itemsize | 每个数组元素的大小 |
| ndarray.flat | 数组元素的迭代器 |

ndarray 索引和切片的方法如表 7-3 所示。

表 7-3　ndarray 索引和切片的方法

| 方法 | 描述 |
|---|---|
| x[i] | 从前往后索引第 i 个元素 |
| x[-i] | 从后往前索引第 i 个元素 |
| x[m:n] | 默认步长为 1，从前往后索引，不包含 n |
| x[-m:-n] | 默认步长为 1，从后往前索引，结束位置为 n |
| x[m:n:k] | 指定步长为 k 且由 m 到 n 的索引 |

ndarray 处理数组形状的方法如表 7-4 所示。

表 7-4　ndarray 处理数组形状的方法

| 方法 | 描述 |
|---|---|
| ndarray.reshape() | 不改变数组，按照形状创建新数组 |
| ndarray.resize() | 与 ndarray.reshape()方法类似，但是会改变作用的数组 |
| ndarray.flatten() | 将多维数组转换为一维数组，返回一份拷贝，对拷贝修改不会影响原始矩阵 |
| ndarray.ravel() | 与 ndarray.flatten()方法类似，返回视图，会影响原始矩阵 |

NumPy 的常用统计函数如表 7-5 所示。

表 7-5 NumPy 的常用统计函数

| 函数 | 描述 |
| --- | --- |
| np.sum() | 求和 |
| np.mean() | 求平均值 |
| np.max() | 求最大值 |
| np.min() | 求最小值 |
| np.std() | 求标准偏差 |
| np.var() | 求方差 |
| np.cumsum() | 求累加和 |
| np.cumprod() | 求累乘积 |

## 7.2 Pandas的应用

Pandas 是一个强大的分析结构化数据的工具。它的使用基础是 NumPy（提供高性能的数组运算），用于数据挖掘和数据分析，同时提供数据清洗功能。Pandas 是基于 NumPy 数组构建的，是专门为处理表格和混杂数据设计的，可以使数据的预处理、清洗、分析工作变得更快、更简单，可以高效、方便地操作大型数据集，被广泛用于数据统计和分析。Anaconda 已经安装了数据分析需要的几乎所有类库，Pandas 不需要被单独安装。在 IDLE 中，需要安装 Pandas 。其安装方法与前面介绍的其他依赖库的安装方法一致，这里不再赘述。

### 7.2.1 Pandas 的导入

Pandas 是外部库。这里所说的“外部”是指不被包含在标准版 Python 中。要使用 Pandas，首先需要安装 Pandas，其次可以使用语句 import pandas 或 import pandas as pd 导入 Pandas，常使用语句 import pandas as pd。使用这个语句后，与 Pandas 相关的方法均可以通过 pd 命令来调用。

### 7.2.2 Pandas 的数据结构

#### 1. Series

Series 是一种类似于一维数组的对象，由一组数据（各种 NumPy 数据类型），以及一组与之相关的数据标签（索引）组成，即由索引和值两部分组成，可以通过索引选取 Series 中的单个或一组值。Series 的字符串表现形式为，索引在左侧、值在右侧，Series 可以通过 index 属性和 values 属性来获取索引和值。

1）Series 的创建

创建 Series 的语法格式如下。

```
pd.Series(list,index=[ ])
```

其中，index 表示 Series 中数据的索引，可以省略。

**例 7-9：**

（1）使用数字序列作为索引创建 Series。

```
import numpy as np, pandas as pd
arr = np.arange(5)  #创建一维数组
print("arr = ",arr)
aSer = pd.Series(arr)
#由于没有为数据指定索引，因此会自动创建一个0到N-1（N为数据的长度）的整型索引
print(aSer)
print("aSer.index = ",aSer.index)
print("aSer.values = ",aSer.values)
```

输出结果如下。

```
arr =  [0 1 2 3 4]
0    0
1    1
2    2
3    3
4    4
dtype: int32
aSer.index =  RangeIndex(start=0, stop=5, step=1)
aSer.values =  [0 1 2 3 4]
```

（2）创建带数据索引的 Series。

```
aSer = pd.Series([-1,2,-3,4], index=['d', 'c', 'b', 'a'])
print(aSer)
print(aSer.index)
print(aSer.values)
```

输出结果如下。

```
d   -1
c    2
b   -3
a    4
dtype: int64
Index(['d', 'c', 'b', 'a'], dtype='object')
[-1 2 -3 4]
```

（3）使用字典创建 Series。

如果只传入一个字典，那么 Series 中的索引就是原字典的键（有序排列）。

```
sdata = {'Lilei':6000,'Hanmeimei':7000, 'Zhangsan':8000}
ser = pd.Series(sdata)
print(ser)
```

输出结果如下。

```
Lilei       6000
Hanmeimei     7000
Zhangsan     8000
dtype: int64
```

也可以传入排好序的字典的键，以改变顺序。

```
sdata = {'Lilei':6000,'Hanmeimei':7000, 'Zhangsan':8000}
name = ['Zhangsan','Hanmeimei','Lilei']
ser = pd.Series(sdata,name)
print(ser)
```

输出结果如下。

```
Zhangsan     8000
Hanmeimei     7000
Lilei       6000
dtype: int64
```

2）Series 的操作

Series 的索引、切片、运算操作（根据布尔型数组进行过滤、标量乘法、应用数学函数等）类似于 ndarray。

（1）通过索引选取 Series 中的单个或一组值。

**例 7-10：**

```
import pandas as pd,numpy as np
aSer = pd.Series([-1,2,-3,4], index=['d', 'c', 'b', 'a'])
print(aSer['a'])
print(type(aSer['a']))
print(aSer[2:4])
print(type(aSer['a']))
aSer['a']=5
print(aSer[['a', 'b']])
print(type(aSer[['a', 'b']]))
```

输出结果如下。

```
4
<class 'numpy.int64'>
b   -3
a    4
dtype: int64
<class 'numpy.int64'>
```

```
a    5
b   -3
dtype: int64
<class 'pandas.core.series.Series'>
```

（2）Series 运算操作示例如下。

```
print(aSer[aSer>0])
print(aSer*2)
print(np.exp(aSer))
```

输出结果如下。

```
c    2
a    4
dtype: int64
d   -2
c    4
b   -6
a    8
dtype: int64
d     0.367879
c     7.389056
b     0.049787
a    54.598150
dtype: float64
```

（3）可以将 Series 看作一个定长的有序字典，类似于 Python 字典，用在许多原本需要字典参数的函数中，如关键字 in 的操作和 get()方法的操作等。

```
aSer = pd.Series([-1,2,-3,4], index=['d', 'c', 'b', 'a'])
print('a' in aSer)
print(aSer.get('a'))
```

输出结果如下。

```
True
4
```

（4）Series 有一个非常重要的功能，就是在算术运算中会根据运算的索引标签自动对齐数据。

```
aSer = pd.Series([-1,2,-3,4], index=['d', 'c', 'b', 'a'])
bSer = pd.Series([-5,6,-7,8], index=['a', 'b', 'c', 'd'])
print(aSer)
print(bSer)
print(aSer+bSer)
```

输出结果如下。

```
d   -1
c    2
b   -3
a    4
dtype: int64
a   -5
b    6
c   -7
d    8
dtype: int64
a   -1
b    3
c   -5
d    7
dtype: int64
```

2. DataFrame

DataFrame 是一个表格型的数据结构，又称数据框。它含有一组有序的列，每列可以是不同数据类型的值（数值、字符串、布尔值等）。DataFrame 既有行索引（和 Series 对应）又有列索引，可以被看作由 Series 组成的字典。DataFrame 中的数据是以一个或多于一个二维表格存放的（而不是列表、字典或其他一维数据结构）。

1）DataFrame 的创建、索引和值

创建 DataFrame 的语法格式如下。

```
pd.DataFrame(data,columns = [ ],index = [ ])
```

其中，columns 和 index 表示指定的列索引、行索引，按照顺序排列。

根据多个字典序列创建 DataFrame，直接传入一个由等长列表或 NumPy 数组组成的字典，会自动加上行索引，字典的键会被当作列索引。

要查看 DataFrame 的数据类型，应使用 dtypes 属性。

要读取 DataFrame 的列索引，应使用 columns 属性；要读取 DataFrame 的行索引，应使用 index 属性。

要读取 DataFrame 对应的 NumPy 的二维数组元素，应使用 values 属性。

**例 7-11：**

```
import pandas as pd,numpy as np
data = {
    'name': ['Lilei', 'Hanmeimei', 'Zhangsan'],
    'pay': [6000, 7000, 8000],
    'title': ['lecturer', 'associate professor','professor']
}
df = pd.DataFrame(data)
print(df)
```

```
print("df.dtypes = ",df.dtypes)
print("df.columns = ",df.columns)
print("df.index = ",df.index)
print(df.values)
```

输出结果如下。

```
      name     pay          title
0    Lilei    6000        lecturer
1 Hanmeimei  7000  associate professor
2  Zhangsan   8000        professor
df.dtypes =  name    object
pay      int64
title    object
dtype: object
df.columns =  Index(['name', 'pay', 'title'], dtype='object')
df.index =  RangeIndex(start=0, stop=3, step=1)
```

如果在创建 DataFrame 时指定了行索引和列索引，那么按照索引顺序排列。如果在数据中找不到传入的列，那么会在结果中产生空值。例如：

```
df = pd.DataFrame(data, columns=['name', 'title', 'pay','department'],
index= ['one', 'two', 'three'])
print(df)
```

输出结果如下。

```
           name          title            pay         department
one       Lilei        lecturer          6000         NaN
two     Hanmeimei  associate professor   7000         NaN
three    Zhangsan       professor        8000         NaN
```

2）DataFrame 的查询

（1）如果只查询一行和一列，那么返回的是 pd.Series。例如：

**例 7-12：**

```
import pandas as pd,numpy as np
data = {
    'name': ['Lilei', 'Hanmeimei', 'Zhangsan'],
    'pay': [6000, 7000, 8000],
    'title': ['lecturer', 'associate professor','professor']
}
df = pd.DataFrame(data)
#查询一列
print(df['name'])
print(type(df['name']))
#查询一行
print(df.loc[1])
```

```
print(type(df.loc[1]))
```

输出结果如下。

```
0      Lilei
1   Hanmeimei
2     Zhangsan
Name: name, dtype: object
<class 'pandas.core.series.Series'>
name            Hanmeimei
pay                  7000
title    associate professor
Name: 1, dtype: object
<class 'pandas.core.series.Series'>
```

（2）如果查询多行和多列，那么返回的是 pd.DataFrame。例如：

```
#查询多列
print(df[['name','pay']])
print(type(df[['name','pay']]))
#查询多行
print(df.loc[1:2])
print(type(df.loc[1:2]))
```

输出结果如下。

```
       name       pay
0     Lilei      6000
1  Hanmeimei     7000
2   Zhangsan     8000
<class 'pandas.core.frame.DataFrame'>
       name       pay          title
1  Hanmeimei     7000  associate professor
2   Zhangsan     8000        professor
<class 'pandas.core.frame.DataFrame'>
```

注意，在 Python 的语法中一维序列的切片是不包括末位元素的，而 DataFrame 的 loc() 方法返回时是包含末位元素的。

3）DataFrame 的修改

（1）修改列的值。

要修改 DataFrame 中列的值，可以对 DataFrame 的列直接赋值，或使用 apply()方法等。

**例 7-13：**

```
import pandas as pd,numpy as np
data = np.array(
    [('Lilei', 6000,'lecturer'),
     ('Hanmeimei', 7000,'associate professor'),
```

```
        ('Zhangsan', 8000,'professor')]
    )
    df = pd.DataFrame(data, index = range(1, 4), columns = ['name',
'pay','title'])
    df['sex'] = ['f','f','m']   #对列赋值
    print(df)
```

输出结果如下。

```
        name       pay          title          sex
    1    Lilei     6000        lecturer         f
    2  Hanmeimei   7000  associate professor    f
    3   Zhangsan   8000        professor        m
```

① apply()方法。

apply()方法的语法格式如下。

```
apply(func, axis=0, raw=False, result_type=None, agrs=(), **kwargs)
```

- func：函数，要应用于每列或每行的函数。
- axis：默认值为 0，0 对应行索引，表示将函数应用于每列；1 对应列，表示将函数应用于每行。
- raw：布尔值，默认值为 False，确定行或列是否作为 Series 或 ndarray 传递。False：将每行或每列作为 Series 传递给函数；True：函数接收 ndarray。
- result_type：可选值有 expand、reduce、broadcast、None，默认值为 None。当值为 None 时，返回结果取决于函数的返回值，类似于列表的返回结果，将返回由这些结果组成的 Series。如果返回 Series，那么会将 Series 扩展为列。例如：

```
def get_pay_type(x):
    if pd.to_numeric(x['pay'],errors='coerce')>7000:
        return "高于平均水平"
    if pd.to_numeric(x['pay'],errors='coerce')==7000:
        return "平均水平"
    if pd.to_numeric(x['pay'],errors='coerce')<7000:
        return "低于平均水平"
df['pay_type']=df.apply(get_pay_type,axis=1) #注意，需要设置axis==1
print(df)
```

输出结果如下。

```
        name       pay          title            pay_type
    1    Lilei     6000        lecturer          低于平均水平
    2  Hanmeimei   7000  associate professor     平均水平
    3   Zhangsan   8000        professor         高于平均水平
```

② assign()方法。

assign()方法的语法格式如下。

```
df.assign(new_column_name = new_column_value)
```

其中，df 表示 DataFrame 对象，new_column_name 表示新列名，new_column_value 表示新列值。assign()方法等同于 df['key'] = value，但 assign() 方法会生成新 DataFrame，不改变原数据，且 assign()方法可以同时新增多列。例如：

```
print(
    df.assign(
        tax =lambda x:(pd.to_numeric(x['pay'],errors='coerce')-5000)*0.1,
        year_pay =lambda x:pd.to_numeric(x['pay'],errors='coerce')*12
    )#同时新增多列
)
```

输出结果如下。

```
       name      pay          title          tax        year_pay
1     Lilei      6000        lecturer        100.0      72000
2  Hanmeimei     7000  associate professor   200.0      84000
3   Zhangsan     8000        professor       300.0      96000
```

使用 assign()方法可以按条件选择分组，并对其分别赋值，即按条件先选择数据，再对这部分数据分别赋值。例如：

```
print(
    df.assign(
        tax =lambda x:(pd.to_numeric(x['pay'],errors='coerce')-5000)*0.1,
        year_pay =lambda x:pd.to_numeric(x['pay'],errors='coerce')*12
    )
)
```

输出结果如下。

```
       name    pay         title          tax     year_pay
1     Lilei    6000       lecturer        100.0    72000
2  Hanmeimei   7000  associate professor  200.0    84000
3   Zhangsan   8000       professor       300.0    96000
```

（2）修改行的值。

要修改 DataFrame 中行的值，可以使用 loc()方法、append()方法、concat()方法等。

① loc()方法。

loc()方法是 Pandas 中一个常用的用于选取数据的方法。通过该方法，可以根据标签或条件来选取 DataFrame 或 Series 中的数据。

选取单个元素的代码格式如下。

```
df.loc[row_label, column_label]
```

其中，row_label 表示行标签，column_label 表示列标签。如果是 DataFrame，那么返回 Series；如果是 Series，那么返回元素。

选取行的代码格式如下。

```
df.loc[row_label]
```

其中，row_label 表示行标签。如果选取多行，那么可以使用切片或布尔索引。

选取列的代码格式如下。

```
df.loc[:, column_label]
```

其中，column_label 表示列标签。如果选取多列，那么可以使用切片或布尔索引。

选取行和列的代码格式如下。

```
df.loc[row_label, column_label]
```

其中，row_label 表示行标签，column_label 表示列标签。如果选取多行或多列，那么可以使用切片或布尔索引。

选取符合条件的数据的代码格式如下。

```
df.loc[condition]
```

其中，condition 表示布尔表达式，用于筛选 DataFrame 或 Series 中符合条件的数据。如果选取多行或多列，那么可以使用切片或布尔索引。

**例 7-14：**

```
import pandas as pd,numpy as np
data = np.array(
    [('Lilei', 6000,'lecturer'),
     ('Hanmeimei', 7000,'associate professor'),
     ('Zhangsan', 8000,'professor')]
)
df = pd.DataFrame(data, index = range(1, 4), columns = ['name', 'pay',
'title'])
df.loc[5] = {'name': 'Liuxi', 'pay': 5000, 'title': 'lecturer'}
print(df)
print(df.loc[1,"name"])          #输出结果为1，即DataFrame中第1行第1列的元素
print(df.loc[1:3,"name":"pay"]) #输出结果为第1～3行第1列和第2列所在的DataFrame
```

输出结果如下。

```
   name       pay     title
1  Lilei      6000    lecturer
2  Hanmeimei  7000    associate professor
3  Zhangsan   8000    professor
5  Liuxi      5000    lecturer
Lilei
   name       pay
1  Lilei      6000
2  Hanmeimei  7000
3  Zhangsan   8000
```

② append()方法。

append()方法用于将其他行的数据附加到调用方的末尾，并返回一个新对象。例如：

```
tmpdata = np.array(
    [('Zhoudafu', 6000,'lecturer'),
    ('Jinliufu', 7000,'associate professor')]
)
tmpdf = pd.DataFrame(tmpdata, index = range(4, 6), columns = ['name', 'pay',
'title'])
print(df.append(tmpdf))
```

输出结果如下。

```
     name        pay     title
1    Lilei       6000    lecturer
2    Hanmeimei   7000    associate professor
3    Zhangsan    8000    professor
5    Liuxi       5000    lecturer
4    Zhoudafu    6000    lecturer
5    Jinliufu    7000    associate professor
```

③ concat()方法。

concat 是 contatenate 的缩写。concat()方法用于多个表之间的拼接。例如：

```
tmpdata = np.array(
    [('周大福', 6000,'lecturer'),
    ('金六福', 7000,'associate professor')]
)
tmpdf = pd.DataFrame(tmpdata, index = range(5, 7), columns = ['name', 'pay',
'title'])
newdf = [df,tmpdf]
print(pd.concat(newdf))
```

输出结果如下。

```
1    Lilei       6000      lecturer
2    Hanmeimei   7000      associate professor
3    Zhangsan    8000      professor
5    Liuxi       5000      lecturer
5    周大福      6000      lecturer
6    金六福      7000      associate professor
```

（3）删除与修改行或列。

① 删除行或列。

使用 drop()方法可以删除行或列。drop()方法的代码格式如下。

```
df.drop(labels=None,axis=0, index=None, columns=None, inplace=False)
```

- labels：要删除的行或列，使用列表给定。

- axis：默认值为 0，表示删除行。要删除列，应指定 axis=1。
- index：直接指定要删除的行。
- columns：直接指定要删除的列。
- inplace：默认值为 False，表示该删除操作不改变原有数据，而返回一个执行删除操作后的新 DataFrame。若值为 True，则表示直接在原有数据上进行删除操作，删除后无法返回。

由此可知，删除行或列有两种方式，一种是指定 labels=None 且 axis=0，另一种是通过设置 index 属性或 columns 属性的值直接指定要删除的行或列。

② 修改行或列。

通过设置 index 属性或 columns 属性的值可以修改行或列。

**例 7-15：**

```
import pandas as pd,numpy as np
data = np.array(
    [('Lilei', 6000,'lecturer'),
     ('Hanmeimei', 7000,'associate professor'),
     ('Zhangsan', 8000,'professor')]
)
df = pd.DataFrame(data, index = range(1, 4), columns = ['name', 'pay',
'title'])
print(df.drop(2))                  #删除第2行
print(df.drop('title',axis=1))   #删除'title'列
df['title']='professor'           #修改
print(df)
df.loc[2]= ['Hanmeimei', 7200, 'associate professor']  #定位行后进行修改
print(df)
```

输出结果如下。

```
     name        pay        title
1    Lilei       6000       lecturer
3    Zhangsan    8000       professor
     name        pay
1    Lilei       6000
2    Hanmeimei   7000
3    Zhangsan    8000
     name        pay        title
1    Lilei       6000       professor
2    Hanmeimei   7000       professor
3    Zhangsan    8000       professor
     name        pay        title
1    Lilei       6000       professor
2    Hanmeimei   7200       associate professor
3    Zhangsan    8000       professor
```

### 7.2.3 数据存取

Pandas 是数据分析的利器。要处理数据，首先需要从文件中读取数据。Pandas 支持读取多种类型的文件，如支持文本文件，包括 CSV 文件、TXT 文件等；支持 Excel 文件；支持 SQL 文件。对于不同格式的文件，Pandas 读取之后，将数据存储为 DataFrame，用户可以通过调用各种内置函数进行分析与处理。

#### 1. 读取数据

1）读取文本文件

（1）读取 CSV 文件。

读取 CSV 文件的语法格式如下。

```
pd.read_csv( filepath_or_buffer, header, names)
```

例如：

```
filepath="Movie.csv"              #文件路径
data = pd.read_csv(filepath)      #使用pd.read_csv()函数读取数据
print(data.head())                #查看前5行数据
print(data.shape)                 #查看数据的形状
print(data.columns)               #查看列名列表
print(data.index)                 #查看索引列
print(data.dtypes)                #查看每列的数据类型
```

（2）读取 TXT 文件。

例如：

```
filepath="Jd.txt"
data = pd.read_csv(
    filepath,
    sep="\t",
    header=None,
    names=['links', 'prices', 'names', 'comments']
)
```

2）读取 Excel 文件

例如：

```
filepath="Movie.xlsx"             #文件路径
data = pd.read_excel(filepath)  #使用pd.read_excel()函数读取数据
```

3）读取 SQL 文件

例如：

```
import pymysql
conn = pymysql.connect(
    host = '127. 0.0.1',
```

```
    user = 'root',
    password = '123',
    database = 'JDtest',
    charset=' utf8'
)
```

### 2. 写入文件和数据库

例如：

```
df = pd.DataFrame(np.random.randn(4, 5))
df.to_csv('D:\\a.csv')                                   #写入CSV文件
df.to_excel(' D:\\a.xlsx ', sheet_name = ' Movie ')
df.to_json('D:\\a.json')                                 #写入JSON文件
df.to_html('D:\\a.html')                                 #写入HTML文件
df.to_clipboard()
df.to_sql('tableName', con=dbcon, flavor='mysql')  #写入数据库
```

### 3. 提取数据

读取数据之后，将数据存储为DataFrame，用户可以通过调用前面介绍的Pandas的各种方法进行数据的提取。

1）loc()方法和iloc()方法

**例 7-16：**

```
import pandas as pd
df = pd.read_csv('Movie.csv')
print(df.head())                            #查看表头
df.set_index('Title',inplace=True)          #设定索引为Title，以便按照Title筛选
print(df.index)                             #查询索引是否修改成功
print(df.loc['这个杀手不太冷','Director'])    #得到单个值
#得到的单个行的值是对多个列的筛选，结果为Series
print(df.loc['这个杀手不太冷',['Director' ,'Rate']])
#使用条件表达式查询
print(df.loc[pd.to_numeric(df['Rate'],errors='coerce')>9,:])
print(df.iloc[1])                           #提取行的数据
print(df.iloc[:,0])                         #提取列的数据
print(df.iloc[1:5,0:3])
```

请读者自行运行程序，对照原有文件中的数据分析输出结果，理解提取数据的方法。

注意，loc()方法的使用范围比iloc()方法更广，且loc()方法比iloc()方法更实用。loc()方法可以使用切片、名称，也可以混合使用切片和名称，但是不能使用不存在的索引来充当切片取值。iloc()方法只能使用整数取值。

loc()方法 和 iloc()方法如表7-6所示。

表 7-6　loc()方法和 iloc()方法

| 类型 | 描述 |
| --- | --- |
| df.loc[val] | 通过标签，选择 DataFrame 的单行或行子集 |
| df.loc[:,val] | 通过标签，选取单列或列子集 |
| df.loc[val1,val2] | 通过标签，同时选取行和列 |
| df.iloc[where] | 通过整数位置，从 DataFrame 中选取单行或行子集 |
| df.iloc[:,where] | 通过整数位置，从 DataFrame 中选取单列或列子集 |
| df.iloc[where_i, where_j] | 通过整数位置，同时选取行和列 |

2）where()方法

where()方法的语法格式如下。

```
data.where(cond, other=nan, inplace=False, axis=None, level=None, errors=
'raise', try_cast=False, raise_on_error=None)
```

（1）df.where(cond)表示过滤不满足 cond 的值并赋值 NaN。例如：

```
df = pd.DataFrame(np.arange(10).reshape(-1, 2), columns=['A', 'B'])
print(df)
print(df.where(df > 1))
```

输出结果如下。

```
   A  B
0  0  1
1  2  3
2  4  5
3  6  7
4  8  9
     A    B
0  NaN  NaN
1  2.0  3.0
2  4.0  5.0
3  6.0  7.0
4  8.0  9.0
```

（2）df.where(cond, other)表示赋予 other 值。例如：

```
print(df.where(df > 1,10))      #cond=df>1, other=10
```

输出结果如下。

```
    A   B
0  10  10
1   2   3
2   4   5
3   6   7
4   8   9
```

（3）df.where(cond).dropna 表示删除特定的某行某列。例如：

```
print(df.where(df>1).dropna(axis=0))
```

输出结果如下。

```
   A    B
1  2.0  3.0
2  4.0  5.0
3  6.0  7.0
4  8.0  9.0
```

3）query()方法

query()方法用于使用布尔表达式查询 DataFrame 的列，也就是按照 DataFrame 中某列的规则进行过滤。例如：

```
print(df.query('A < B'))   #等同于print(df[df.A < df.B])
```

输出结果如下。

```
   A  B
0  0  1
1  2  3
2  4  5
3  6  7
4  8  9
```

### 7.2.4 数据统计与分析

Pandas 提供了数据统计与分析的相关方法，将数据提取到 DataFrame 中后，可以采用前面介绍的求最大值、求最小值、求平均值等的函数对数据进行统计与分析。

**例 7-17：**

```
import pandas as pd
df = pd.read_excel('score.xls'')     #读取学生成绩表
print(df)
```

输出结果如下。

```
   姓名  语文  数学  英语  道德法治
0  张三  88    90    94      优
1  王五  89    91    92      良
2  白四  89    92    93      优
3  丁一  89    93    94     及格
4  徐七  92    93    95      良
5  石头  93    95    96      中
```

#### 1. 汇总类统计

describe()函数用于提取所有数字列的统计结果，提供了非 NaN 的数量、平均值、标准差、最小值、最大值，以及 1/4 分位数（下四中位数）、1/2 分位数（中位数）、3/4 分位数

（上四中位数）。count()函数用于求非 NaN 的数量，mean()函数用于求平均值，max()函数用于求最大值，min()函数用于求最小值等。

例如：

```
print(df.describe())            #查看表头
print(df['语文'].mean())        #查看单个Series的数据，求语文的平均值
print(df['语文'].max())         #求语文的最高分
print(df['语文'].min())         #求语文的最低分
```

输出结果如下。

```
          语文        数学         英语
count    6.00     6.000000    6.000000
mean    90.00     92.333333   94.000000
std      2.00    1.751190     1.414214
min     88.00    90.000000   92.000000
25%     89.00    91.250000   93.250000
50%     89.00    92.500000   94.000000
75%     91.25    93.000000   94.750000
max     93.00    95.000000   96.000000
90.0
93
88
```

### 2. 唯一去重和按值计数

对于非数字类型，可以进行唯一去重和按值计数。

（1）unique()函数用于唯一去重，一般不用于数字列，而用于分类列。例如：

```
print(df['道德法治'].unique())
```

输出结果如下。

```
['优' '良' '及格' '中']
```

（2）value_counts()函数用于按值计数。例如：

```
print(df['道德法治'].value_counts())
```

输出结果如下。

```
优      2
良      2
中      1
及格    1
Name: 道德法治, dtype: int64
```

## 7.2.5 数据合并

Pandas 提供了多种将 Series、DataFrame 组合在一起的功能，使用索引与关联代数功能

的多种设置逻辑可以执行合并操作。

### 1．concat()方法

concat() 方法用于使用某种合并方式（inner/outer）沿着某个轴（行或列，axis=0/1）把多个 Pandas 对象（Series/DataFrame）合并成一个。

concat()方法的语法格式如下。

```
pd.concat(objs,axis=0,join='outer',join_axes=None,ignore_index=False)
```

其中，默认参数设置为 axis=0,join='outer',ignore_index=False。

（1）objs：可以是 Series，也可以是 DataFrame，还可以是二者混合。

（2）axis：连接的轴，默认值为 0，表示按行合并。若值为 1，则表示按列合并。

（3）join：{'inner', 'outer'}，合并时索引的对齐方式，默认值为'outer' join，也可以设置值为'inner'。

（4）ignore_index：布尔值，默认值为 False。若值为 True，则忽略连接轴上的索引。

（5）join_axes：索引对象列表，用于其他轴的特定索引，而不是执行内部或外部集逻辑。

**例 7-18：**

```
df1 = pd.DataFrame({'A': ['A0', 'A1'],
                    'B': ['B0', 'B1'],
                    'C': ['C0', 'C1']})
print(df1)
df2 = pd.DataFrame({'A': ['A4', 'A5'],
                    'B': ['B4', 'B5'],
                    'D': ['D4', 'D5']})
print(df2)
```

使用默认的 axis=0,join='outer',ignore_index=False。

```
res = pd.concat([df1,df2])
print(res)
```

输出结果如下。

```
A   B   C   D
0  A0  B0  C0  NaN
1  A1  B1  C1  NaN
0  A4  B4  NaN  D4
1  A5  B5  NaN  D5
```

使用 join='inner' 过滤不匹配的列。

```
res = pd.concat([df1,df2],ignore_index=True,join='inner')
print(res)
```

输出结果如下。

```
    A   B
0  A0  B0
```

```
1  A1  B1
2  A4  B4
3  A5  B5
```

使用 axis=1 添加新列。

```
#创建一列
s1=pd.Series(list(range(2)),name="E")
res=pd.concat([df1,s1],axis=1)  #添加创建的这一列
print(res)
```

输出结果如下。

```
A   B   C   E
0  AO  BO  CO  0
1  A1  B1  C1  1
```

### 2. merge()方法

merge()方法的功能类似于 join() 方法的功能，用于将不同数据集按照某些字段（属性）进行合并，得到一个新数据集。

merge()方法的语法格式如下。

```
merge(left, right, how='inner', on=None, left_on=None, right_on=None,
      left_index=False, right_index=False, sort=True, suffixes=('_x',
'_y'),
      copy=True, indicator=False, validate=None)
```

（1）left：拼接的左侧 DataFrame。

（2）right：拼接的右侧 DataFrame。

（3）how：值可以为 left、right、inner、outer。默认值为 inner，表示取交集。若值为 outer，则表示取并集。合并图示如图 7-16 所示。

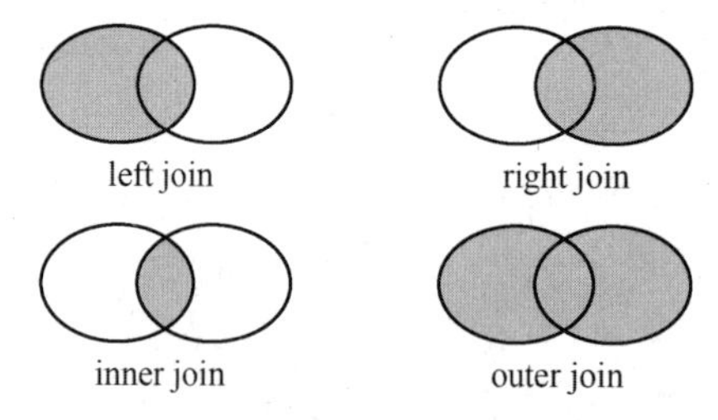


图 7-16　合并图示

（4）on：要加入的列或索引级别名。必须在左侧和右侧 DataFrame 中找到。如果未传递且 left_index 和 right_index 的值为 False，那么 DataFrame 中列的交集将被推断为键。

（5）left_on：左侧 DataFrame 中的列或索引级别用作键，可以是列名、索引级别名，也可以是长度等于 DataFrame 的长度的数组。

（6）right_on：右侧 DataFrame 中的列或索引级别用作键，可以是列名、索引级别名，也可以是长度等于 DataFrame 的长度的数组。

（7）left_index：如果值为 True，那么使用左侧 DataFrame 中的索引作为其键。对于具有分层的 DataFrame，级别数必须与右侧 DataFrame 中的键数相匹配。

（8）right_index：与 left_index 的功能相似。

（9）sort：按字典顺序通过键对 DataFrame 进行排序，默认值为 True。若值为 False，则在很多情况下将提高性能。

（10）suffixes：重叠列的字符串后缀元组，默认值为('_x','_y')。

（11）copy：始终从传递的 DataFrame 中复制数据，即使不需要重建索引也是如此，默认值为 True。

下面举例说明如何基于键，把 left 对象与 right 对象合并。

**例 7-19：**

```
left = pd.DataFrame({'key': [ 'K0','K1','K2','K3'],
                   'A': ['AO', 'A1', 'A2', 'A3'],
                   'B': ['BO', 'B1','B2','B3']})
right = pd.DataFrame({'key': [ 'K0','K1', 'K4','K5'],
                    'C': ['C0', 'C1', 'C2','C3'],
                    'D': ['D0', 'D1', 'D2','D3']})
print(left)
```

输出 left 对象的结果如下。

```
  key  A   B
0 K0   AO  BO
1 K1   A1  B1
2 K2   A2  B2
3 K3   A3  B3
```

若输出 right 对象则执行以下代码。

```
print(right)
```

输出 right 对象的结果如下。

```
  key  C   D
0 K0  C0  D0
1 K1  C1  D1
2 K4  C2  D2
3 K5  C3  D3
```

① inner join：只有 left 对象和 right 对象都有键完全匹配，才会出现在结果中。

```
res = pd.merge(left,right, on='key',how='inner')
print(res)
```

输出结果如下。

```
  key  A   B   C   D
0 K0   AO  BO  C0  D0
1 K1   A1  B1  C1  D1
```

② left join：left 对象的键都会出现在结果中，如果 right 对象的键无法匹配，那么结果为 Null。

```
res = pd.merge(left,right, on='key',how= 'left')
print(res)
```

输出结果如下。

```
  key  A  B   C   D
0 K0  AO BO  CO  DO
1 K1  A1 B1  C1  D1
2 K2  A2 B2 NaN NaN
3 K3  A3 B3 NaN NaN
```

③ right join：right 对象的键都会出现在结果中，如果 left 对象的键无法匹配那么结果为 Null。

```
res = pd.merge(left,right, on='key',how= 'right')
print(res)
```

输出结果如下。

```
   key   A   B  C   D
0  K0    AO  BO CO  DO
1  K1    A1  B1 C1  D1
2  K4   NaN NaN C2  D2
3  K5   NaN NaN C3  D3
```

④ outer join：left 对象的键和 right 对象的键都会出现在结果中，如果 left 对象的键和 Hight 对象的键都无法匹配那么结果为 Null。

```
res = pd.merge(left,right, on='key',how='outer')
print(res)
```

输出结果如下。

```
   key   A   B   C   D
0  K0    AO  BO  CO  DO
1  K1    A1  B1  C1  D1
2  K2    A2  B2 NaN NaN
3  K3    A3  B3 NaN NaN
4  K4   NaN NaN  C2  D2
5  K5   NaN NaN  C3  D3
```

本程序把 key 作为连接的关键字。如果非 key 的字段重名那么怎么办呢？如何区分两个 A 呢？Pandas 默认后缀加_x,_y。当然，也可以向下面这样指定后缀。

```
res = pd.merge(left,right, on='key',suffixes=('_left','_right'))
```

# 7.3　Matplotlib 的应用

Matplotlib 是用于绘制 2D 图形的库，使用 Matplotlib 可以很轻松地绘制图形和实现数据的可视化。相关链接可以搜索 Matplotlib 官网下载。

下面将介绍如何使用 Matplotlib 生成图表，图表包括功率谱、条形图、误差图、散点图等。

## 7.3.1　Matplotlib 的导入

和 Python 的其他扩展库一样，Matplotlib 在使用前也需要进行安装和导入。使用 pip 命令即可安装。安装成功后，在 IDLE 中使用语句 import matplotlib.pyplot as plt 导入。若正常导入则安装正常。使用语句 import matplotlib.pyplot as plt 即可导入 Matplotlib 的 pyplot。

pyplot 是 Matplotlib 的子库，提供和 MATLAB 类似的绘图 API。pyplot 也是常用的绘图模块，使用该模块可以很便捷地绘制 2D 图表。pyplot 包含一系列绘图函数，每个绘图函数都可以对当前图形进行一些修改。例如，给图形加上标记、生成新图形、在图形中产生新绘图区域等。

## 7.3.2　Matplotlib 的绘图基础

### 1. pyplot 的颜色和线条样式设置

pyplot 支持在绘图时设置图形的颜色、线条样式。例如，使用 plot()函数，可以绘制点或线，可以指示图形颜色和控制线条样式的字符。Matplotlib 支持的颜色如表 7-7 所示。除了可以使用表 7-7 中的符号表示颜色，也可以使用 RGB 的十六进制形式表示颜色，如#FFCCCC、#6699CC 等。

表 7-7　Matplotlib 支持的颜色

| 符号 | 颜色 |
| --- | --- |
| b | blue |
| g | green |
| r | red |
| c | cyan |
| m | magenta |
| y | yellow |
| k | black |
| w | white |

Matplotlib 支持的控制线条样式格式的字符如表 7-8 所示。

表 7-8　Matplotlib 支持的控制线条样式格式的字符

| 字符 | 描述 | 字符 | 描述 |
|---|---|---|---|
| '-' | 实线 | '--' | 短横线 |
| '-.' | 点画线 | ':' | 点虚线 |
| '.' | 点 | ',' | 像素 |
| 'o' | 圆圈 | 'v' | 下三角 |
| '^' | 上三角 | '<' | 左三角 |
| '>' | 右三角 | '1' | 下箭头 |
| '2' | 上箭头 | '3' | 左箭头 |
| '4' | 右箭头 | 's' | 正方形 |
| 'p' | 五边形 | '*' | 星形 |
| 'h' | 六角形 1 | 'H' | 六角形 |
| '+' | 加号 | 'x' | 乘号 |
| 'D' | 钻石 | 'd' | 菱形 |

## 2. pyplot 的绘图区域函数

### 1）figure()函数

figure()函数用于创建全局绘图区域。

figure()函数的语法格式如下。

```
figure(num=None, figsize=None, dpi=None, facecolor=None, edgecolor=None,
frameon=True)
```

（1）num：编号或名称，数字为编号，字符串为名称。

（2）figsize：figure 的宽度和高度，单位为英寸（1 英寸=2.54 厘米）。

（3）dpi：figure 的分辨率，即每英寸多少像素，默认值为 80。

（4）facecolor：背景颜色。

（5）edgecolor：边框颜色。

（6）frameon：是否显示边框。

下面的代码用于绘制一个 3×2 英寸，背景颜色为白色的空白图形。

```
import matplotlib.pyplot as plt
plt.figure(figsize=(3,2),facecolor="")        #创建全局绘图区域
plt.plot()                                     #绘制空白图形
plt.show()                                     #显示绘制的图形
```

输出结果如图 7-17 所示。在绘图时，图形中的很多颜色都是能改变的。

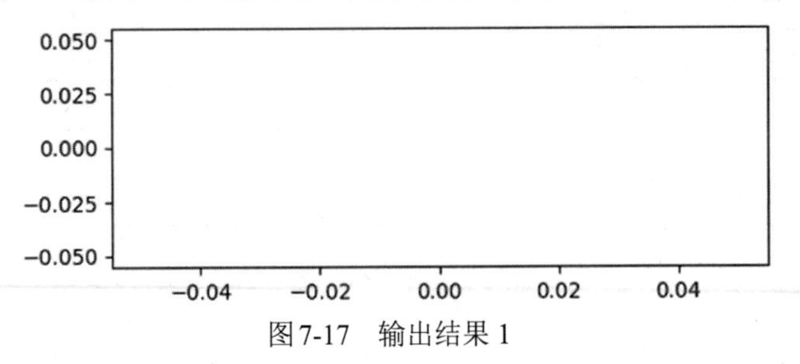


图 7-17　输出结果 1

2）划分子图函数

（1）axes()函数。

figure 允许将全局绘图区域划分为若干个子绘图区域，每个子绘图区域中都包含一个 axes，该对象具有属于自己的坐标系统。

axes()函数的语法格式如下。

```
axes(rect , **kwargs)
```

其中，rect 是基于 figure 坐标系统定义的位置参数，用于接收一个包含 4 个元素的浮点数列表。

语句[left, bottom, width, height]用于定义要添加到 figure 中的子绘图区域的左下角坐标、宽度、高度。例如：

```
import matplotlib.pyplot as plt
plt.figure(figsize=(3,2),facecolor="")
plt.axes([0.1, 0.6, 0.7, 0.3], facecolor='y')
plt.plot()
plt.show()
```

输出结果如图 7-18 所示。

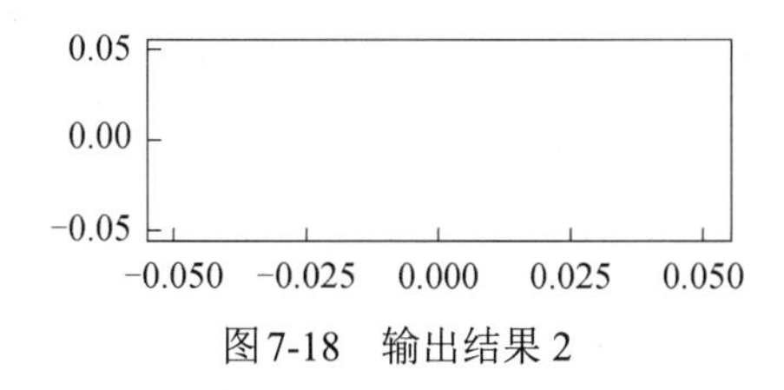


图 7-18　输出结果 2

（2）subplot()函数。

subplot()函数用于将整个绘图区域等分为 nrows（行）×ncols（列）的子绘图区域，并按照先行后列的计数方式对每个子绘图区域进行编号，编号默认从 1 开始，在索引位置上生成一个坐标系。

subplot()函数的语法格式如下。

```
subplot(nrows, ncols, index)
```

下面的代码用于将整个绘图区域划分为 2×2 的子绘图区域，并绘制 4 个子图。

```
import matplotlib.pyplot as plt
plt.figure()
plt.subplot(221)    #等价于语句plt.subplot(2,2,1)
plt.subplot(222)
plt.subplot(223)
plt.subplot(224)
plt.show()
```

输出结果如图 7-19 所示。

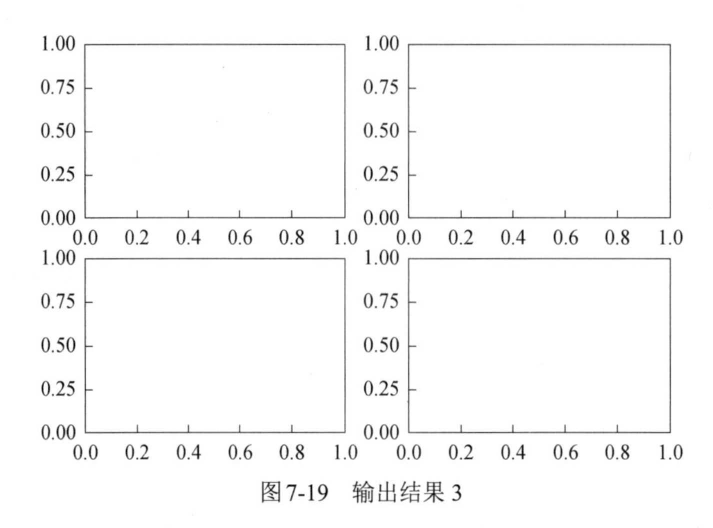


图7-19 输出结果3

3）中文字体设置函数

在向图表中添加中文时常常无法正常显示，可以使用下面的代码将默认字体改为中文字体。

```
plt.rcParams[" font.sans-serif" ]= "SimHei"
```

要恢复默认配置，可以使用rcdefaults()函数。

常用的中文字体如表7-9所示。

表7-9 常用的中文字体

| 中文字体 | 英文描述 | 中文字体 | 英文描述 |
| --- | --- | --- | --- |
| 宋体 | SimSun | 仿宋 | FangSong |
| 黑体 | SimHei | 楷体 | KaiTi |
| 微软雅黑 | Microsoft YaHei | 隶书 | LiSu |
| 微软正黑 | Microsoft JhengHei | 幼圆 | YouYuan |

4）坐标轴设置函数

pyplot的坐标轴设置函数如表7-10所示。

表7-10 pyplot的坐标轴设置函数

| 函数 | 语法格式 | 描述 |
| --- | --- | --- |
| xlim() | plt.xlim(xmin,xmax) | 设置当前 $x$ 轴的取值范围 |
| ylim() | plt.ylim(ymin,ymax) | 设置当前 $y$ 轴的取值范围 |
| axis() | plt.axis('v';'off ,'equal','scaled';'tight' 'image') | 获取设置轴属性的快捷方法 |
| xscale() | plt.xscale() | 设置 $x$ 轴的缩放 |
| yscale() | plt.yscale() | 设置 $y$ 轴的缩放 |
| autoscale() | plt.autoscale() | 自动缩放轴视图的数据 |
| text() | plt.text(x,y,s,fontdict,withdash) | 为轴添加注释 |

5）标签设置函数

pyplot的标签设置函数如表7-11所示。

表 7-11　pyplot 的标签设置函数

| 函数 | 语法格式 | 描述 |
| --- | --- | --- |
| figlegend() | plt.figlegend(handles,label1, loc) | 为全局绘图区域绘制图例 |
| legend() | plt.legend() | 为当前坐标系绘制图例 |
| xlabel() | plt.xlabel(s) | 设置当前 $x$ 轴的标签 |
| ylabel() | plt.ylabel(s) | 设置当前 $y$ 轴的标签 |
| xticks() | plt.xticks(array, 'a', 'b','c') | 设置当前 $x$ 轴刻度位置的标签和值 |
| yticks() | plt.yticks(array, 'a', 'b','c') | 设置当前 $y$ 轴刻度位置的标签和值 |
| clabel() | plt.clabel(cs,v) | 为等值线图设置标签 |
| get_figlabels() | plt.get_figlabels() | 返回当前绘图区域的标签列表 |
| figtext() | plt.figtext(x, y, s, fontdict) | 为全局绘图区域添加文字 |
| title() | plt.title() | 设置子标题 |
| suptitle() | plt.suptitle() | 设置全局标题 |
| annotate() | plt.annotate(note, xy,xytext, xycoords, textcoords, arrowprops) | 用箭头在指定数据点创建一个注释或一段文本 |

（1）suptitle()函数。

suptitle()函数的主要参数如表 7-12 所示。

表 7-12　suptitle()函数的主要参数

| 参数 | 描述 | 默认值 |
| --- | --- | --- |
| x | 标题的横坐标 | 0.5 |
| y | 标题的纵坐标 | 0.98 |
| color | 标题的颜色 | 黑色 |
| backgroundcolor | 标题的背景颜色 | 12 |
| fontsize | 标题的字体大小 | |
| fontweight | 标题的字体粗细 | normal |
| fontstyle | 标题的字体类型 | |
| horizontalalignment | 标题的水平对齐方式 | center |
| verticalalignment | 标题的垂直对齐方式 | top |

（2）title()函数。

title()函数的主要参数如表 7-13 所示。

表 7-13　title()函数的主要参数

| 参数 | 描述 | 取值 |
| --- | --- | --- |
| loc | 标题的位置 | left 和 right |
| rotation | 标题的旋转角度 | 0.98 |
| color | 标题的颜色 | 黑色 |
| fontsize | 标题的字体大小 | |
| fontweight | 标题的字体粗细 | normal |
| fontstyle | 标题的字体类型 | |
| horizontalalignment | 标题的水平对齐方式 | center |
| verticalalignment | 标题的垂直对齐方式 | top |
| fontdict | 字典 | |

6）tight_layout()函数

tight_layout()函数用于检查坐标轴标签、刻度标签和子图标题，自动调整子图，使之填充整个绘图区域，并消除子图之间的重叠。

tight_layout()函数的语法格式如下。

```
tight_layout( rect=[left, bottom, right, top])
```

其中，rect 表示整个子绘图区域适合的归一化图形坐标中的矩形，left 表示矩形左侧的横坐标，top 表示矩形顶部的纵坐标，right 表示矩形右侧的横坐标，bottom 表示矩形底部的纵坐标。

7）plt.show()函数和 plt.pause()函数

plt.show()函数默认用于在新窗口中打开一个图形文件，并且提供对图形进行操作的按钮。在默认情况下，Matplotlib 的 pyplot 中不会直接显示图形，只有在调用 plt.show()函数时，Matplotlib 的 pyplot 中才会显示图形。plt.show()函数把图形绘制完成后，会阻塞主程序，后面的代码需要手动关闭使用 plt.show()函数打开的窗口之后才会继续执行。

使用 plt.pause()函数可以在窗口中显示内存中的图形，需要指定暂停时间，窗口会在显示时间后自动关闭，并且执行后面的代码。

8）plt.savefig()函数

plt.savefig()函数用于保存图形到指定路径。plt.savefig()函数的参数可以指定保存图形的格式，如 PNG、JPG 等。

**例 7-20：**

```
import matplotlib.pyplot as plt
plt.rcParams[ "font.family"]= "simHei"
fig = plt.figure(facecolor="lightgrey")
plt.subplot(221)
plt.title('子标题1')
plt.subplot(222)
plt.title('子标题2',loc="left",color="b")
plt.subplot(223)
myfontdict = {"fontsize":12,"color":"g", "rotation":30}
plt.title('子标题3',fontdict=myfontdict)
plt.subplot(224)
plt.title('子标题4',color='white',backgroundcolor="black")
plt.suptitle("全局标题",fontsize=20,color="red",backgroundcolor="yellow")
plt.tight_layout(rect=[0,0,1,0.9])
plt.show()
```

输出结果如图 7-20 所示。

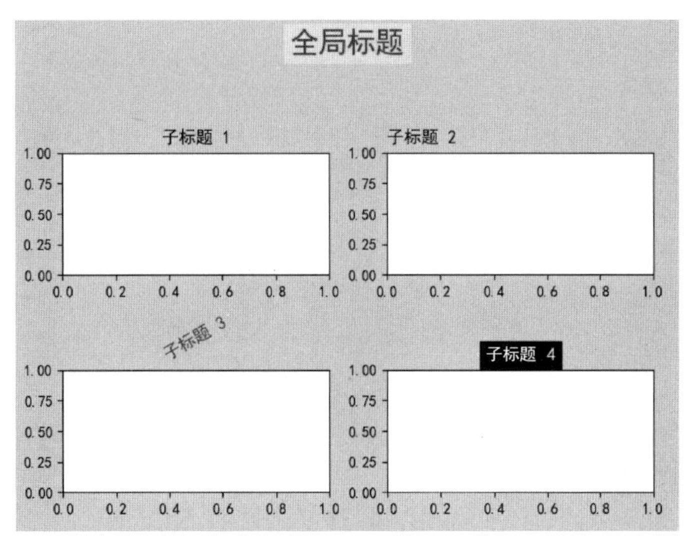


图 7-20　输出结果 4

## 7.3.3　使用 Matplotlib 绘制图形

### 1．绘制散点图

绘制散点图是数据分析过程中的常见需求。使用 Matplotlib 中的 scatter()函数可以很方便地实现绘制散点图的需求。

scatter()函数的语法格式如下。

```
scatter( x, y, scale, color, marker, label)
```

scatter()函数的主要参数如表 7-14 所示。

表 7-14　scatter()函数的主要参数

| 参数 | 描述 | 默认值 |
|---|---|---|
| x | 数据点的横坐标 | 不可省略 |
| y | 数据点的纵坐标 | 不可省略 |
| scale | 数据点的规模 | 36 |
| color | 数据点的颜色 | |
| marker | 数据点的样式 | "o" |
| label | 图例文字 | |

Matplotlib 支持的颜色符号在前面已介绍过，此处不再赘述。

参数 marker 的值如图 7-21 所示。

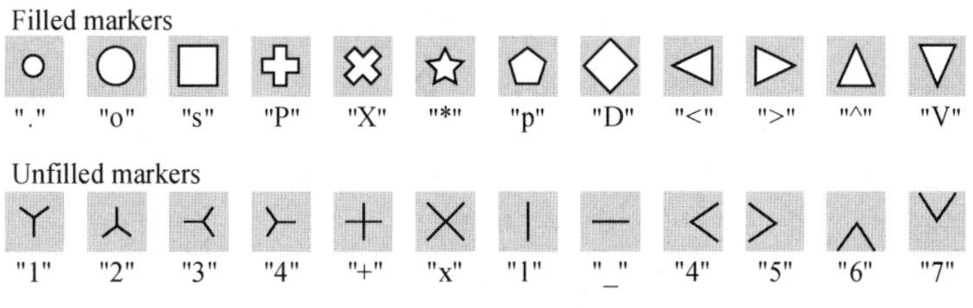


图 7-21　参数 marker 的值

下面举例说明如何绘制一个简单的散点图。

**例 7-21：**

```
import numpy as np
import matplotlib.pyplot as plt

#设置字体为中文黑体
plt.rcParams['font.sans-serif']="SimHei"
plt.rcParams['axes.unicode_minus']=False #正常显示负号
#标准正态分布的散点坐标
n=1024
x = np.random.normal(0,1,n)
y = np.random.normal(0,1,n)
#绘制散点图
plt.scatter(x,y, label='skitscat', color='k', s=25, marker="o")
#plt.plot(x,y,'b*')
#设置标题
plt.title("标准正态分布",fontsize=20)
#设置文本
plt.text(2.5,2.5,"平均值：0\n标准差：1")
#设置坐标轴范围
plt.xlim(-4,4)
plt.ylim(-4,4)
#设置坐标轴标签
plt.xlabel('横坐标x', fontsize=14)
plt.ylabel('纵坐标y', fontsize=14)
#增加图例
plt.legend("")
plt.show()
```

输出结果如图 7-22 所示。

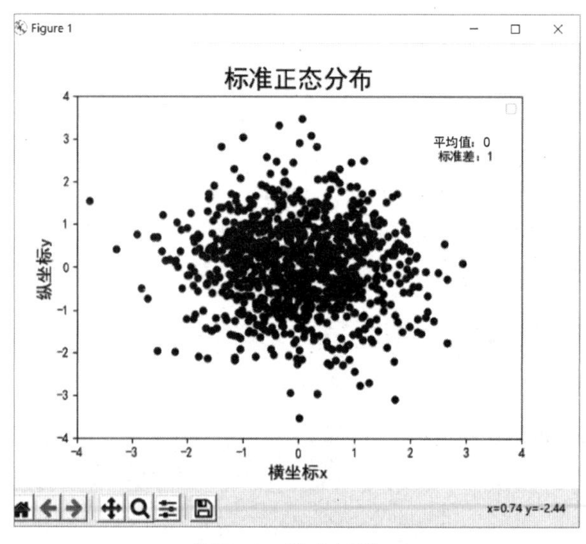


图 7-22　输出结果 1

### 2．绘制线图

线图（Line Chart）是在散点图的基础上，将相邻的点使用线段相连的统计图。plot()函数是 pyplot 中的一个通用函数，用于绘制点和线，且可以接受任意数量的参数。

plot()函数的语法格式如下。

（1）绘制单条线：

```
plot([x], y, [fmt], **kwargs)
```

（2）绘制多条线：

```
plot([x], y, [fmt], [x2], y2, [fmt2], …, **kwargs)
```

其中，[x]、[fmt]和**kwargs 可以省略。

① x, y：点或线的节点，x 为 *x* 轴数据，y 为 *y* 轴数据，数据可以是列表或数组。在省略 *x* 轴数据时，Matplotlib 认为是 *y* 轴的坐标并自动生成 x 的值。由于 Python 的范围从 0 开始，因此虽默认[x]具有与 y 相同的长度，但从 0 开始。

② fmt：可选，定义基本格式，如颜色、标记和线条样式。fmt 最多可以包括 3 个部分，颜色、点型、线型。

③ **kwargs：可选，用在二维平面图上，用于设置指定标签、线的宽度等。

plot()函数的部分可选参数如表 7-15 所示。

表 7-15　plot()函数的部分可选参数

| 参数 | 描述 | 默认值 |
| --- | --- | --- |
| color | 数据点的颜色 | |
| marker | 数据点的样式 | "o" |
| label | 图例文字 | |
| linewidth | 折线的宽度 | |
| markersize | 数据点的大小 | |

**例 7-22：**

```
import matplotlib.pyplot as plt
import numpy as np
plt.rcParams['font.sans-serif']="SimHei"
#生成随机数列
n = 24
y1 = np.random.randint(27,37,n)
y2 = np.random.randint(40,60,n)
#绘制折线图
plt.plot(y1,label='温度')
plt.plot(y2,label='湿度')
plt.xlim(0,23)
plt.ylim(20,70)
plt.xlabel('小时', fontsize=12)
```

```
plt.title('24小时的温度和湿度统计',fontsize=16)
plt.legend()
plt.show()
```

输出结果如图 7-23 所示。

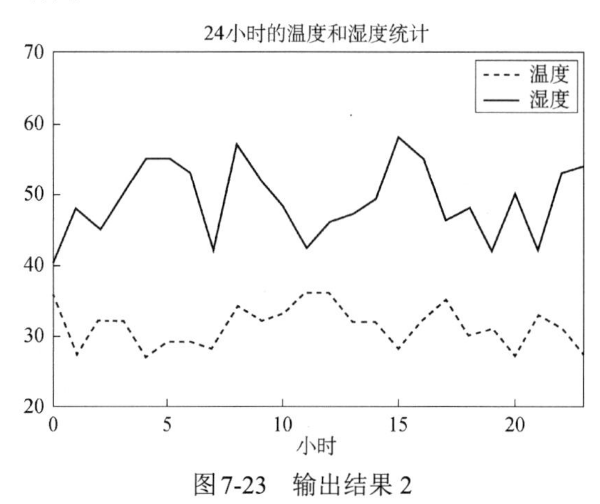


图 7-23　输出结果 2

plot()函数也可以用于绘制散点图，如将语句 plt.scatter(x,y,label='skitscat',color='k', s=25,marker ="o")替换成语句 plt.plot(x,y,'b*')，其中，'b*'为蓝色的“*”组成的图形。

### 3. 绘制饼图

Matplotlib 提供了 pie()函数，用于绘制饼图。pie()函数的语法格式如下。

```
plt.pie ( x, explode=None, labels=None, colors=None, autopct=None,
        pctdistance=0.6, shadow=False, labeldistance=1.1, startangle=None,
        radius=None, counterclock=True, wedgeprops=None, textprops=None,
        center=(0, 0), frame=False, rotatelabels=False, hold=None, data=None)
```

pie()函数的主要参数如表 7-16 所示。

表 7-16　pie()函数的主要参数

| 参数 | 描述 | 默认值 |
|---|---|---|
| x | 数组，输入的数据用于绘制饼图 | 不可省略 |
| explode | 列表，每部分与圆心的距离，元素数量与 x 相同且元素一一对应 | 不可省略 |
| labels | 列表，每个扇形的标签 | |
| colors | 列表，每个扇形的颜色列表 | "o" |
| startangle | 起始绘制角度，默认图从 $x$ 轴正方向逆时针画起，若值为 90 则从 $y$ 轴正方向逆时针画起 | 0 |
| autopct | 自动添加百分比，可以采用格式化的方法显示 | |
| pctdistance | 百分比标签与圆心的距离 | |
| shadow | 显示阴影 | False |
| labeldistance | 标签位置，相对于半径的比例 | 1.1 |
| radius | 饼图半径 | 1 |

**例 7-23：**

```
import numpy as np
import matplotlib.pyplot as plt
x = [1, 2, 3, 4, 5]
y1 = [1, 1, 2, 3, 5]
y2 = [0, 4, 2, 6, 8]
y3 = [1, 3, 5, 7, 9]
labels = ["Fibonacci ", "Evens", "Odds"]
explode = (0, 0, 0.2)
ax =plt.pie([1, 1, 1],labels=labels, startangle=90, explode=explode,
autopct='%.1f%%' ,radius=0.6)
#autopct='%.1f%%': %.1f表示在饼图上输出浮点数并保留两位小数;
#%%表示直接输出一个百分号
#简单来说，就是在饼图上输出一个带有百分号的数值
plt.legend(loc='upper left')
plt.show()
```

输出结果如图 7-24 所示。

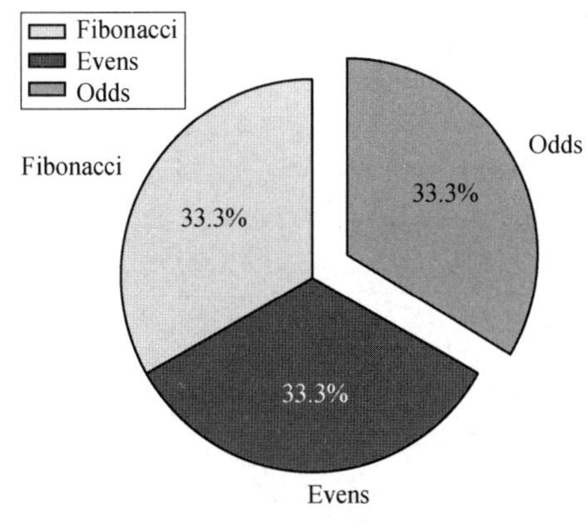


图7-24 输出结果 3

### 4. 绘制柱形图

柱形图是由一系列高度不等的柱形条纹表示数据分布而其宽度（表示类别）固定的统计图。bar()函数用于绘制柱形图。

bar()函数的语法格式如下。

```
bar( left, height, width, facecolor, edgecolor, label )
```

bar()函数的主要参数如表 7-17 所示。

表 7-17 bar()函数的主要参数

| 参数 | 描述 | 默认值 |
|---|---|---|
| left | $x$ 轴的位置序列，采用 arange() 函数产生一个序列 | 不可省略 |
| height | $y$ 轴的数值序列，也就是柱形图的高度 | 不可省略 |
| alpha | 透明度 | |
| width | 柱形图的宽度 | 0.8 |

续表

| 参数 | 描述 | 默认值 |
|---|---|---|
| color | 柱形图的填充颜色 | |
| edgecolor | 柱形图边缘的颜色 | |
| label | 图例文字 | |
| linewidth | 折线的宽度 | |

**例 7-24：**

```
import pandas as pd
import numpy as np
import matplotlib.pyplot as plt
raw_data = {'水果': ['香蕉', '苹果', '草莓'],
        '价格': [2,4,10],
        '数量': [5,3,6],}
df = pd.DataFrame(raw_data)
plt.rcParams['font.sans-serif']="SimHei"
pos = list(range(len(df['水果'])))
width = 0.25
plt.bar([p - width/2 for p in pos], df['价格'], width, color='#FFCCCC',
label=df['水果'][0])
plt.bar([p + width/2 for p in pos], df['数量'], width, color='#6699CC',
label=df['水果'][1])
plt.xticks(np.linspace(0, 2, 3),df['水果'])
plt.legend(['价格', '数量'], loc='upper left')
plt.show()
```

输出结果如图 7-25 所示。

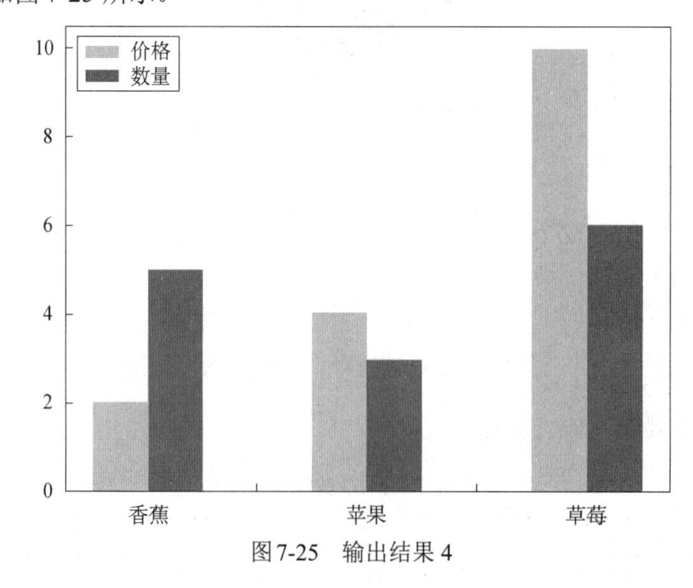


图 7-25　输出结果 4

### 5. 绘制箱线图

箱线图又称盒须图、盒式图、盒状图，是用于显示一组数据分散情况资料的统计图，包含一组数据的最大值、最小值（这里的最大值、最小值并不是整组数据中的最大值和最小值，而是抛开异常值的最大值和最小值）、中位数、上四分位数（Q1）、下四分位数（Q3）、异常值。boxplot()函数用于绘制箱线图。

boxplot()函数的语法格式如下。

```
boxplot(x, notch=None, sym=None, vert=None, whis=None, positions=None,
widths=None, patch_artist=None, meanline=None, showmeans=None, showcaps=None,
showbox= None, showfliers=None, boxprops=None, labels=None, flierprops=None,
medianprops=None, meanprops=None, capprops=None, whiskerprops=None)
```

boxplot()函数的主要参数如表 7-18 所示。

表 7-18　boxplot()函数的主要参数

| 参数 | 描述 | 默认值 |
| --- | --- | --- |
| x | 要绘制箱线图的数据 | 不可省略 |
| notch | 是否以凹口的形式展现箱线图，默认为非凹口的形式 | |
| sym | 透明度 | + |
| vert | 是否需要将箱线图垂直摆放 | 垂直摆放 |
| whis | 上下须与上下四分位的距离 | 1.5 倍的四分位差 |
| positions | 箱线图的位置 | [0,1,2...] |
| widths | 箱线图的宽度 | 0.5 |
| patch_artist | 是否填充箱体的颜色 | |
| meanline | 是否使用线表示平均值 | 点 |
| showmeans | 是否显示平均值 | 不显示 |
| showcaps | 是否显示箱线图顶端和末端的两条线 | 显示 |
| showbox | 是否显示箱线图的箱体 | 显示 |
| showfliers | 是否显示异常值 | 显示 |
| boxprops | 用于设置箱体的属性，如边框色、填充颜色等 | |
| labels | 为箱线图添加的标签，类似于图例的作用 | |
| filerprops | 用于设置异常值的属性，如异常点的形状、大小、填充颜色等 | |
| medianprops | 用于设置中位数的属性，如线的类型、粗细等 | |
| meanprops | 用于设置平均值的属性，如点的大小、颜色等 | |
| capprops | 用于设置箱线图顶端和末端线的属性，如颜色、粗细等 | |
| whiskerprops | 用于设置箱线的属性，如颜色、粗细、类型等 | |

**例 7-25：**

```
import matplotlib.pyplot as plt
import numpy as np
#使用 NumPy 生成 3 组正态分布随机数
all_data = [np.random.normal(0, k, 100) for k in range(1, 5)]
#生成图 ( fig ) 和轴 ( axes )
fig, axes = plt.subplots(nrows=1, ncols=2, figsize=(9, 4))
plot1 = axes[0].boxplot(all_data,vert=True, patch_artist=True)
plot2 = axes[1].boxplot(all_data,notch=True,vert=True,patch_artist=True)
```

```
#填充颜色
colors = ['b', 'y', 'lightgreen','r']
for bplot in (plot1, plot2):
    for patch, color in zip(bplot['boxes'], colors):
        patch.set_facecolor(color)
#添加水平网格线
for ax in axes:
    ax.yaxis.grid(True)  #在y轴上添加网格线
    ax.set_xticks([y + 1 for y in range(len(all_data))])  #指定x轴刻度个数
    #[y+1 for y in range(len(all_data))]的输出结果为[1,2,3]
    ax.set_xlabel('xlabel')  #设置x轴名称
    ax.set_ylabel('ylabel')  #设置y轴名称
#添加刻度名称
plt.setp(axes, xticks=[i for i in range(1,5)],
         xticklabels=['x1', 'x2', 'x3','x4'])
plt.show()
```

输出结果如图 7-26 所示。

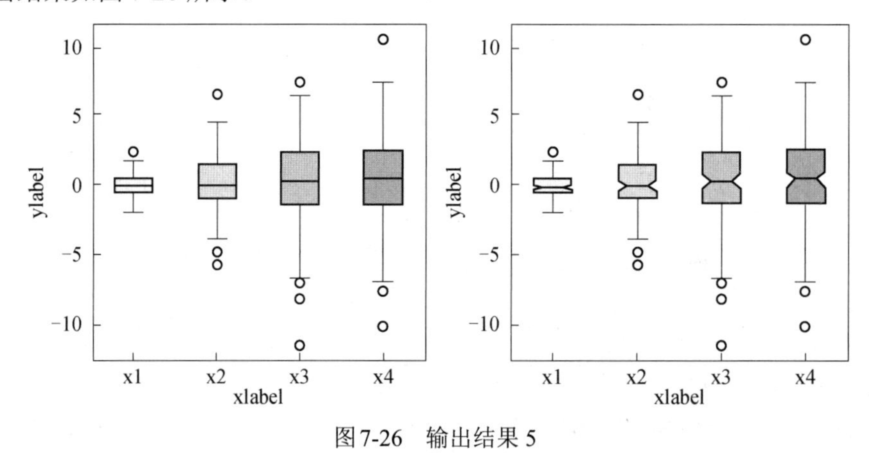


图7-26　输出结果 5

通过学习本节，读者基本可以了解图形的绘制方法。要想更深入地了解，在 Matplotlib 的官网有相当完备的资料，且在 Gallery 界面有多个精美的缩略图，打开详细界面，有对应的清晰大图与配套源代码，读者可以根据需要自行查阅。

## 7.4　Pyecharts 的应用

Pyecharts 是一个由百度开源的数据可视化图表库，凭借着良好的交互性、精巧的图表设计，得到了众多开发者的认可。而 Python 是一门富有表达力的语言，很适合用于数据处理。当 Python 数据分析遇上数据可视化时，Pyecharts 就诞生了。Pyecharts 的突出优点在于可以动态、交互地展示图表，且效果美观。Pyecharts 有如下特点。

（1）简洁的 API 设计，使用如丝滑般流畅，支持链式调用。

（2）囊括了多种常见图表，应有尽有。

（3）支持主流的 Notebook 环境，如 Jupyter Notebook 和 JupyterLab。

（4）可以轻松地集成至 Flask、Sanic、Django 等主流 Web 框架。

（5）高度灵活的配置项可以轻松地搭配出精美的图表。

（6）详细的文档和示例可以帮助开发者更快地上手。

（7）支持多种地图，且支持原生百度地图，可以为地理数据可视化提供强有力的支持。

Pyecharts 包括 v0.5.X 和 v1 两个大版本，v0.5.X 和 v1 不兼容，v1 是一个全新的版本，仅支持 Python 3.6+，本书使用 v1。

## 7.4.1　Pyecharts 的安装

首先进入官网，找到 Pyecharts 相应的版本，进行下载。下载完成后，找到要安装到的文件夹，如 D:\tools\Anaconda3\Scripts 文件夹，将下载的 WHL 文件复制到这个文件夹中。打开 cmd 命令行窗口，先输入“ cd D:\tools\Anaconda3\Scripts ”按 Enter 键进入要安装到的文件夹，再输入以下代码开始安装 Pyecharts。

```
pip install pyecharts-1.7.1-py3-none-any.whl
```

安装成功界面如图 7-27 所示。

如果使用的环境是 IDLE，那么也可以直接运行以下代码。

```
pip install pyecharts
```

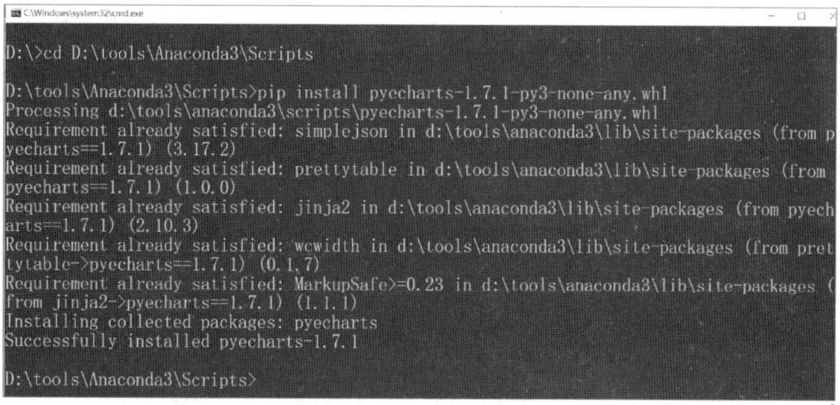

```
C:\Windows\system32\cmd.exe

D:\>cd D:\tools\Anaconda3\Scripts

D:\tools\Anaconda3\Scripts>pip install pyecharts-1.7.1-py3-none-any.whl
Processing d:\tools\anaconda3\scripts\pyecharts-1.7.1-py3-none-any.whl
Requirement already satisfied: simplejson in d:\tools\anaconda3\lib\site-packages (from p
yecharts==1.7.1) (3.17.2)
Requirement already satisfied: prettytable in d:\tools\anaconda3\lib\site-packages (from
pyecharts==1.7.1) (1.0.0)
Requirement already satisfied: jinja2 in d:\tools\anaconda3\lib\site-packages (from pyech
arts==1.7.1) (2.10.3)
Requirement already satisfied: wcwidth in d:\tools\anaconda3\lib\site-packages (from pret
tytable->pyecharts==1.7.1) (0.1.7)
Requirement already satisfied: MarkupSafe>=0.23 in d:\tools\anaconda3\lib\site-packages (
from jinja2->pyecharts==1.7.1) (1.1.1)
Installing collected packages: pyecharts
Successfully installed pyecharts-1.7.1

D:\tools\Anaconda3\Scripts>
```

图 7-27　安装成功界面

## 7.4.2　Pyecharts 的绘图逻辑

由于 Pyecharts 是一个全新的可视化绘图工具，因此 Pyecharts 的绘图逻辑不同于 Matplotlib 的绘图逻辑。Pyecharts 的绘图逻辑分为 4 个步骤。第 1 步，选择图表类型，如要绘制线型图，就要选择 Pyecharts 中的 Line() 函数；第 2 步，添加数据；第 3 步，设置全局变量；第 4 步，显示及保存图表。

### 1. 选择图表类型

所有图表类型都是在 pyecharts.charts 中的，使用语句 from pyecharts.charts import *可以导入所有图表，也可以导入相关图形库。图表类型函数如表 7-19 所示。用户可以基于自己数据的特点，确定需要绘制哪种图表，根据需要绘制的图表导入相应类型的图表。下面列举了导入不同图表的方法。

```
from pyecharts.charts import Scatter     #导入散点图
from pyecharts.charts import Line        #导入折线图
from pyecharts.charts import Pie         #导入饼图
from pyecharts.charts import Geo         #导入地图
```

表 7-19 图表类型函数

| 函数 | 描述 |
|---|---|
| Scatter() | 散点图 |
| Funnel() | 漏斗图 |
| Bar() | 柱形图 |
| Gauge() | 仪表盘 |
| Pie() | 饼图 |
| Graph() | 关系图 |
| Line() | 折线图/面积图 |
| Liquid() | 水球图 |
| Radar() | 雷达图 |
| Parallel() | 平行坐标系 |
| Sankey() | 桑基图 |
| Polar() | 极坐标系 |
| WordCloud() | 词云图 |
| HeatMap() | 热力图 |

### 2. 添加数据

因为散点图、折线图等二维统计图，既有 $x$ 轴，又有 $y$ 轴，所以在绘制这些统计图时需要为 $x$ 轴、$y$ 轴添加数据。通过.add_xaxis(xaxis_data=x)可以为 $x$ 轴添加数据，通过.add_yaxis(series_name='', y_axis=y)可以为 $y$ 轴添加数据。

像饼图、地图这样没有 $x$ 轴、$y$ 轴的统计图可以通过.add(series_name='' ,data_pair=[(,j)for i, j in zip(lab,num)])设置参数。

在添加数据时应特别注意，参数 series_name 用于设置一个字符串。其可以传递空字符串，也可以传递指定的字符串，最终作用类似于图例，但这里并不是设置图例。此外，参数 series_name 不可省略。

Pyecharts 的所有函数均支持链式调用。

### 3. 设置全局变量

使用全局变量，进行参数的设置，以增加图表的美观和易读性。所有全局变量都是在 options 这个子模块中使用的。在设置全局变量时，使用语句 import pyecharts.options as opts

可以导入该子模块。通过 set_global_options() 方法可以设置全局变量。如图 7-28 所示，常用的全局变量有标题配置项、图例配置项、工具箱配置项、视觉映射配置项、提示框配置项、区域缩放配置项。在默认情况下，图例配置项、提示框配置项处于显示状态，其他全局变量处于不显示状态。

### 4. 显示及保存图表

Pyecharts 使用 render()方法保存图表，如果不指定目录，那么会在当前目录下生成一个 render.html 文件。render() 方法也支持参数 path，用于设置文件保存位置，如 render(r"e:\my_first_ chart.html")表示文件将被保存到指定目录下，将 HTML 文件发送给其他任何人都可以直接用浏览器打开。

如果使用的是 Jupyter Notebook，那么可以直接调用 render_notebook()方法随时随地渲染图表。

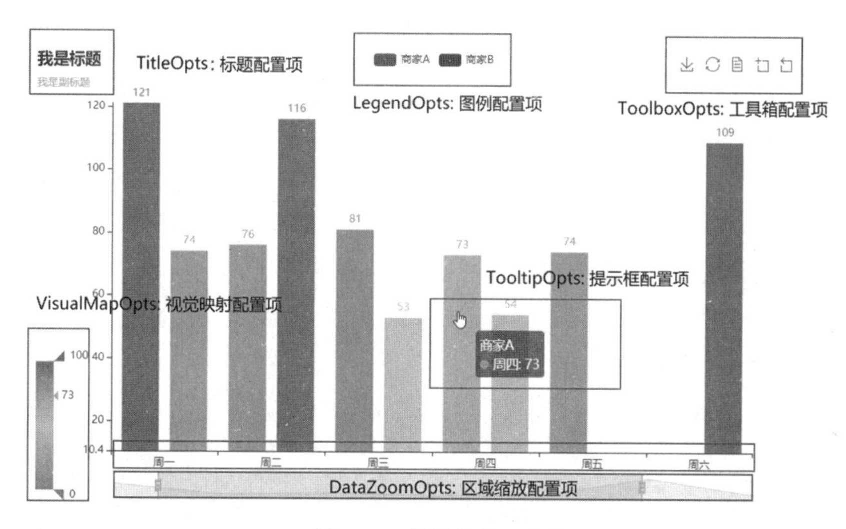


图 7-28 常用的全局变量

## 7.4.3 使用 Pyecharts 绘制图形

基本上所有类型的图表都是按照以下步骤绘制的。

第一步，使用语句 from pyecharts import * 导入图表类型；第二步，使用语句 chart_name = Type()实例化一个具体类型的图表；第三步，使用 add()函数添加数据；第四步，使用 render()方法生成文件。

### 1. 绘制散点图

**例 7-26:**

```
from pyecharts.charts import Scatter
import numpy as np
import pyecharts.options as opt
import os
```

```
def sca(x,y1,y2):
    figsise = opt.InitOpts(width="500px", height="400px")  #设置图表大小
    (
     Scatter(init_opts=figsise)                            #实例化一个Scatter类型的图表
    #添加数据
    .add_xaxis(xaxis_data=x)
    .add_yaxis(series_name="sin(x)散点图",                               #名称
              y_axis=y1,                                              #数据
              label_opts=opt.LabelOpts(is_show=False),                #不显示数据
              symbol_size=15,                                         #设置散点的大小
              symbol="triangle" )                                     #设置散点的形状
    .add_yaxis(series_name="cos(x)散点图", y_axis=y2,
          label_opts=opt.LabelOpts(is_show=False))
    ).render("scatter.html")                               #生成scatter.html文件

x = np.linspace(0, 5, 15)
y1 = np.sin(x)
y2 = np.cos(x)
sca(x,y1,y2)                                                          #调用函数
os.system("scatter.html ")                                            #输出文件
```

输出结果如图 7-29 所示。

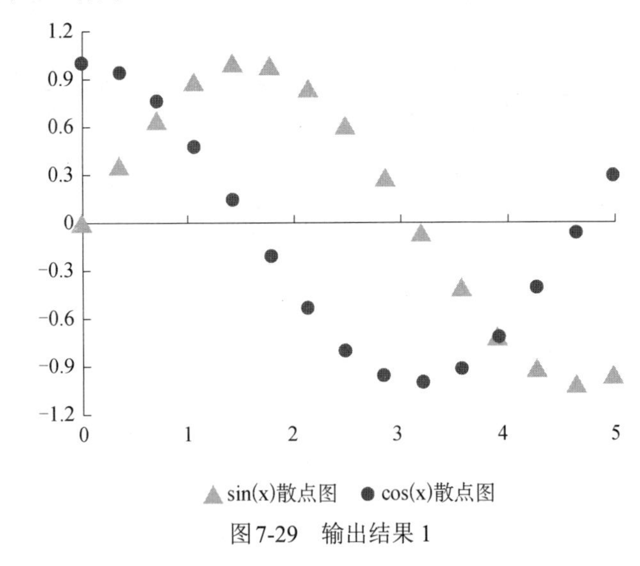


图 7-29　输出结果 1

## 2. 绘制线图

下面举例说明如何绘制线图。以折线图为例，前面绘制散点图采用的是链式调用，下面采用非链式调用。

**例 7-27：**

```
import numpy as np
from pyecharts.charts import Line
```

```
    import pyecharts.options as opts
    import os
    x = np.linspace(0,2*np.pi,100)
    y = np.sin(x)
    y2 = np.cos(x)
    line = Line()                                    #实例化一个Line类型的图表
    #添加数据
    line.add_xaxis(xaxis_data=x)
    line.add_yaxis(series_name='sin',y_axis=y ,label_opts=opts.LabelOpts(is_
show=False))
    line.add_yaxis(series_name='cos',y_axis=y2,label_opts=opts.LabelOpts(is_
show=False))
    #通过设置全局变量显示标题
    line.set_global_opts(title_opts=opts.TitleOpts("曲线图实例"))
    line.render("line.html")                         #生成 line.html 文件
    os.system("line.html")                           #输出文件
```

输出结果如图 7-30 所示。

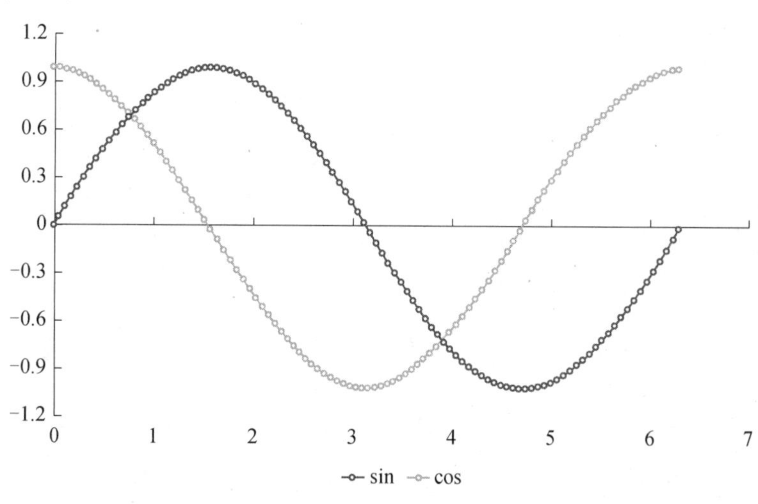


图7-30 输出结果 2

### 3. 绘制饼图

使用 Pie.add()函数绘制饼图，主要参数如下。

```
    add( series_name: str,                          #系列名称
        data_pair: types.Sequence[types.Union[types.Sequence, opts.PieItem,
dict]],
        #系列数据项，格式为 [(key1, value1), (key2, value2)]
        color: Optional[str] = None,                #系列颜色
        radius: Optional[Sequence] = None,          #饼图的半径
        center: Optional[Sequence] = None,          #饼图的圆心坐标
    #是否展示成南丁格尔图，有'radius'和'area'两种模式
```

```
    rosetype: Optional[str] = None,
    is_clockwise: bool = True,            #饼图的扇区是否顺时针排布
)
```

下面举例说明如何绘制南丁格尔图。

**例 7-28：**

```
import pyecharts.options as opts
from pyecharts.charts import Pie
import os
x_data = ["常温酸奶", "低温酸奶", "低温牛奶", "奶粉", "常温牛奶"]
y_data = [235, 330, 574, 435, 400]
data_list = [list(z) for z in zip(x_data, y_data)]
data_list.sort(key=lambda x: x[1])
(
    Pie(init_opts=opts.InitOpts(width="800px", height="600px"))
    .add(
        series_name="物品名称",
        data_pair=data_list,
        rosetype="radius",
        radius="55%",
        center=["50%", "50%"],
        label_opts=opts.LabelOpts(is_show=False, position="center"),
    )
    .set_global_opts(
        title_opts=opts.TitleOpts(
            title="南丁-Pie",
            pos_left="center",
            pos_top="20",
            title_textstyle_opts=opts.TextStyleOpts(color="blue"),
        ),
        legend_opts=opts.LegendOpts(is_show=False),
    )
    .set_series_opts(
        tooltip_opts=opts.TooltipOpts(
            trigger="item", formatter="{a} <br/>{b}: {c} ({d}%)"
        ),
        label_opts=opts.LabelOpts(color="blue"),
    )
    .render("南丁_pie.html")
)
os.system("南丁_pie.html")
```

输出结果如图 7-31 所示。

南丁格尔图是由弗罗伦斯·南丁格尔发明的，又名极区图。南丁格尔图除了使用圆心角的大小表示数据百分比，还使用半径的大小展示数据的大小。

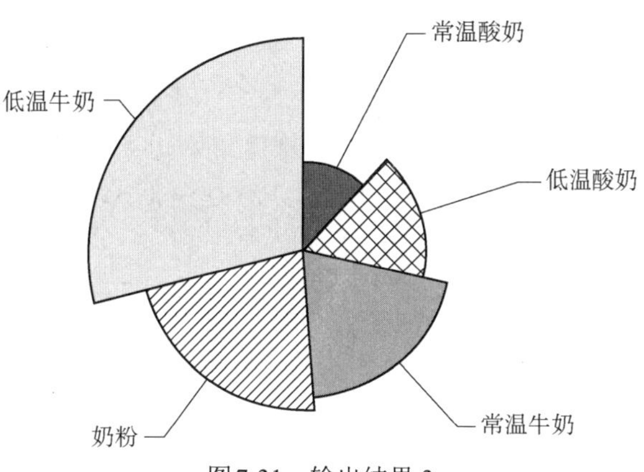


图7-31 输出结果3

使用 Pyecharts 制作饼图，更加简单。通过在 add()函数中设置参数 radius，如 radius = ["15%", "50%"])，即 add(series_name='',data_pair=data_list,radius=["15%", "50%"])可以实现环状饼图。

**例 7-29：**

```
f from pyecharts.charts import Pie
import pyecharts.options as opts
import os
x_data = ["常温酸奶", "低温酸奶", "低温牛奶", "奶粉", "常温牛奶"]
y_data = [235, 330, 574, 435, 400]
data_list = [list(z) for z in zip(x_data, y_data)]
data_list.sort(key=lambda x: x[1])
(
    Pie()                                            #实例化一个Pie类型的图表
    .add(series_name='',data_pair=data_list)         #添加数据
).render('pie.html')
os.system("pie.html")
```

输出结果如图 7-32 所示。

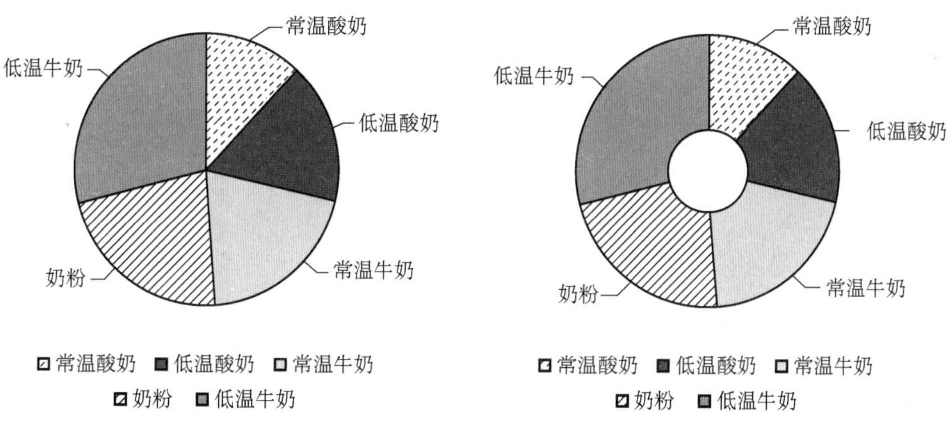


图7-32 输出结果4

#### 4．绘制柱形图

绘制柱形图主要分为以下 3 个步骤。

第 1 步，实例化，即 bar = Bar()；第 2 步，添加 *x* 轴信息，即 bar.add_xaxis(x 轴信息)；第 3 步，添加 *y* 轴信息，即 bar.add_yaxis(y 轴系列名称,系列数据,[ category_gap, stack])。其中，[ category_gap, stack]为可选参数。参数 category_gap 用于控制绘制直方图。直方图与条形图的区别是柱与柱的间隔，如果设置间隔为 category_gap=0，那么称之为直方图。如果两个系列参数 stack 一致，那么称之为堆叠柱形图。

柱形图的 *x* 轴和 *y* 轴旋转过来就形成了条形图，使用 reversal_axis()函数即可实现。

**例 7-30：**

```
    from pyecharts.charts import Bar
    from pyecharts import options as opts
    Axl = [114, 55, 27, 101, 125, 27, 105]        #A商品的周销量
    Bxl = [57, 134, 137, 129, 145, 60, 49]        #B商品的周销量
    week = ['Mon', 'Tue', 'Wed', 'Thu', 'Fri']
    bar = (
        Bar(init_opts=opts.InitOpts(width="800px", height="600px"))
        .add_xaxis(xaxis_data=week)
        .add_yaxis("商家A", Axl, color="#00CD96")
        .add_yaxis('商家B',Bxl)
        .set_global_opts(title_opts=opts.TitleOpts(title='A、B商品的周销量'),
            #设置操作图表缩放功能
            datazoom_opts=[opts.DataZoomOpts(), opts.DataZoomOpts(type_=
"inside")] )
        #.reversal_axis()
    )
    bar.render("bar.html")                              #在本地生成静态网页
```

输出结果如图 7-33 所示。

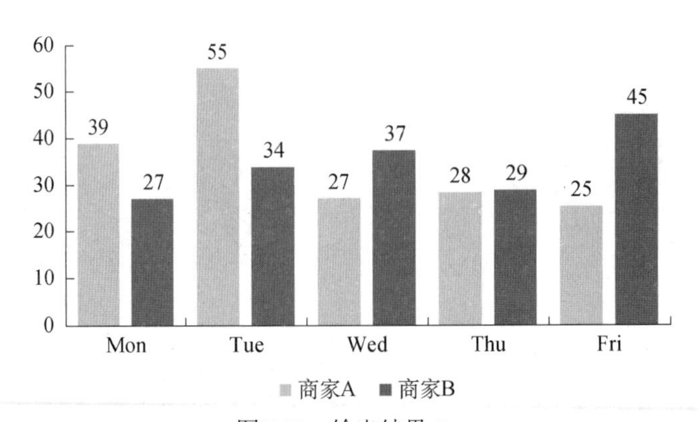


图 7-33　输出结果 5

### 5. 绘制组合图形

（1）使用 Grid 类可以并行显示多个图表。用户可以自行结合使用 Line()、Bar()、Scatter()、Effect()等函数，将不同类型的图表并行显示。第一个图表需要有 $x$ 轴或 $y$ 轴，即不能为饼图，其他位置顺序任意。

使用 Grid 类主要分为以下 4 个步骤。

第 1 步，导入 Grid 类，即 from pyecharts import Grid；第 2 步，实例化 Grid 类，即 grid = Grid()，可以指定参数 page_title、width、height、jhost；第 3 步，使用 add()函数向 Grid 类中添加图表，至少需要设置 grid_top、grid_bottom、grid_left、grid_right 四个参数中的一个。一般不用设置参数 grid_width 和 grid_height，使用默认设置即可；第 4 步，使用 render()方法渲染生成 HTML 文件。

```
add(chart, grid_opts=opts.GridOpts(pos_bottom, pos_top, pos_right, pos_left)
```

其中，参数 pos_bottom、pos_top、pos_left、pos_right 用于表示图表距离容器上、下、左、右的位置。可以选择像 20 这样的具体像素值，也可以选择像 20%这样相对于容器高度和宽度的百分比。对于参数 pos_bottom 和 pos_top 可以选择 top、center、middle，对于参数 pos_right 和 pos_left 也可以选择 left、center、right。

下面举例说明如何进行上下布局。

**例 7-31：**

```
import numpy as np
from pyecharts.charts import Grid,Line,Scatter
from pyecharts import options as opts
x = np.linspace(0,2*np.pi,100)
y = np.sin(x)
lines = (
    Line()
    .add_xaxis(xaxis_data=x)
    .add_yaxis(series_name='',y_axis=y,label_opts=opts.LabelOpts(is_show
=False))
)
points =(
    Scatter()
    .add_xaxis(xaxis_data=x)
    .add_yaxis(series_name='',y_axis=y,label_opts=opts.LabelOpts(is_show
=False))
)
(
    Grid(init_opts=opts.InitOpts(width='720px',height='320px'))
    .add(lines,grid_opts=opts.GridOpts(pos_bottom="60%"))
    .add(points,grid_opts=opts.GridOpts(pos_top='60%'))
).render("grid.html")
```

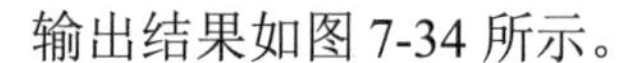

输出结果如图 7-34 所示。

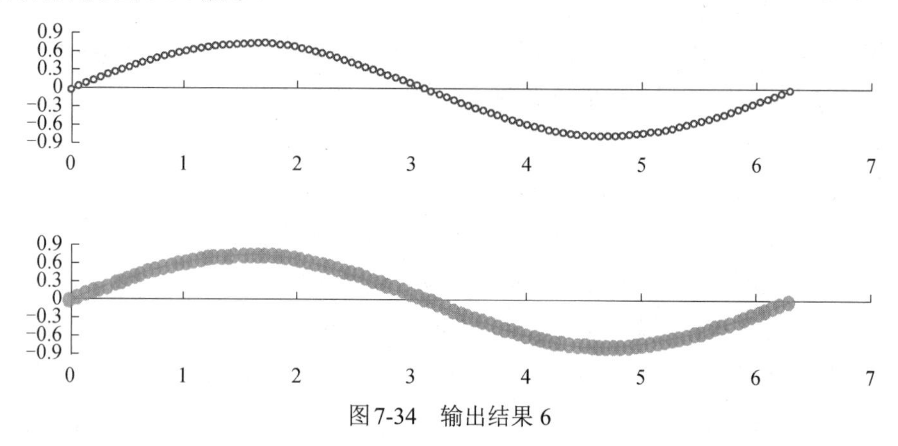


图7-34　输出结果 6

下面举例说明如何进行左右布局。

**例 7-32：**

```
import numpy as np
from pyecharts.charts import Grid,Line,Scatter
from pyecharts import options as opts
x = np.linspace(0,2*np.pi,100)
y = np.sin(x)
lines = (
    Line()
    .add_xaxis(xaxis_data=x)
    .add_yaxis(series_name='',y_axis=y,label_opts=opts.LabelOpts(is_show
=False))
)
points =(
    Scatter()
    .add_xaxis(xaxis_data=x)
    .add_yaxis(series_name='',y_axis=y,label_opts=opts.LabelOpts(is_show
=False))
)
(
    Grid(init_opts=opts.InitOpts(width='720px',height='320px'))
    .add(lines,grid_opts=opts.GridOpts(pos_left='60%'))
    .add(points,grid_opts=opts.GridOpts(pos_right='60%'))
).render("grid.html")
```

输出结果如图 7-35 所示。

（2）使用 Overlap 可以结合不同类型的图表进行叠加。

用户可以自行结合使用 Line()、Bar()、Scatter()、Effect() 等函数，将不同类型的图表叠加在一个图表上。以第一个图表为基础，之后的数据都将叠加在第一个图表上。在最新版本的 Pyecharts 中，Overlap 不再作为一个模块被导入，而作为绘图模块的函数来使用。使用 Overlap 可以将多个图表叠加在一个图表上。

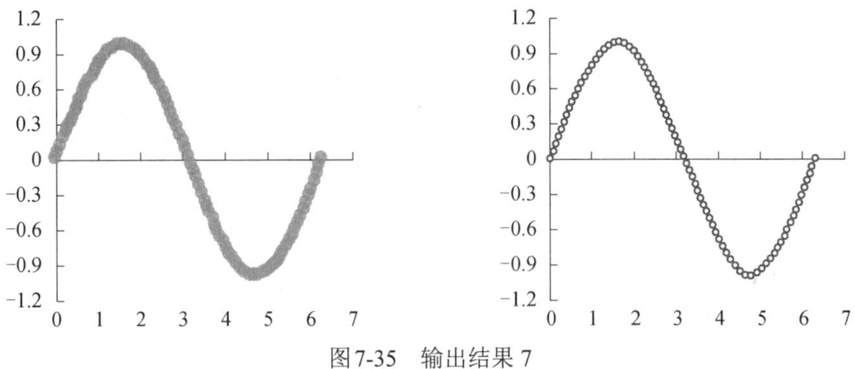


图7-35 输出结果 7

**例 7-33：**

```
from pyecharts import options as opts
from pyecharts.charts import Bar,Line
num = [114, 55, 27, 101, 125, 27, 105]
lab = ["衬衫", "毛衣", "领带", "裤子", "风衣", "高跟鞋", "袜子"]
bar =  (
    Bar(init_opts=opts.InitOpts(width='720px',height='320px'))
    .add_xaxis(xaxis_data=lab)
    .add_yaxis('商家A',num)
    .set_global_opts(title_opts=opts.TitleOpts(title='某商场销售情况'))
)
lines = (
    Line()
    .add_xaxis(xaxis_data=lab)
    .add_yaxis(series_name='',y_axis=num,label_opts=opts.LabelOpts(is_show=
False))
)
bar.overlap(lines).render('grid.html') #在柱形图上添加折线图
```

输出结果如图 7-36 所示。

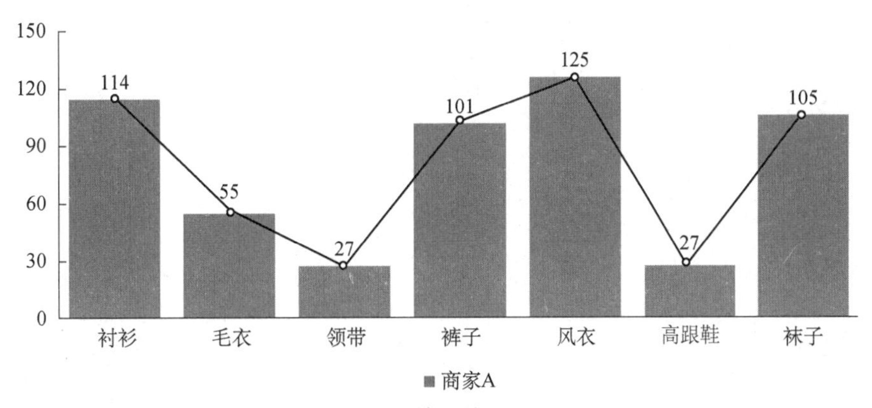


图7-36 输出结果 8

### 7.4.4 使用 Pyecharts 绘制地图

把数据展示在地图上，进行数据可视化，可以使数据更加清晰明了。例如，显示全国分布的微信好友位置、显示票房省份数据、显示全国评分等。要想查看本章中部分示例的运行结果，读者可参考本书提供的 code 文件夹下的“第 7 章 code”文件夹。

#### 1. 绘制地理散点图

绘制地理散点图主要分为以下 5 个步骤。

第 1 步，使用语句 from pyecharts.charts import Geo；第 2 步，使用 Geo()函数实例化 Geo 类型的图表，开始绘制地图；第 3 步，使用语句.add_schema(maptype= "china")，设置地图模式；第 4 步，使用语句.add(series_name',data_pair)，添加主要参数；第 5 步，使用 render()方法生成 HTML 文件。

下面举例说明如何在地图上显示数据。

**例 7-34：**

```
from pyecharts.charts import Geo
import pyecharts.options as opts
import os
#省和直辖市
province_distribution = {'河南':45.23,'北京':37.56,'河北':21,'辽宁':12,'江西':6,'上海':20,'安徽':10}
provice=list(province_distribution.keys())
values=list(province_distribution.values())
(
    Geo()
    .add_schema(maptype='china')
    .add(series_name='',data_pair=[(i,j) for i,j in zip(provice,values)])
).render('geo.html')
os.system('geo.html')
```

如果需要设置标题、区域和特效等，那么应设置全局属性。如果需要绘制分区域的特效散点图，那么应修改图表类型和设置全局属性。

下面举例说明如何绘制有涟漪效果的地理散点图。

**例 7-35：**

```
from pyecharts.charts import Geo
import pyecharts.options as opts
from pyecharts.globals import ChartType
import os
#省和直辖市
province_distribution = {'河南':60,'北京':70,'河北':21,'辽宁':12,'江西':6,'上海':20,'安徽':40}
provice=list(province_distribution.keys())
```

```
values=list(province_distribution.values())
(
    Geo()
    .add_schema(maptype='china')
    .add(series_name='',data_pair=[(i,j) for i,j in zip(provice,values)],
      type_= ChartType.EFFECT_SCATTER) #修改图表类型
    .set_global_opts(
      title_opts=opts.TitleOpts(title='中国地图(特效散点图)'), #设置标题
      #把数据拆分成多个部分
      visualmap_opts=opts.VisualMapOpts(is_piecewise=True)
    )
).render('geo1.html')
os.system('geo1.html')
```

### 2. 绘制动态地理图

动态地理图是另一种特效散点图，即从某一点出发，指向其他地区。绘制动态地理图与绘制地理散点图的步骤类似，只是需要添加特效箭头，即在 add()函数中添加参数 type_和 effect_opts。

下面举例说明如何绘制动态地理图。

**例 7-36：**

```
from pyecharts.charts import Geo
import pyecharts.options as opts
from pyecharts.globals import ChartType,SymbolType
import os

city_num = [('广州',105),('成都',70),('北京',99),('西安',80)]
start_end= [('广州','成都'),('广州','北京'),('广州','西安')]   #设置箭头
(
    Geo()
    .add_schema(maptype='china',itemstyle_opts=opts.ItemStyleOpts(color=
'#323c',border_ color='#111'))        #修改颜色
    .add(series_name='',data_pair=city_num,color='blue')
    #特添加效箭头
    .add(series_name='',data_pair=start_end,type_=ChartType.LINES,effect
_opts=opts.EffectOpts(symbol=SymbolType.ARROW,color='green',symbol_size=8))
).render('geo2.html')
os.system('geo2.html')
```

### 3. 绘制热力图

热力图可以反映各个地区的数据状态。在语句.add_schema(maptype='江苏')中需要修改maptype='江苏'，同时需要设置语句.set_series_opts(type_= ChartType.HEATMAP)及语句.set_global_ opts(visualmap_opts=opts.VisualMapOpts())中的参数。

下面举例说明如何绘制城市销量热力图。

**例 7-37：**

```
from pyecharts.charts import Geo
import pyecharts.options as opts
from pyecharts.globals import ChartType
import numpy as np
import pandas as pd
import os
#读取Excel数据
df = pd.read_excel(r"城市销售数据.xlsx",index_col=None,header=0,skiprows=
[1], converters={'城市':str},usecols=['城市','销量'])
#将pandas.DataFrame格式的数据中的每行转为元组，所有数据均以列表形式输出
data = df.apply(lambda x:tuple(x),axis=1).values.tolist()
values = df['销量'].values
_max = max(values)
_min = min(values)
(
    Geo()
    .add_schema(maptype='江苏')        #修改地图类型
    .add(series_name='',data_pair= data)
    .set_series_opts(type_=ChartType.HEATMAP)
    .set_global_opts(visualmap_opts=opts.VisualMapOpts())
).render('htmap.html')
os.system('htmap.html')
```

# 第 8 章 综合应用

## 8.1 “京东商城”网站评价的爬取与可视化分析

### 8.1.1 项目目的

近年来，随着电商平台的不断发展，越来越多的人选择在网上购物。网上购物能通过其他购买者的评价，让购买者更深入地了解商品信息，但由于购买者较多，因此评价多且杂。为了让购买者更加直观地了解到商品评价，本项目意在爬取“京东商城”网站评价并对其进行可视化分析。

### 8.1.2 项目流程

（1）爬取商品信息并存储数据。

（2）统计评价种类。

（3）统计各种机型的评价数。

（4）根据统计数据绘制柱形图。

### 8.1.3 详细代码及分析

详细代码如下。

```
1   from pyecharts import options as opts
2   from pyecharts.charts import Bar,Line,Pie
3   import requests
4   import json
5   #构造请求头
6   header = {
7       'user-agent': 'Mozilla/5.0 (Windows NT 10.0; WOW64) AppleWebKit/
537.36 (KHTML, like Gecko) Chrome/80.0.3987.16 Safari/537.36'
```

```
8    }
9    data = []
10   comments=[]
11   for page in range(0,200+1):
12       url = 'https://club.***.com/comment/productPageComments.action?callback
=fetchJSON_comment98&productId=100004770263&score=0&sortType=5&page={}&pageS
ize=10&isShadowSku=0&rid=0&fold=1'.format(page)
13       responses = requests.get(url, headers=header)
14       jd = (responses.text.lstrip('fetchJSON_comment98vv12345(').
rstrip(');'))
15       jd = (json.loads(jd))
16       data.append(jd['hotCommentTagStatistics'] )
17       comments.append(jd['comments'])
18   #统计评价种类
19   counts = {}
20   for i in range(len(data)):
21       for a in data[i]:
22           word=a['name']
23           count=int(a['count'])
24           counts[word]=counts.get(word,0) + count
25   print(counts)
26   #绘制评价及评价数的柱形折线图
27   t1_x=[]
28   t1_y=[]
29   for key, value in counts.items():
30       t1_x.append(key)
31       t1_y.append(value)
32   bar = (
33       Bar(init_opts=opts.InitOpts(width='720px',height='320px'))
34       .add_xaxis(xaxis_data=t1_x)
35       .add_yaxis(series_name='评价',yaxis_data=t1_y)
36       .set_global_opts(title_opts=opts.TitleOpts(title='评价统计情况'))
37   )
38   lines = (
39       Line()
40       .add_xaxis(xaxis_data=t1_x)
41       .add_yaxis(series_name='',y_axis=t1_y,label_opts=opts.LabelOpts
(is_show=False))
42   )
43   bar.overlap(lines).render('grid.html')#在柱状图上添加折线图
44   #统计各种颜色的评价数及各种内存的评价数
45   t2_x=['黑色','白色','紫色','绿色','红色']
46   t2_y=[]
47   t3_x=['64GB','128GB']
48   t3_y=[]
49   color_B=0
50   color_W=0
51   color_P=0
```

```
52 color_G=0
53 color_R=0
54 size_64=0
55 size_128=0
56 for j in range(len(comments)):
57     for i in comments[j]:
58         if i['productColor'] == '黑色':
59             color_B = color_B + 1
60         elif i['productColor'] == '白色':
61             color_W = color_W + 1
62         elif i['productColor'] == '紫色':
63             color_P = color_P + 1
64         elif i['productColor'] == '绿色':
65             color_G = color_G + 1
66         elif i['productColor'] == '红色':
67             color_R = color_R + 1
68         else:
69             pass
70 
71         if i['productSize'] == '64GB':
72             size_64 = size_64 + 1
73         elif i['productSize'] == '128GB':
74             size_128 = size_128 + 1
75         else:
76             pass
77 t2_y.append(color_B)
78 t2_y.append(color_W)
79 t2_y.append(color_P)
80 t2_y.append(color_G)
81 t2_y.append(color_R)
82 t3_y.append(size_64)
83 t3_y.append(size_128)
84 #绘制各种颜色评价数的柱形图
85 bar = Bar()
86 bar.add_xaxis(t2_x)
87 bar.add_yaxis('按颜色统计评价数',t2_y)
88 bar.render('bar.html')
89 #绘制各内存评价数的饼图
90 c = Pie()
91 c.add("", [list(z) for z in zip(t3_x, t3_y)])  # 设置圆环的粗细和大小
92 c.set_global_opts(title_opts=opts.TitleOpts(title="按内存统计评价数"))
93 c.set_series_opts(label_opts=opts.LabelOpts(formatter="{b}:{c}"))
94 c.render('pie.html')
```

分析如下。

（1）第1～4行导入需要使用的库。其中，第1～2行从pyecharts.charts中导入Bar用于绘制柱状图，将爬取到的数据进行可视化；第3行导入Requests，用于爬取网站信息；第4

行导入JSON库，用于解析JSON数据。

（2）第6～8行构造请求头。

（3）第9～17行爬取商品信息并存储数据。其中，第9～10行创建空列表，准备存储数据；第11行循环爬取评价；第13行用Requests的get ()函数爬取信息；第14行替换无用字符；第15～17行将爬取的评价存储到列表中。

（4）第19～25行将hotCommentTagStatistics（买家印象）列表按评价种类进行计数，便于画图。第25行输出按评价种类进行计数。

输出结果如图8-1所示。

```
D:\tools\Anaconda3\python.exe F:/PycharmProjects/caiwu/代码/1/例8-1.py
{'时尚美观': 2211, '颜色绚丽': 804, '拍照一流': 804, '皮质上乘': 402, '细腻光滑': 402, '散热性佳': 201}

Process finished with exit code 0
```

图8-1　输出结果

（5）第27～43行绘制评价种类及评价数的折线图。

（6）第45～76行统计各种颜色的评价数及各种内存的评价数。

（7）第85～88行绘制各种颜色评价数的柱形图。

（8）第90～94行绘制各内存评价数的饼图。

最终输出结果如图8-2、图8-3和图8-4所示。

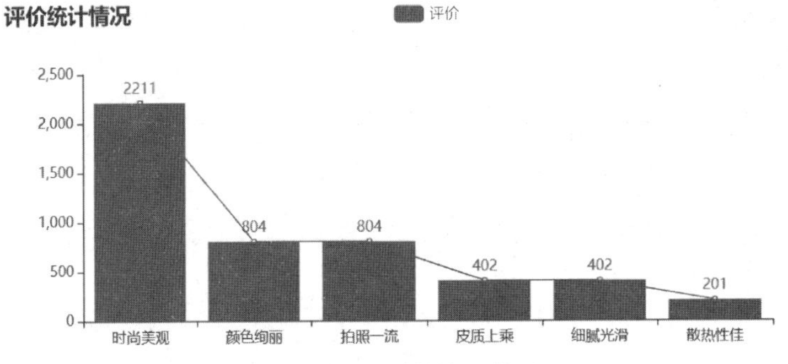


图8-2　最终输出结果1

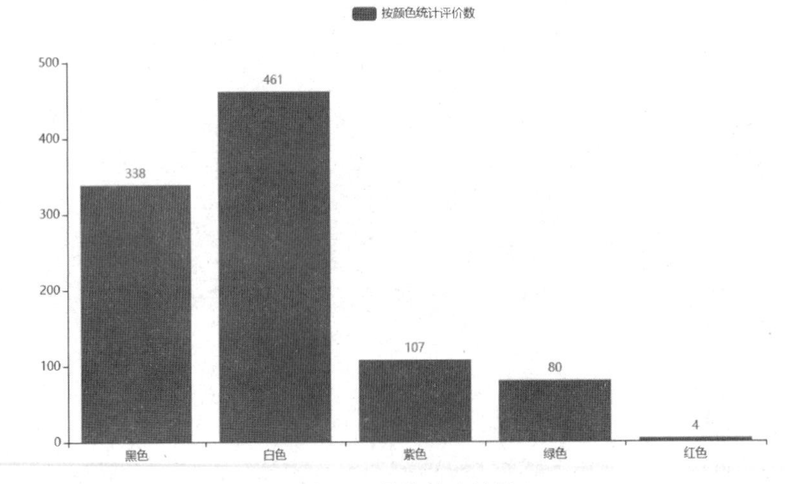


图8-3　最终输出结果2

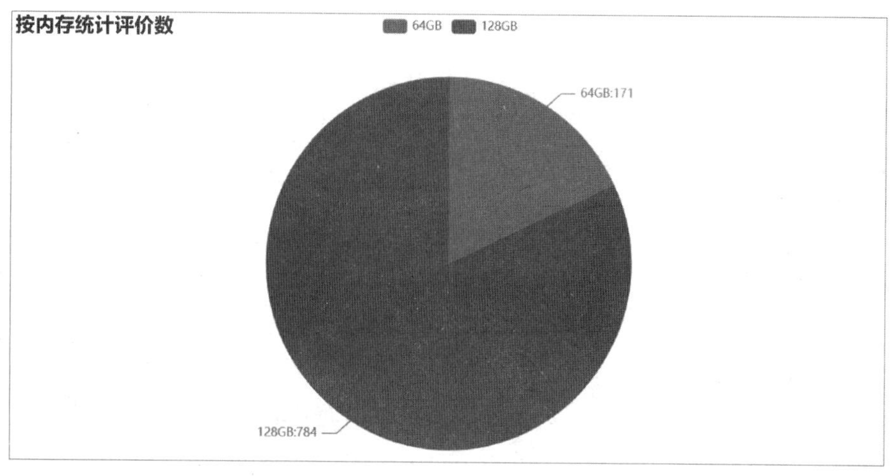


图 8-4　最终输出结果 3

# 8.2　股票数据的爬取与可视化分析

## 8.2.1　项目目的

本项目意在爬虫爬取股票数据并对其进行可视化分析。

## 8.2.2　项目流程

（1）爬取数据。

（2）对爬取的数据进行初步清洗。

（3）进行动态数据可视化分析。

## 8.2.3　详细代码及分析

### 1. 爬取数据

详细代码如下。

```
1    import requests
2    import csv
3
4    #创建并打开 data.csv 文件
5    file = open('data.csv', mode='a', encoding='utf-8', newline='')
6    #使用 csv.DictWriter()方法以字典形式写入表头数据
7    csv_write = csv.DictWriter(file, fieldnames=['股票代码', '股票名称', '当前价', '涨跌额', '涨跌幅', '年初至今', '成交量', '成交额', '换手率', '市盈率(TTM)', '股息率', '市值'])
```

```
8   csv_write.writeheader()   #写入表头数据
9
10  #修改URL中的size 以获取全部股票数据
11  url ='https://***.com/service/v5/stock/screener/quote/list?page=
1&size=4432&order=desc&order by= percent&order_by=percent&market=CN&type=
sh_sz&_=1623304455997'
12  headers = {"User-agent": "Mozilla/5.0 (Windows NT 10.0; Win64; x64)
AppleWebKit/537.36 (KHTML, like Gecko) Chrome/89.0.4389.90 Safari/537.36"}
13  #发送网络请求
14  response = requests.get(url=url, headers=headers)
15  json_data = response.json()
16
17  #筛选数据
18  data_list = json_data['data']['list']
19  for data in data_list:    #建立for语句循环，把列表遍历出来
20      #print(data) #解析数据
21      #获取键值对
22      data1 = data['symbol']
23      data2 = data['name']
24      data3 = data['current']
25      data4 = data['chg']
26      if data4:
27          if float(data4) > 0:
28              data4 = '+' + str(data4)
29          else:
30              data4 = str(data4)
31      data5 = str(data['percent']) + '%'
32      data6 = str(data['current_year_percent']) + '%'
33      data7 = data['volume']
34      data8 = data['amount']
35      data9 = str(data['turnover_rate'])+'%'
36      data10 = data['pe_ttm']
37      data11 =data['dividend_yield']
38      if data11:
39          data11 = str(data['dividend_yield'])+'%'
40      else:
41          data11 = None
42      data12 = data['market_capital']
43      print(data1, data2, data3, data4, data5, data6, data7, data8, data9,
data10, data11, data12,)
44
45      #保存数据
46      data_dict = {'股票代码': data1, '股票名称': data2, '当前价': data3,
'涨跌额': data4, '涨跌幅': data5, '年初至今': data6,成交量': data7, '成交额':data8,
'换手率': data9, '市盈率(TTM)': data10, '股息率': data11, '市值': data12, }
47      csv_write.writerow(data_dict)
```

分析如下。

（1）第 1～2 行导入需要使用的库，并设置参数。

（2）第 4～8 行创建并打开 data.csv 文件，并使用 csv.DictWriter()方法以字典形式写入表头数据。

（3）第 10～15 行加入请求头及 URL，使用 Requests 获取数据，并建立数据集。

（4）第 17～47 行读取数据并使用 csv.DictWriter() 方法以字典形式将数据写入 data.csv 文件。

部分输出结果如图 8-5 所示。

```
D:\tools\Anaconda3\python.exe F:/PycharmProjects/caiwu/代码/1/821.py
SH603373 N安邦 46.2 +27.1 141.88% 141.88% 20854381 1010572694.84 79.17% 42.259 None 4967741948
SZ301032 新柴股份 12.05 +2.01 20.02% 60.84% 19260231 227760432 23.32% 152.592 0.166% 2905657470
SZ300949 奥雅股份 79.84 +13.31 20.01% 161% 2920610 233181502 17.18% None None 4790400000
SZ301512 智信精密 75.96 +12.66 20% 91.53% 4346765 319336281 32.6% 45.56 None 4051205064
SZ300492 华图山鼎 72 +8.5 13.39% 102.73% 2151868 149069497 1.53% 7634.735 0.028% 10115025840
SZ300691 联合光电 21.4 +2.18 11.34% 73.18% 32918555 691156831 16.73% 93.434 0.463% 5759629277
SZ300313 *ST天山 10.1 +0.93 10.14% 63.96% 19495900 195313552 10.58% None None 3161071700
SH603389 亚振家居 7.23 +0.66 10.05% 39.31% 10063287 71920704.01 3.83% None None 1899696960
SZ002786 银宝山新 16.13 +1.47 10.03% 128.15% 151806640 2386307272 30.72% None None 7994221560
```

图 8-5　部分输出结果

### 2. 对爬取的数据进行初步清洗

详细代码如下。

```
1   import pandas as pd
2   import numpy as np
3   #加载data.csv文件
4   data_df = pd.read_csv('data.csv')
5   #判断数据是否存在空值
6   print(data_df.isnull().any(axis=1))
7   #将空值都补为0
8   data_df = data_df.fillna(0)
9   #统计每列空值的个数
10  print(data_df.isnull().any().sum())
11  #保存处理后的数据到 data1.csv 文件中
12  df = data_df.set_index('股票名称')
13  df.to_csv("data1.csv",encoding='utf-8')
```

分析如下。

（1）第 1～2 行导入需要使用的库。

（2）第 4 行加载 data.csv 文件。

（3）第 6 行判断数据是否存在空值。输出结果如图 8-6 所示。

（4）第 8 行将空值都补为 0。

（5）第 10 行统计每列空值的个数。输出结果如图 8-7 所示。

（6）第 12～13 行保存处理后的数据到 data1.csv 文件中。

```
D:\tools\Anaconda3\python.exe F:/PycharmProjects/caiwu/代码/1/822.py
0        True
1       False
2        True
3        True
4       False
         ...
4427     True
4428    False
4429    False
4430    False
4431    False
Length: 4432, dtype: bool
0

Process finished with exit code 0
```

图8-6 输出结果 1

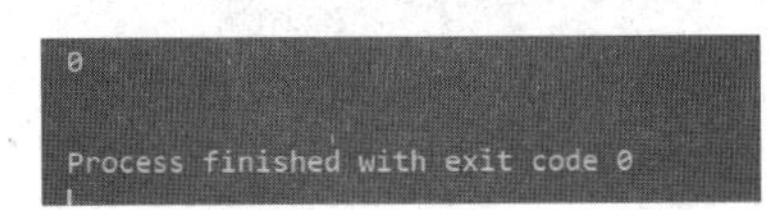


图8-7 输出结果 2

### 3．进行动态数据可视化分析

（1）绘制成交量柱形图，本示例中成交量第一的股票是天娱数科。详细代码如下。

```
1   import pandas as pd
2   import numpy as np
3   from pyecharts.globals import ThemeType
4   from pyecharts import options as opts
5   from pyecharts.charts import Bar
6   #读取数据并按成交量排序
7   data_df = pd.read_csv('data1.csv')
8   df = data_df.dropna()
9   df1 = df[['股票名称', '成交量']]
10  df1=df1.sort_values(by='成交量',ascending=False)
11  #读取前10条数据
12  df2 = df1.iloc[:10]
13  #输出股票名称与成交量，查看数据是否正确
14  print(df2['股票名称'].values)
15  print(df2['成交量'].values)
16  #设置风格
17  bar = Bar(init_opts=opts.InitOpts(theme=ThemeType.ESSOS))
18  #导入x轴数据
19  bar.add_xaxis(list(df2['股票名称'].values))
20  #导入y轴数据
21  bar.add_yaxis("股票成交量情况",list(df2['成交量'].values))
22  #设置标签配置项
23  bar.set_series_opts(label_opts=opts.LabelOpts(position="top"))
24  #设置标题
25  bar.set_global_opts(title_opts=opts.TitleOpts(title="成交量图表"))
26  #渲染成HTML 文件
27  bar.render("data1.html")
```

分析如下。

① 第 1～5 行导入需要使用的库。语句 from pyecharts import options as opts 用于调整配置项。语句 from pyecharts.charts import Bar 导入 Bar 用于绘制柱形图。

② 第 6～15 行是在绘图前对数据进行的处理。其中，第 7～10 行读取数据并按成交量排序。第 12 行读取前 10 条数据。第 14 行和第 15 行分别输出股票名称与成交量，查看数据是否正确。输出结果如图 8-8 所示。

```
D:\tools\Anaconda3\python.exe F:/PycharmProjects/caiwu/代码/1/8231.py
['天娱数科' '农业银行' '金科股份' '包钢股份' '工商银行' '京东方A' '江特电机' '紫金矿业' '中国银行' '省广集团']
[3.93794195e+08 3.03765282e+08 2.76989784e+08 2.34248996e+08
 2.21981982e+08 2.19501347e+08 1.65916433e+08 1.65592823e+08
 1.62518270e+08 1.57291642e+08]

Process finished with exit code 0
```

图 8-8　输出结果 3

③ 第 16～27 行绘制股票成交量排名前十的柱形图。输出结果如图 8-9 所示。

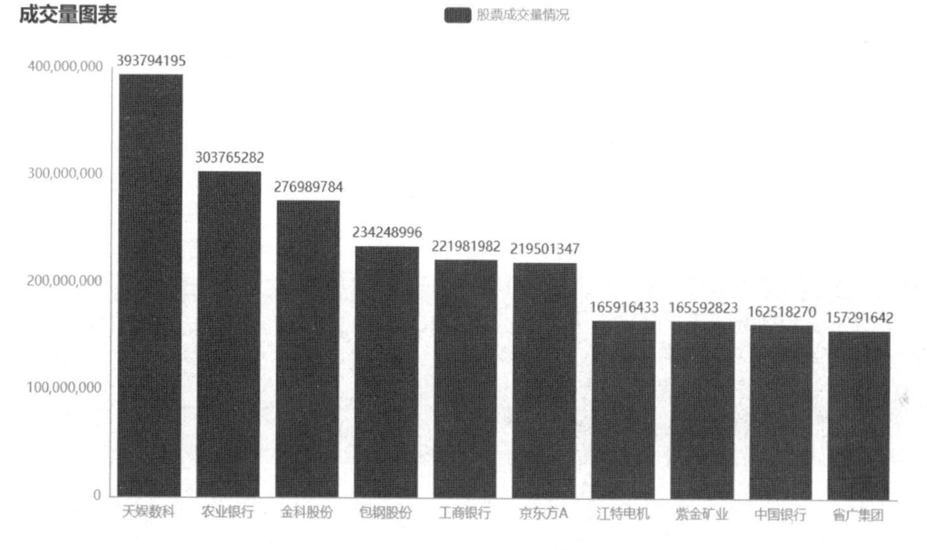


图 8-9　输出结果 4

（2）绘制成交额柱形图，本示例中成交额排名第一的股票是 XD 贵州茅台。详细代码如下。

```
1   import pandas as pd
2   import numpy as np
3   from pyecharts.globals import ThemeType
4   from pyecharts import options as opts
5   from pyecharts.charts import Bar
6   #读取数据并按成交额排序
7   data_df = pd.read_csv('data.csv')
8   df = data_df.dropna()
9   df1 = df[['股票名称', '成交额']]
10  df1=df1.sort_values(by='成交额',ascending=False)
11  #读取前10条数据
12  df2 = df1.iloc[:10]
```

```
13  #输出股票名称与成交额，查看数据是否正确
14  print(df2['股票名称'].values)
15  print(df2['成交额'].values)
16  #设置风格
17  bar = Bar(init_opts=opts.InitOpts(theme=ThemeType.DARK))
18  #导入x轴数据
19  bar.add_xaxis(list(df2['股票名称'].values))
20  #导入y轴数据
21  bar.add_yaxis("股票成交额情况",list(df2['成交额'].values))
22  #设置标签配置项
23  bar.set_series_opts(label_opts=opts.LabelOpts(position="top"))
24  #设置标题
25  bar.set_global_opts(title_opts=opts.TitleOpts(title="成交额图表"))
26  #渲染成HTML文件
27  bar.render("data2.html")
```

分析如下。

① 第 1～5 行导入需要使用的库。语句 from pyecharts import options as opts 用于调整配置项。语句 from pyecharts.charts import Bar 导入 Bar 用于绘制柱形图。

② 第 6～15 行是在绘图前对数据进行的处理。其中，第 7～10 行读取数据并按成交额排序；第 12 行读取前 10 条数据；第 14 行和第 15 行分别输出股票名称与成交额，查看数据是否正确。输出结果如图 8-10 所示。

```
D:\tools\Anaconda3\python.exe F:/PycharmProjects/caiwu/代码/1/8232.py
['XD贵州茅台' '中文在线' '宁德时代' '软通动力' '天娱数科' '银宝山新' '张江高科' '江特电机' '紫金矿业' '东方财富']
[3.81613322e+09 3.57872075e+09 3.17460219e+09 2.74678045e+09
 2.51626593e+09 2.38630727e+09 2.08175591e+09 2.05036403e+09
 1.99273460e+09 1.94095810e+09]

Process finished with exit code 0
```

图8-10 输出结果 5

③ 第 16～27 行绘制股票成交额排名前十的柱形图。输出结果如图 8-11 所示。

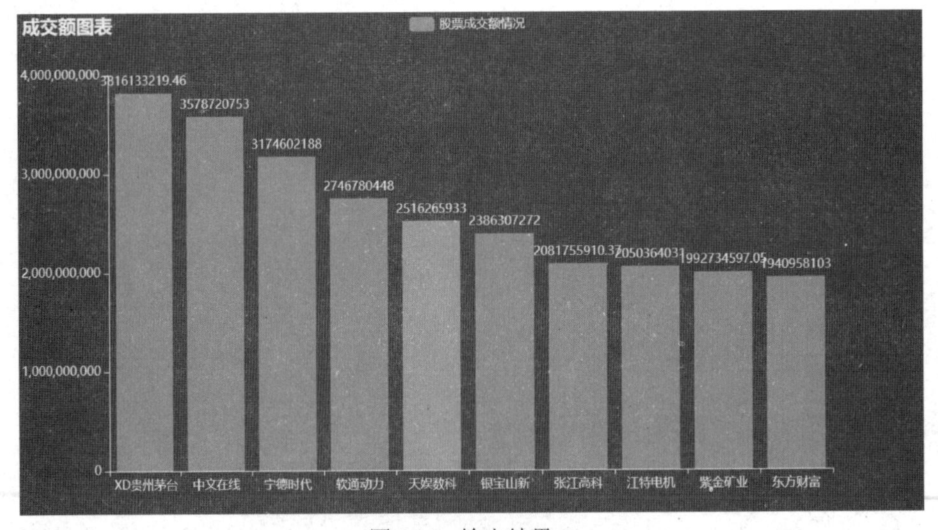


图8-11 输出结果 6

（3）绘制市值柱形图，本示例中市值最高的股票为 XD 贵州茅台。详细代码如下。

```
1   import pandas as pd
2   import numpy as np
3   from pyecharts.globals import ThemeType
4   from pyecharts import options as opts
5   from pyecharts.charts import Bar
6   #读取数据并按市值排序
7   data_df = pd.read_csv('data1.csv')
8   df = data_df.dropna()
9   df1 = df[['股票名称', '市值']]
10  df1=df1.sort_values(by='市值',ascending=False)
11  #读取前10条数据
12  df2 = df1.iloc[:10]
13  #输出股票名称与市值，查看数据是否正确
14  print(df2['股票名称'].values)
15  print(df2['市值'].values)
16  #设置风格
17  bar = Bar(init_opts=opts.InitOpts(theme=ThemeType.ROMANTIC))
18  #导入x轴数据
19  bar.add_xaxis(list(df2['股票名称'].values))
20  #导入y轴数据
21  bar.add_yaxis("股票市值情况",list(df2['市值'].values.astype(float)))
22  #设置标签配置项
23  bar.set_series_opts(label_opts=opts.LabelOpts(position="right"))
24  #设置标题
25  bar.set_global_opts(title_opts=opts.TitleOpts(title="市值图表"))
26  #翻转x轴与y轴
27  bar.reversal_axis()
28  #渲染成HTML文件
29  bar.render("data3.html")
```

分析如下。

① 第 1～5 行导入需要使用的库。语句 from pyecharts import options as opts 用于调整配置项。语句 from pyecharts.charts import Bar 导入 Bar 用于绘制柱形图。

② 第 6～15 行是在绘图前对数据进行的处理。其中，第 7～10 行读取数据并按市值排序；第 12 行读取前 10 条数据；第 14 和第 15 行分别输出股票名称与市值，查看数据是否正确。输出结果如图 8-12 所示。

```
D:\tools\Anaconda3\python.exe F:/PycharmProjects/caiwu/代码/1/8233.py
['XD贵州茅台' '中国移动' '工商银行' '建设银行' '农业银行' '中国石油' '中国银行' '中国海油' '中国人寿' '中国平安']
[2072462568462 2012081596415 1707185971456 1602570365685 1270438412959
 1239052019828 1174607287052  943724597443  771626446500  700183520639]

Process finished with exit code 0
```

图 8-12　输出结果 7

③ 第 16～29 行绘制股票市值排名前十的柱形图。输出结果如图 8-13 所示。

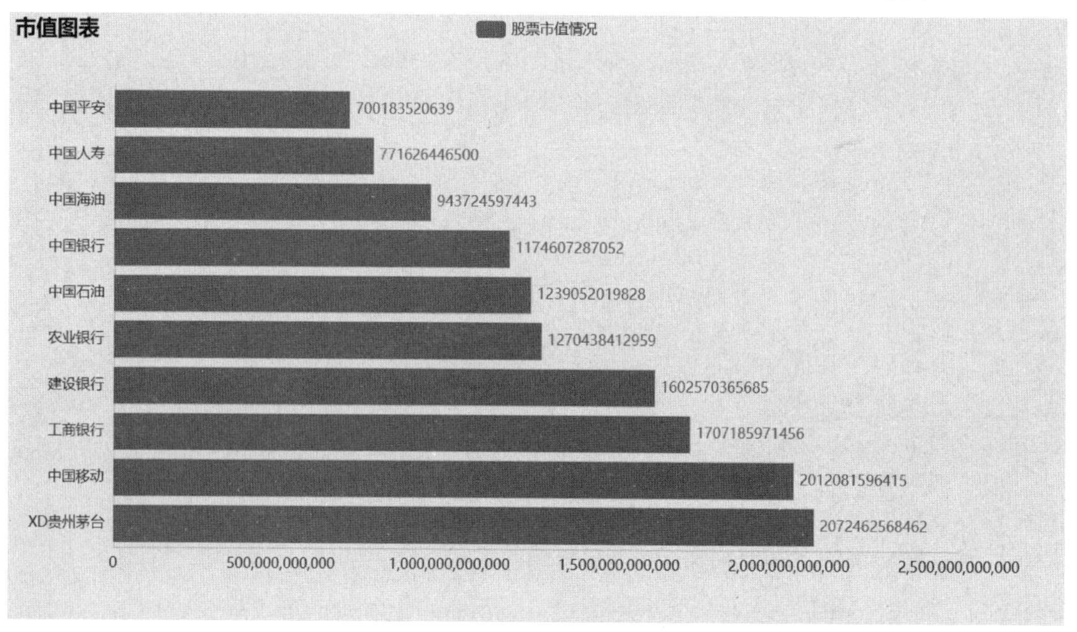


图 8-13 输出结果 8

（4）绘制涨跌额折线图。详细代码如下。

```
1    import pandas as pd
2    import numpy as np
3    from pyecharts.globals import ThemeType
4    from pyecharts import options as opts
5    from pyecharts.charts import Line
6    #读取数据并按涨跌额排序
7    data_df = pd.read_csv('data1.csv')
8    df = data_df.dropna()
9    df1 = df[['股票名称', '涨跌额']]
10   df1=df1.sort_values(by='涨跌额',ascending=False)
11   #读取前10条数据
12   df2 = df1.iloc[:10]
13   #输出股票名称与涨跌额，查看数据是否正确
14   print(df2['股票名称'].values)
15   print(df2['涨跌额'].values)
16   #查看数据得知各股票年初至今的涨幅情况
17   y_data = df2['涨跌额'].values.astype(float)
18   line=(
         Line()
         .set_global_opts(
             tooltip_opts=opts.TooltipOpts(is_show=True),
             xaxis_opts=opts.AxisOpts(type_="category"),
```

```
            yaxis_opts=opts.AxisOpts(
                type_="value",
                axistick_opts=opts.AxisTickOpts(is_show=True),
                splitline_opts=opts.SplitLineOpts(is_show=True),
            ),
            #设置标题
            title_opts=opts.TitleOpts(title="单位(%)", pos_left="left"),
        )
        #设置x轴
        .add_xaxis(list(df2['股票名称'].values))
        #设置y轴
        .add_yaxis(
            #设置标题名称
            series_name="年初至今涨跌额情况折线图",
            #赋值
            y_axis=y_data,
            symbol="emptyCircle",
            is_symbol_show=True,
            label_opts=opts.LabelOpts(is_show=True),
        )
    )
19  #渲染成HTML文件
20  line.render("data4.html")
```

分析如下。

① 第1～5行导入需要使用的库。语句 from pyecharts import options as opts 用于调整配置项。语句 from pyecharts.charts import Line 导入 Line 用于绘制折线图。

② 第6～15行是在绘图前对数据进行的处理。其中，第7～10行读取数据并按涨跌额排序；第12行读取前10条数据；第14行和第15行分别输出股票名称与涨跌额，查看数据是否正确。输出结果如图8-14所示。

```
D:\tools\Anaconda3\python.exe F:/PycharmProjects/caiwu/代码/1/8234.py
['N安邦' '奥雅股份' '智信精密' '奕瑞科技' '华图山鼎' '荣旗科技' '亿道信息' '浙海德曼' '八方股份' '茂莱光学']
[27.1  13.31 12.66  9.45  8.5   8.08  5.84  5.12  5.07  4.89]

Process finished with exit code 0
```

图8-14 输出结果9

③ 第17～20行绘制涨跌额排名前十的折线图。其中，第17行设置 $y$ 轴参数。输出结果如图8-15所示。

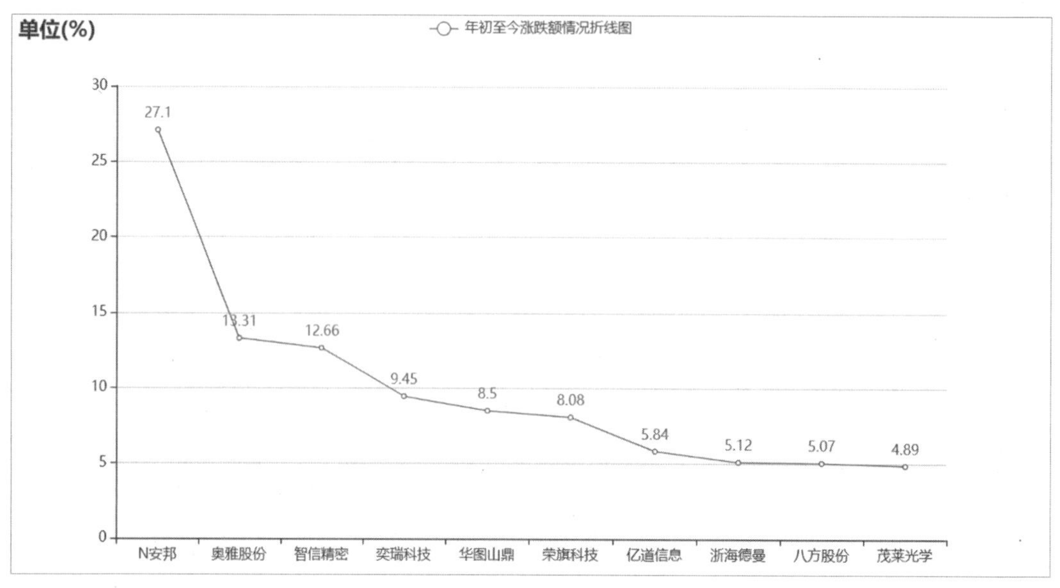


图 8-15 输出结果 10

（5）绘制当前价饼图。详细代码如下。

```
1   import pandas as pd
2   import numpy as np
3   from pyecharts.globals import ThemeType
4   from pyecharts import options as opts
5   from pyecharts.charts import Pie
6   #读取数据并按当前价排序
7   data_df = pd.read_csv('data1.csv')
8   df = data_df.dropna()
9   df1 = df[['股票名称', '当前价']]
10  df1=df1.sort_values(by='当前价',ascending=False)
11  #读取前 10 条数据
12  df2 = df1.iloc[:10]
13  #输出股票名称与当前价，查看数据是否正确
14  print(df2['股票名称'].values)
15  print(df2['当前价'].values)
16  #设置data_x数据
17  data_x = list(df2['股票名称'].values)
18  #设置data_y数据
19  data_y = list((df2['当前价'].values).astype(float))
20  inner_data_pair = [list(z)for z in zip(data_x, data_y)]
21  outer_data_x = list(df2['股票名称'].values)
22  outer_data_y = list((df2['当前价'].values).astype(float))
23  outer_data_pair = [list(z) for z in zip(outer_data_x, outer_data_y)]
24  pie = (
        Pie(init_opts=opts.InitOpts(width="1200px", height="800px"))
        #设置内圈数据
```

```
        .add(
            series_name="当前价",
            data_pair= inner_data_pair,
            radius=[0, "30%"],
            label_opts=opts.LabelOpts(position="inner"),
        )
        #设置外圈数据
        .add(
            series_name="当前价",
            radius=["40%","55%"],
            data_pair=outer_data_pair,
            label_opts=opts.LabelOpts(
                position="outside",
                formatter="{a|{a}}\n{hr|}\n {b|{b}: }{c}  {per| {d}%}   ",
                background_color="#eee",
                border_color="#aaa",
                border_width=1,
                border_radius=4,

                    rich={
                        "a": {"color": "#999", "LineHeight": 22, "align": "center" },
                        "abg": {
                        "backgroundColor": "#e3e3e3",
                        "width": "100%",
                        "align": "right",
                        "height": 22,
                        "borderRadius": [4, 4, 0, 0]
                        },
                        "hr": {
                        "borderColor": "#aaa",
                        "width" :"100%",
                        "borderWidth": 0.5,
                        "height": 0,
                        },
                        "b": {"fontSize": 16,"LineHeight": 33},
                        "per": {
                        "color": "#eee",
                        "backgroundColor": "#334455",
                        "padding": [2, 4],
                        "borderRadius": 2,
                        },
                    },
            ),
        )
        .set_global_opts(legend_opts=opts.LegendOpts(pos_left="left",
orient= "vertical",))
```

```
            .set_series_opts(
                tooltip_opts=opts.TooltipOpts(
                   trigger="item", formatter="{a} <br/> {b}: {c} ({d}%)",

                )

            )
            .set_global_opts(title_opts=opts.TitleOpts(title='当前价饼图',
subtitle= '元/股'))
                )
     25   #渲染成HTML 文件
     26   pie.render("data5.html")
```

分析如下。

① 第 1～5 行导入需要使用的库。语句 from pyecharts import options as opts 用于调整配置项。语句 from pyecharts.charts import Pie 导入 Pie 用于绘制饼图。

② 第 6～15 行是在绘图前对数据进行的处理。其中，第 7～10 行读取数据并按当前价排序；第 12 行读取前 10 条数据；第 14 行和第 15 行分别输出股票名称与当前价，查看数据是否正确。输出结果如图 8-16 所示。

```
8235
D:\tools\Anaconda3\python.exe F:/PycharmProjects/caiwu/8235.py
['XD贵州茅台' '爱美客' '金山办公' '拓荆科技' '华海清科' '惠泰医疗' '昱能科技' '北方华创' '石头科技' '迈瑞医疗']
[1735.19  549.2   429.71  404.59  381.04  367.1   346.    344.8   306.33
  300.3 ]

Process finished with exit code 0
```

图 8-16　输出结果 11

③ 第 16～26 行绘制当前价排名前十的饼图。输出结果如图 8-17 所示。

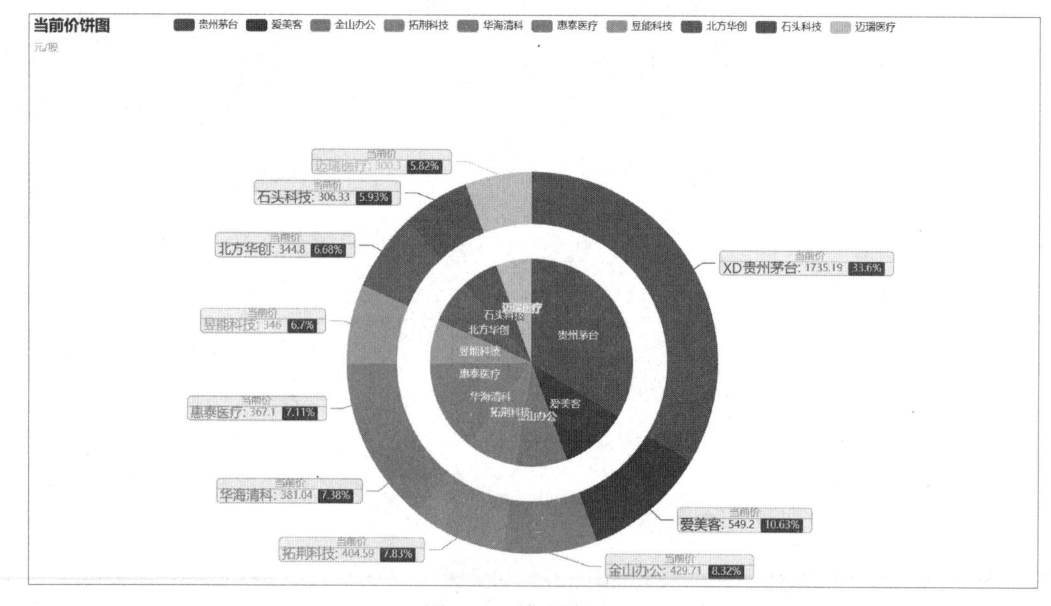


图 8-17　输出结果 12

# 8.3　教育网站最新通知的爬取

在工作中，我们经常需要在行业相关网站上获取最新通知公告，可以使用爬虫爬取相关网站的最新通知，并将其保存到文件中，以减少手动查找的工作量和避免出现信息疏漏，提高工作效率。本示例要求从中华人民共和国教育部（后文简称“教育部”）网站、北京市教育委员会网站和北京市教育委员会高等教育处网站中，爬取最新通知，并将其保存到MySQL 数据库文件中。

在运行程序前，需注意以下几点。

（1）必须将程序中的数据库参数修改为用户的数据库参数。

（2）检查 3 个网站的地址是否有所变化。

（3）检查网站的源代码，查看本示例涉及的 HTML 代码是否有所变化。

## 8.3.1　需求分析

编写爬虫。程序中应能够以多选的方式选择想要爬取的目标网站，即教育部网站、北京市教育委员会网站和北京市教育委员会高等教育处网站。要求爬取这 3 个目标网站中选定的网站，爬取目标网站中的最新通知、通知中的时间与主要事件，每个网站只爬取前两个网页中的信息，将爬取的信息存入数据库。

对于北京市教育委员会网站和北京市教育委员会高等教育处网站，要爬取前两个网页中的信息；对于教育部网站，只爬取第一个网页中的信息即可。

（1）在北京市教育委员会高等教育处网站中，选择“通知公告”选项，打开“通知公告”界面，如图 8-18 所示。

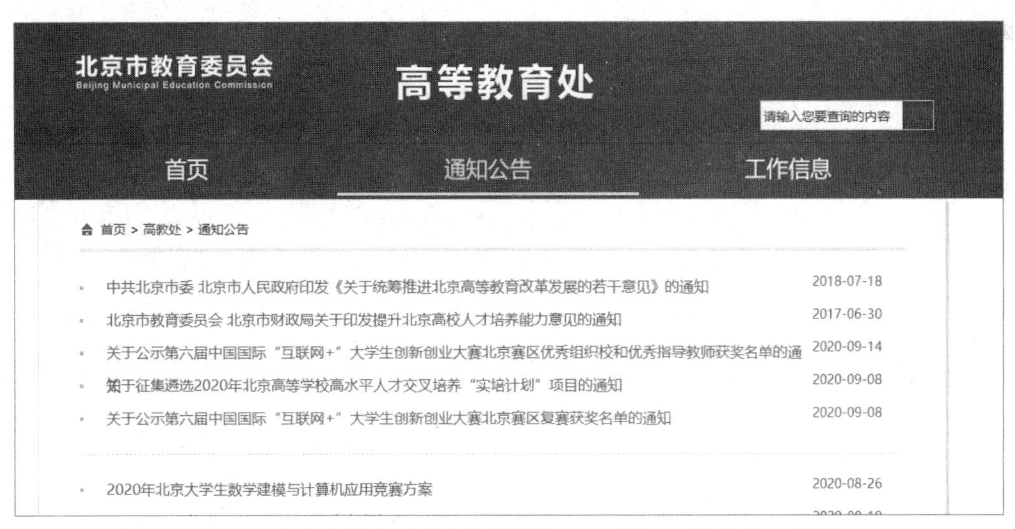


图 8-18　北京市教育委员会高等教育处网站的“通知公告”界面

通知的 HTML 代码如下。

```
<div class="announce_list">
```

```
        <ul>
            <li><span>2018-07-18</span>
    <a href="./201807/t20180718_1458394.html">中共北京市委 北京市人民政府印发《关于统筹推进北京高等教育改革发展的若干意见》的通知</a></li>
             <li><span>2017-06-30</span>
    <a href="./201706/t20170630_1459377.html">北京市教育委员会 北京市财政局关于印发提升北京高校人才培养能力意见的通知</a></li>

           <li><span>2020-09-14</span>
    <a href="./202009/t20200914_2059452.html">关于公示第六届中国国际“互联网+”大学生创新创业大赛北京赛区优秀组织校和优秀指导教师获奖名单的通知</a></li>
           <li><span>2020-09-08</span>
    <a href="./202009/t20200908_2014692.html">关于征集遴选2020年北京高等学校高水平人才交叉培养“实培计划”项目的通知</a></li>
           <li><span>2020-09-08</span>
    <a href="./202009/t20200908_2014689.html">关于公示第六届中国国际“互联网+”大学生创新创业大赛北京赛区复赛获奖名单的通知</a></li>
    </ul>
    <ul>
         <li><span>2020-08-26</span>
    <a href="./202008/t20200826_1991774.html">2020年北京市大学生数学建模与计算机应用竞赛方案</a></li>
         <li><span>2020-08-19</span>
    <a href="./202008/t20200819_1986195.html">2020年北京市大学生工程设计表达竞赛方案</a></li>
    <li><span>2020-08-18</span>
    <a href="./202008/t20200818_1985599.html">北京市教育委员会关于开展2020年北京市高等学校教学名师奖评选工作的通知</a></li>
        <li><span>2020-08-13</span>
    <a href="./202008/t20200813_1982792.html">2020年北京市大学生人文知识竞赛方案</a></li>
        <li><span>2020-08-06</span>
    <a href="./202008/t20200806_1975811.html">2020年北京市大学生工业设计大赛暨第五届全国大学生工业设计大赛北京赛区获奖结果公示</a></li>
     </ul>
     <div class="fenye">    <!--分页开始-->
        <td align="center" style="font-size:12px;height:22px;font-family:Arial" colspan="3">
           <SCRIPT LANGUAGE="JavaScript">
            var currentPage = 0;//所在页从0开始
            var prevPage = currentPage-1//上一页
            var nextPage = currentPage+1//下一页
            var countPage = 36//共多少页
```

```
        document.write("共"+countPage+"页  ");
         //设置上一页代码
        if(countPage>1&&currentPage!=0&&currentPage!=1)
            document.write("<a href=\"index.html\">首页</a> 
    <a href=\"index"+"_" + prevPage + "."+"html\">上一页</a> ");
           else if(countPage>1&&currentPage!=0&&currentPage==1)
            document.write("<a href=\"index.html\">首页</a> 
    <a href=\"index.html\">上一页</a> ");
           else
            document.write("首页 上一页 ");
            //循环
             var num = 5;
            for(var i=0+(currentPage-1-(currentPage-1)%num) ; i<=(num+
(currentPage-1-(currentPage-1)%num))&&(i<countPage) ; i++){
                 if(currentPage==i)
                 document.write("<span style=\"color:#FF0000;\">"+(i+1)+
"</span>  ");
                 else if(i==0)
                 document.write("<a href=\"index.html\">"+(i+1)+"</a> ");
                 else
                 document.write("<a  href=\"index"+"_"  +  i  +  "."+"html\">"
+(i+1)+ "</a> ");
                 }
                   //设置下一页代码
       if(countPage>1&&currentPage!=(countPage-1))
       document.write("<a href=\"index"+"_" + nextPage + "."+"html\">下一页
</a>  <a href=\"index_" + (countPage-1) + ".html\">尾页</a> ");
       else
         document.write("下一页 尾页 ");
          //设置总记录数
         document.write("总记录数:352 , ");
         document.write("当前页: ");
         document.write(0+1);
         document.write("/36");
       </SCRIPT>
   </td>  <!--分页结束-->
  </div>
```

（2）在北京市教育委员会网站中，选择“通知公告”选项，打开“通知公告”界面，如图 8-19 所示。

检查北京市教育委员会网站中通知的 HTML 代码，会发现其和北京市教育委员会高等教育处网站中通知的 HTML 代码基本相同。可以使用爬取北京市教育委员会高等教育处网站中最新通知的方法爬取北京市教育委员会网站中的最新通知。

（3）在教育部网站中，选择“公开”→“教育部文件”选项，打开“教育部文件”界面，如图 8-20 所示。右击“重要文件”选项，在弹出的快捷菜单中选择“查看页面源代码”命令，分析教育部网站中公开的重要文件的 HTML 代码会发现，重要文件信息被包含在<div>元素的<ul>元素的若干个<li>元素中。

图 8-19　北京市教育委员会网站的“通知公告”界面

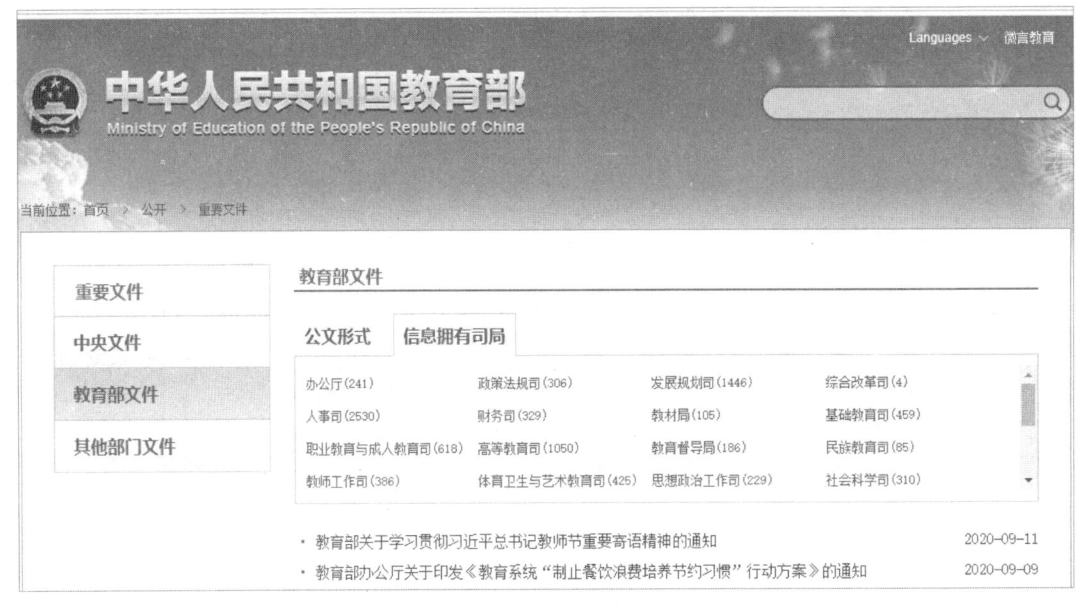


图 8-20　“教育部文件”界面

```
<DIV class="gongkai_wenjian" style="margin-top:20px;">
<div class="scy_lbsj-right-nr">
  <ul>
     <li><a href="http://www.***.gov.cn/srcsite/A10/s7058/202009/t20200911_
487312.html" target="_blank">教育部关于学习贯彻习近平总书记教师节重要寄语精神的通知
</a> <span>2020-09-11</span></li>
     <li><a href="http://www.***.gov.cn/srcsite/A03/s7050/202009/t20200915_
488025.html" target="_blank">教育部办公厅关于印发《教育系统“制止餐饮浪费培养节约习
```

```
惯”行动方案》的通知</a><span>2020-09-09</span></li>
    …
      </ul>
    </div>
    </DIV>
```

观察 3 个网站的信息可以知道，更适合使用 BeautifulSoup4 的 find() 方法和 find_all() 方法来定位和获取数据，先使 find_all() 方法锁定爬取<ul>元素中的数据，再使用 find() 方法遍历每个<li>元素中的内容，并将得到的数据显示在 GUI 控件中，最后通过调用控件将数据存入数据库。

## 8.3.2　概要设计

根据用户需求可知，这个应用需要实现网页信息的爬取及数据存储后的数据库数据的管理。下面以 Python 信息第三方类库 BeautifulSoup4 或 lxml.etree 为分析工具来制作爬虫并对网页信息进行爬取。因为涉及多个不同网站信息的爬取和数据库数据的管理，所以下面通过 GUI 控件 Tkinter 设置程序界面。程序的主要功能结构如图 8-21 所示。

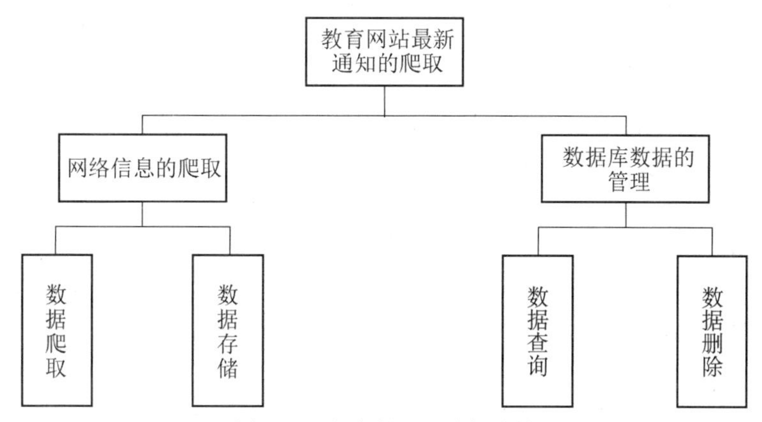


图 8-21　程序的主要功能结构

可以发现，程序主要应实现两大功能，即网页信息的爬取与数据库数据的管理。

可以设计一个事件表用来存放通知或重要文件的信息，其中主要包括 3 个字段。随机编号字段，主要用来表示信息的唯一性；事件字段主要用来存放通知或重要文件的标题信息；时间字段主要用来存放通知或重要文件信息的发布时间。E-R 图如图 8-22 所示。

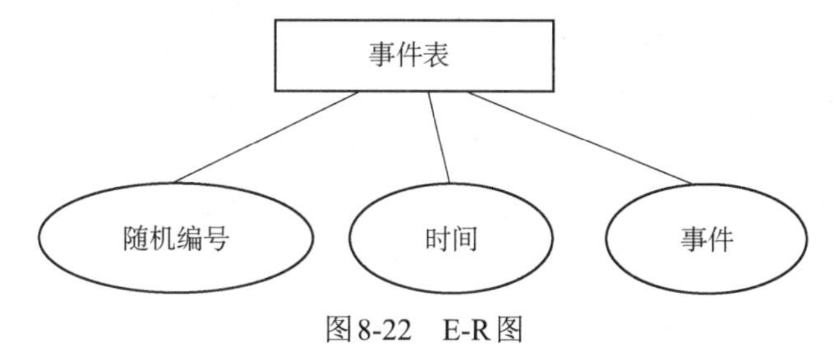


图 8-22　E-R 图

### 8.3.3 详细设计

通过学习前面介绍的需求分析和概要设计，读者可以了解程序需要实现的主要功能。在主要功能中重点要实现的是数据爬取，数据存储及数据库数据的管理都可以在实现数据爬取后完成。在主程序中，首先询问是查询数据库中的数据还是爬取数据，如果需要选择查询数据库中的已有数据，那么进行数据查询，并询问对查询的数据是否需要删除，如果需要删除数据库中的无用数据，那么应先进行查询。主程序流程如图 8-23 所示。

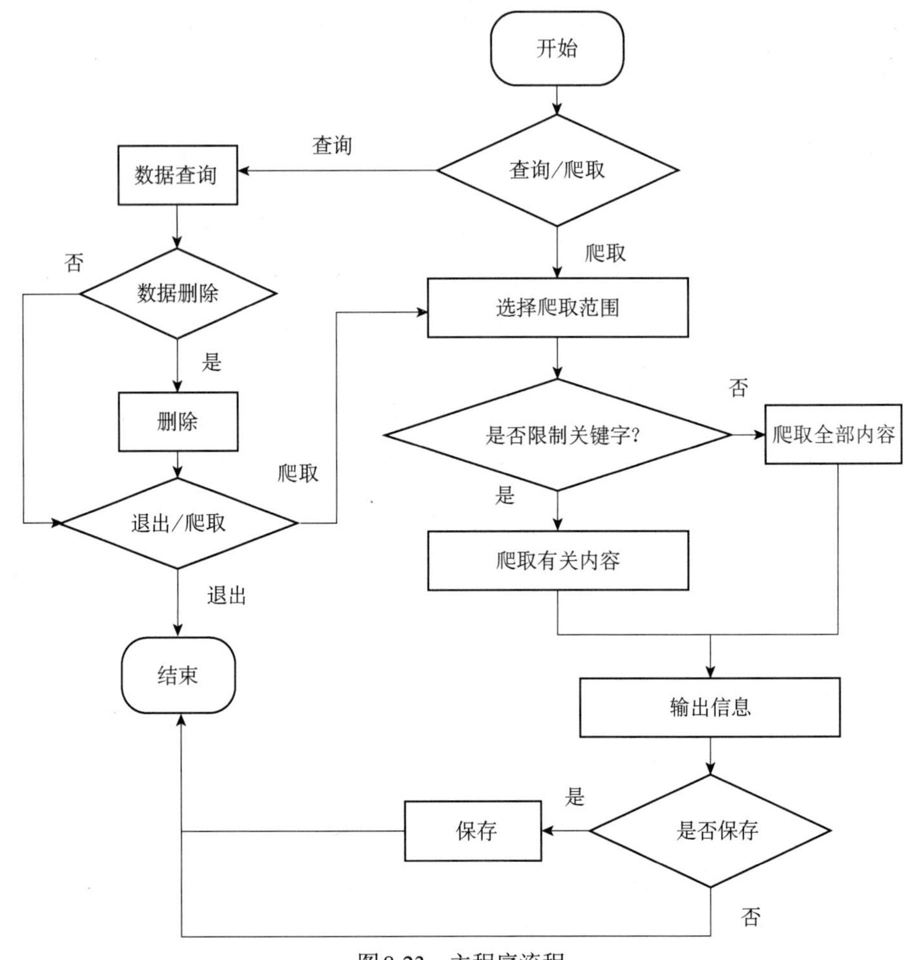

图 8-23 主程序流程

程序中有两个界面，其中数据库管理界面是嵌套在网页信息爬取界面中的，用于快速查询。整个程序的核心部分是数据爬取和对爬取的数据进行清洗后的数据存储。因为在爬虫中需要根据用户输入的关键字来匹配和爬取相关网站中的通知，所以在主程序设计中需要爬取用户输入的关键字和网页信息进行匹配。图 8-24 所示为数据爬取流程。

在主程序中，调用用户输入的需要爬取的网页中的关键字，与网站的关键字进行对比，若匹配则输出到文本框中，若不匹配则被下一条信息覆盖。

对于界面设计，本示例采用 Python 自带的 GUI 控件 Tkinter，通过文本框、检查框完成，同时根据功能要求定义按钮的触发事件。

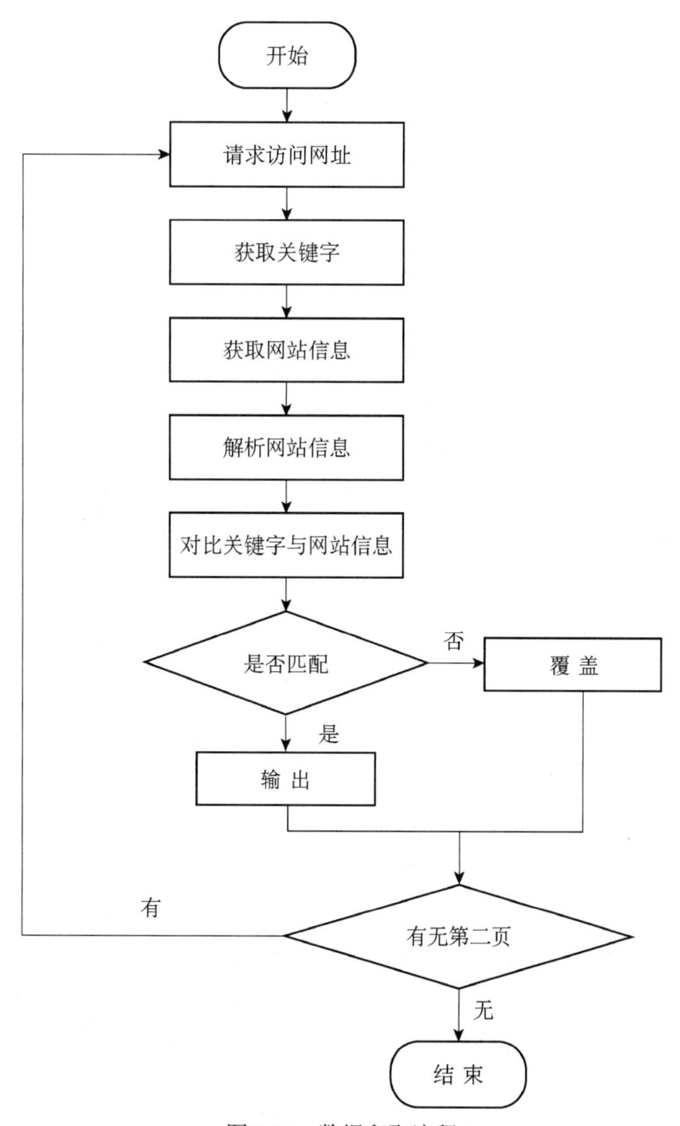


图 8-24　数据爬取流程

表结构如表 8-1 所示。

**表 8-1　表结构**

| 字段 | 数据类型 | 是否允许为空 | 是否为主键 |
|---|---|---|---|
| 随机编号（id） | int | 不允许 | 是 |
| 时间（tem） | varchar（20） | 允许 | 否 |
| 事件（evnt） | varchar（200） | 允许 | 否 |

## 8.3.4　系统实现

程序主要需要完成界面设计，应实现网页信息的爬取及数据库数据的管理，数据库数据的管理包括数据查询、数据删除。

### 1. 网页下载和数据爬取

由于要求程序爬取 3 个不同网站的有效数据，因此需要逐个分析网站需要爬取的有效数据的 HTML 代码。在前面的需求分析部分已将各个网站信息的 HTML 代码提取了下来。程序中使用 xpath()方法进行定位，爬取有效数据。为了提高程序的健壮性，定义的数据爬取函数的代码分别如下。

（1）下载网页，返回网页文本。

```
def get_text(url):
    header = { 'User-agent': 'Mozilla/5.0',}
    try:
        r = requests.get(url,headers=header)
        r.raise_for_status()
        r.encoding = 'utf-8'
        return r.text
    except:
        print('下载出错')
        return
```

（2）返回解析的 HTML 文件。

```
def pdata(url):
    r = get_text(url)
    html = etree.HTML(r)
    return html
```

（3）爬取北京市教育委员会高等教育处网站的有效数据。

```
def get_gjcdata(html):
    textlist = html.xpath('//div[@class="announce_list"]//ul//li//a//text()')
    timedata = html.xpath('//div[@class="announce_list"]//ul//li//span//
text()')
    return zip(textlist,timedata)
```

（4）爬取北京市教育委员会网站的有效数据。

```
def get_jwdata(html):
    textlist = html.xpath('//div[@class="announce_list  a-hov-c"]//ul//li
[@class ="col-md"]//a//text()')
    timedata = html.xpath('//div[@class="announce_list  a-hov-c"]//ul//li
[@class ="col-md"]//span//text()')
    return zip(textlist,timedata)
```

（5）爬取教育部的有效数据。

```
def get_jybwdata(html):
    textlist = html.xpath('//div[@class="scy_lbsj-right-nr"]//ul//li]//
a//text()')
```

```
        timedata = html.xpath('//div[@class=""scy_lbsj-right-nr"]//ul//li// span//
text()')
        return zip(textlist,timedata)
```

注意，在这个过程中，返回的有效数据将以 zip 对象的形式返回，以便于后继使用。

### 2. 爬取操作

下面以北京市教育委员会高等教育处网站为例，分析爬取函数的定义。

```
    def dbop():
        ping.delete(0,END)                              #界面操作
        if str(choice1.get()) == "http://jw.***.gov.cn/gjc/tzgg_15688/":
          #在界面的后面插入
          ping.insert(END, "------------北京市教育委员会高等教育处-----------")
          for l in range(0, 2):
            if l == 0:
              link = str(choice1.get())   #第一页的地址
            else:                         #第二页的地址
              link = str(choice1.get()) +"index_1.html"
            #爬取数据
            html = pdata(link)
            data = get_gjcdata(html)
            #输出并显示
            for text,time in data:
              if re.search(inpt.get(), text.strip()) is not None or re.
search (inpt.get(),time.strip()) is not None:
                ping.insert(END, text.strip(), time.strip())
              …
```

### 3. 数据存储

（1）连接数据库。

```
    def condb():
        config={'host':'127.0.0.1',   #默认为127.0.0.1
        'user':'root',                #用户名
        'password':'root',            #密码
        'port':3306 ,                 #默认为3306
        'database':'t1',              #用户自己创建的数据库名
        'charset':'utf8'              #默认为 utf8
            }
        try:
          conn=mysql.connector.connect(**config)
          return conn
        except mysql.connector.Error  as e:
          print('connect fails!{}'.format(e))
```

```
        return
```

（2）创建表。

```
    def creatab():
        conn = condb()
        cur = conn.cursor()
        sql_create_table = """CREATE TABLE if not exists guo(id int(10) NOT
NULL AUTO_INCREMENT, evnt varchar(200) DEFAULT NULL, tem varchar(20) DEFAULT
NULL,PRIMARY KEY (id)) ENGINE=MyISAM"""
        try:
           cur.execute(sql_create_table)
           conn.commit()
           cur.close()
           conn.close()
        except mysql.connector.Error as e:
           print('create table "guo" fails!{}'.format(e))
```

（3）保存到数据库中。

```
    def save_db():
        n = 1
        creatab()
        conn=condb()
        cur = conn.cursor()
        try:
           while True:
              if re.search('^-', ping.get(n)) is not None:
                 n = n + 1
                 continue
              if ping.get(n) == '':
                 showinfo(title='提示', message='保存成功！')
                 break
              else:
                 text = ping.get(n)
                 n = n + 1
                 time = ping.get(n)
                 n = n + 1
                 dtup = (text,time)
                 cur.execute("insert into guo(evnt, tem) VALUES(%s,%s)",
(text,time))
           cur.close()
           conn.commit()
           conn.close()
        except mysql.connector.Error as e:
           print('insert datas error!{}'.format(e))
```

### 4．数据查询与删除

（1）定义数据库连接。

```
    def condb():
        config={'host':'127.0.0.1',       #默认为127.0.0.1
        'user':'root',                    #用户名
        'password':'root',                #密码
        'port':3306 ,                     #默认为3306
        'database':'t1',                  #用户自己创建的数据库名
        'charset':'utf8'                  #默认为 utf8
          }
        try:
          conn=mysql.connector.connect(**config)
          return conn
        except mysql.connector.Error  as e:
          print('connect fails!{}'.format(e))
          return
```

（2）查询数据。

```
    def sear():
        db_ping.delete(0, END)
        conn =  condb()
        cur = conn.cursor()
        if db_sear_entry.get()=='':
          cur.execute("SELECT * from guo")
          data = cur.fetchall()
          for each in data:
            db_ping.insert(END,each)
        else:
          cur.execute(" SELECT * from guo WHERE tem regexp '%s' " %
db_sear_entry. get())
          data = cur.fetchall()
          for each in data:
            db_ping.insert(END, each)
        cur.close()
        conn.commit()
        conn.close()
```

（3）删除数据。

```
    def dele():
        conn =  condb()
        cur = conn.cursor()
        if db_del_entry.get()=='':
          cur.execute("DELETE FROM guo")
```

```
        showinfo(title="提示",message='删除成功')
    else:
        num = int(db_del_entry.get())
        cur.execute("DELETE FROM guo WHERE id=%d" % num)
        showinfo(title="提示", message='删除成功')
    cur.close()
    conn.commit()
    conn.close()
```

### 5. 主程序设计

图 8-25 所示为主程序界面。

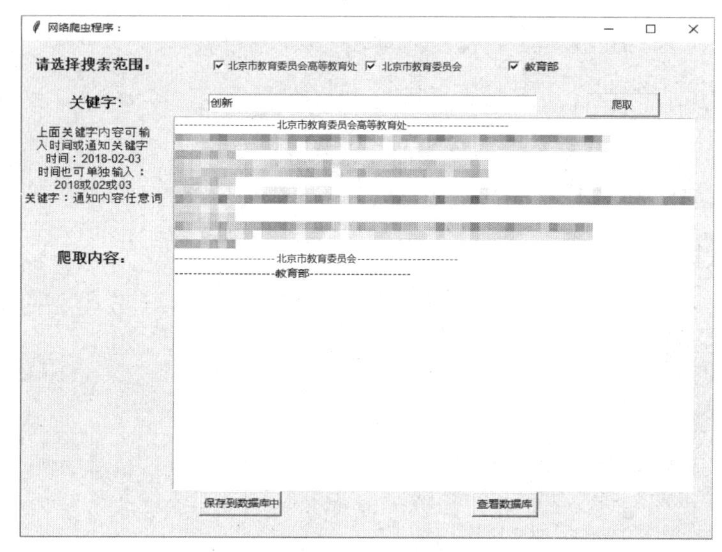


图 8-25　主程序界面

主程序界面使用了 Python 内置的 GUI 控件 Tkinter。

1）选取网站

在主程序界面中，需要能够对爬取的网站提供选择功能，并将选择的网址传递给爬取程序。

```
    window = Tk()                    #主图形框
    window.title('网络爬虫：')
    window.geometry('750x600')  #图形框像素

    rule = Label(text='请选择搜索范围：',font='Helvetica 12 bold',width=16,
height=2).grid(row=0,column=0)

    choice1 = StringVar()          #选择要爬取的网站的网址
    r1=Checkbutton(window, text="北京市教育委员会高等教育处", variable=choice1,
              onvalue="http://jw.***.gov.cn/gjc/tzgg

    …
```

2）接收关键字

接收用户输入的爬取网站中的主关键字，并启动爬虫。

```
point = Label(text='关键字:',font='Helvetica 12 bold').grid(row=1,column=0)
inpt = Entry(window,width=50)   #关键字文本框
inpt.grid(row=1,column=1,columnspan=3)
btn = Button(window,text='爬取',command=dbop,width=10)
```

注意，应将按钮的触发事件设置为command=dbop。

### 6. 数据库查看

在数据库查看的设计中，主要需要根据关键字搜索表中的数据，并将搜索到的数据输出到如图8-26所示的窗口中。因为数据是通过网络爬取得到的，不能被修改，所以在数据库查看的设计中应主要设计查询和删除操作。

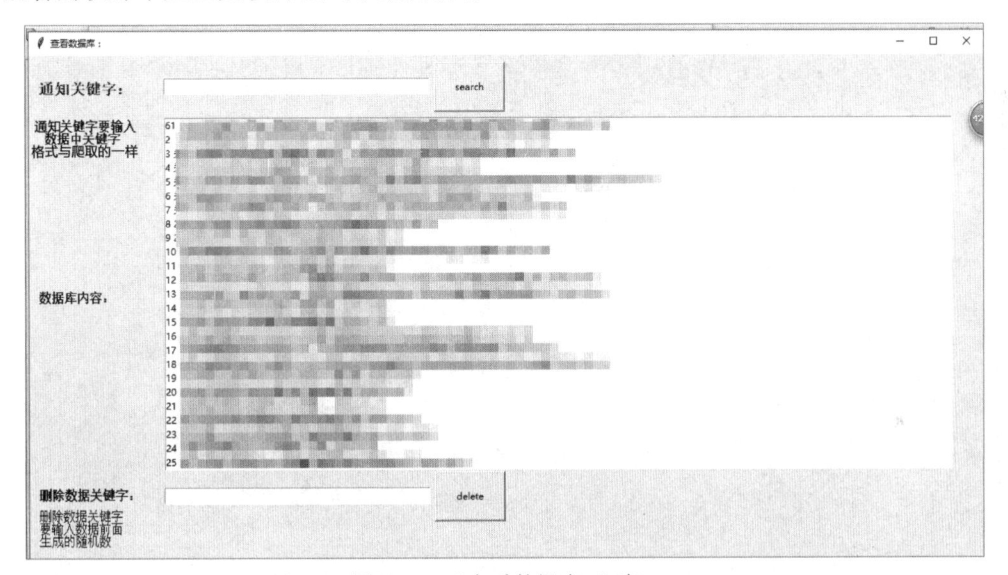


图8-26 “查看数据库：”窗口

1）连接数据库

```
def condb():
        config={'host':'127.0.0.1',        #默认为127.0.0.1
        'user':'root',                     #用户名
        'password':'root',                 #密码
        'port':3306 ,                      #默认为3306
        'database':'t1',                   #用户自己创建的数据库名
        'charset':'utf8'                   #默认为utf8
             }
        try:
          conn=mysql.connector.connect(**config)
          return conn
        except mysql.connector.Error  as e:
          print('connect fails!{}'.format(e))
```

```
            return
```

2）按关键字查询

```
def sear():
    db_ping.delete(0, END)
    conn =  condb()
    cur = conn.cursor()
    if db_sear_entry.get()=='':
        cur.execute("SELECT * from guo")
        data = cur.fetchall()
        for each in data:
            db_ping.insert(END,each)
    else:
        cur.execute(" SELECT * from guo WHERE tem regexp '%s' " % db_sear_entry.
get())
        data = cur.fetchall()
        for each in data:
            db_ping.insert(END, each)
    cur.close()
    conn.commit()
    conn.close()
```

3）在数据库中删除

```
def dele():
    conn =  condb()
    cur = conn.cursor()
    if db_del_entry.get()=='':
        cur.execute("DELETE FROM guo")
        showinfo(title="提示",message='删除成功')
    else:
        num = int(db_del_entry.get())
        cur.execute("DELETE FROM guo WHERE id=%d" % num)
        showinfo(title="提示", message='删除成功')
    cur.close()
    conn.commit()
    conn.close()
```

## 7. 完整程序代码

1）模块文件：db_win.py

```
from tkinter.messagebox import *
from tkinter import *
import mysql.connector


#打开数据库操作界面
```

```
def turn_db():
    db_win = Tk()
    db_win.title("查看数据库：")
    db_win.geometry('1300x650')

    #连接数据库
    def condb():
      config={'host':'127.0.0.1',  #默认为127.0.0.1
      'user':'root',                 #用户名
      'password':'root',             #密码
      'port':3306 ,                  #默认为3306
      'database':'t1',               #用户自己创建的数据库名
      'charset':'utf8'               #默认为utf8
        }
      try:
        conn=mysql.connector.connect(**config)
        return conn
      except mysql.connector.Error  as e:
        print('connect fails!{}'.format(e))
        return


    #按关键字查询
    def sear():
      db_ping.delete(0, END)
      conn =  condb()
      cur = conn.cursor()
      if db_sear_entry.get()=='':
        cur.execute("SELECT * from guo")
        data = cur.fetchall()
        for each in data:
          db_ping.insert(END,each)
      else:
        cur.execute(" SELECT * from guo WHERE tem regexp '%s' " % db_ sear_
entry.get())
        data = cur.fetchall()
        for each in data:
          db_ping.insert(END, each)
      cur.close()
      conn.commit()
      conn.close()

    #在数据库中删除
    def dele():
```

```
            conn =  condb()
            cur = conn.cursor()
            if db_del_entry.get()=='':
               cur.execute("DELETE FROM guo")
               showinfo(title="提示",message='删除成功')
            else:
               num = int(db_del_entry.get())
               cur.execute("DELETE FROM guo WHERE id=%d" % num)
               showinfo(title="提示", message='删除成功')
            cur.close()
            conn.commit()
            conn.close()

         #定义搜索框
         db_sear = Label(db_win,text='通知关键字: ',font='heiti 15 bold')
         db_sear.place(x=10,y=30)
         db_sear_entry = Entry(db_win,width=50)
         db_sear_entry.place(x=180,y=30)
         db_sear_btu =Button(db_win,text='search',command=sear,width=12,
height=3)
         db_sear_btu.place(x=540,y=10)
         Exp4 = Label(db_win, text='通知关键字要输入\n'
                          '数据中关键字的\n'
                          '格式与爬取的一样', font='heiti 12 bold')
         Exp4.place(x=10, y=80)

         #显示窗口
         db_Exp1 = Label(db_win,text='数据库内容: ',font='heiti 12 bold')
         db_Exp1.place(x=10,y=300)
         db_ping = Listbox(db_win,width=150,height=25)
         db_ping.place(x=180,y=80)

         #在数据库中操作
         Exp2 = Label(db_win,text='删除数据关键字: ',font='heiti 12 bold')
         Exp2.place(x=10,y=553)
         db_del_entry = Entry(db_win,width=50)
         db_del_entry.place(x=180,y=555)
         db_btu2 = Button(db_win,text='delete',command=dele,width=12,height=3)
         db_btu2.place(x=540,y=535)
         Exp4 = Label(db_win, text='删除数据关键字\n'
                          '要输入数据前面\n'
                          '生成的随机数', font='heiti 12 ')
         Exp4.place(x=10, y=580)
```

2）主程序文件：main_loop.py

```
   import db_win                              #导入数据库操作功能
```

```
    import requests                                    #请求访问类库
    import mysql.connector                             #导入数据库类库
    from tkinter import *
    from tkinter.messagebox import *
    from lxml import etree

    #下载网页，返回网页文本
    def get_text(url):
        header = { 'User-agent': 'Mozilla/5.0',}
        try:
            r = requests.get(url,headers=header)
            r.raise_for_status()
            r.encoding = 'utf-8'
            return r.text
        except:
            print('下载出错')
            return

    #返回解析的HTML文件
    def pdata(url):
        r = get_text(url)
        html = etree.HTML(r)
        return html

    #爬取北京市教育委员会高等教育处网站的有效数据
    def get_gjcdata(html):
        textlist = html.xpath('//div[@class="announce_list"]//ul//li//a//text()')
        timedata = html.xpath('//div[@class="announce_list"]//ul//li//span//
text()')
        return zip(textlist,timedata)

    #爬取北京市教育委员会网站的有效数据
    def get_jwdata(html):
        textlist = html.xpath('//div[@class="announce_list a-hov-c"]//ul//li
[@class="col-md"]//a//text()')
        timedata = html.xpath('//div[@class="announce_list a-hov-c"]//ul//li
[@class="col-md"]//span//text()')
        return zip(textlist,timedata)

    #爬取教育部网站的有效数据
    def get_jybwdata(html):
        textlist = html.xpath('//div[@class="scy_lbsj-right-nr"]//ul//li]//
a//text()')
        timedata = html.xpath('//div[@class=""scy_lbsj-right-nr"]//ul//li//
```

```
span//text()')
        return zip(textlist,timedata)

    #连接数据库
    def condb():
        config={'host':'127.0.0.1',  #默认127.0.0.1
        'user':'root',               #用户名
        'password':'root',           #密码
        'port':3306 ,                #默认为3306
        'database':'t1',             #用户自己创建的数据库名
        'charset':'utf8'             #默认为utf8
            }
        try:
          conn=mysql.connector.connect(**config)
          return conn
        except mysql.connector.Error  as e:
          print('connect fails!{}'.format(e))
          return

    #创建表
    def creatab():
        conn=condb()
        cur = conn.cursor()
        sql_create_table="""CREATE TABLE if not exists guo(id int(10) NOT NULL
AUTO_INCREMENT,evnt varchar(200) DEFAULT NULL, tem varchar(20) DEFAULT NULL,
PRIMARY KEY (id)) ENGINE=MyISAM"""
        try:
          cur.execute(sql_create_table)
          conn.commit()
          cur.close()
          conn.close()
        except mysql.connector.Error as e:
          print('create table "guo" fails!{}'.format(e))

    #保存到数据库中
    def save_db():
        n = 1
        creatab()
        conn=condb()
        cur = conn.cursor()
        try:
          while True:
            if re.search('^-', ping.get(n)) is not None:
              n = n + 1
```

```
                continue
            if ping.get(n) == '':
                showinfo(title='提示', message='保存成功! ')
                break
            else:
                text = ping.get(n)
                n = n + 1
                time = ping.get(n)
                n = n + 1
                dtup = (text,time)
                cur.execute("insert into guo(evnt, tem) VALUES(%s,%s)", (text,
time))
        cur.close()
        conn.commit()
        conn.close()
    except mysql.connector.Error as e:
        print('insert datas error!{}'.format(e))
#爬取数据
def dbop():
    ping.delete(0,END)
    #爬取北京市教育委员会高等教育处网站中的数据
    if str(choice1.get()) == "http://jw.***.gov.cn/gjc/tzgg_15688/":
        ping.insert(END, "-----------北京市教育委员会高等教育处------------")
        for l in range(0, 2):
            if l == 0:  #第一页的内容
                link = str(choice1.get())
            else:  #第二页的内容
                link = str(choice1.get()) +"index_1.html"
            #爬取数据
            html = pdata(link)
            data = get_gjcdata(html)

            #输出并显示
            for text,time in data:
                if re.search(inpt.get(), text.strip()) is not None or re. search
(inpt.get(),time.strip()) is not None:
                    ping.insert(END, text.strip(), time.strip())


    #爬取北京市教育委员会网站中的数据
    if str(choice2.get()) == "http://jw.***.gov.cn/tzgg/":
        ping.insert(END, "----------------北京市教育委员会----------------")
        for l in range(0, 2):
            if l == 0:       #第一页的内容
                link = str(choice2.get())
```

```
            else:            #第二页的内容
               link = str(choice2.get()) + "index_1.html"

            #爬取数据
            html = pdata(link)
            data = get_jwdata(html)
            #输出并显示
            for text,time in data:
               if re.search(inpt.get(), text.strip()) is not None or re. search
(inpt.get(),time.strip()) is not None:
                  ping.insert(END, text.strip(), time.strip())

        #爬取教育部网站中的数据
        if str(choice3.get()) == "http://www.***.gov.cn/was5/web/search?
channelid=239993":
          ping.insert(END, "-------------------教育部--------------------")
          for l in range(1, 3):
             if l == 1:  #第一页的内容
               link = str(choice3.get())+"&searchword=&page=1"
             else:          #第二页的内容
               link = str(choice3.get()) + "&searchword=&page=2"
             #爬取数据
             html = pdata(link)
             data = get_jwdata(html)
             #输出并显示
             for text,time in data:
               if re.search(inpt.get(), text.strip()) is not None or re.search
(inpt.get(),time.strip()) is not None:
                  ping.insert(END, text.strip(), time.strip())
    #选取网站
    window = Tk()#主图形框
    window.title('网络爬虫：')
    window.geometry('750x600')#图形框像素

    rule = Label(text='请选择搜索范围：',font='Helvetica 12 bold',width=16,height=2).
grid(row=0,column=0)

    choice1 = StringVar()#选择要爬取的网站的网址
    r1=Checkbutton(window, text="北京市教育委员会高等教育处", variable=choice1,
                onvalue="http://jw.***.gov.cn/gjc/tzgg_15688/",height=3,
width=13)
    r1.select()
    r1.grid(row=0,column=1)

    choice2 = StringVar()
    r2=Checkbutton(window, text="北京市教育委员会", variable=choice2,
```

```
            onvalue="http://jw.***.gov.cn/tzgg/",height=3,width=13)
    r2.select()
    r2.grid(row=0,column=2)

    choice3 = StringVar()
    r3 = Checkbutton(window, text="教育部", variable=choice3,
            onvalue = "http://www.moe.***.cn/was5/web/search?channelid=
239993", height=3,width=13)
    r3.select()
    r3.grid(row=0,column=3)

    #接收关键字
    point = Label(text='关键字:',font='Helvetica 12 bold').grid(row=1,column=0)
    inpt = Entry(window,width=50) #关键字文本框
    inpt.grid(row=1,column=1,columnspan=3)
    btn = Button(window,text='爬取',command=dbop,width=10)
    btn.grid(row=1,column=4)
    point1 = Label(text='上面关键字内容可输\n'
            '入时间或通知关键字\n'
            '时间：2018-02-03\n'
            '时间也可单独输入：\n'
            '2018或02或03\n'
            '关键字：通知内容任意词\n',font='Helvetica 10 ')
    point1.place(x=0,y=100)

    #显示搜索结果
    result = Label(text='爬取内容：',font='Helvetica 12 bold')
    result.grid(row=3,column=0)
    ping = Listbox(width=80,height=25,selectmode = MULTIPLE)
    ping.grid(row=2,column=1,rowspan=4,columnspan=5)

    #以下command命令中的函数不能添加括号，否则会直接调用函数
    save = Button(window,text='保存到数据库中',
    command=save_db).grid(row=7,column=1)
    toDB = Button(window,text='查看数据库',
    command=db_win.turn_db).grid(row=7,column=3)

    window.mainloop()
```

## 8.4 多个城市空气质量实时数据的爬取与可视化分析

本项目要求使用Python及支持Python的第三方技术实现爬虫，定向爬取空气质量网站中主要城市的空气质量实时数据和进行数据分析，并将空气质量实时数据以图形化的形式更加直观地展示出来。

### 8.4.1 需求分析

本项目要求采用虚拟浏览器（PhantomJS）完成国内多个城市空气质量网站中空气质量数据的定向爬取，包括哈尔滨、长春、沈阳、石家庄、兰州、西宁、西安、郑州、济南、太原、合肥、武汉、长沙、南京、成都、贵阳、昆明、杭州、南昌、广州、福州、海口、北京、上海、天津、重庆、银川、拉萨、乌鲁木齐、呼和浩特、南宁等城市的空气质量实时数据。将爬取的数据清洗和保存，并采用 Pyecharts 进行可视化分析，向用户展现一个全面且真实的空气质量状况。

### 8.4.2 概要设计

本项目设计主要包括 3 个部分，即数据爬取、数据存储、数据可视化分析。

#### 1. 数据爬取

爬虫以网址为起点，分析初始爬取的 URL 及其网页中的数据，需要对初始网址进行格式上的分析。完成初始网址的分析后，就可以对经分析得到的 URL 进行爬取，获取数据。

#### 2. 数据存储

将获取的数据存储到 Excel 文件中。

#### 3. 数据可视化分析

通过对多个城市空气质量实时数据进行爬取，可以获取很多有价值的信息，并进行可视化分析。程序的主要功能结构如图 8-27 所示。

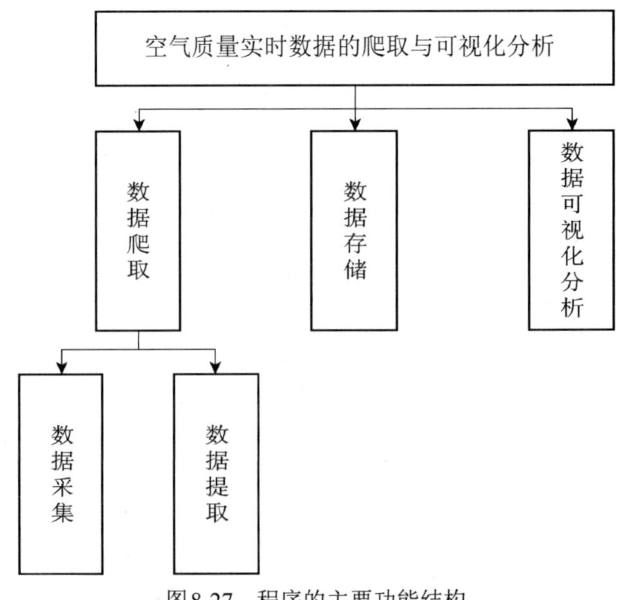


图8-27　程序的主要功能结构

### 8.4.3　详细设计

#### 1．数据爬取

本次爬虫设计的目标是对空气质量实时数据进行爬取，爬取的是哈尔滨、长春、沈阳、石家庄、兰州、西宁、西安、郑州、济南、太原、合肥、武汉、长沙、南京、成都、贵阳、昆明、杭州、南昌、广州、福州、海口、北京、上海、天津、重庆、银川、拉萨、乌鲁木齐、呼和浩特、南宁等城市的空气质量实时数据。空气质量实时数据包括 AQI、细颗粒物（PM2.5）、可吸入颗粒物（PM10）、二氧化硫（$SO_2$）、二氧化氮（$NO_2$）、臭氧（$O_3$）、一氧化碳（CO）等。数据爬取的流程如图 8-28 所示。

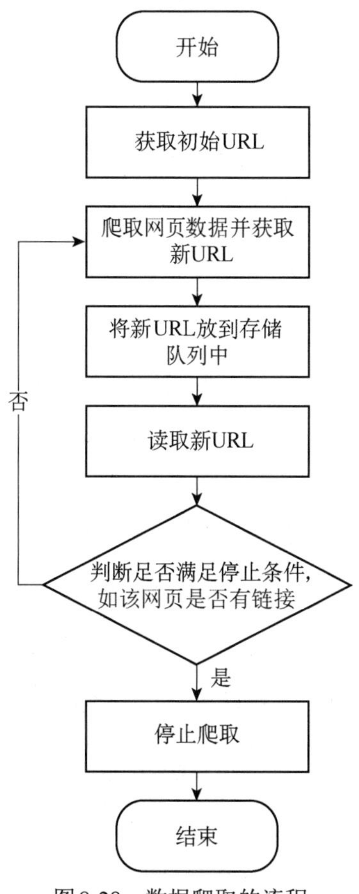


图 8-28　数据爬取的流程

1）数据采集

打开网站并分析网页代码。分析初始爬取网页的 URL 及其对应网页中的数据，对初始网址进行格式上的分析，如该网站某城市某年某月的空气质量历史数据，根据网址爬取网页内容并分离网页内容。

首先，通过语句 pip install selenium 下载并安装 Selenium。

其次，通过语句 from selenium import webdriver，导入 webdriver 模块。通过 Selenium，使用 PhantomJS 模拟浏览器进行数据采集。

其中，需要下载并安装 PhantomJS，到 PhantomJS 的官网选择 Windows 版本下载并解压缩即可。解压缩后可以把 PhantomJS 的安装目录（本书中 PhantomJS 的安装目录为 c:/phantomjs/bin/phantomjs.exe）放到系统环境变量中。例如，下面模仿浏览器爬取百度网页中的数据。

```
    from selenium import webdriver
    driver = webdriver.PhantomJS(executable_path=r'c:/phantomjs/bin/phantomjs.
exe')
    driver.get('http://www.***.com')
    print (driver.page_source)
```

通过 GET 方法请求 URL，实现空气质量实时数据的采集。数据采集的流程如图 8-29 所示。

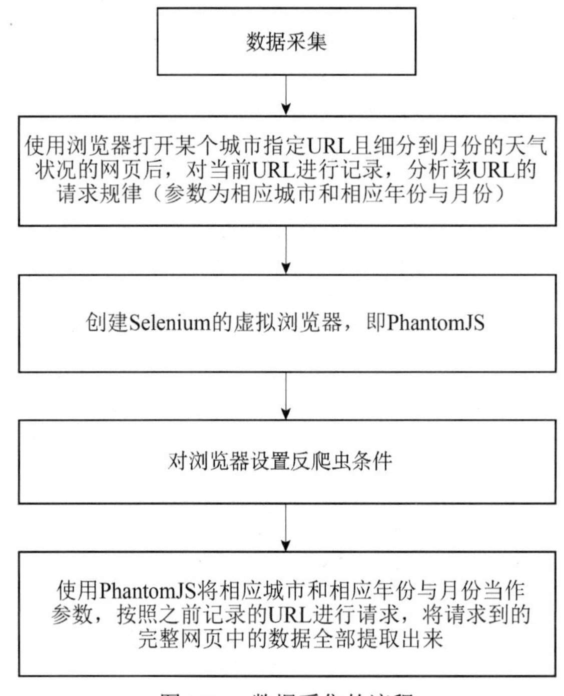

图 8-29　数据采集的流程

定义请求头模拟 Google Chrome，如 headers={'User-agent': 'Mozilla/ 5.0 (Windows NT 6.1; WOW64) AppleWebKit/537.36 (KHTML, like Gecko) ' 'Chrome/53.0. 2785.104 Safari/537.36 Core/1.53.4882.400 QQBrowser/9.7.13059.400',}，使服务器识别用户请求的设备。

由于在 URL 传输过程中可能涉及中文，因此这里调用了 urllib.parse 中的 quote()方法，即 from urllib. parse import quote，调用 quote()方法可以将中文转换为 URL 格式。

2）数据提取

本项目使用 Python 提取多个城市空气质量实时数据，包括 AQI、细颗粒物（PM2.5）、可吸入颗粒物（PM10）、二氧化硫（$SO_2$）、二氧化氮（$NO_2$）、臭氧（$O_3$）、一氧化碳（CO）等。在 Python 中提取数据有多种方法，本项目使用了其中常用的两种方法，具体如下。

（1）使用正则表达式。

（2）通过 Python 中提供的第三方库 BeautifulSoup4 将 HTML 网页解析为对象，并对解析后的对象进行分析。

首先，通过语句 pip install beautifulsoup4 下载并安装 BeautifulSoup4，通过语句 pip install lxml 下载并安装 lxml。

其次，通过语句 from bs4 import BeautifulSoup 导入 BeautifulSoup4。

在数据提取的程序中，执行一段 JavaScript 代码后，得到完整的 HTML 代码，使用 soup = BeautifulSoup(data,'lxml')，创建 soup 对象，使用 lxml 解析 soup 对象，完成网页的分析与解析。

通过语句 import re 导入 re 模块，根据需获取的空气质量实时数据编译正则表达式，通过语句 results = re.findall(pattern, soup)将爬虫采集的 HTML 网页中的数据与特定的正则表达式进行匹配，筛选数据，匹配成功的数据以列表的形式返回。至此，即可提取到需要提取的数据。数据提取的流程如图 8-30 所示。

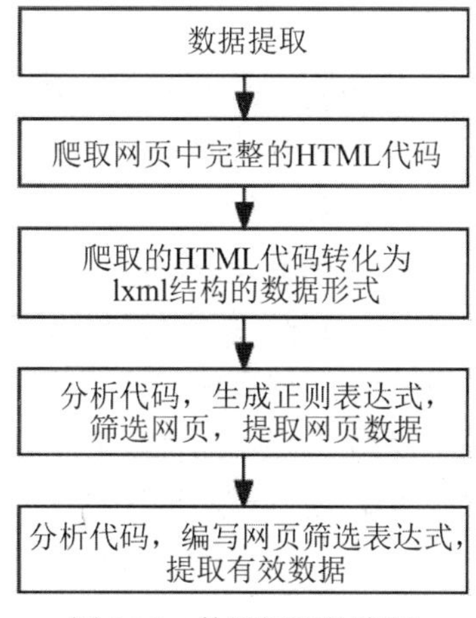


图 8-30　数据提取的流程

### 2. 数据存储

在 Python 中可以使用的数据存储文件的种类有很多，常用的有 JSON 文件、CSV 文件、Excel 文件、MySQL 数据库文件等。本项目中的数据存储为 Excel 文件。

本项目将爬取到的该网站中的所有空气质量实时数据通过 Pandas 的数据分析转化成 Excel 文件。

首先，通过语句 pip install pandas 下载并安装 Pandas。

其次，通过语句 import pandas as pd 导入 Pandas 模块。

最后，通过语句 df = pd.DataFrame([],columns=['date','AQI','level','PM2_5','PM10','SO2', 'CO', 'NO2', 'O3_8h'])创建带有表头的 DataFrame，将数据列表按照相应的顺序添加到 DataFrame 中。按照每个城市划分，将获取到的数据存储到 Excel 文件中。数据存储的流程如图 8-31 所示。

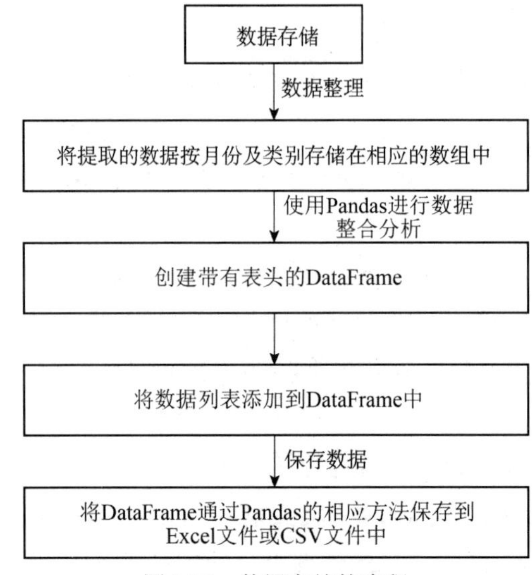


图 8-31　数据存储的流程

### 3. 数据可视化分析

数据可视化分析是指使用 Pyecharts 将数据以可视化图表的形式展示出来。本项目将根据爬取的空气质量实时数据，分别展示所有被监测地区空气质量实时数据的分析结果，以及主要城市空气质量实时数据的分析结果。

在数据可视化分析中，用户可以看到所有被监测地区的实时空气质量状况，分别为全年平均 AQI 热力图、某天平均 AQI 热力图、某天空气质量数据词云图。在可视化图形中，空气质量的不同等级由不同颜色区分，根据颜色层次划分，深红色为严重污染，红色为中度污染，橙色为轻度污染，浅黄色为良，绿色为优。对于某天的空气质量，用户可以通过数据词云的方式进行展示。此外，用户还可以通过选择某个城市，查看该城市不同时间范围的可视化空气质量监控数据曲线，以曲线坐标的方式进行数据的展示，分别为该城市全年 PM2.5 走势折线图、全年 $SO_2$ 走势日历图、全年 CO 走势柱形图、全年空气质量数据词云图。程序的主要功能结构如图 8-32 所示。

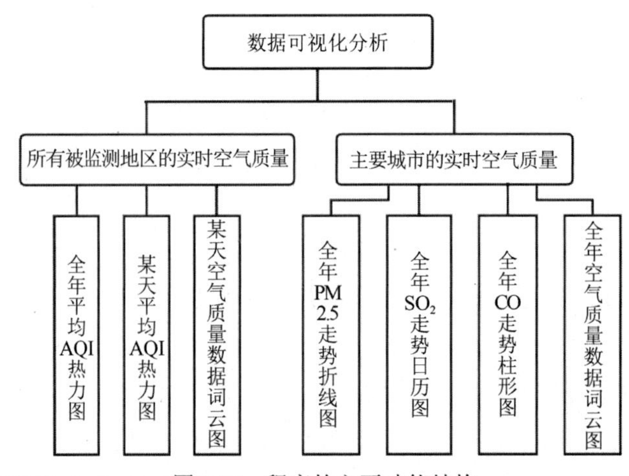


图 8-32　程序的主要功能结构

## 8.4.4　系统实现

### 1. 数据爬取

数据爬取包括数据采集和数据提取。本程序旨在爬取某个网站的空气质量数据。图 8-33 所示为所需爬取的空气质量网站的历史数据。

2014年01月北京空气质量指数日历史数据

| 日期 | AQI | 质量等级 | PM2.5 | PM10 | SO2 | CO | NO2 | O3_8h |
|---|---|---|---|---|---|---|---|---|
| 2014-01-01 | 81 | 良 | 45 | 111 | 28 | 1.5 | 62 | 52 |
| 2014-01-02 | 145 | 轻度污染 | 111 | 168 | 69 | 3.4 | 93 | 14 |
| 2014-01-03 | 74 | 良 | 47 | 98 | 29 | 1.3 | 52 | 56 |
| 2014-01-04 | 149 | 轻度污染 | 114 | 147 | 40 | 2.8 | 75 | 14 |
| 2014-01-05 | 119 | 轻度污染 | 91 | 117 | 36 | 2.3 | 67 | 44 |
| 2014-01-06 | 182 | 中度污染 | 138 | 158 | 46 | 2.4 | 68 | 12 |
| 2014-01-07 | 145 | 轻度污染 | 111 | 125 | 34 | 2 | 60 | 43 |
| 2014-01-08 | 27 | 优 | 15 | 25 | 13 | 0.5 | 21 | 53 |
| 2014-01-09 | 46 | 优 | 27 | 46 | 19 | 0.8 | 35 | 53 |
| 2014-01-10 | 85 | 良 | 63 | 94 | 53 | 1.9 | 71 | 19 |
| 2014-01-11 | 139 | 轻度污染 | 106 | 128 | 76 | 2.8 | 90 | 11 |

北京2014年01月份统计数据

严重污染 重度污染 中度污染 优 良 轻度污染

北京其他月份历史数据

2013年12月 2014年01月 2014年02月
2014年03月 2014年04月 2014年05月
2014年06月 2014年07月 2014年08月

图 8-33　空气质量网站的历史数据

数据爬取的核心代码如下。

```
#请求采集数据
for i in MM:
    driver = webdriver.PhantomJS(driver_path,desired_capabilities=cap)
#需要请求的URL
    url = 'https://www.***.cn/historydata/daydata.php?
          city=%s&month=%s' %(quote(city),Year+i)
    print(city,Year,i)
#通过GET方法请求URL
    driver.get(url)
    print('ok')
    time.sleep(10)
#提取数据
data = driver.execute_script("returndocument.documentElement.outerHTML")
#创建soup对象
soup = BeautifulSoup(data,'lxml')
#编译正则表达式。表达式中的(.*?)用于提取匹配任意字符到下一个符合条件的字符处
pattern = re.compile('<td>(.*?)</td>'
       '<td>(.*?)</td><td>''<spanstyle=.*?;">(.*?)</span></td>'
                '<td>(.*?)</td>''<td>(.*?)</td>'
                '<tdclass="hidden-xs">(.*?)</td>'
                '<tdclass="hidden-xs">(.*?)</td>'
                '<tdclass="hidden-xs">(.*?)</td>'
                '<tdclass="hidden-xs">(.*?)</td>')
results = re.findall(pattern, soup)
```

### 2. 数据存储

图 8-34 和图 8-35 所示是爬取的某个空气质量网站 2019 年与 2020 年的主要城市空气质量数据所在的文件。

分析 › 2020

北京2020.xlsx
福州2020.xlsx
贵阳2020.xlsx
海口2020.xlsx
合肥2020.xlsx
济南2020.xlsx
拉萨2020.xlsx
南昌2020.xlsx
南宁2020.xlsx
沈阳2020.xlsx
太原2020.xlsx
乌鲁木齐2020.xlsx
西安2020.xlsx
银川2020.xlsx
长沙2020.xlsx
重庆2020.xlsx
成都2020.xlsx
广州2020.xlsx
哈尔滨2020.xlsx
杭州2020.xlsx
呼和浩特2020.xlsx
昆明2020.xlsx
兰州2020.xlsx
南京2020.xlsx
上海2020.xlsx
石家庄2020.xlsx
天津2020.xlsx
武汉2020.xlsx
西宁2020.xlsx
长春2020.xlsx
郑州2020.xlsx

图 8-34　2019 年主要城市空气质量数据所在的文件

分析 › 2019

北京2019.xlsx
福州2019.xlsx
贵阳2019.xlsx
海口2019.xlsx
合肥2019.xlsx
济南2019.xlsx
拉萨2019.xlsx
南昌2019.xlsx
南宁2019.xlsx
沈阳2019.xlsx
太原2019.xlsx
乌鲁木齐2019.xlsx
西安2019.xlsx
银川2019.xlsx
长沙2019.xlsx
重庆2019.xlsx
成都2019.xlsx
广州2019.xlsx
哈尔滨2019.xlsx
杭州2019.xlsx
呼和浩特2019.xlsx
昆明2019.xlsx
兰州2019.xlsx
南京2019.xlsx
上海2019.xlsx
石家庄2019.xlsx
天津2019.xlsx
武汉2019.xlsx
西宁2019.xlsx
长春2019.xlsx
郑州2019.xlsx

图 8-35　2020 年主要城市空气质量数据所在的文件

图 8-36 所示是爬取的某个城市 2020 年 1 月 1 日至 11 日的空气质量数据，包含 date（日期）、AQI、level（等级）、PM2.5、PM10、$SO_2$、CO、$NO_2$、$O_3$（8 小时的臭氧值）。

| date | AQI | level | PM2.5 | PM10 | SO2 | CO | NO2 | O3_8h |
|---|---|---|---|---|---|---|---|---|
| 2020-01-01 | 62 | 良 | 35 | 56 | 7 | 0.8 | 49 | 20 |
| 2020-01-02 | 80 | 良 | 51 | 80 | 7 | 1.2 | 64 | 16 |
| 2020-01-03 | 82 | 良 | 50 | 72 | 8 | 1.2 | 65 | 26 |
| 2020-01-04 | 74 | 良 | 43 | 66 | 7 | 1.1 | 59 | 44 |
| 2020-01-05 | 83 | 良 | 61 | 73 | 6 | 1.3 | 66 | 13 |
| 2020-01-06 | 75 | 良 | 55 | 32 | 3 | 1 | 47 | 30 |
| 2020-01-07 | 30 | 优 | 12 | 19 | 4 | 0.4 | 22 | 59 |
| 2020-01-08 | 40 | 优 | 17 | 25 | 3 | 0.5 | 32 | 64 |
| 2020-01-09 | 63 | 良 | 35 | 39 | 6 | 0.8 | 50 | 39 |
| 2020-01-10 | 43 | 优 | 26 | 33 | 6 | 0.6 | 34 | 63 |
| 2020-01-11 | 32 | 优 | 11 | 20 | 3 | 0.4 | 25 | 56 |

图 8-36　某个城市 2020 年 1 月 1 日至 11 日的空气质量数据

数据存储的核心代码如下。

```
#遍历提取的数据，并将其存储到先前定义的空列表中
for i in results:
    results_date.append(i[0])
    results_AQI.append(i[1])
    …
#将提取的所有数据通过数据分析转化为Excel文件，创建出带有表头的DataFrame
df =  pd.DataFrame([],columns=['date','AQI','level',
                   'PM2_5','PM10','SO2','CO','NO2','O3_8h'])
#将数据列表按照相应的顺序添加到创建好的 DataFrame 中
df['date'] = results_date
df['AQI'] = results_AQI
    …
df.to_excel(city+Year+'.xlsx',index=None)
```

### 3. 数据可视化分析

完整的数据可视化分析界面包括左侧的导航栏和右侧的界面。选择左侧的导航栏中的相应选项，即可在右侧的界面中显示全年平均 AQI 热力图、某天平均 AQI 热力图或某天空气质量数据词云图。

单击左侧的导航栏中的相应选项，会在右侧的界面中显示该城市全年 PM2.5 走势折线图、全年 $SO_2$ 走势日历图、全年 CO 走势柱形图或全年空气质量数据词云图。

（1）全年平均 AQI 热力图的实现代码如下。

```
def geo_guangdong():
    c = (
      Geo(init_opts=opts.InitOpts (width='1000px',height='800px'))
      .add_schema(maptype="china")        #生成中国地图
      .add("全国",                         #小标题
        df_2_data,                         #平均 AQI 数据
        symbol_size=100,                   #规定图例的大小
        #[list(z) for z in zip(Faker.provinces, Faker.values())],
        type_=ChartType.HEATMAP,           #规定图例的类型，左下角
    )
    .set_series_opts(label_opts=opts.LabelOpts(is_show=False))
    .set_global_opts(
       visualmap_opts=opts.VisualMapOpts(),
       title_opts=opts.TitleOpts(title="全年平均AQI"),  #设置标题
       toolbox_opts=opts.ToolboxOpts(),
    )
  )
  return c
```

左侧导航栏的部分实现代码如下。

```
   <div class="sidebar-scroll">
   <nav>
    <ul class="nav">
    <li><ahref="link/0/index.html"target="_blank"class="iframe_link">
    <span>全 国</span></a></li>
    <li><a href="link/1/index.html" target="_blank"class="iframe_link">
    <span>北京</span></a></li>
    <li><a href="link/2/index.html" target="_blankclass="iframe_link">
    <span>成都</span></a></li>
    <li><a href="link/2/index.html" target="_blankclass="iframe_link">
…
 </ul>
</nav>
</div>
```

右侧界面的部分实现代码如下。

```
for i in range(0,len(file_name)):
```

```
        if i == len(file_name):                          #最后一个
          with open(file_name[i], 'r', encoding='utf8') as f:
          data = f.read()                                #读取文件中的所有内容
          data_num_body_1 = data.find('<body>')          #返回包含 <body>元素的索引
          data_num_body_2 = data.find('</body>')+7 #返回包含 <body>元素的索引加 7
          html_finall += center_1
          tml_finall += data[data_num_body_1:data_num_body_2]#读取内容
          html_finall += center_3 % file_name[i][1:].split('.')[0]
        else:
          with open(file_name[i], 'r', encoding='utf8') as f:
          data = f.read()
          data_num_body_1 = data.find('<body>')
          data_num_body_2 = data.find('</body>')+7
          html_finall += center_1
          html_finall += data[data_num_body_1:data_num_body_2]
          html_finall += center_2.format(name=file_name[i][1:].split('.')[0])
          str_header += html_finall
```

（2）某天平均 AQI 热力图用于实现选择不同日期的一天的空气质量数据，进行该数据的可视化热力图分析，使用户可以更直观地观察到某天所有被监测地区的平均 AQI 情况。某天平均 AQI 热力图的实现代码如下。

```
    def city_day(date_day):
        df_2_data = []
        for i,x in zip(list_1,list_2):
        try:
          i = i.loc[i['date']==date_day]
          df_2_data.append([x,int(i['AQI'])])
      except:
        pass
    return df_2_data
    df_2_data = city_day('2019-01-01') #修改日期
```

（3）某天空气质量数据词云图用于实现选择不同日期的一天的空气质量数据，进行该数据的可视化词云图分析。2019 年 1 月 1 日空气质量数据词云图如图 8-37 所示。

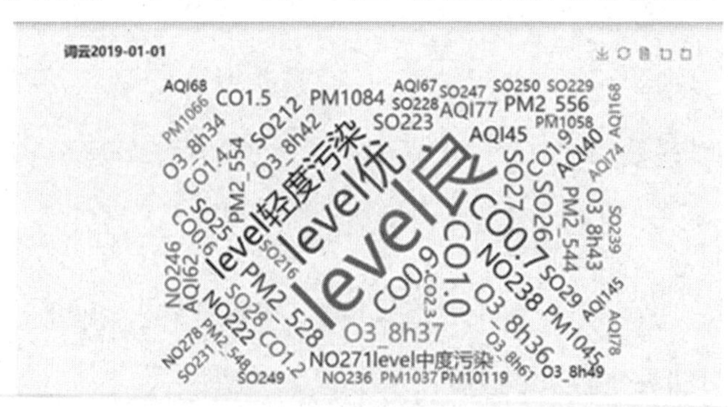


图 8-37　2019 年 1 月 1 日空气质量数据词云图

2019年1月1日空气质量数据词云图的实现代码如下。

```
def city_day_all(date_day):
    df_2_all = pd.DataFrame()
    for i in list_1:
     try:
        i = i.loc[i['date']==date_day]
        df_2_all = pd.concat([df_2_all,i])
     except:
        pass
    return df_2_all

    df_2_data_all = city_day_all('2019-01-01')
    could_list = []
    df_1 = df_2_data_all.loc[:, 'AQI':'O3_8h']
    for i in df_1.columns:  #['AQI',…]0
       for x in df_1[i]:
          could_list.append(i+str(x))
    df_could = pd.DataFrame(could_list,columns=['all'])
    df_could_1 = pd.DataFrame(df_could['all'].value_counts())
    words = []
    for i,x in zip(df_could_1.index,df_could_1['all']):
       words.append((i,x))
```

（4）全年PM2.5走势折线图的 $x$ 轴为日期，$y$ 轴为PM2.5指数，每个点代表一天的空气质量数据，如图8-38所示。

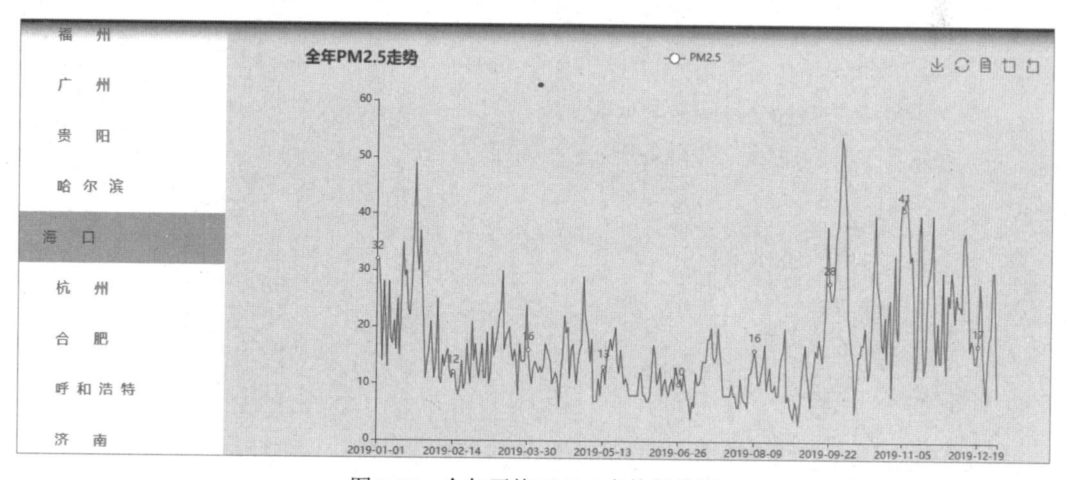


图8-38 全年平均PM2.5走势折线图

全年平均PM2.5走势折线图的实现代码如下。

```
def line_base() :
    c = ( Line()                                    #绘制空折线图
    .add_xaxis(list(df['date']))                    #添加x轴数据
```

```
        .add_yaxis("PM2.5", list(df['PM2_5'])) #添加 y 轴数据
        .set_global_opts
            (title_opts=opts.TitleOpts(title="全年 PM2.5走势"),设置标题
            toolbox_opts=opts.ToolboxOpts())
        )
    return c
```

（5）全年 $SO_2$ 走势日历图用于表示全年 $SO_2$ 走势，$x$ 轴为 12 个月，$y$ 轴为一周，每个方格代表一天 $SO_2$ 的情况，通过不同的颜色表示，如图 8-39 所示。

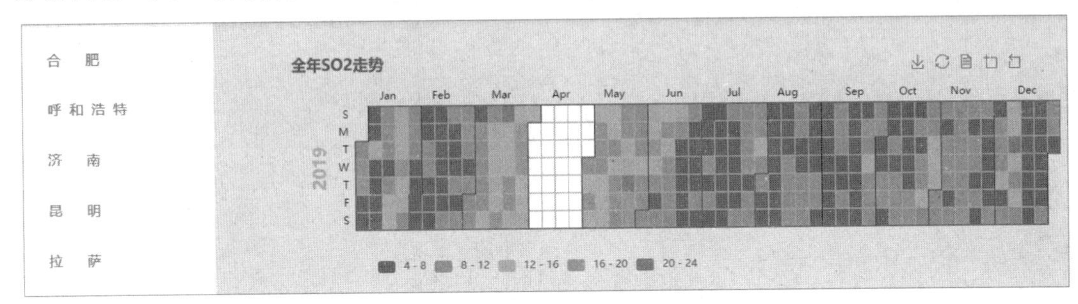


图 8-39　全年 $SO_2$ 走势日历图

全年 $SO_2$ 走势日历图的实现代码如下。

```
def calendar_base() -> Calendar:
    c = (
    Calendar()
    .add("", df_0_data, calendar_opts=opts.CalendarOpts(range_="2019"))
    .set_global_opts(
      title_opts=opts.TitleOpts(title="全年 SO2 走势"),
      toolbox_opts=opts.ToolboxOpts(),
      visualmap_opts=opts.VisualMapOpts(
        max_=int(df['SO2'].max()),
        min_=int(df['SO2'].min()),
        orient="horizontal",
        is_piecewise=True,
        pos_top="230px",
        pos_left="100px",
      ), ) )
    return c
```

（6）全年 CO 走势柱形图的 $x$ 轴为日期，$y$ 轴为 CO 走势，每个柱形代表一天的 CO 走势，如图 8-40 所示。

全年 CO 走势柱形图的实现代码如下。

```
def bar_base_with_animation() :
    c = (Bar(                                        #绘制空柱形图
    init_opts=opts.InitOpts(
```

```
        animation_opts=opts.AnimationOpts(
        animation_delay=300, animation_easing="elasticOut"   ) ) )
      .add_xaxis(list(df['date']))                          #添加x轴数据
      .add_yaxis("CO", list(df['CO']))                      #添加y轴数据
      .set_global_opts(
         title_opts=opts.TitleOpts(title="全年CO走势"),      设置标题
         toolbox_opts=opts.ToolboxOpts()) )
      return c
```

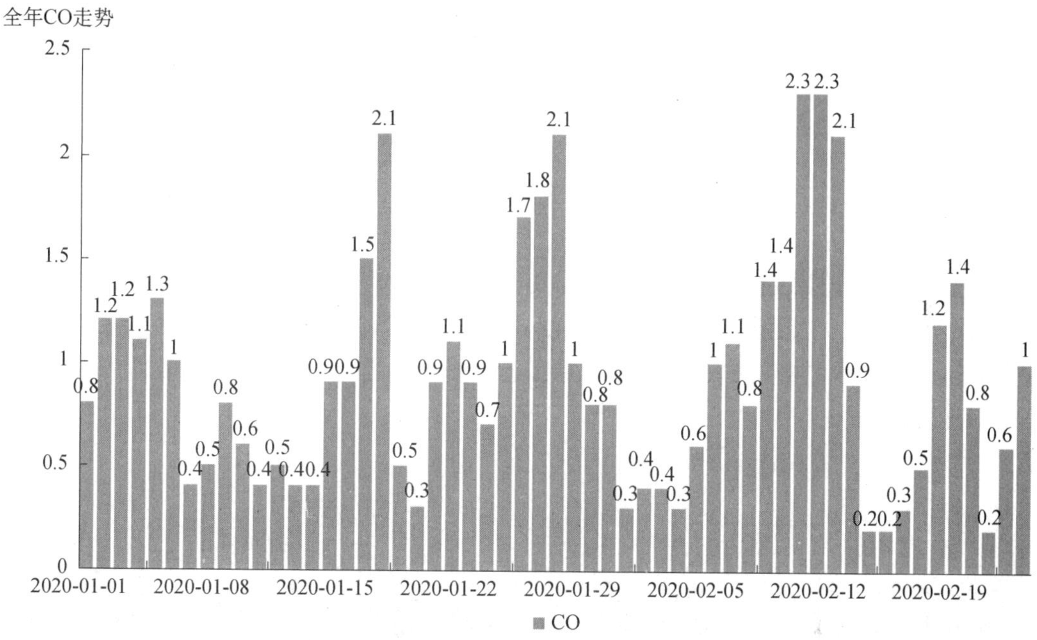


图 8-40　全年 CO 走势柱形图

（7）全年空气质量数据词云图用于表示该城市全年空气质量数据，数字越大表示该数据出现的次数越多，如图 8-41 所示。

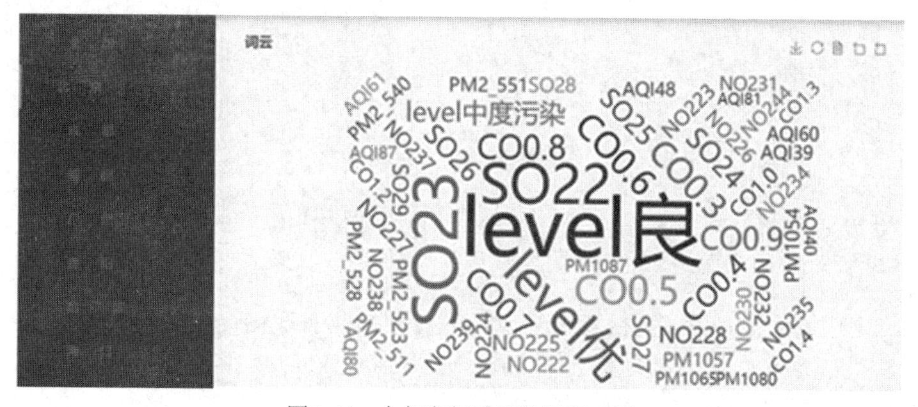


图 8-41　全年空气质量数据词云图

全年空气质量数据词云图的实现代码如下。

```
def wordcloud_base() :
    c = (
```

```
        WordCloud()                                    #创建词云对象
        .add("", words, word_size_range=[20, 100])
        .set_global_opts(
                title_opts=opts.TitleOpts(title="词云"),      #设置标题
                toolbox_opts=opts.ToolboxOpts(),)
    )
    return c
```

### 4．完整程序代码

（1）运行环境为 Python 3.x，安装 xlrd、NumPy、Pandas、Selenium 和 PhantomJS。在安装依赖库的过程中，可能会报 NumPy 版本不对的错误提示。其可能是因为 Python 版本过低，安装的 NumPy 不能匹配，建议下载高版本的 Python 后覆盖安装。在调用 Pandas 时需要调用 NumPy，而调用 NumPy 又需要调用 Pillow，常规使用语句 pip install PIL 安装可能导致安装不成功。官方提供的 Pillow 是 32 位版本，建议下载对应的 64 位版本安装。此外，由于高版本的 Selenium 不再支持 PhantomJS，因此建议先卸载 Selenium，再安装指定版本的 Selenium，如使用语句 pip install selenium==2.48.0（建议不要使用对应读者本机的浏览器驱动程序，如 ChromeDriver，这是因为无法绕过反爬虫措施），解压缩到 Python 安装目录下直接调用，或在其他给出的目录下调用即可。

（2）爬虫文件：with_phantomjs.py。

```
#-*- coding: utf-8 -*-

#导入webdriver模块，PhantomJS是webdriver模块下的浏览器
from selenium import webdriver
from selenium.webdriver.common.desired_capabilities\
import DesiredCapabilities      #请求浏览日志文件
import re
from bs4 import BeautifulSoup
import pandas as pd
import time
from urllib.parse import quote      #使用quote()方法将中文转换为URL格式
import os
from  lxml import etree
import requests                     #请求访问类库
from datetime import datetime
import socket
socket.setdefaulttimeout(20)        #设置socket层的超时时间为20秒

#提取网页中的重点城市名，并添加缺少的城市名
def cityname(url):
    def get_text(url):
      header = { 'User-agent': 'Mozilla/5.0',}
      try:
```

```
            r = requests.get(url,headers=header)
            r.raise_for_status()
            r.encoding = 'utf-8'
            r.close()
            return r.text
        except:
            print('下载出错')
            return

    #返回解析的HTML文件
    def pdata(url):
        r = get_text(url)
        html = etree.HTML(r)
        return html

    #提取重点城市名
    def get_cityname(html):
        citylist = html.xpath('//div[@class="col-lg-3 col-md-4 col-sm-4\
col-xs-12"]//ul[@class="unstyled"]//li//a//text()')
        return citylist

    text = pdata(url)
    citylist = get_cityname(text)
    citylist.extend(['呼和浩特','海口'])
    citylist.remove('深圳')
    return citylist

get_path = os.getcwd()
os.chdir(get_path)
Mlist = ['-01','-02','-03','-04','-05','-06','-07',\
'-08','-09','-10','-11','-12'] #月份列表
#设置请求头。定义headers（字典类型）模拟Google Chrome
headers = {
    'User-agent': 'Mozilla/5.0 (Windows NT 6.1; WOW64) AppleWebKit/537.36\
(KHTML, like Gecko) '    'Chrome/53.0.2785.104 Safari/537.36\
 Core/1.53.4882.400 QQBrowser/9.7.13059.400',\
        }
#定义请求头的空字典，PhantomJS请求头有固定的格式，
#使用copy()方法防止修改原代码定义的字典
cap = DesiredCapabilities.PHANTOMJS.copy()
#设置完整的请求头，遍历headers（字典类型），items()函数以列表形式返回可遍历的元组数组
for key, value in headers.items():
    #这是PhantomJS请求头的固定格式，使用format()方法构造所有customHeaders的值
    cap['phantomjs.page.customHeaders.{}'.format(key)] = value
```

```
#定义 PhantomJS的位置，启动浏览器
driver_path = get_path+r'\phantomjs-2.1.1-windows\bin\phantomjs.exe'

#定义请求数据并生成Excel文件的函数
def get_data(city,Year,mm):
    results_date = [] #空列表
    results_AQI = []
    results_level = []
    results_PM2_5 = []
    results_PM10 = []
    results_SO2 = []
    results_CO = []
    results_NO2 = []
    results_O3_8h = []
  #通过Selenium使用PhantomJS模拟浏览器获取数据，对列表循环遍历所有月份
    for i in mm:
       driver = webdriver.PhantomJS(driver_path,desired_capabilities=cap)
       #指定引擎的路径和请求头
       url = 'https://www.***.cn/historydata/
           daydata.php?city=%s&month=%s' % (quote(city),Year+i)
       print('url=',url)
       print(city,Year,i)
       driver.get(url)
       time.sleep(10)# 延迟一段时间等待请求到数据
       #执行一段JavaScript代码，得到完整的HTML代码
       data = driver.execute_script\
               ("return document.documentElement.outerHTML")
       soup = BeautifulSoup(data,'lxml')
       #退出浏览器
       driver.quit()
##========本程序采用两种方法实现数据的提取，第一种方法采用的是BeautifulSoup4，
##第二种方法采用的是正则表达式。下面的程序采用第一种方法
##      p_date = soup.find_all('td')     #提取标签
##      datalist=[]
##      for data in p_date:
##         datalist.append(data.text)     #提取标签的文本

##存储数据
##遍历提取的数据，并将其存储到先前定义的空列表中
##      i = 0
##      while  i <=(len(datalist)-8):
#先前定义的空列表，i表示行按行遍历，append方法用于有序地向空列表中放入数据
##         results_date.append(datalist[i])
##         results_AQI.append(datalist[i+1])
```

```
##          results_level.append(datalist[i+2])
##          results_PM2_5.append(datalist[i+3])
##          results_PM10.append(datalist[i+4])
##          results_SO2.append(datalist[i+5])
##          results_CO.append(datalist[i+6])
##          results_NO2.append(datalist[i+7])
##          results_O3_8h.append(datalist[i+8])
##          i=i+9  #下一次循环从8的倍数加1开始
##=========下面的程序采用第二种方法
      soup1 = str(soup).replace(" ","").replace("\n","")
     #将数据转化成字符串并替换所有空格和换行符
     p_date = re.compile('<td>(.*?)</td><td>(.*?)</td>'\
            '<td><spanstyle="(.*?)">(.*?)</span></td>'\
             '<td>(.*?)</td>''<td>(.*?)</td>'\
            '<tdclass="hidden-xs">(.*?)</td>'\
            '<tdclass="hidden-xs">(.*?)</td>'\
             '<tdclass="hidden-xs">(.*?)</td>'\
            '<tdclass="hidden-xs">(.*?)</td>')
     results = re.findall(p_date, soup1)
     #遍历提取的数据，并将其存储到先前定义的空列表中
     for i in results:
       results_date.append(i[0])
       results_AQI.append(i[1])
       results_level.append(i[3])
       #从第4项开始是空气质量评价信息
       results_PM2_5.append(i[4])
       results_PM10.append(i[5])
       results_SO2.append(i[6])
       results_CO.append(i[7])
       results_NO2.append(i[8])
       results_O3_8h.append(i[9])
##==第二种方法结束
   #将提取的所有数据通过分析转化为Excel文件，创建出带有表头的DataFrame
   #（表头就是通过参数columns定义的列表）
   df = pd.DataFrame([],columns=['date','AQI','level','PM2_5',\
             'PM10','SO2','CO','NO2','O3_8h'])
   #将数据列表按照相应的顺序添加到创建好的DateFrame中
   df['date'] = results_date
   df['AQI'] = results_AQI
   df['level'] = results_level
   df['PM2_5'] = results_PM2_5
   df['PM10'] = results_PM10
   df['SO2'] = results_SO2
   df['CO'] = results_CO
```

```
    df['NO2'] = results_NO2
    df['O3_8h'] = results_O3_8h

    #按照每个城市划分，通过 DataFrame 生成Excel文件
    df.to_excel(city+Year+'.xlsx',index=None)
    return df

# 调用函数
url = 'https://www.***.cn/historydata/index.php'
citylist = cityname(url)
year = input('请输入需爬取数据的年份： ')
if year.strip() > str(datetime.now().year).strip():
    print("输入的年份出错！")
    mm = None
else:
    if year.strip()==str(datetime.now().year).strip():
        mm = Mlist[:datetime.now().month:]
    else:
        mm = Mlist[::]
if mm != None:
    for city in citylist:
        print("正在爬取"+city+"的数据…")
        get_data(city.strip(),year.strip(),mm)
```

（3）单个城市的数据可视化文件：charts_city.py。

```
#-*- coding: utf-8 -*-
import pandas as pd
import numpy as np
import ast
import os
get_path = os.getcwd()
os.chdir(get_path)
df = pd.read_excel(r'./2019/重庆2019.xlsx')                #读取 Excel 文件
#-----------------------------------------------------------------------
#全年PM2.5走势
#导入折线图
from pyecharts import options as opts
from pyecharts.charts import Line
def line_base() :
    c = (
        Line()                                              #绘制空折线图
        .add_xaxis(list(df['date']))                        #添加 x 轴数据
        .add_yaxis("PM2.5", list(df['PM2_5']))              #添加 y 轴数据
        .set_global_opts(
                    title_opts=opts.TitleOpts(title="全年PM2.5走势"),#设置标题
```

```
                toolbox_opts=opts.ToolboxOpts())
        )
    return c
#调用函数
line_base().render(r'./Html/A全年PM2.5走势-折线.html')  #生成HTML文件

#-------------------------------------------------------------------------
#全年CO走势
#导入柱形图
from pyecharts.faker import Faker
from pyecharts import options as opts
from pyecharts.charts import Bar
from pyecharts.commons.utils import JsCode
def bar_base_with_animation() :
    c = (
        Bar( #绘制空柱形图
            init_opts=opts.InitOpts(
                animation_opts=opts.AnimationOpts(
                    #动画展示效果
                    animation_delay=300, animation_easing="elasticOut"
                )
            )
        )
        .add_xaxis(list(df['date']))                          #添加x轴数据
        .add_yaxis("CO", list(df['CO']))                      #添加y轴数据
        .set_global_opts(
            title_opts=opts.TitleOpts(title="全年CO走势"),#设置标题
                        toolbox_opts=opts.ToolboxOpts())
    )
    return c
bar_base_with_animation().render(r'./Html/C全年CO走势-柱形.html')

#-------------------------------------------------------------------------
#全年SO2走势
import datetime
import random
from pyecharts import options as opts
from pyecharts.charts import Calendar
df_0_data=[]
for i,z in zip(df['date'],df['SO2']):
    df_0_data.append([i,int(z)])

def calendar_base() -> Calendar:
    c = (
        Calendar()
```

```
        .add("", df_0_data, calendar_opts=opts.CalendarOpts(range_="2019"))
        .set_global_opts(
            title_opts=opts.TitleOpts(title="全年SO2走势"),
            toolbox_opts=opts.ToolboxOpts(),
            visualmap_opts=opts.VisualMapOpts(
                max_=int(df['SO2'].max()),
                min_=int(df['SO2'].min()),
                orient="horizontal",
                is_piecewise=True,
                pos_top="230px",
                pos_left="100px",
            ),
        )
    )
    return c
calendar_base().render(r'./Html/B全年SO2走势-日历.html')

#------------------------------------------------------------------------
#词云# a = [1,2,3,4,5] b = [6,7,8,9,0] #zip(a,b) ---> [(1,6),(2,7)]''''''
could_list = []                          #创建空列表
#df读取的Excel表格中所有行从AQI列到O3_8h 列前一列，形成筛选后的df_1表
df_1 = df.loc[:, 'AQI':'O3_8h']
for i in df_1.columns:                   #返回列索引列表
    for x in df[i]:                      #按列索引遍历
        could_list.append(i+str(x))      #"AQI107"
#创建df表，创建all列索引表头
df_could = pd.DataFrame(could_list,columns=['all'])
#对 df_could['all']统计不同数据的个数
df_could_1 = pd.DataFrame(df_could['all'].value_counts())
words = []                               #创建空元组
for i,x in zip(df_could_1.index,df_could_1['all']): #返回 index索引列表
[("AQI107",2),(level,3)]
    words.append((i,x))                  #i表示列索引表头，x表示次数
from pyecharts import options as opts
from pyecharts.charts import  WordCloud

def wordcloud_base() :
    c = (
        WordCloud()                      #创建词云对象
        .add("", words, word_size_range=[20, 100])
        .set_global_opts(
                title_opts=opts.TitleOpts(title="词云"),  #设置标题
                toolbox_opts=opts.ToolboxOpts(),)
    )
```

```
    return c
wordcloud_base().render(r'./Html/D词云.html')
```

（4）平均数据可视化文件：charts_hot.py。

```
#-*- coding: utf-8 -*-
import pandas as pd
import numpy as np
import ast
import os
from pyecharts.faker import Faker
from pyecharts import options as opts
from pyecharts.charts import Geo    #导入热力图模块
from pyecharts.globals import ChartType, SymbolType
from pyecharts.charts import Page, WordCloud
get_path = os.getcwd()              #获取当前目录
os.chdir(get_path)
#---------周边各市全年平均AQI-热力
df_2_1 = pd.read_excel('./2019/哈尔滨2019.xlsx')
df_2_2 = pd.read_excel('./2019/长春2019.xlsx')
df_2_3 = pd.read_excel('./2019/沈阳2019.xlsx')
df_2_4 = pd.read_excel('./2019/石家庄2019.xlsx')
df_2_5 = pd.read_excel('./2019/兰州2019.xlsx')
df_2_6 = pd.read_excel('./2019/西宁2019.xlsx')
df_2_7 = pd.read_excel('./2019/西安2019.xlsx')
df_2_8 = pd.read_excel('./2019/郑州2019.xlsx')
df_2_9 = pd.read_excel('./2019/济南2019.xlsx')
df_2_10 = pd.read_excel('./2019/太原2019.xlsx')
df_2_11 = pd.read_excel('./2019/合肥2019.xlsx')
df_2_12 = pd.read_excel('./2019/武汉2019.xlsx')
df_2_13 = pd.read_excel('./2019/长沙2019.xlsx')
df_2_14 = pd.read_excel('./2019/南京2019.xlsx')
df_2_15 = pd.read_excel('./2019/成都2019.xlsx')
df_2_16 = pd.read_excel('./2019/贵阳2019.xlsx')
df_2_17 = pd.read_excel('./2019/昆明2019.xlsx')
df_2_18 = pd.read_excel('./2019/杭州2019.xlsx')
df_2_19 = pd.read_excel('./2019/南昌2019.xlsx')
df_2_20 = pd.read_excel('./2019/广州2019.xlsx')
df_2_21 = pd.read_excel('./2019/福州2019.xlsx')
df_2_22 = pd.read_excel('./2019/海口2019.xlsx')
df_2_23 = pd.read_excel('./2019/北京2019.xlsx')
df_2_24 = pd.read_excel('./2019/上海2019.xlsx')
df_2_25 = pd.read_excel('./2019/天津2019.xlsx')
df_2_26 = pd.read_excel('./2019/重庆2019.xlsx')
df_2_27 = pd.read_excel('./2019/银川2019.xlsx')
```

```
df_2_28 = pd.read_excel('./2019/拉萨2019.xlsx')
df_2_29 = pd.read_excel('./2019/乌鲁木齐2019.xlsx')
df_2_30 = pd.read_excel('./2019/呼和浩特2019.xlsx')
df_2_31 = pd.read_excel('./2019/南宁2019.xlsx')

df_2_data = [['黑龙江',np.mean(df_2_1['AQI'])],
             ['吉林',np.mean(df_2_2['AQI'])],
             ['辽宁',np.mean(df_2_3['AQI'])],
             ['河北',np.mean(df_2_4['AQI'])],
             ['甘肃',np.mean(df_2_5['AQI'])],
             ['青海',np.mean(df_2_6['AQI'])],
             ['陕西',np.mean(df_2_7['AQI'])],
             ['河南',np.mean(df_2_8['AQI'])],
             ['山东',np.mean(df_2_9['AQI'])],
             ['山西',np.mean(df_2_10['AQI'])],
             ['安徽',np.mean(df_2_11['AQI'])],
             ['湖北',np.mean(df_2_12['AQI'])],
             ['湖南',np.mean(df_2_13['AQI'])],
             ['江苏',np.mean(df_2_14['AQI'])],
             ['四川',np.mean(df_2_15['AQI'])],
             ['贵州',np.mean(df_2_16['AQI'])],
             ['云南',np.mean(df_2_17['AQI'])],
             ['浙江',np.mean(df_2_18['AQI'])],
             ['江西',np.mean(df_2_19['AQI'])],
             ['广东',np.mean(df_2_20['AQI'])],
             ['福建',np.mean(df_2_21['AQI'])],
             ['海南',np.mean(df_2_22['AQI'])],
             ['北京',np.mean(df_2_23['AQI'])],
             ['上海',np.mean(df_2_24['AQI'])],
             ['天津',np.mean(df_2_25['AQI'])],
             ['重庆',np.mean(df_2_26['AQI'])],
             ['宁夏',np.mean(df_2_27['AQI'])],
             ['西藏',np.mean(df_2_28['AQI'])],
             ['新疆',np.mean(df_2_29['AQI'])],
             ['内蒙古',np.mean(df_2_30['AQI'])],
             ['广西',np.mean(df_2_31['AQI'])]]

def geo_guangdong():
    c = (
        #创建热力图对象
        Geo(init_opts=opts.InitOpts(width='1000px', height= '800px'))
        .add_schema(maptype="china")                               #生成中国地图
        .add( "全国",                                               #小标题
            df_2_data,                                              #平均AQI数据
```

```
            symbol_size=100,                          #规定图例的大小
            #[list(z) for z in zip(Faker.provinces, Faker.values())],
            type_=ChartType.HEATMAP,                  #规定图例的类型，左下角
        )
        .set_series_opts(label_opts=opts.LabelOpts(is_show=False))
        .set_global_opts(
            visualmap_opts=opts.VisualMapOpts(),
            title_opts=opts.TitleOpts(title="全年平均AQI"),#设置标题
            toolbox_opts=opts.ToolboxOpts(),
        )
    )
    return c
geo_guangdong().render(r'./HTML_1/A平均AQI-热力.html')

#----某天平均 AQI 热力图
list_1 = [df_2_1,df_2_2,df_2_3,df_2_4,df_2_5,df_2_6,df_2_7,df_2_8,df_2_9,\
        df_2_10,df_2_11,df_2_12,df_2_13,df_2_14,df_2_15,df_2_16,df_2_17, \
df_2_18,df_2_19,df_2_20,df_2_21,df_2_22,df_2_23,df_2_24,df_2_25,df_2_26,\
        df_2_27,df_2_28,df_2_29,df_2_30,df_2_31]
list_2 = ['黑龙江','吉林','辽宁','河北','甘肃','青海','陕西','河南','山东',\'山西',
'安徽', '湖北','湖南','江苏','四川','贵州','云南','浙江','江西', \'广东','福建','海
南', '北京','上海','天津','重庆','宁夏','西藏', '新疆',\'内蒙古','广西']

def city_day(date_day):
    df_2_data = []
    for i,x in zip(list_1,list_2):  #[(df,'helongjing'),]
        try:
            i = i.loc[i['date']==date_day]
            df_2_data.append([x,int(i['AQI'])])  #[['heu',40],[]]
        except:
            pass
    return df_2_data

df_2_data = city_day('2019-01-01')#修改日期
def geo_guangdong():
    c = (
        Geo(init_opts=opts.InitOpts(width='1000px', height= '800px'))
        .add_schema(maptype="china")
        .add(
            "全国",
            df_2_data,
            symbol_size=100,
            #[list(z) for z in zip(Faker.provinces, Faker.values())],
            type_=ChartType.HEATMAP,
```

```
        )
        .set_series_opts(label_opts=opts.LabelOpts(is_show=False))
        .set_global_opts(
           visualmap_opts=opts.VisualMapOpts(),
           title_opts=opts.TitleOpts(title='热力2019-01-01'),#需要修改
           toolbox_opts=opts.ToolboxOpts(),
        )
    )
    return c
geo_guangdong().render(r'./HTML_1/B2019-01-01-热力-年均AQI.html')

#------某天空气质量数据词云图
def city_day_all(date_day):
    df_2_all = pd.DataFrame()
    for i in list_1:
        try:
            i = i.loc[i['date']==date_day]
            df_2_all = pd.concat([df_2_all,i])
        except:
            pass
    return df_2_all

    df_2_data_all = city_day_all('2019-01-01')
    could_list = []
    df_1 = df_2_data_all.loc[:, 'AQI':'O3_8h']
    for i in df_1.columns:
        for x in df_1[i]:
            could_list.append(i+str(x))
    df_could = pd.DataFrame(could_list,columns=['all'])
    df_could_1 = pd.DataFrame(df_could['all'].value_counts())
    words = []
    for i,x in zip(df_could_1.index,df_could_1['all']):
        words.append((i,x))

def wordcloud_base():
    c = (
        WordCloud()
        .add("", words, word_size_range=[20, 100])
        .set_global_opts(
                    title_opts=opts.TitleOpts(title ='词云2019-01-01'),
                    toolbox_opts=opts.ToolboxOpts(),)
        )
    return c
wordcloud_base().render(r'./HTML_1/C2019-01-01-词云.html')
```

（5）连接可视化图文件：html_concat.py。

每个形成的可视化图形最后都会被保存在 HTML 文件中，html_concat.py 文件用于将多个 HTML 格式的可视化文件连接成一个总的 HTML 文件。

```
#-*- coding: utf-8 -*-

import os
get_path = os.getcwd()
os.chdir(get_path+r'\HTML_1')
#os.chdir(get_path+'\HTML') #这个目录中存放的是各省份重点城市的可视化文件
#读取需要连接的文件名
file_name = []
for i in os.listdir():
    file_name.append(i)
try:
    file_name.remove('finall.html')
except:
    pass
#定义HTML框架
str_header = '''<!DOCTYPE html>
<html>
<head>
    <meta charset="utf-8">
    <title>大数据分析系统</title>
    <script type="text/javascript"
    src="https://assets.***.org/assets/echarts.min.js"></script>
    <script type="text/javascript"
    src="https://assets.***.org/assets/echarts-liquidfill.min.js">
</script>
    <script type="text/javascript"
    src="https://assets.***.org/assets/echarts-wordcloud.min.js">
</script>
    <script type="text/javascript"
    src="https://assets.***.org/assets/maps/sichuan.js"></script>
    <script type="text/javascript"
    src="https://assets.***.org/assets/maps/china.js"></script>
</head>
<h1 align="center">空气质量分析</h1>
<br><br>
<font style="font-weight:bold" style="font-family:courier" size="3" color=
"red">
<hr style="border:3 double #987cb9" width="80%" color=#987cb9 SIZE=3>
<br>
<br>
```

```
    <br>
    '''
    center_1 = '<center>\n'
    center_2 = '''\n</center>
    <font style="font-weight:bold" style="font-family:courier" size="3" color=
"red">
      <p align="center">{name}</p>
    </font>
    <hr style="border:3 double #987cb9" width="80%" color=#987cb9 SIZE=3>
    <br>
    <br>
    <br>
    '''
    center_3 = '''\n</center>
    <font style="font-weight:bold" style="font-family:courier" size="3" color=
"red">
     <p align="center">%s</p>
    </font>
    '''
    #读取可视化文件中的内容，将其填充到HTML框架中
    html_finall = ''
    for i in range(0,len(file_name)):
        if i == len(file_name):                           #最后一个
           with open(file_name[i], 'r', encoding='utf8') as f:
           data = f.read()                                #读取文件中的所有内容
           data_num_body_1 = data.find('<body>')          #返回包含 <body>元素的索引
           data_num_body_2 = data.find('</body>')+7#返回包含 <body>元素的索引加 7
           html_finall += center_1
           html_finall += data[data_num_body_1:data_num_body_2]#读取内容
           html_finall += center_3 % file_name[i][1:].split('.')[0]
        else:
           with open(file_name[i], 'r', encoding='utf8') as f:
           data = f.read()
           data_num_body_1 = data.find('<body>')
           data_num_body_2 = data.find('</body>')+7
           html_finall += center_1
           html_finall += data[data_num_body_1:data_num_body_2]
           html_finall += center_2.format(name=file_name[i][1:].split('.')[0])
    #写入finall.html文件
    str_header += html_finall
    with open('finall.html', 'w', encoding='utf8') as f:
        f.write(str_header)
```